大学物理

（力学、相对论、振动波动、热学）

主　编　刘　佳

副主编　贾秀敏　陈伟丽　何建丽

　　　　赵增茹　慕利娟

中国教育出版传媒集团

高等教育出版社·北京

DAXUE WULI

内容提要

本书参照教育部高等学校物理学与天文学教学指导委员会编制的《理工科类大学物理课程教学基本要求》(2010年版)编写而成,书中涵盖了其中所有的核心内容。本书在保持传统教材系统性的前提下,突出物理知识与科学技术、自然现象和生活实际的结合,以图文并茂的形式呈现相关最新科技进展及人文思政素材,培养学生的物理思想、科学精神和创新意识。

全书分两册出版。一册为力学、相对论、振动波动、热学;另一册为电磁学、光学、量子物理。本书可作为高等学校理工科非物理学类专业大学物理课程的教材。

图书在版编目(CIP)数据

大学物理.力学、相对论、振动波动、热学/刘佳主编.--北京:高等教育出版社,2022.11

ISBN 978-7-04-058523-0

Ⅰ.①大… Ⅱ.①刘… Ⅲ.①物理学-高等学校-教材 Ⅳ.①O4

中国版本图书馆CIP数据核字(2022)第061667号

DAXUE WULI

策划编辑 马天魁　责任编辑 马天魁　封面设计 王凌波　版式设计 童 丹
责任绘图 黄云燕　责任校对 刘娟娟　责任印制 刘思涵

出版发行 高等教育出版社
社　　址 北京市西城区德外大街4号
邮政编码 100120
印　　刷 北京玥实印刷有限公司
开　　本 787mm×1092mm 1/16
印　　张 14.75
字　　数 340千字
购书热线 010-58581118
咨询电话 400-810-0598

网　　址 http://www.hep.edu.cn
　　　　 http://www.hep.com.cn
网上订购 http://www.hepmall.com.cn
　　　　 http://www.hepmall.com
　　　　 http://www.hepmall.cn

版　　次 2022年11月第1版
印　　次 2022年11月第1次印刷
定　　价 33.30元

物 料 号 58523-00

前　言

大学物理课程是高等学校理工科类各专业学生必修的一门重要的通识性基础课。大学物理课程所包含的物理思想、概念、理论和方法是培养大学生科学素养的重要组成部分。大学物理课程在培养学生树立科学的世界观、增强学生分析问题和解决问题的能力、培养学生的探索精神和创新意识等方面,具有其他课程不能替代的重要作用。多年来,教学团队在大学物理教学的内容、方法、手段等各方面不断探索,我们在编写本书的过程中将教学团队多年的研究成果融入其中。本书适用于普通高等学校理工科非物理学类专业大学物理课程的教学。本书具有如下特点:

1. 在教材的实用性上,本书针对当代大学生的特点,甄选重点讲授内容,语言叙述简单明了,公式推导由繁化简。重点章节设置课前预习测试题目,题目以二维码的形式呈现,用以检测学生的预习情况。为方便学生在学习中对所学知识掌握和运用情况的自我检测,本书思考题和习题配有详细的参考答案,学生可以通过扫描二维码获取。

2. 在版面设计上,本书重点突出,图文并茂。每章引言中明确写入“学习目标”。行文中加粗重点概念/定义,方便学生查找复习。重要结论用加粗或下划线标注。在线资源通过二维码的形式呈现。在线资源包括:(1) 预习测试;(2) 语音录课;(3) 演示实验;(4) 拓展阅读;(5) 课后思考题和习题参考答案。

3. 在素质和能力培养上,本书强化课程对培养学生科学精神和创新意识的作用,注重强调物理思想和创新思维,在每一章中根据内容加入创新案例,以“拓展阅读”的形式呈现,强化基本概念、基本理论、基本方法以及知识应用中的创新过程。这有利于活跃学生的科学思维,激发学生的求知欲望,培养学生的科学世界观、探索精神和创新意识。

4. 在例题和习题的选择上,本书力求具有实际应用背景,引导学生从实际问题中提炼出可用信息进行分析,建立实际问题的物理图像,进而应用所学的物理知识逐步解决问题,培养学生科学的思维方法和分析问题、解决问题的能力。习题与理论知识紧密衔接,数量适中,难易适度。

本书的第 1—2 章由贾秀敏编写,第 3 章由陈伟丽编写,第 4 章由何建丽编写,第 5 章由赵增茹编写,第 6—7 章由慕利娟编写。刘佳负责全书的统筹规划及统稿工作。

由于编者水平有限,书中难免有疏漏与不妥之处,我们欢迎老师和同学们在使用过程中提出宝贵意见。

编者

2021 年 11 月

目　录

第1章　质点运动学

第1章测试题

力学又称经典力学或牛顿力学,为物理学的一个重要分支,是研究物体机械运动规律及其应用的一门学科.所谓机械运动,是指物体之间或物体内各部分之间相对位置的变换.例如:天体的运行,大气和河水的流动,各种交通工具的行驶,各种机器的运转,等等.

自然界的一切物质都处于永恒的运动之中,物质的运动形式是多种多样的.其中,机械运动是最简单、最基本的运动形式,它几乎包含在物质的一切运动形式中.因此,力学是学习物理学和其他学科的基础,也是近代工程技术的理论基础.力学是一门古老的学科,经历了无数人的工作,特别是伽利略、牛顿、拉普拉斯等人的工作,成为最早完善的学科之一.力学又是一门技术学科,在各种工程技术,特别是机械、建筑、水利、造船,甚至航空航天技术中,经典力学至今仍保持着充沛的活力,起着基础理论的作用.

足球运动员要以怎样的角度将球射出,球才能射入球门?链球运动比赛中,球在出手前和出手时作什么运动?舰载机从航母上起飞,如果已知舰载机在甲板上滑行的加速度和离舰而起的初速度,那么供舰载机滑行的甲板长度该如何设计?为了能够回答这些问题,我们有必要学习质点力学中的运动学部分——质点运动学.

质点力学分为质点运动学和质点动力学两个部分.质点运动学主要描述质点在空间的运动情况,即说明质点的运动特征,如质点的位置、速度、加速度等如何随时间或空间变化,以及各个物理量之间的关系,而不涉及运动变化的原因.质点动力学研究作用于物体的力与物体运动之间的关系,即说明运动的因果关系.

本章讨论质点运动学,即讨论质点运动的定量描述问题.

【学习目标】

(1) 掌握位矢、位移、速度、加速度、角速度、角加速度等描述质点运动和运动变化的物理量.

(2) 能借助直角坐标系计算质点在平面内运动的速度、加速度,写出运动方程.能计算质点作圆周运动时的角速度、角加速度、切向加速度和法向加速度.

1-1　质点运动的描述

一、质点

任何一种真实的物理变化过程都是复杂的.为了了解过程的本质规律,我们通常根据研究的问题,对真实的过程进行合理简化,然后经过抽象提出一个可用数学描述的物理模型.质点就是一个物理模型.

任何实际物体,大至宇宙天体,小至原子、电子,都有一定的大小和形状.物体的大小和形状的变化,通常对物体运动的影响是很大的.但是在有些问题中,物体的大小和形状只占次要地位,忽略掉它们对问题的研究影响很小或几乎没有影响,这时就可以忽略物体的大小和内部结构,把物体当成一个有质量的几何点,即**质点**.这将使所研究的问题大大简化.如对于地球相对于太阳的运动而言,因为地球既有公转又有自转,所以地球上各点相对于太阳的运动是不相同的.但是,考虑到地球到太阳的距离为地球直径的一万多倍,以致在研究地球公转时可以忽略地球的大小和形状对这种运动的影响,认为地球上各点的运动情况基本相同,这时可以将地球看成质点.

能否把一个物体抽象成质点,不取决于物体的大小和形状,而取决于问题的性质.同一个物体在一个问题中可以当成质点,在另外一个问题中可能就不能当成质点.例如,在研究地球的自转运动时,就不能把地球当成质点.一般来说,当物体间的距离远大于物体本身的线度时,物体可抽象为质点.另外,当物体作平移运动(平动)时,物体上各点的运动情况都一样,因而任一点的运动都能代表整体的运动,物体的大小和形状就可以不加考虑.因此,平动的物体可以简化为一个质点.

当我们研究的运动物体不能看成一个质点时,通常可将这个物体看成是由多个质点组成的,对其中的每一个质点都可以运用质点力学的结论,若把组成这个物体的各个质点的运动情况都弄清楚了,也就掌握了整个物体的运动.可见,质点力学是整个力学的基础.

二、参考系　坐标系

宇宙中一切物体都在运动,没有绝对静止的物体,运动是物质的存在形式,是物质的固有属性,这就是运动的绝对性.但是,在观察一个物体位置及位置的变化时,必须选取一个标准物体作为基准.选取基准的物体不同,对物体运动情况的描述也不同.也就是说,运动的描述具有相对性.

为描述物体运动而选的基准称为**参考系**.从运动学的角度来讲,参考系的选择具有任意性.对同一物体的运动,选择不同的参考系,运动的描述是不同的.例如,在匀速直线运动的车厢中自由下落的物体,相对于车厢作直线运动;相对于地面作抛物线运动.又如,某人坐在匀速运动的船上,相对于船,人是静止的;而相对于岸,人是匀速运动的.这就是运动描述的相对性.因此,在描述物体运动时,必须指出是相对哪一参考系而言的.在研究物体运动时,通常以对问题的研究最方便、最简单为原则选取参考系.在研究地面附近物体运动时,通常选地面为参考系;在研究卫星绕地球运行时,选取地球为参考系;而在研究地球绕太阳运行时,则应选太阳为参考系.

选定了参考系后,为了定量描述物体的位置,必须在参考系上建立一个合适的**坐标系**,如图1-1所示.常用的坐标系有直角坐标系、极坐标系、自然坐标系、球坐标系和柱坐标系等.建立什么样的坐标系要根据研究问题的性质和数学描述的方便而定.

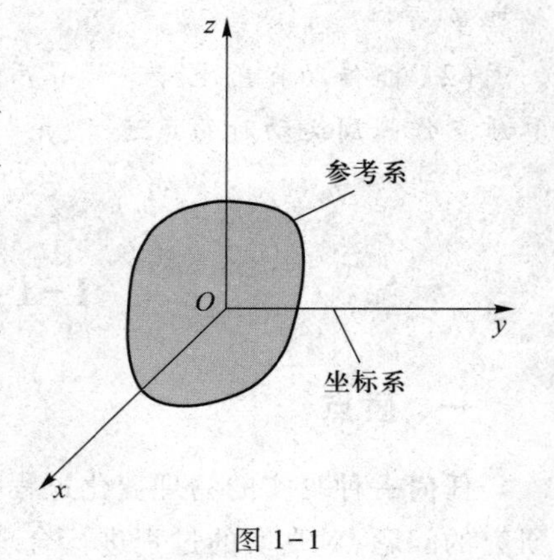

图1-1

三、位置矢量

要描述质点的运动,首先要确定质点在空间的位置以及位置随时间的变化规律,在选

语音录课：
位置矢量

定的参考系中建立一个坐标系.质点 P 在某一时刻 t 的位置可以用一个从坐标原点 O 到 P 点的有向线段 $\overrightarrow{OP}=\boldsymbol{r}$ 来表示，矢量 $\boldsymbol{r}$ 称为**位置矢量**，简称**位矢**（又称径矢）.

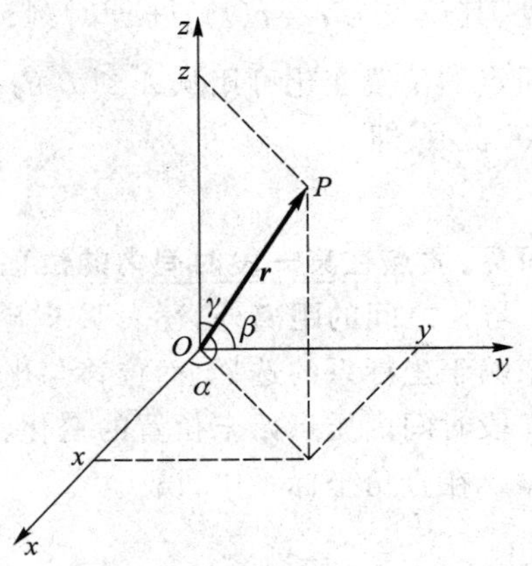

图 1-2

在如图 1-2 所示的直角坐标系中，位矢 $\boldsymbol{r}$ 可以表示为

$$\boldsymbol{r}=x\boldsymbol{i}+y\boldsymbol{j}+z\boldsymbol{k} \quad (1-1)$$

式中，x、y 和 z 分别为位矢 $\boldsymbol{r}$ 在 x 轴、y 轴和 z 轴上的投影.$\boldsymbol{i}$、$\boldsymbol{j}$ 和 $\boldsymbol{k}$ 分别为 x 轴、y 轴和 z 轴正方向的单位矢量.

位矢的大小为

$$r=|\boldsymbol{r}|=\sqrt{x^2+y^2+z^2}$$

r 表征质点到坐标原点的距离.

位矢的方向可以由 3 个方向余弦确定：

$$\cos\alpha=\frac{x}{r}, \quad \cos\beta=\frac{y}{r}, \quad \cos\gamma=\frac{z}{r}$$

位矢的方向表征质点相对于坐标原点的方位.它们满足如下关系：

$$\cos^2\alpha+\cos^2\beta+\cos^2\gamma=1$$

式中，α、β 和 γ 分别表示位矢 $\boldsymbol{r}$ 与 x 轴、y 轴和 z 轴正方向之间的夹角.三者中只有两个是独立的.

四、运动方程

质点运动时，其空间位置随时间变化而变化，因而位矢 $\boldsymbol{r}$ 是时间 t 的函数，即

$$\boldsymbol{r}=\boldsymbol{r}(t) \quad (1-2)$$

它给出了质点在任意时刻的位置，称为质点的**运动方程**.知道了质点的运动方程，就能确定任一时刻质点的位置，从而确定质点的运动.

在直角坐标系中，式(1-2)可以写成

$$\boldsymbol{r}(t)=x(t)\boldsymbol{i}+y(t)\boldsymbol{j}+z(t)\boldsymbol{k} \quad (1-3)$$

质点的运动方程也可以表示为参量方程或坐标分量的形式：

$$\begin{cases} x=x(t) \\ y=y(t) \\ z=z(t) \end{cases} \quad (1-4)$$

质点在空间的运动路径称为轨道.质点的运动轨道为直线时，这种运动称为直线运动.质点的运动轨道为曲线时，这种运动称为曲线运动.在分量形式的运动方程(1-4)中，消去时间参量 t 得 $f(x,y,z)=0$，此方程称为质点的**轨道方程**.轨道方程和运动方程的区别在于轨道方程不是时间 t 的显函数.

五、位移

1. 位移

由于运动，质点的位置会随时间改变而发生变化.位移就是用来表示质点位置变化的量.

语音录课：位移

设质点沿轨道 L 运动，曲线 AB 是质点运动轨道的一部分（图 1-3）. t 时刻，质点在 A 处，其位矢为 $\boldsymbol{r}_1=\boldsymbol{r}(t)$；$t+\Delta t$ 时刻，质点到达 B 处，其位矢变为 $\boldsymbol{r}_2=\boldsymbol{r}(t+\Delta t)$. 在时间 Δt 内，质点的位置变化可用从 A 到 B 的有向线段 $\overrightarrow{AB}$ 来表示，$\overrightarrow{AB}$ 称为质点在 Δt 内的**位移**，用符号 $\Delta\boldsymbol{r}$ 表示，即

$$\overrightarrow{AB}=\boldsymbol{r}(t+\Delta t)-\boldsymbol{r}(t)=\boldsymbol{r}_2-\boldsymbol{r}_1=\Delta\boldsymbol{r} \tag{1-5}$$

可见：质点在某一段时间内的位移等于同一段时间内位置矢量的增量. 位移 $\Delta\boldsymbol{r}$ 除表明了 B 与 A 之间的距离外，还表明了 B 相对于 A 的方位. 相对于静止的不同坐标系来说，位矢依赖于坐标系的选择，而位移与坐标系的选择无关，读者可以自己证明. 此外，位移只反映一段时间内质点始末位置的变化，不涉及质点位置变化过程的细节.

在直角坐标系中，设

$$\boldsymbol{r}_1=x_1\boldsymbol{i}+y_1\boldsymbol{j}+z_1\boldsymbol{k}$$
$$\boldsymbol{r}_2=x_2\boldsymbol{i}+y_2\boldsymbol{j}+z_2\boldsymbol{k}$$

则位移矢量的表达式为

$$\Delta\boldsymbol{r}=\Delta x\boldsymbol{i}+\Delta y\boldsymbol{j}+\Delta z\boldsymbol{k}=(x_2-x_1)\boldsymbol{i}+(y_2-y_1)\boldsymbol{j}+(z_2-z_1)\boldsymbol{k} \tag{1-6}$$

式中，Δx、Δy、Δz 分别为质点在 Δt 时间内三个坐标的增量. 位移的大小和方向为

$$|\Delta\boldsymbol{r}|=\sqrt{(\Delta x)^2+(\Delta y)^2+(\Delta z)^2}$$

$$\cos\alpha=\frac{\Delta x}{|\Delta\boldsymbol{r}|},\quad \cos\beta=\frac{\Delta y}{|\Delta\boldsymbol{r}|},\quad \cos\gamma=\frac{\Delta z}{|\Delta\boldsymbol{r}|}$$

这里需要指出的是，位移 $\Delta\boldsymbol{r}$ 的大小 $|\Delta\boldsymbol{r}|$ 与位矢大小的增量 Δr 一般是不相等的. 如图 1-4 所示，$\Delta r=|\boldsymbol{r}_2|-|\boldsymbol{r}_1|$，即以 O 为圆心，以 $\boldsymbol{r}_1$ 的长度为半径画弧，交 $\boldsymbol{r}_2$ 于 C 点，则线段 CB 即 Δr，而位移的大小为线段 AB. 因此，在一般情况下，$|\Delta\boldsymbol{r}|\neq\Delta r$.

2. 路程

质点从 A 到 B 所经历的轨道长度称为这段时间走过的**路程**，用 Δs 表示. 应注意区分位移和路程这两个概念. 位移是矢量，表示质点位置变化的净效果，与质点运动轨道无关，只与始末位置有关；而路程是标量，是质点通过的实际路径的长度，与质点运动轨道有关. 另外，一般而言，位移的大小 $|\Delta\boldsymbol{r}|$ 并不等于路程 Δs. 但是，当时间间隔 Δt 趋于零时，位移的大小 $|\mathrm{d}\boldsymbol{r}|$ 等于路程 $\mathrm{d}s$，即

$$|\mathrm{d}\boldsymbol{r}|=\mathrm{d}s$$

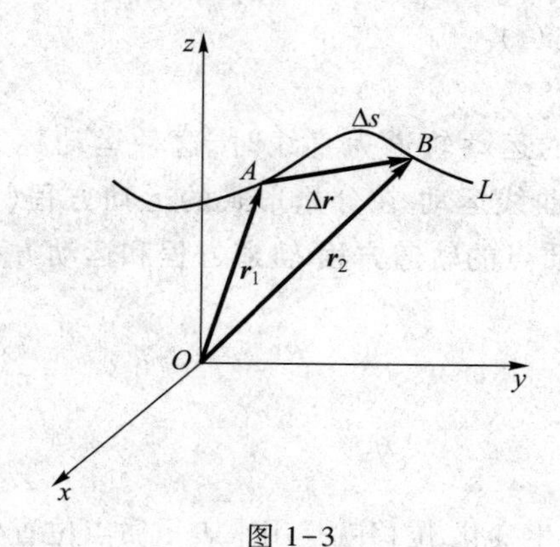

图 1-3

图 1-4

语音录课：
速度

六、速度

位移只能说明质点在某段时间内位置的变化，不能充分反映质点运动的快慢.为了描述质点运动的快慢及方向，我们引进速度的概念.只有质点的位矢和速度同时被确定，其运动状态才能被完全确定.所以，位矢和速度是描述质点运动状态的两个物理量.

如图 1-5 所示，质点沿轨道 L 作曲线运动，在 t 时刻，质点位于 A 处，在 $t+\Delta t$ 时刻，质点运动到 B 处，Δt 时间内质点发生位移 $\Delta\boldsymbol{r}$，那么质点位移 $\Delta\boldsymbol{r}$ 与发生这段位移所经历的时间 Δt 之比，称为这段时间内质点的**平均速度**，用 $\overline{\boldsymbol{v}}$ 来表示，即

$$\overline{\boldsymbol{v}}=\frac{\boldsymbol{r}_2-\boldsymbol{r}_1}{\Delta t}=\frac{\Delta\boldsymbol{r}}{\Delta t} \tag{1-7}$$

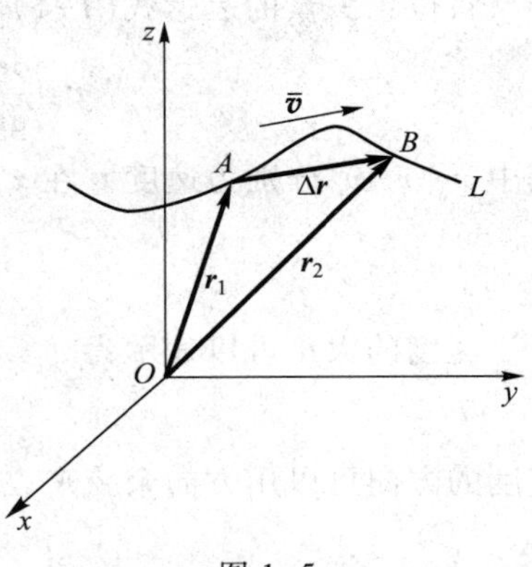

图 1-5

平均速度 $\overline{\boldsymbol{v}}$ 的方向与位移 $\Delta\boldsymbol{r}$ 的方向相同，是个矢量.它表示在 Δt 时间内 $\boldsymbol{r}(t)$ 随时间的平均变化率.

显然，平均速度只能对时间 Δt 内的质点位置随时间变化的情况作一个粗略的描述，不能反映质点运动的细节.想要精确了解质点在某一时刻的运动状态，可将时间 Δt 尽量减小，并使之趋于零，即 $\Delta t\to 0$，用平均速度的极限值来描述质点的运动状态.这个极限值即**瞬时速度**，简称**速度**，用 $\boldsymbol{v}$ 表示，即

$$\boldsymbol{v}=\lim_{\Delta t\to 0}\overline{\boldsymbol{v}}=\lim_{\Delta t\to 0}\frac{\Delta\boldsymbol{r}}{\Delta t}=\frac{\mathrm{d}\boldsymbol{r}}{\mathrm{d}t} \tag{1-8}$$

可见：速度等于位矢对时间的一阶导数.只要知道质点的运动方程 $\boldsymbol{r}=\boldsymbol{r}(t)$，即可求出质点的速度.

速度的方向就是 $\Delta t\to 0$ 时，平均速度 $\frac{\Delta\boldsymbol{r}}{\Delta t}$ 或者位移 $\Delta\boldsymbol{r}$ 的极限方向，即沿质点所在处轨道的切线方向，并指向质点运动的一方，如图 1-6 所示.

描述质点的运动状态有时也采用速率这一物理量，速率是个标量.若质点在 Δt 时间内经历的路程为 Δs，则 Δt 时间内质点的**平均速率**为

$$\overline{v}=\frac{\Delta s}{\Delta t} \tag{1-9}$$

平均速率与平均速度不同，前者为标量，后者为矢量；一般来说，$|\Delta\boldsymbol{r}|\neq\Delta s$，所以 $|\overline{\boldsymbol{v}}|\neq\overline{v}$.例如，$\Delta t$ 时间内质点作了一个完整的圆周运动，显然平均速度为零，而平均速率却不为零.

为了描述质点运动的细节，我们引进瞬时速率.当 $\Delta t\to 0$ 时，平均速率的极限值即质点在 t 时刻的**瞬时速率**，简称**速率**，以 v 表示，即

$$v=\lim_{\Delta t\to 0}\frac{\Delta s}{\Delta t}=\frac{\mathrm{d}s}{\mathrm{d}t} \tag{1-10}$$

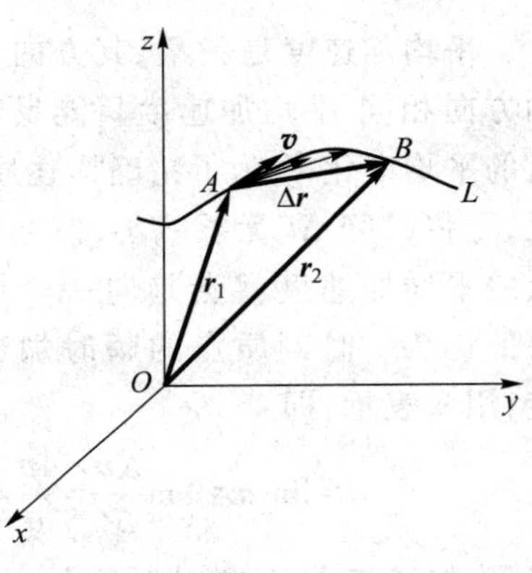

图 1-6

因为在 Δt 趋于零的情况下，质点位移的大小与路程相等，即 $\Delta t\to 0$ 时，$\mathrm{d}s=|\mathrm{d}\boldsymbol{r}|$，所以瞬时速度的大小就是瞬时速率，即

$$v=\frac{\mathrm{d}s}{\mathrm{d}t}=\frac{|\mathrm{d}\boldsymbol{r}|}{\mathrm{d}t}=|\boldsymbol{v}|$$

可见：质点速率等于其速度大小或路程对时间的一阶导数.

将位置矢量的表达式(1-1)对时间求一阶导数可得直角坐标系下速度的表达式：

$$\boldsymbol{v}=\frac{\mathrm{d}\boldsymbol{r}}{\mathrm{d}t}=\frac{\mathrm{d}x}{\mathrm{d}t}\boldsymbol{i}+\frac{\mathrm{d}y}{\mathrm{d}t}\boldsymbol{j}+\frac{\mathrm{d}z}{\mathrm{d}t}\boldsymbol{k}=v_x\boldsymbol{i}+v_y\boldsymbol{j}+v_z\boldsymbol{k} \tag{1-11}$$

其中，v_x、v_y、v_z 分别为速度 $\boldsymbol{v}$ 在 x 轴、y 轴和 z 轴的分量，即

$$v_x=\frac{\mathrm{d}x}{\mathrm{d}t},\quad v_y=\frac{\mathrm{d}y}{\mathrm{d}t},\quad v_z=\frac{\mathrm{d}z}{\mathrm{d}t} \tag{1-12}$$

速度的大小可以表示为

$$v=|\boldsymbol{v}|=\sqrt{v_x^2+v_y^2+v_z^2} \tag{1-13}$$

速度的方向可以用方向余弦来表示：

$$\cos\alpha=\frac{v_x}{v},\quad \cos\beta=\frac{v_y}{v},\quad \cos\gamma=\frac{v_z}{v}$$

在国际单位制中，速度的单位是米每秒(m/s).

七、加速度

语音录课：加速度

在通常情况下，质点运动的速度是变化的.速度是个矢量，所以无论是速度的大小还是方向发生变化，都表示速度发生了改变.为了衡量速度的变化，我们引入加速度这个物理量.

如图1-7所示，质点在 t 时刻位于 A 处，速度为 $\boldsymbol{v}_A$，经过 Δt 的时间，质点运动到 B 处，速度为 $\boldsymbol{v}_B$.在 Δt 时间内速度的增量为

$$\Delta\boldsymbol{v}=\boldsymbol{v}_B-\boldsymbol{v}_A$$

质点速度增量 $\Delta\boldsymbol{v}$ 与其所经历的时间 Δt 之比称为这段时间内质点的**平均加速度**，用 $\overline{\boldsymbol{a}}$ 来表示，即

$$\overline{\boldsymbol{a}}=\frac{\boldsymbol{v}_B-\boldsymbol{v}_A}{\Delta t}=\frac{\Delta\boldsymbol{v}}{\Delta t} \tag{1-14}$$

平均加速度是矢量，其方向与速度增量 $\Delta\boldsymbol{v}$ 的方向相同.平均加速度只能反映 Δt 时间内速度的平均变化率.为了精确描述质点速度变化情况，可将时间 Δt 无限减小，使之趋于零，这样质点的平均加速度就会趋向一个极限值，这个极限值称为 t 时刻质点的**瞬时加速度**，简称**加速度**，用 $\boldsymbol{a}$ 表示，即

$$\boldsymbol{a}=\lim_{\Delta t\to 0}\overline{\boldsymbol{a}}=\lim_{\Delta t\to 0}\frac{\Delta\boldsymbol{v}}{\Delta t}=\frac{\mathrm{d}\boldsymbol{v}}{\mathrm{d}t}=\frac{\mathrm{d}^2\boldsymbol{r}}{\mathrm{d}t^2} \tag{1-15}$$

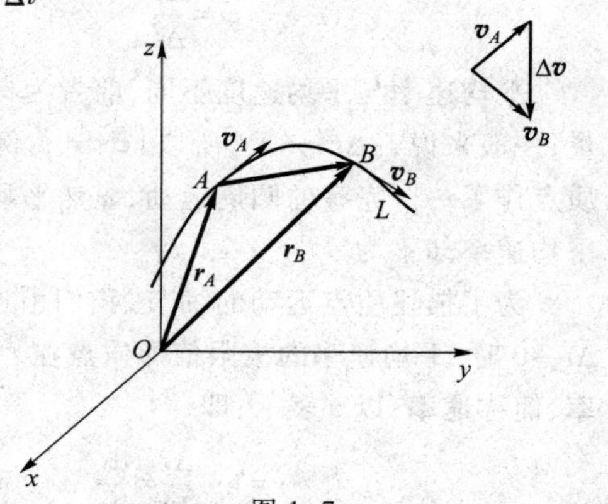

图1-7

可见：加速度是速度对时间的一阶导数或位矢

对时间的二阶导数.

将直角坐标系下速度矢量和位置矢量的表达式(1-11)和式(1-1)代入加速度的定义式(1-15),可得直角坐标系下加速度的表达式:

$$\boldsymbol{a}=\frac{\mathrm{d}v_x}{\mathrm{d}t}\boldsymbol{i}+\frac{\mathrm{d}v_y}{\mathrm{d}t}\boldsymbol{j}+\frac{\mathrm{d}v_z}{\mathrm{d}t}\boldsymbol{k}=\frac{\mathrm{d}^2x}{\mathrm{d}t^2}\boldsymbol{i}+\frac{\mathrm{d}^2y}{\mathrm{d}t^2}\boldsymbol{j}+\frac{\mathrm{d}^2z}{\mathrm{d}t^2}\boldsymbol{k}=a_x\boldsymbol{i}+a_y\boldsymbol{j}+a_z\boldsymbol{k} \tag{1-16}$$

其中 a_x、a_y 和 a_z 分别是加速度 $\boldsymbol{a}$ 沿坐标轴的三个分量,它们分别表示为

$$\begin{cases}a_x=\dfrac{\mathrm{d}v_x}{\mathrm{d}t}=\dfrac{\mathrm{d}^2x}{\mathrm{d}t^2}\\ a_y=\dfrac{\mathrm{d}v_y}{\mathrm{d}t}=\dfrac{\mathrm{d}^2y}{\mathrm{d}t^2}\\ a_z=\dfrac{\mathrm{d}v_z}{\mathrm{d}t}=\dfrac{\mathrm{d}^2z}{\mathrm{d}t^2}\end{cases} \tag{1-17}$$

加速度大小为

$$a=|\boldsymbol{a}|=\sqrt{a_x^2+a_y^2+a_z^2} \tag{1-18}$$

$a=|\boldsymbol{a}|=\left|\dfrac{\mathrm{d}\boldsymbol{v}}{\mathrm{d}t}\right|\neq\dfrac{\mathrm{d}|\boldsymbol{v}|}{\mathrm{d}t}$,即加速度的大小不等于速度大小(速率)的变化率.

加速度是矢量,$\boldsymbol{a}$ 的方向与 Δt 趋于零时速度增量 $\Delta\boldsymbol{v}$ 的极限方向一致,一般情况下与运动方向不同,总是指向轨道曲线的凹侧,如图 1-8 所示.当质点作直线运动时,加速度方向与速度方向的夹角为0°或180°.当质点作曲线运动时,若加速度方向与速度方向的夹角大于 90°,则速率减小,质点作减速运动;若加速度方向与速度方向的夹角小于 90°,则速率增大,质点作加速运动;若加速度方向与速度方向的夹角等于 90°,则速率不变,质点作匀速率曲线运动.

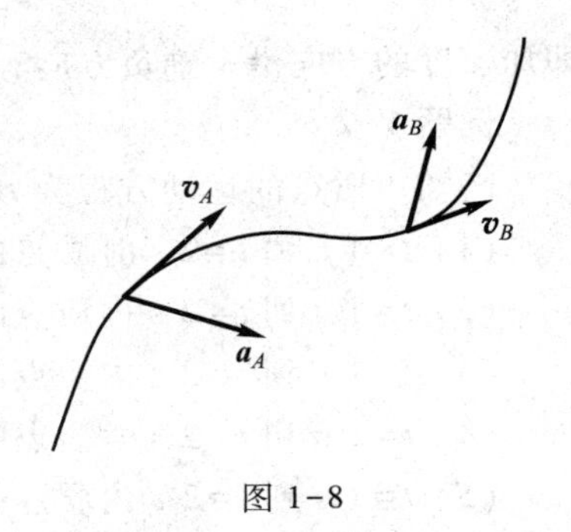

图 1-8

八、运动学的两类问题

质点运动学研究的内容很多,范围也很广,但在一般情况下,人们往往把质点运动学研究的问题分为以下两类:

(1) 已知质点运动方程,求质点在任意时刻的速度和加速度.求解这类问题的基本方法是求导.

(2) 已知质点的加速度(或速度)随时间的变化关系,根据初始条件求质点在任意时刻的速度和运动方程.求解这一类问题的基本方法是积分.

运动方程 $\xrightarrow{\text{第一类问题:求导}}$ $\boldsymbol{v}$、$\boldsymbol{a}$ 等

运动方程 $\xleftarrow{\text{第二类问题:积分}}$ $\boldsymbol{v}$、$\boldsymbol{a}$ 等

下面通过具体例子来说明处理这两类问题的基本方法.

先讨论第一类问题,即已知质点运动方程,求质点在任意时刻的速度和加速度.

例题 1-1

已知一质点的运动方程为 $\boldsymbol{r}=3t\boldsymbol{i}-4t^2\boldsymbol{j}$(SI 单位),求质点运动的轨道方程、速度、加速度.

解 将运动方程写为分量形式:

$$x=3t,\quad y=-4t^2\text{(SI 单位)}$$

消去参量 t,即得轨道方程:

$$4x^2+9y=0$$

这是以顶点为原点的抛物线.

由速度定义得

$$\boldsymbol{v}=\frac{\mathrm{d}\boldsymbol{r}}{\mathrm{d}t}=3\boldsymbol{i}-8t\boldsymbol{j}\text{(SI 单位)}$$

速度的大小为

$$v=\sqrt{3^2+(8t)^2}\text{(SI 单位)}$$

速度与 x 轴的夹角为

$$\theta=\arctan\left(\frac{-8t}{3}\right)\text{(SI 单位)}$$

由加速度的定义,得

$$\boldsymbol{a}=\frac{\mathrm{d}\boldsymbol{v}}{\mathrm{d}t}=-8\boldsymbol{j}\ \mathrm{m/s^2}$$

即加速度的方向沿 y 轴负方向,大小为 $8\ \mathrm{m/s^2}$.

例题 1-2

已知一质点的运动方程为 $\boldsymbol{r}=2t\boldsymbol{i}+(2-t^2)\boldsymbol{j}$(SI 单位),求:

(1) $t=1$ s 和 $t=2$ s 时质点的位矢;

(2) $t=1$ s 到 $t=2$ s 内质点的位移及其大小;

(3) $t=1$ s 到 $t=2$ s 内质点的平均速度;

(4) $t=1$ s 和 $t=2$ s 时质点的速度;

(5) $t=1$ s 到 $t=2$ s 内质点的平均加速度;

(6) $t=1$ s 和 $t=2$ s 时质点的加速度.

解 (1) 质点在 $t=1$ s 和 $t=2$ s 时的位矢分别为

$$\boldsymbol{r}_1=(2\boldsymbol{i}+\boldsymbol{j})\ \mathrm{m}$$

$$\boldsymbol{r}_2=(4\boldsymbol{i}-2\boldsymbol{j})\ \mathrm{m}$$

(2) 质点在 $t=1$ s 到 $t=2$ s 内的位移为

$$\Delta\boldsymbol{r}=\boldsymbol{r}_2-\boldsymbol{r}_1=(2\boldsymbol{i}-3\boldsymbol{j})\ \mathrm{m}$$

其大小为

$$|\Delta\boldsymbol{r}|=\sqrt{2^2+3^2}\ \mathrm{m}=\sqrt{13}\ \mathrm{m}$$

(3) $t=1$ s 到 $t=2$ s 内质点的平均速度为

$$\bar{\boldsymbol{v}}=\frac{\Delta\boldsymbol{r}}{\Delta t}=\frac{2\boldsymbol{i}-3\boldsymbol{j}}{2-1}\ \mathrm{m/s}=(2\boldsymbol{i}-3\boldsymbol{j})\ \mathrm{m/s}$$

(4) 由质点的运动方程可得,速度表达式为

$$\boldsymbol{v}=\frac{\mathrm{d}\boldsymbol{r}}{\mathrm{d}t}=2\boldsymbol{i}-2t\boldsymbol{j}\text{(SI 单位)}$$

$t=1$ s 时，

$$\boldsymbol{v}_1=(2\boldsymbol{i}-2\boldsymbol{j})\ \text{m/s}$$

$t=2$ s 时，

$$\boldsymbol{v}_2=(2\boldsymbol{i}-4\boldsymbol{j})\ \text{m/s}$$

（5）$t=1$ s 到 $t=2$ s 内质点的平均加速度为

$$\overline{\boldsymbol{a}}=\frac{\Delta\boldsymbol{v}}{\Delta t}=\frac{\boldsymbol{v}_2-\boldsymbol{v}_1}{\Delta t}=\frac{-2\boldsymbol{j}}{2-1}\ \text{m/s}^2=-2\boldsymbol{j}\ \text{m/s}^2$$

（6）由质点的运动方程可得加速度表达式为

$$\boldsymbol{a}=\frac{\mathrm{d}^2\boldsymbol{r}}{\mathrm{d}t^2}=\frac{\mathrm{d}\boldsymbol{v}}{\mathrm{d}t}=-2\boldsymbol{j}\ \text{m/s}^2$$

可见加速度是个常矢量，不随时间变化，所以 $t=1$ s 和 $t=2$ s 时质点的加速度均为

$$\boldsymbol{a}=-2\boldsymbol{j}\ \text{m/s}^2$$

现在讨论第二类问题，即已知质点的加速度（或速度）随时间的变化关系，根据初始条件求质点在任意时刻的速度和运动方程.

例题 1-3

一质点作匀变速直线运动，其加速度为常量 a，$t=0$ 时，坐标为 x_0，速度为 v_0，求质点运动速度和坐标随时间 t 的变化规律.

解　在直线运动中，

$$a=\frac{\mathrm{d}v}{\mathrm{d}t}$$

可知

$$a\mathrm{d}t=\mathrm{d}v$$

根据初始条件，对上式两边同时积分，有

$$\int_{v_0}^{v}\mathrm{d}v=\int_0^t a\mathrm{d}t$$

因为 a 为常量，所以有

$$v=v_0+at \tag{1-19}$$

这便是匀变速直线运动中速度随时间变化的规律.

在直线运动中，

$$v=\frac{\mathrm{d}x}{\mathrm{d}t}$$

上式可改写为

$$\mathrm{d}x=v\mathrm{d}t$$

将式(1-19)代入，有

$$\mathrm{d}x=(v_0+at)\mathrm{d}t$$

根据初始条件，对上式两边同时积分，有

$$\int_{x_0}^{x}\mathrm{d}x=\int_0^t(v_0+at)\mathrm{d}t$$

$$x=x_0+v_0t+\frac{1}{2}at^2 \tag{1-20}$$

这就是匀变速直线运动中位置坐标随时间的变化规律.

把 $a=\frac{\mathrm{d}v}{\mathrm{d}t}$ 改写为 $a=\frac{\mathrm{d}v}{\mathrm{d}x}\frac{\mathrm{d}x}{\mathrm{d}t}=v\frac{\mathrm{d}v}{\mathrm{d}x}$,于是有

$$v\mathrm{d}v=a\mathrm{d}x$$

对上式两边同时积分,有

$$\int_{v_0}^{v} v\mathrm{d}v=\int_{x_0}^{x} a\mathrm{d}x$$

$$v^2=v_0^2+2a(x-x_0) \tag{1-21}$$

这就是匀变速直线运动中速度随坐标的变化规律.

若 $t=0$ 时,$x_0=0$,则有

$$x=v_0t+\frac{1}{2}at^2$$

$$v^2=v_0^2+2ax$$

这些关系只适用于质点作匀变速直线运动的情况.质点作一般直线运动时,加速度不是常量,因此公式(1-19)、(1-20)和(1-21)不再适用.

例题 1-4

一质点悬挂在弹簧上作竖直振动时,其加速度可表示为 $a=-ky$,式中 k 为正的常量,y 是以平衡位置为原点时测得的质点坐标.假定初始时刻质点位于 y_0 处,初速度为 v_0,试求任意时刻的速度 v 与坐标 y 之间的关系式.

解 由加速度在运动方向的分量式 $a=\frac{\mathrm{d}v}{\mathrm{d}t}$ 及速度的分量式 $v=\frac{\mathrm{d}y}{\mathrm{d}t}$,得

$$a=\frac{\mathrm{d}v}{\mathrm{d}t}=\frac{\mathrm{d}v}{\mathrm{d}y}\frac{\mathrm{d}y}{\mathrm{d}t}=v\frac{\mathrm{d}v}{\mathrm{d}y}$$

将已知条件 $a=-ky$ 代入上式,得

$$-ky=v\frac{\mathrm{d}v}{\mathrm{d}y}$$

分离变量,并将初始条件代入后积分,有

$$-\int_{y_0}^{y} ky\mathrm{d}y=\int_{v_0}^{v} v\mathrm{d}v$$

则速度 v 与坐标 y 之间的关系式为

$$v^2=v_0^2+k(y_0^2-y^2)$$

1-2 曲线运动

一、抛体运动

在地球表面附近不太大的范围内,重力加速度 g 可看成常量.在忽略空气阻力的情况下,向空中任意方向以一定的初速度抛出一物体,物体将在重力作用下,沿一抛物线运动而落向地面.这种在竖直平面内因抛射而引起的运动称为**抛体运动**,例如,投掷铅球、飞机

投弹、电子束在匀强磁场中的偏转等.抛体运动是质点作曲线运动的一种特殊情形.根据抛出速度的方向,抛体运动可分为斜抛运动、平抛运动、竖直上抛运动和竖直下抛运动.其中,竖直上抛运动和竖直下抛运动为一维运动;而斜抛运动和平抛运动是二维的平面运动,常常需要建立二维平面直角坐标系进行处理.

设一物体以初速度 $\boldsymbol{v}_0$ 在竖直平面内从地面斜向上抛出,$\boldsymbol{v}_0$ 与水平方向成 θ_0 角.选取平面直角坐标系:将起抛点作为坐标原点,x 轴和 y 轴分别沿水平方向和竖直方向,如图 1-9 所示.选取物体抛出时刻作为计时起点,则 $t=0$ 时,

$$x_0=y_0=0$$

图 1-9

初速度 $\boldsymbol{v}_0$ 在 x 轴和 y 轴上的分量分别为

$$v_{0x}=v_0\cos\,\theta_0,\quad v_{0y}=v_0\sin\,\theta_0$$

物体在整个运动过程中的加速度在 x 轴和 y 轴上的分量分别为

$$a_x=0,\quad a_y=-g$$

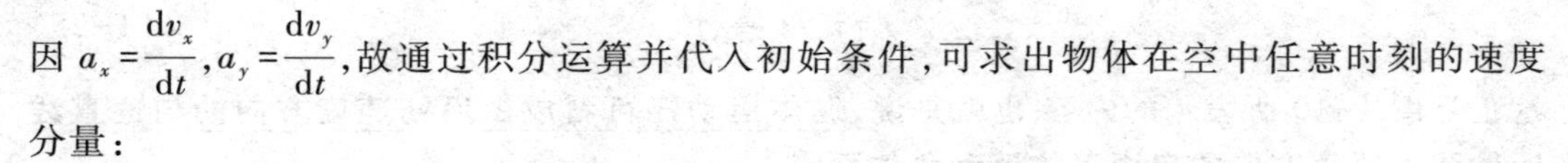

因 $a_x=\dfrac{\mathrm{d}v_x}{\mathrm{d}t}, a_y=\dfrac{\mathrm{d}v_y}{\mathrm{d}t}$,故通过积分运算并代入初始条件,可求出物体在空中任意时刻的速度分量:

$$v_x=v_0\cos\,\theta_0,\quad v_y=v_0\sin\,\theta_0-gt \tag{1-22}$$

又因 $v_x=\dfrac{\mathrm{d}x}{\mathrm{d}t}, v_y=\dfrac{\mathrm{d}y}{\mathrm{d}t}$,故有

$$\mathrm{d}x=v_x\mathrm{d}t=(v_0\cos\,\theta_0)\,\mathrm{d}t$$

$$\mathrm{d}y=v_y\mathrm{d}t=(v_0\sin\,\theta_0-gt)\,\mathrm{d}t$$

积分后得

$$\int_{x_0}^{x}\mathrm{d}x=\int_0^t(v_0\cos\,\theta_0)\,\mathrm{d}t$$

$$\int_{y_0}^{y}\mathrm{d}y=\int_0^t(v_0\sin\,\theta_0-gt)\,\mathrm{d}t$$

代入初始条件,$t=0$ 时,$x_0=y_0=0$,得直角坐标系下运动方程分量式:

$$\begin{cases}x=v_0t\cos\,\theta_0\\ y=v_0t\sin\,\theta_0-\dfrac{1}{2}gt^2\end{cases} \tag{1-23}$$

运动方程的矢量形式为

$$\boldsymbol{r}=(v_0t\cos\,\theta_0)\,\boldsymbol{i}+\left(v_0t\sin\,\theta_0-\frac{1}{2}gt^2\right)\boldsymbol{j} \tag{1-24}$$

式(1-24)表明:**抛体运动是由沿 x 轴的匀速直线运动和沿 y 轴的匀变速直线运动叠加而成的**.

对任何一个矢量,有许多种分解方法,同样也存在着多种多样的叠加方法.在图 1-10 中,画出了以位矢 $\boldsymbol{r}$ 为一边的三角形叠加法.为了看出这点,我们把式(1-24)重新改写如下:

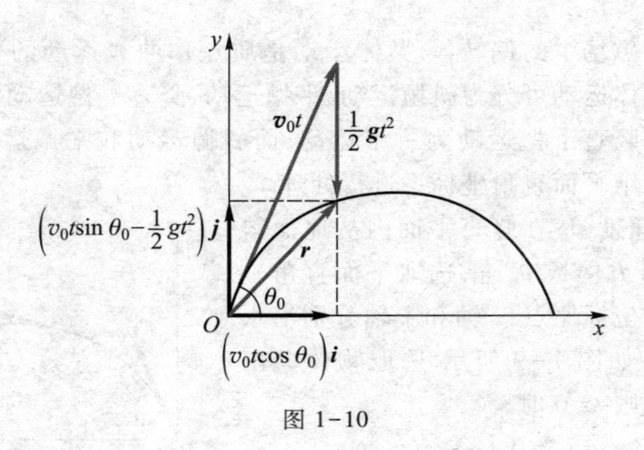

图 1-10

$$\boldsymbol{r}=[(v_0\cos\theta_0)\boldsymbol{i}+(v_0\sin\theta_0)\boldsymbol{j}]t-\frac{1}{2}gt^2\boldsymbol{j}$$

上式中括号内的矢量和就是初速度 $\boldsymbol{v}_0$，而重力加速度 $\boldsymbol{g}$ 的方向恰好和 $\boldsymbol{j}$ 相反，如果不用 $\boldsymbol{i}$ 和 $\boldsymbol{j}$，而改用矢量 $\boldsymbol{v}_0$ 和 $\boldsymbol{g}$ 表示，那么上式可写成

$$\boldsymbol{r}=\boldsymbol{v}_0t+\frac{1}{2}\boldsymbol{g}t^2 \tag{1-25}$$

这正是图 1-10 所表示的内容.也就是说，**抛体运动还可看成由沿初速度方向的匀速直线运动和沿竖直方向的自由落体运动叠加而成**.

总之，上述讨论告诉我们，质点的任何一个复杂的曲线运动都可以看成各个独立分运动的叠加合成，这就是**运动的叠加性**.

由式(1-23)的两个分量式消去 t，即得抛体的轨道方程：

$$y=x\tan\theta_0-\frac{g}{2v_0^2\cos^2\theta_0}x^2 \tag{1-26}$$

上式是一个抛物线方程，说明抛体的路径为一抛物线.若令上式中 $y=0$，则可求得抛物线与 x 轴的一个交点的坐标：

$$x=\frac{v_0^2}{g}\sin 2\theta_0 \tag{1-27}$$

这就是抛体的射程.显然，初速度 $\boldsymbol{v}_0$ 一定时，射程与抛射角 θ_0 有关.当 $\theta_0=45°$时，射程最大，且最大射程为 $x_{\max}=\frac{v_0^2}{g}$.

当物体到达最大高度时，必有 $v_y=0$，由式(1-22)可求得物体到达最大高度的时间：

$$t_1=\frac{v_0}{g}\sin\theta_0$$

将此式代入式(1-23)中的 $y-t$ 关系式，即可求得物体运动所能达到的最大高度：

$$y_{\max}=\frac{v_0^2}{2g}\sin^2\theta_0 \tag{1-28}$$

在以上的讨论中，我们忽略了空气阻力的影响.若考虑空气阻力，则物体经过的路径为一不对称的曲线，实际射程和最大高度都要比真空中的值小很多，其示意图如图 1-11 所示.

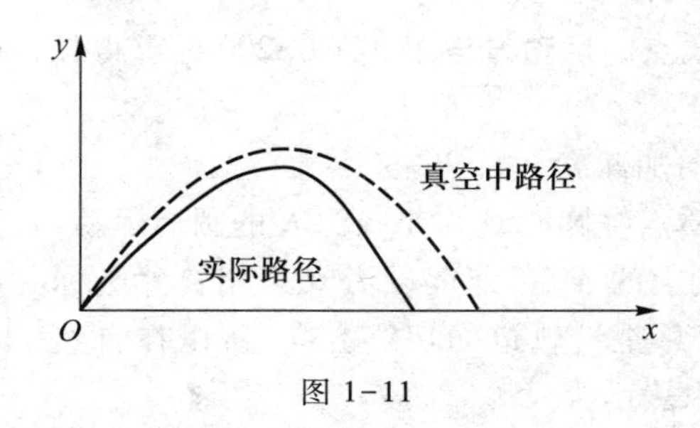

图 1-11

表 1-1 给出一些子弹或炮弹在真空和空气中的射程.

拓展阅读:洲际导弹及其射程

表 1-1　子弹或炮弹在真空和空气中的射程

	初速率/($m\cdot s^{-1}$)	抛射角/(°)	真空中射程/m	空气中射程/m
7.6 mm 子弹	800	15	32 653	3 870
85 mm 炮弹	700	45	50 000	16 000
82 mm 炮弹	60	45	367	350

二、圆周运动

圆周运动是另一种典型的二维平面曲线运动,它是研究一般曲线运动和物体转动的基础.在实际生活中许多物体作圆周运动,例如运动的车轮、钟表的指针、匀速转动的风扇的扇叶、游乐场里转动的摩天轮,等等.一般来说,在曲线运动中,质点速度的大小和方向都在改变,即存在加速度.为了更加清晰地说明加速度的物理意义,我们通常采用自然坐标系.

1. 自然坐标系

语音录课:圆周运动

在牛顿力学中,质点的运动大多是轨道已知的运动,沿着质点的运动轨道而建立的坐标系称为**自然坐标系**.它的建立方法如下:取轨道上任一固定点为自然坐标系的原点 O,并任意选定沿轨道的某一走向为正方向,同时在运动质点所在处沿轨道的切线方向和法线方向建立两个相互垂直的坐标轴.切向坐标轴的正方向指向质点前进的方向,其单位矢量用 $\boldsymbol{e}_t$ 来表示;法向坐标轴的正方向垂直于 $\boldsymbol{e}_t$ 并指向曲线的凹侧,其单位矢量用 $\boldsymbol{e}_n$ 来表示.显然 $\boldsymbol{e}_t$ 和 $\boldsymbol{e}_n$ 不是两个常矢量.运动质点在轨道上某一点 P 的位置坐标用原点 O 距离 P 点的轨道弧长 s 表示,s 称为弧坐标或自然坐标,s 值可正可负,如图 1-12 所示.

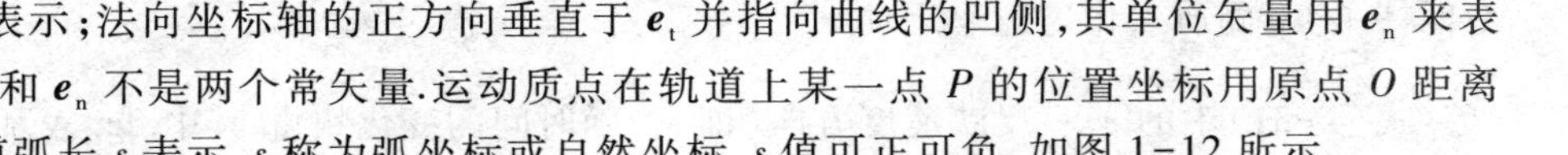

当质点沿轨道运动时,s 是时间 t 的函数,即

$$s=s(t) \tag{1-29}$$

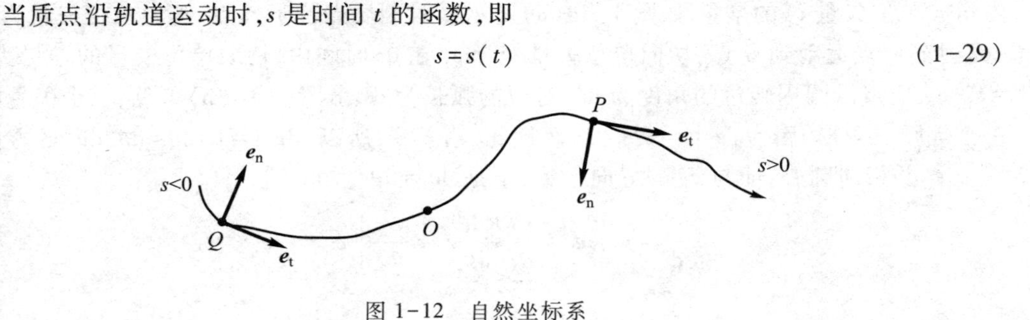

图 1-12　自然坐标系

此式就是**自然坐标系中质点的运动方程**.由式(1-29)可求得任一时刻 t 质点在轨道上的位置、速度和加速度.

2. 切向加速度和法向加速度

如图1-13所示,一质点绕圆心 O 作半径为 R 的圆周运动,某一时刻 t 质点位于圆周上的 A 点,速度设为 $\boldsymbol{v}$.采用自然坐标系,因为质点运动的速度总是沿轨道的切线方向,所以在自然坐标系中的速度矢量可以表示为

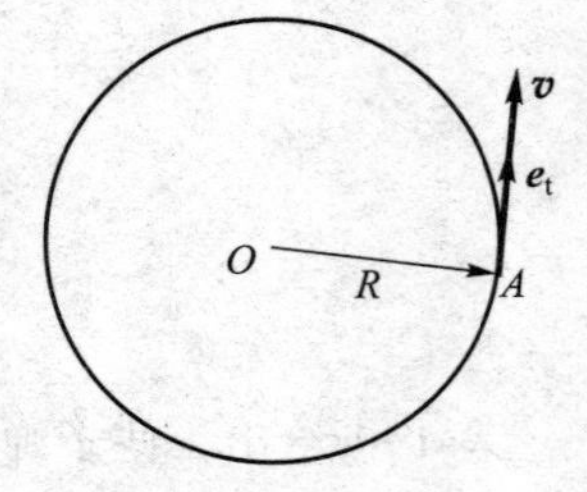

图1-13

$$\boldsymbol{v}=v\boldsymbol{e}_{\mathrm{t}} \tag{1-30}$$

其中 $v=|\boldsymbol{v}|=\dfrac{\mathrm{d}s}{\mathrm{d}t}$ 为速度的大小,即速率,s 表示路程,$\boldsymbol{e}_{\mathrm{t}}$ 是切向单位矢量.因此,在自然坐标系中,质点运动的速度只有切向分量,没有法向分量.

加速度反映速度变化的快慢.由加速度定义,并考虑到质点在运动过程中速度的大小和方向都会随时间变化,即 v 和 $\boldsymbol{e}_{\mathrm{t}}$ 均为变量,有

$$\boldsymbol{a}=\frac{\mathrm{d}\boldsymbol{v}}{\mathrm{d}t}=\frac{\mathrm{d}}{\mathrm{d}t}(v\boldsymbol{e}_{\mathrm{t}})=\frac{\mathrm{d}v}{\mathrm{d}t}\boldsymbol{e}_{\mathrm{t}}+v\frac{\mathrm{d}\boldsymbol{e}_{\mathrm{t}}}{\mathrm{d}t} \tag{1-31}$$

也就是说,在自然坐标系中,加速度可分解为两个分矢量.其中第一项反映速度大小随时间的变化快慢,其方向沿 $\boldsymbol{e}_{\mathrm{t}}$ 的方向,即沿着轨道的切线方向.故将此项加速度称为切向加速度,记为 $\boldsymbol{a}_{\mathrm{t}}$,有

$$\boldsymbol{a}_{\mathrm{t}}=\frac{\mathrm{d}v}{\mathrm{d}t}\boldsymbol{e}_{\mathrm{t}}=a_{\mathrm{t}}\boldsymbol{e}_{\mathrm{t}} \tag{1-32}$$

式中,

$$a_{\mathrm{t}}=\frac{\mathrm{d}v}{\mathrm{d}t} \tag{1-33}$$

a_{t} 为加速度 $\boldsymbol{a}$ 的切向分量.**可见:切向加速度大小等于速率对时间的一阶导数**.当速率随时间增大时,$a_{\mathrm{t}}=\dfrac{\mathrm{d}v}{\mathrm{d}t}>0$,切向加速度与速度同方向,质点作加速运动;当速率随时间减小时,$a_{\mathrm{t}}=\dfrac{\mathrm{d}v}{\mathrm{d}t}<0$,切向加速度与速度反方向,质点作减速运动;当 $a_{\mathrm{t}}=\dfrac{\mathrm{d}v}{\mathrm{d}t}=0$ 时,质点运动的速率保持不变,即质点作匀速率运动.

式(1-31)中的 $v\dfrac{\mathrm{d}\boldsymbol{e}_{\mathrm{t}}}{\mathrm{d}t}$ 反映速度方向(即 $\boldsymbol{e}_{\mathrm{t}}$)随时间的变化快慢.其中 $\mathrm{d}\boldsymbol{e}_{\mathrm{t}}$ 表示在 $\mathrm{d}t$ 时间内切向单位矢量 $\boldsymbol{e}_{\mathrm{t}}$ 的增量.如图1-14(a)所示,t 时刻质点位于 A 点,切向单位矢量为 $\boldsymbol{e}_{\mathrm{t}}$,$t+\mathrm{d}t$ 时刻质点运动到 B 点,切向单位矢量变为 $\boldsymbol{e}_{\mathrm{t}}'$.在 $\mathrm{d}t$ 时间内,切向单位矢量的增量为 $\mathrm{d}\boldsymbol{e}_{\mathrm{t}}=\boldsymbol{e}_{\mathrm{t}}'-\boldsymbol{e}_{\mathrm{t}}$,质点沿圆周转过的角度为 $\mathrm{d}\theta$,对应的弧长为 $\mathrm{d}s$.由图1-14(b)可见,三个矢量构成一个等腰三角形,因为 $|\boldsymbol{e}_{\mathrm{t}}|=|\boldsymbol{e}_{\mathrm{t}}'|=1$,而且 $\mathrm{d}\theta$ 趋于零,所以 $|\mathrm{d}\boldsymbol{e}_{\mathrm{t}}|=1\times\mathrm{d}\theta=\mathrm{d}\theta$,$\mathrm{d}\boldsymbol{e}_{\mathrm{t}}$ 的方向垂直于 $\boldsymbol{e}_{\mathrm{t}}$ 并指向圆心,即与 $\boldsymbol{e}_{\mathrm{n}}$ 的方向一致,于是 $\mathrm{d}\boldsymbol{e}_{\mathrm{t}}=\mathrm{d}\theta\boldsymbol{e}_{\mathrm{n}}$,可得

$$v\frac{\mathrm{d}\boldsymbol{e}_{\mathrm{t}}}{\mathrm{d}t}=v\frac{\mathrm{d}\theta}{\mathrm{d}t}\boldsymbol{e}_{\mathrm{n}}=\frac{v}{R}\frac{R\mathrm{d}\theta}{\mathrm{d}t}\boldsymbol{e}_{\mathrm{n}}=\frac{v}{R}\frac{\mathrm{d}s}{\mathrm{d}t}\boldsymbol{e}_{\mathrm{n}}=\frac{v^2}{R}\boldsymbol{e}_{\mathrm{n}}$$

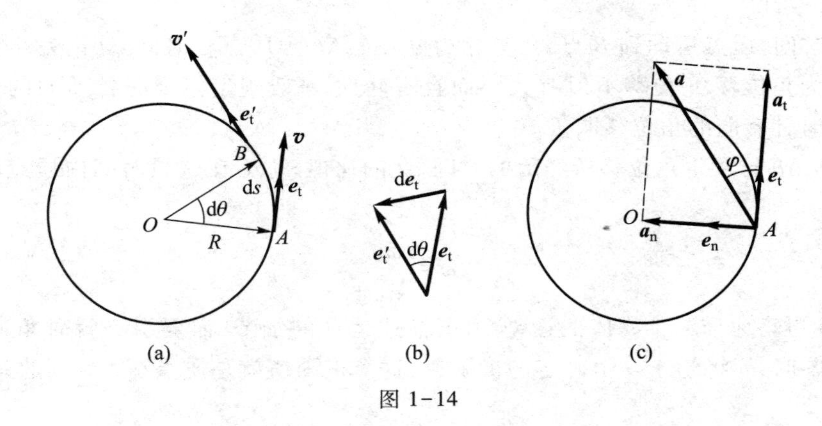

图 1-14

该项为矢量,其方向沿半径指向圆心,此项称为**法向加速度**,记为

$$\boldsymbol{a}_{\mathrm{n}}=\frac{v^{2}}{R}\boldsymbol{e}_{\mathrm{n}} \tag{1-34}$$

其大小为

$$a_{\mathrm{n}}=\frac{v^{2}}{R} \tag{1-35}$$

a_{n} 是加速度 $\boldsymbol{a}$ 的法向分量.**可见:法向加速度大小等于速率平方除以圆周半径**.

总加速度为

$$\boldsymbol{a}=\boldsymbol{a}_{\mathrm{t}}+\boldsymbol{a}_{\mathrm{n}}=a_{\mathrm{t}}\boldsymbol{e}_{\mathrm{t}}+a_{\mathrm{n}}\boldsymbol{e}_{\mathrm{n}}=\frac{\mathrm{d}v}{\mathrm{d}t}\boldsymbol{e}_{\mathrm{t}}+\frac{v^{2}}{R}\boldsymbol{e}_{\mathrm{n}} \tag{1-36}$$

其大小为

$$a=\sqrt{a_{\mathrm{t}}^{2}+a_{\mathrm{n}}^{2}}=\sqrt{\left(\frac{\mathrm{d}v}{\mathrm{d}t}\right)^{2}+\left(\frac{v^{2}}{R}\right)^{2}} \tag{1-37}$$

其方向可用 $\boldsymbol{a}$ 与 $\boldsymbol{e}_{\mathrm{t}}$ 之间的夹角 φ 表示[见图 1-14(c)]:

$$\tan\varphi=\frac{a_{\mathrm{n}}}{a_{\mathrm{t}}}$$

3. 平面极坐标系和圆周运动的角量描述

对于圆周运动,也可以建立平面极坐标系进行研究,这种坐标系的描述较为简便.如图 1-15 所示,一质点在 Oxy 平面上作半径为 R 的圆周运动,选圆心 O 为极坐标系原点,Ox 轴为极轴.t 时刻质点运动到 A 点,OA 即 A 点的极径,用 r 表示.极径 OA 与极轴 Ox 的夹角 θ 称为 A 点的角坐标或角位置.因为质点作圆周运动时极径 r 是一个常量,恒等于圆的半径 R,所以在任意时刻 t 质点的位置可用一个变量 θ 完全确定,且 θ 是时间 t 的函数:

$$\theta=\theta(t) \tag{1-38}$$

上式就是**平面极坐标系中圆周运动的运动方程**.

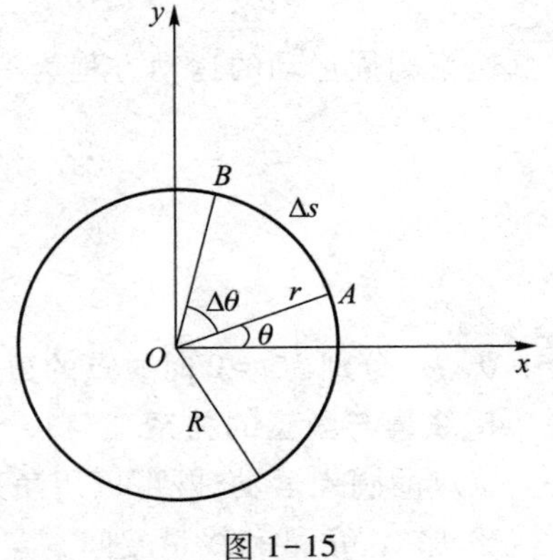

图 1-15

如前引入速度、加速度的方法一样,也可以引入角速度和角加速度.t 时刻,质点位于 A 点,角坐标为

θ;经过 Δt 时间,质点运动到 B 点,角坐标为 $\theta+\Delta\theta$,$\Delta\theta$ 为质点在时间 Δt 内发生的角坐标的变化,称为**角位移**.角位移不但有大小而且有转向.一般规定沿逆时针转向的角位移取正值,沿顺时针转向的角位移取负值.

角位移 $\Delta\theta$ 与发生角位移所经历的时间 Δt 的比值,称为在这段时间内质点的平均角速度,记为 $\bar{\omega}$,即

$$\bar{\omega}=\frac{\Delta\theta}{\Delta t} \tag{1-39}$$

平均角速度粗略地描述了物体的运动.为了描述运动的细节,需要引进瞬时角速度.当时间 Δt 趋于零时,$\bar{\omega}$ 将趋于一个确定的极限值,这个极限值就是质点在 t 时刻的**角速度**,用 ω 表示,即

$$\omega=\lim_{\Delta t\to 0}\bar{\omega}=\lim_{\Delta t\to 0}\frac{\Delta\theta}{\Delta t}=\frac{\mathrm{d}\theta}{\mathrm{d}t} \tag{1-40}$$

可见:角速度等于作圆周运动质点的角坐标对时间的一阶导数.在圆周运动中,质点的角速度可以看成代数量,它的正负取决于质点的运动方向.

当质点作变速率圆周运动时,角速度的大小随时间变化.设在某时刻 t,质点的角速度为 ω,在 $t+\Delta t$ 时刻,质点的角速度为 ω',则角速度增量 $\Delta\omega=\omega'-\omega$ 与发生这一增量所经历时间 Δt 的比值,称为这段时间内质点的平均角加速度,用 $\bar{\alpha}$ 表示,即

$$\bar{\alpha}=\frac{\Delta\omega}{\Delta t} \tag{1-41}$$

当时间 Δt 趋于零时,$\bar{\alpha}$ 将趋于一极限值,这个极限值称为 t 时刻质点的瞬时角加速度,简称**角加速度**,记为 α,有

$$\alpha=\lim_{\Delta t\to 0}\bar{\alpha}=\lim_{\Delta t\to 0}\frac{\Delta\omega}{\Delta t}=\frac{\mathrm{d}\omega}{\mathrm{d}t}=\frac{\mathrm{d}^2\theta}{\mathrm{d}t^2} \tag{1-42}$$

可见:角加速度等于作圆周运动质点的角速度对时间的一阶导数或角坐标对时间的二阶导数.在圆周运动中,角加速度也可以看成代数量.当质点沿圆周作加速运动时,ω 和 α 同号;作减速运动时,ω 和 α 异号;作匀速率运动时,ω 为常量,α 等于零.

角位移的单位是 rad,角速度和角加速度的单位分别为 rad/s 和 $\mathrm{rad/s^2}$.

质点作匀速率和匀变速率圆周运动时,用角量表示的运动方程与匀速和匀变速直线运动的运动方程相似.匀速率圆周运动的运动方程为

$$\theta=\theta_0+\omega t$$

匀变速率圆周运动的运动方程为

$$\begin{cases}\omega=\omega_0+\alpha t\\ \theta=\theta_0+\omega_0 t+\dfrac{1}{2}\alpha t^2\\ \omega^2-\omega_0^2=2\alpha(\theta-\theta_0)\end{cases}$$

其中 θ_0、ω_0 分别为 $t=0$ 时质点的角坐标和角速度;θ、ω 则为 t 时刻质点的角坐标和角速度.

4. 线量与角量的关系

质点的圆周运动,既可以用角速度、角加速度等角量描述,也可以用速度、加速度等线量描述.那么,角量和线量之间一定存在着某种联系,由图 1-15 可见,

$$\Delta s=R\Delta\theta \tag{1-43}$$

Δs 是在 Δt 时间内质点作圆周运动所走过的弧长.当 $\Delta t\to 0$ 时,质点的速度大小为

$$v=\lim_{\Delta t\to 0}\frac{\Delta s}{\Delta t}=\lim_{\Delta t\to 0}R\frac{\Delta\theta}{\Delta t}=R\omega \tag{1-44}$$

根据式(1-44),并按照切向加速度和法向加速度的定义,可得

$$a_{\mathrm{t}}=\frac{\mathrm{d}v}{\mathrm{d}t}=R\frac{\mathrm{d}\omega}{\mathrm{d}t}=R\alpha \tag{1-45}$$

$$a_{\mathrm{n}}=\frac{v^2}{R}=\frac{(R\omega)^2}{R}=R\omega^2 \tag{1-46}$$

式(1-43)、式(1-44)、式(1-45)、式(1-46)为圆周运动的线量与角量之间的关系.

三、一般曲线运动

如果质点沿轨道作一般曲线运动,那么上面讨论的有关变速圆周运动中加速度的结果也都是适用的.质点在任意位置的加速度 $\boldsymbol{a}$ 也可以分解为法向加速度 $\boldsymbol{a}_{\mathrm{n}}$ 和切向加速度 $\boldsymbol{a}_{\mathrm{t}}$,但法向加速度式中的 R 要用曲线在该点处的曲率半径 ρ 代替,如图 1-16 所示,即

$$\boldsymbol{a}=\boldsymbol{a}_{\mathrm{t}}+\boldsymbol{a}_{\mathrm{n}}$$

其中,

$$\boldsymbol{a}_{\mathrm{t}}=\frac{\mathrm{d}v}{\mathrm{d}t}\boldsymbol{e}_{\mathrm{t}},\quad \boldsymbol{a}_{\mathrm{n}}=\frac{v^2}{\rho}\boldsymbol{e}_{\mathrm{n}} \tag{1-47}$$

一般来说,曲线上各点处的曲率中心和曲率半径是逐点变化的,但法向加速度 $\boldsymbol{a}_{\mathrm{n}}$ 时时指向所在处的曲率中心.

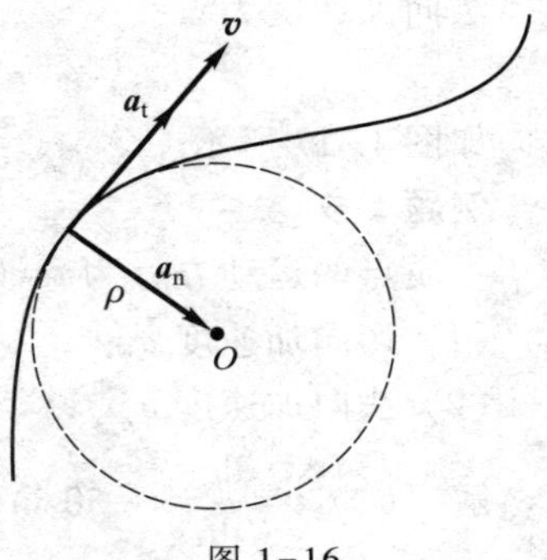

图 1-16

例题 1-5

质点作半径为 1 m 的圆周运动,它通过的弧长按 $s=t+2t^2$(SI 单位)规律变化.问它在 2 s 末的速率、切向加速度分量、法向加速度分量各是多少?

解 由速率定义,有

$$v=\frac{\mathrm{d}s}{\mathrm{d}t}=1+4t\text{(SI 单位)}$$

将 $t=2$ s 代入,得 2 s 末的速率为

$$v=(1+2\times4)\ \mathrm{m/s}=9\ \mathrm{m/s}$$

其法向加速度分量为

$$a_{\mathrm{n}}=\frac{v^2}{R}=81\ \mathrm{m/s^2}$$

由切向加速度分量的定义,得

$$a_{\mathrm{t}}=\frac{\mathrm{d}^2s}{\mathrm{d}t^2}=4\ \mathrm{m/s^2}$$

例题 1-6

半径为 $r=0.2$ m 的飞轮,可绕 O 轴转动,如图 1-17 所示.已知轮缘上任一点 M 的运动方程为 $\theta=-t^2+4t$,式中 θ 和 t 的单位分别为 rad 和 s,试求 $t=1$ s 时 M 点的速度、切向加

速度和法向加速度.

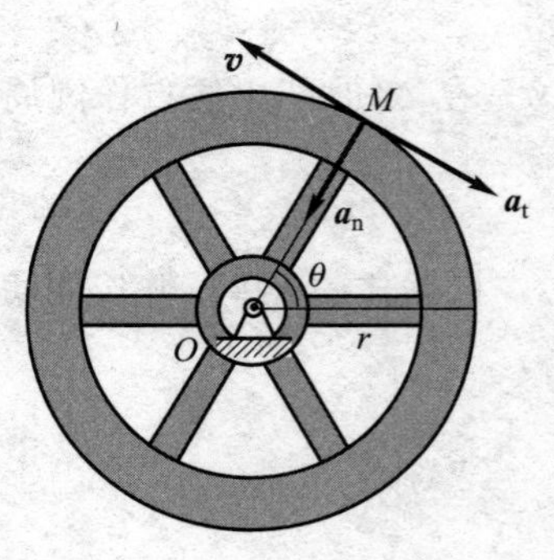

图 1-17

解　飞轮转动时，M 点作半径为 r 的圆周运动，其角速度、角加速度分别为

$$\omega=\frac{\mathrm{d}\theta}{\mathrm{d}t}=-2t+4\ (\text{SI 单位})$$

$$\alpha=\frac{\mathrm{d}\omega}{\mathrm{d}t}=-2\ \mathrm{rad/s^2}$$

$t=1$ s 时，M 点的速度大小为

$$v=r\omega=0.4\ \mathrm{m/s}$$

$\boldsymbol{v}$ 的方向沿 M 点的切线，指向如图 1-17 所示.

M 点的切向加速度为

$$a_t=r\alpha=0.2\times(-2)\ \mathrm{m/s^2}=-0.4\ \mathrm{m/s^2}$$

方向沿 M 点的切线，与 $\boldsymbol{v}$ 方向相反.

法向加速度为

$$a_n=r\omega^2=0.2\times2^2\ \mathrm{m/s^2}=0.8\ \mathrm{m/s^2}$$

方向如图 1-17 所示.

例题 1-7

一质点的运动方程为 $\boldsymbol{r}=(10\cos 5t)\boldsymbol{i}+(10\sin 5t)\boldsymbol{j}$(SI 单位)，求：

(1) 切向加速度 a_t；

(2) 法向加速度 a_n.

解　(1) $\boldsymbol{v}=\frac{\mathrm{d}\boldsymbol{r}}{\mathrm{d}t}=(-50\sin 5t)\boldsymbol{i}+(50\cos 5t)\boldsymbol{j}$(SI 单位)

$$v=|\boldsymbol{v}|=\sqrt{(-50\sin 5t)^2+(50\cos 5t)^2}\ (\text{SI 单位})=50\ \mathrm{m/s}$$

$$a_t=\frac{\mathrm{d}v}{\mathrm{d}t}=0$$

(2) $a_n=\sqrt{a^2-a_t^2}=a=250\ \mathrm{m/s^2}$

(注意：此方法给定运动方程，先求出 a、a_t，之后求 a_n，这样比用 $a_n=\frac{v^2}{r}$ 求 a_n 简单.)

1-3　相对运动

如前所述，质点的运动形式依赖于参考系的选择.对于同一质点的运动，选用不同的参考系研究，对运动描述的结果是不同的.下面我们来讨论，在相互运动的不同参考系中，同一运动质点的位矢、速度、加速度之间的关系.

设想存在两个相对作平动的参考系，其中一个为静止参考系 S($Oxyz$)，固结在地面上；另一个为运动参考系 S′($O'x'y'z'$).两个参考系上建立的直角坐标系的坐标轴保持相互平行，S′系相对于 S 系沿 x 轴以速度 $\boldsymbol{u}$ 运动.为使问题简化，假设 $t=0$ 时刻，两个坐标系的坐标原点 O 与 O' 重合，则 t 时刻两个坐标系的相对位置如图 1-18 所示.空间一运动的

质点 P 在 S 系和 S′系中的位置矢量分别为 $\boldsymbol{r}$ 和 $\boldsymbol{r}'$，并以 $\boldsymbol{R}$ 代表 S′系原点 O' 相对于 S 系原点 O 的位置矢量. 从图 1-18 中可见，

$$\boldsymbol{r}=\boldsymbol{R}+\boldsymbol{r}' \tag{1-48}$$

可见同一质点在不同参考系中的位矢是不同的，质点 P 在 S 系中的位矢 $\boldsymbol{r}$ 等于它在 S′系中的位矢 $\boldsymbol{r}'$ 与 O' 相对于 O 的位矢 $\boldsymbol{R}$ 的矢量和，这表明位矢具有相对性.

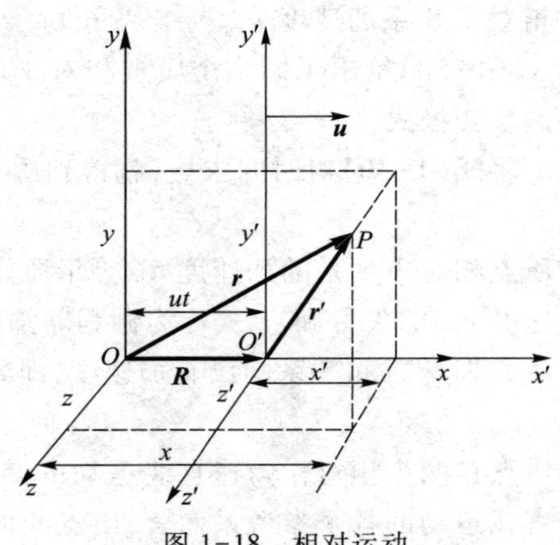

图 1-18 相对运动

需要注意的是，式(1-48)是由矢量叠加合成得到的，在矢量相加时，要求各个矢量必须是由同一坐标系测定的. 式(1-48)中 $\boldsymbol{r}$ 和 $\boldsymbol{R}$ 是在 S 系中观测的值，而 $\boldsymbol{r}'$ 是在 S′系中观测的值. 因此，关系式 $\boldsymbol{r}=\boldsymbol{R}+\boldsymbol{r}'$ 成立的前提条件是在 S 系中观测的 $\overrightarrow{O'P}$ 的值与在 S′系中观测的 $\boldsymbol{r}'$ 的值相等. 也就是说，空间两点的距离不管从哪个坐标系测量，其结果都应相同. 这一结论称为空间的绝对性.

研究物体的运动，不仅涉及空间的测量，还涉及时间的测量. 对于同一运动所经历的时间，在 S 系中观测的值为 t，而在 S′系中观测的值为 t'，当物体运动速度远小于光速时，日常经验告诉我们，二者是相等的，即

$$t=t'$$

这表明同一运动所经历的时间，在不同的参考系中观测的结果相同，时间的测量与参考系的选择无关. 这个结论称为时间的绝对性. 因此，$\boldsymbol{R}=\boldsymbol{u}t=\boldsymbol{u}t'$.

时间的绝对性和空间的绝对性构成了经典力学的绝对时空观，这种观点是和大量日常经验相符合的.

若 S′系相对于 S 系沿 x 轴作匀速运动，则质点 P 在 S′系中的时空坐标(x',y',z',t')与在 S 系中的时空坐标(x,y,z,t)之间的关系式为

$$\begin{cases}x'=x-ut\\y'=y\\z'=z\\t'=t\end{cases},\quad\begin{cases}x=x'+ut\\y=y'\\z=z'\\t=t'\end{cases} \tag{1-49}$$

式(1-48)和式(1-49)称为**伽利略坐标变换式**.

为了求出质点 P 在 S′系和 S 系中速度之间满足的关系，需将式(1-48)对时间 t 求导，得到

$$\frac{\mathrm{d}\boldsymbol{r}}{\mathrm{d}t}=\frac{\mathrm{d}\boldsymbol{R}}{\mathrm{d}t}+\frac{\mathrm{d}\boldsymbol{r}'}{\mathrm{d}t}$$

根据速度的定义，式中 $\frac{\mathrm{d}\boldsymbol{r}}{\mathrm{d}t}=\boldsymbol{v}_{PS}$ 是质点 P 相对于 S 系的速度；$\frac{\mathrm{d}\boldsymbol{r}'}{\mathrm{d}t}=\boldsymbol{v}_{PS'}$ 是质点 P 相对于 S′系的速度；$\frac{\mathrm{d}\boldsymbol{R}}{\mathrm{d}t}=\boldsymbol{u}_{S'S}$ 是 S′系相对于 S 系的速度. 因此，上式可写为

$$\boldsymbol{v}_{PS}=\boldsymbol{v}_{PS'}+\boldsymbol{u}_{S'S} \tag{1-50}$$

可见，同一质点在不同参考系中的速度是不同的. 质点相对于 S 系的速度 $\boldsymbol{v}_{PS}$ 等于质

点相对于 S′系的速度 $\boldsymbol{v}_{PS'}$ 与 S′系相对于 S 系的速度 $\boldsymbol{u}_{S'S}$ 的矢量和，这表明速度具有相对性. 式(1-50)给出了同一个质点相对于两个作相对运动的参考系的速度关系，称为**伽利略速度变换式**.

将式(1-50)对时间求导，就得到质点 P 在两个参考系中的加速度之间的关系：

$$\boldsymbol{a}_{PS}=\boldsymbol{a}_{PS'}+\boldsymbol{a}_{S'S} \tag{1-51}$$

即质点相对于 S 系的加速度 $\boldsymbol{a}_{PS}$ 等于质点相对于 S′系的加速度 $\boldsymbol{a}_{PS'}$ 与 S′系相对于 S 系的加速度 $\boldsymbol{a}_{S'S}$ 的矢量和. 上式称为**伽利略加速度变换式**.

如果 S′系和 S 系间没有加速度，即 $\boldsymbol{a}_{S'S}=\boldsymbol{0}$，则有

$$\boldsymbol{a}_{PS}=\boldsymbol{a}_{PS'}$$

即质点在两个相对作匀速直线运动的参考系中的加速度是相同的. 这表明对于相对作匀速直线运动的各个参考系而言，质点的加速度是个绝对量.

例题 1-8

一人相对于江水以 4.0 km/h 的速度划船前进，江水的流动可认为是平动. 试问：

(1) 当江水流速为 3.5 km/h 时，他要从出发处垂直于江岸而横渡此江，应该如何掌握划行方向？

(2) 如果江宽为 $l=2.0$ km，他需要多少时间才能横渡此江到达对岸？

(3) 如果此人顺流划行了 2.0 h，那么他需要多少时间才能划回出发处？

解 以船为研究对象，取与江岸固结的坐标系为静坐标系 S，与流动的江水固结的坐标系为动坐标系 S′，根据本题给定的条件，动坐标系相对于静坐标系的运动为平动，速度为 $\boldsymbol{u}$，且 $|\boldsymbol{u}|=3.5$ km/h，$\boldsymbol{u}$ 的方向与江水流动方向一致. 船相对于江水运动的速度 $\boldsymbol{v}_r$ 的大小为 $|\boldsymbol{v}_r|=4.0$ km/h；船相对于江岸运动的速度 $\boldsymbol{v}_a$ 待求.

(1) 要使船垂直于江岸到达对岸，则 $\boldsymbol{v}_a$ 必定与江岸垂直. 根据伽利略速度变换式，如图 1-19 所示，有

$$\sin\theta=\frac{|\boldsymbol{u}|}{|\boldsymbol{v}_r|}=\frac{3.5}{4.0}=0.875$$

$$\theta=\arcsin 0.875\approx 61^\circ$$

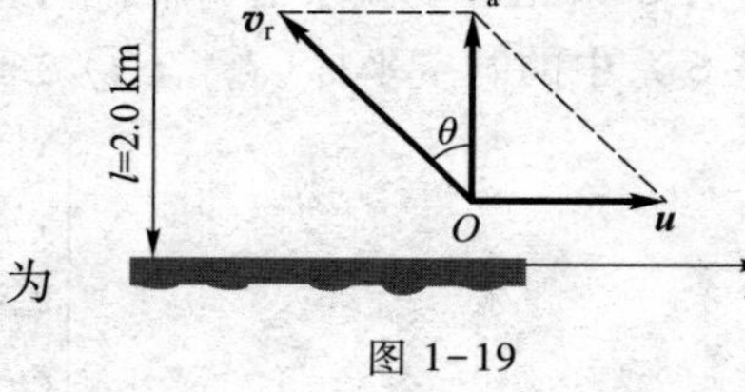

图 1-19

即人划船时，必须使船身与江岸垂直线间的夹角约为 61°，逆水划行.

(2) 可以求出船相对于江岸的速度大小为

$$|\boldsymbol{v}_a|=|\boldsymbol{v}_r|\cos 61^\circ$$

以此速度横渡宽为 $l=2.0$ km 的江面需要的时间为

$$t=\frac{l}{|\boldsymbol{v}_a|}=\frac{2.0}{4.0\times\cos 61^\circ}\ \text{h}\approx 1.03\ \text{h}$$

(3) 顺水划行时，船相对于江岸的速度大小为

$$v_a=v_r+u=7.5\ \text{km/h}$$

经过 2.0 h，船在离出发点下游方向的 15 km 处. 要划回出发处，必须逆流划行，这时船相对于江岸的速度大小为

$$v_a=-v_r+u=-0.5\ \text{km/h}$$

以这样的速度匀速划行，必须再经过 30 h 才能划过 15 km 回到出发处.

例题 1-9

某人骑自行车以速率 v 向西行驶,北风以速率 v 吹来(对地面),问骑车者遇到的风速及风向如何?

解 以地为静系 E,人为动系 M,风为运动物体 P.风相对于地的速度:$v_{PE}=v$,方向向南;人相对于地的速度:$v_{ME}=v$,方向向西;风相对于人的速度为 $\boldsymbol{v}_{PM}$,有

$$\boldsymbol{v}_{PE}=\boldsymbol{v}_{PM}+\boldsymbol{v}_{ME}$$

由图 1-20,有

$$|\boldsymbol{v}_{ME}|=|\boldsymbol{v}_{PE}|=v$$

则

$$\alpha=45°$$

故

$$v_{PM}=\sqrt{v_{ME}^2+v_{PE}^2}=\sqrt{2}\,v$$

$\boldsymbol{v}_{PM}$方向:来自西北,东偏南 45°.

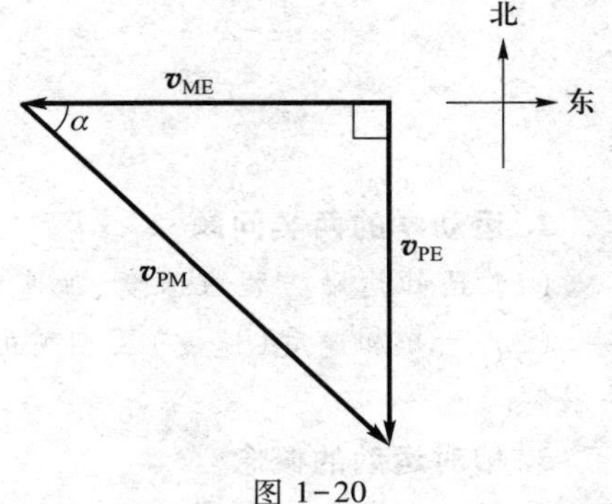

图 1-20

拓展阅读:全球定位系统和应用

本 章 提 要

1. 描述质点运动的物理量

位矢、位移、速度、加速度.

(1) 直角坐标系中:

$$\boldsymbol{r}=x\boldsymbol{i}+y\boldsymbol{j}+z\boldsymbol{k}$$

$$\Delta\boldsymbol{r}=\Delta x\boldsymbol{i}+\Delta y\boldsymbol{j}+\Delta z\boldsymbol{k}$$

$$\boldsymbol{v}=\frac{\mathrm{d}x}{\mathrm{d}t}\boldsymbol{i}+\frac{\mathrm{d}y}{\mathrm{d}t}\boldsymbol{j}+\frac{\mathrm{d}z}{\mathrm{d}t}\boldsymbol{k}=v_x\boldsymbol{i}+v_y\boldsymbol{j}+v_z\boldsymbol{k}$$

$$\boldsymbol{a}=\frac{\mathrm{d}v_x}{\mathrm{d}t}\boldsymbol{i}+\frac{\mathrm{d}v_y}{\mathrm{d}t}\boldsymbol{j}+\frac{\mathrm{d}v_z}{\mathrm{d}t}\boldsymbol{k}=\frac{\mathrm{d}^2x}{\mathrm{d}t^2}\boldsymbol{i}+\frac{\mathrm{d}^2y}{\mathrm{d}t^2}\boldsymbol{j}+\frac{\mathrm{d}^2z}{\mathrm{d}t^2}\boldsymbol{k}$$

$$=a_x\boldsymbol{i}+a_y\boldsymbol{j}+a_z\boldsymbol{k}$$

(2) 自然坐标系中:

$$\boldsymbol{r}=\boldsymbol{r}(t)$$

$$\mathrm{d}\boldsymbol{r}=\mathrm{d}s\boldsymbol{e}_t$$

$$\boldsymbol{v}=v\boldsymbol{e}_t=\frac{\mathrm{d}s}{\mathrm{d}t}\boldsymbol{e}_t$$

$$\boldsymbol{a}=\boldsymbol{a}_t+\boldsymbol{a}_n=a_t\boldsymbol{e}_t+a_n\boldsymbol{e}_n=\frac{\mathrm{d}v}{\mathrm{d}t}\boldsymbol{e}_t+\frac{v^2}{R}\boldsymbol{e}_n$$

(3) 圆周运动中的角量表述:

角位移: $\mathrm{d}\theta$

角速度: $\omega=\dfrac{\mathrm{d}\theta}{\mathrm{d}t}$

角加速度：
$$\alpha=\frac{\mathrm{d}\omega}{\mathrm{d}t}=\frac{\mathrm{d}^2\theta}{\mathrm{d}t^2}$$

（4）角量与线量的关系：

$$\mathrm{d}s=R\mathrm{d}\theta$$
$$v=R\omega$$
$$a_{\mathrm{t}}=R\alpha$$
$$a_{\mathrm{n}}=\frac{v^2}{R}=R\omega^2$$

2. 运动学的两类问题

（1）已知运动方程求速度、加速度：这类问题主要是用求导的方法求解；

（2）已知加速度（速度）及相关的初始条件求运动方程：这类问题主要是用积分的方法求解.

3. 相对运动的概念

伽利略坐标变换式：　$\boldsymbol{r}=\boldsymbol{R}+\boldsymbol{r}'$

伽利略速度变换式：　$\boldsymbol{v}_{PS}=\boldsymbol{v}_{PS'}+\boldsymbol{u}_{S'S}$

伽利略加速度变换式：　$\boldsymbol{a}_{PS}=\boldsymbol{a}_{PS'}+\boldsymbol{a}_{S'S}$

思考题

1-1　$|\Delta\boldsymbol{r}|$与Δr有无不同？$\left|\frac{\mathrm{d}\boldsymbol{r}}{\mathrm{d}t}\right|$和$\left|\frac{\mathrm{d}r}{\mathrm{d}t}\right|$有无不同？$\left|\frac{\mathrm{d}\boldsymbol{v}}{\mathrm{d}t}\right|$和$\left|\frac{\mathrm{d}v}{\mathrm{d}t}\right|$有无不同？其不同在哪里？试举例说明.

1-2　设质点的运动方程为$x=x(t)$，$y=y(t)$，在计算质点的速度和加速度的大小时，有人先求出$r=\sqrt{x^2+y^2}$，然后根据$v=\frac{\mathrm{d}r}{\mathrm{d}t}$，及$a=\frac{\mathrm{d}^2r}{\mathrm{d}t^2}$而求得结果；又有人先计算速度和加速度的分量，再合成求得结果，即

$$v=\sqrt{\left(\frac{\mathrm{d}x}{\mathrm{d}t}\right)^2+\left(\frac{\mathrm{d}y}{\mathrm{d}t}\right)^2},\quad a=\sqrt{\left(\frac{\mathrm{d}^2x}{\mathrm{d}t^2}\right)^2+\left(\frac{\mathrm{d}^2y}{\mathrm{d}t^2}\right)^2}$$

你认为两种方法哪一种正确？为什么？两者差别何在？

1-3　$\left|\frac{\mathrm{d}\boldsymbol{v}}{\mathrm{d}t}\right|=0$的运动是什么运动？$\frac{\mathrm{d}|\boldsymbol{v}|}{\mathrm{d}t}=0$的运动又是什么运动？试举例说明.

1-4　一质点作匀速率圆周运动，取其圆心为坐标原点.试问：质点的位矢与速度、位矢与加速度、速度与加速度的方向之间有何关系？

1-5　一个质量为m的质点，在光滑的固定斜面（倾角为α）上以初速度$\boldsymbol{v}_0$运动，$\boldsymbol{v}_0$的方向与斜面底边的水平线AB平行，如图所示，求这质点的运动轨道.

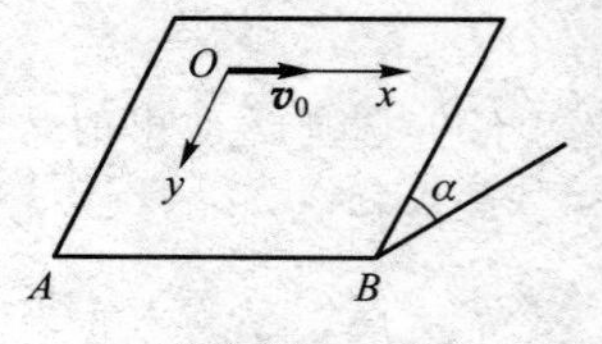

思考题1-5图

1-6　试回答下列问题：

（1）匀加速运动是否一定是直线运动？为什么？

（2）在圆周运动中，加速度的方向是否一定指向圆心？为什么？

1-7　对于物体的曲线运动有下面两种说法：

（1）物体作曲线运动时必有加速度，加速度的法向分量一定不等于零；

（2）物体作曲线运动时速度方向一定在运动轨道的切线方向，法向分速度恒等于零，因此其法向加速度也一定等于零.

试判断上述两种说法是否正确.

1-8　一雨滴自高空相对于地面以速度 $\boldsymbol{v}$ 匀速直线下落，在下述参考系中观察时的运动又怎样？

（1）在匀速行驶的汽车中；

（2）在加速行驶的汽车中；

（3）在自由下落的升降机中.

1-9　一质点沿圆周运动，且其速率随时间均匀增加，问 $\boldsymbol{a}_n$、$\boldsymbol{a}_t$、$\boldsymbol{a}$ 三者的大小是否随时间改变？

1-10　一人在以恒定速度运动的火车上竖直向上抛出一颗石子，问此石子能否落回此人的手中？如果石子抛出后，火车以恒定加速度前进，结果又将如何？

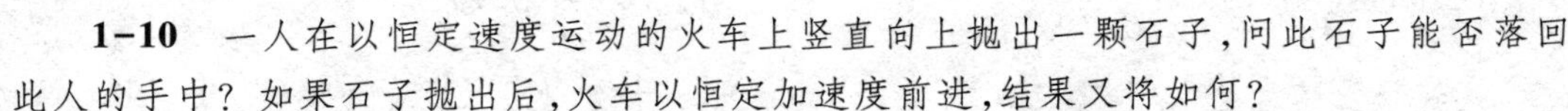

第 1 章思考题参考答案

习　题

一、单选题

1-1　一质点作曲线运动，$\boldsymbol{r}$ 表示位置矢量，$\boldsymbol{v}$ 表示速度，$\boldsymbol{a}$ 表示加速度，s 表示路程，a_t 表示切向加速度的大小，下列表达式中，正确的是（　　）.

（A）$\dfrac{dv}{dt}=a$　　（B）$\dfrac{dr}{dt}=v$　　（C）$\dfrac{ds}{dt}=v$　　（D）$\left|\dfrac{d\boldsymbol{v}}{dt}\right|=a_t$

1-2　下列说法正确的是（　　）.

（A）加速度恒定不变时，物体运动方向也不变

（B）平均速率等于平均速度的大小

（C）不管加速度如何，平均速率表达式总可以写成 $\bar{v}=(v_1+v_2)/2$（v_1、v_2 分别为初、末速率）

（D）运动物体速率不变时，速度可以变化

1-3　下列说法中，哪一个是正确的？（　　）.

（A）一质点在某时刻的瞬时速率是 3 m/s，这说明它在此后 1 s 内一定要经过 3 m 的路程

（B）斜向上抛的物体，在最高点处的速度最小，加速度最大

（C）物体作曲线运动时，在某时刻的法向加速度有可能为零

（D）物体加速度越大，则速度越大

1-4　一质点沿 x 轴运动的规律是 $x=t^2-4t+5$（SI 单位），则前 3 s 内，它的（　　）.

（A）位移和路程都是 3 m　　（B）位移和路程都是 -3 m

（C）位移是 -3 m，路程是 3 m　　（D）位移是 -3 m，路程是 5 m

1-5　一小球沿斜面向上运动，其运动方程为 $s=5+4t-t^2$(SI 单位)，则小球运动到最高点的时刻是(　　).

(A) $t=2$ s　(B) $t=4$ s　(C) $t=5$ s　(D) $t=8$ s

1-6　一个质点在作匀速率圆周运动时(　　).

(A) 切向加速度改变，法向加速度也改变　(B) 切向加速度不变，法向加速度改变

(C) 切向加速度不变，法向加速度也不变　(D) 切向加速度改变，法向加速度不变

1-7　一质点沿半径为 R 的圆周作匀速率运动，每经过时间 T 转一圈. 在 $5T$ 时间间隔中，其平均速度大小与平均速率分别为(　　).

(A) $2\pi R/T, 2\pi R/T$　(B) $0, 2\pi R/T$

(C) $0, 0$　(D) $2\pi R/T, 0$

1-8　某物体的运动规律为 $dv/dt=-kv^2t$，式中 k 为大于零的常量. 当 $t=0$ 时，初速度为 v_0，则速度 v 与时间 t 的函数关系是(　　).

(A) $v=\frac{1}{2}kt^2+v_0$　(B) $v=-\frac{1}{2}kt^2+v_0$

(C) $\frac{1}{v}=\frac{kt^2}{2}+\frac{1}{v_0}$　(D) $\frac{1}{v}=-\frac{kt^2}{2}+\frac{1}{v_0}$

1-9　在相对于地面静止的坐标系内，A、B 两船都以 5 m/s 的速率匀速行驶，A 船沿 x 轴正方向行驶，B 船沿 y 轴正方向行驶. 今在 A 船上设置与静止坐标系方向相同的坐标系(x、y 方向单位矢量用 $\boldsymbol{i}$、$\boldsymbol{j}$ 表示)，那么在 A 船上的坐标系中，B 船的速度(以 m/s 为单位)为(　　).

(A) $5\boldsymbol{i}+5\boldsymbol{j}$　(B) $-5\boldsymbol{i}+5\boldsymbol{j}$　(C) $-5\boldsymbol{i}-5\boldsymbol{j}$　(D) $5\boldsymbol{i}-5\boldsymbol{j}$

1-10　某人骑自行车以速率 v 向西行驶，今有风以相同速率从北偏东 30°方向吹来，试问人感到风从哪个方向吹来？(　　).

(A) 北偏东 30°　(B) 南偏东 30°

(C) 北偏西 30°　(D) 西偏南 30°

二、填空题

1-11　有一在 x 轴上作变加速直线运动的质点，已知其初速度为 v_0，初始位置为 x_0，加速度为 $a=Ct^2$(其中 C 为常量)，则其速度与时间的关系为 $v=$________，运动方程为 $x=$________.

1-12　一质点在 Oxy 平面内运动. 运动方程为 $x=2t, y=-2t^2$(SI 单位)，质点的运动轨道为________，在第 2 s 内质点的平均速度大小为 $|\overline{\boldsymbol{v}}|=$________ m/s，第 2 s 末的瞬时速度大小为 $v_2=$________ m/s.

1-13　一质点沿半径为 R 的圆周运动，其路程 s 随时间 t 变化的规律为 $s=bt-ct^2$，式中 b、c 均为大于零的常量，则此质点运动的切向加速度为 $a_t=$________；角加速度为 $\alpha=$________.

1-14　一质点沿半径为 0.2 m 的圆周运动，其角位置随时间的变化规律是 $\theta=6+5t^2$(SI 单位). 在 $t=2$s 时，它的法向加速度为 $a_n=$________；切向加速度为 $a_t=$________.

1-15　图中所示的三条直线都表示同一类型的直线运动：

(1) Ⅰ、Ⅱ、Ⅲ三条直线表示的是________运动；

（2）直线__________所表示的运动的加速度最大.

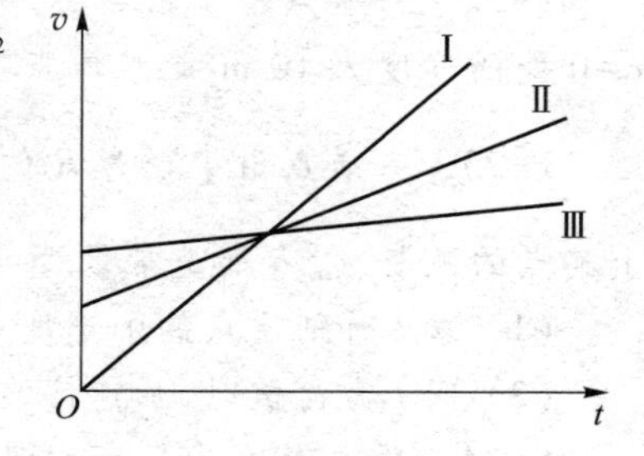

习题 1-15 图

1-16　一质点沿直线运动，其运动方程为 $x=6t-t^2$（SI 单位），则在由 0 s 至 4 s 的时间间隔内，质点的位移大小为________ m，在该时间间隔内质点走过的路程为________ m.

三、计算题

1-17　一质点在 Oxy 平面上运动，运动方程为

$$x=3t+5,\quad y=\frac{1}{2}t^2+3t-4$$

式中 t 以 s 计，x、y 以 m 计.

（1）以时间 t 为变量，写出质点位置矢量的表示式；

（2）求出 $t=1$ s 时刻和 $t=2$ s 时刻质点的位置矢量，计算这 1 s 内质点的位移；

（3）计算 $t=0$ s 时刻到 $t=4$ s 时刻内质点的平均速度；

（4）求出质点速度矢量表示式，计算 $t=4$ s 时质点的速度；

（5）计算 $t=0$ s 到 $t=4$ s 内质点的平均加速度；

（6）求出质点加速度矢量的表示式，计算 $t=4$ s 时质点的加速度（请把位置矢量、位移、平均速度、瞬时速度、平均加速度、瞬时加速度都表示成直角坐标系中的矢量式）.

1-18　一质点作平面曲线运动，其位矢、加速度和法向加速度大小分别为 r、a 和 a_n，速度为 $\boldsymbol{v}$，试说明下列式子正确的有哪些.

（1）$a=\dfrac{\mathrm{d}\boldsymbol{v}}{\mathrm{d}t}$；

（2）$a=\dfrac{\mathrm{d}^2r}{\mathrm{d}t^2}$；

（3）$\sqrt{a^2-a_n^2}=\left|\dfrac{\mathrm{d}|\boldsymbol{v}|}{\mathrm{d}t}\right|$；

（4）$a_n=\dfrac{\boldsymbol{v}\cdot\boldsymbol{v}}{r}$.

1-19　一个热气球以 1 m/s 的速率从地面匀速上升，由于风的影响，气球的水平速度随着上升的高度增加而增大，其关系式为 $v_x=2y$，如图所示.求：

（1）气球的运动方程；

（2）气球运动的轨道方程；

（3）气球的加速度.

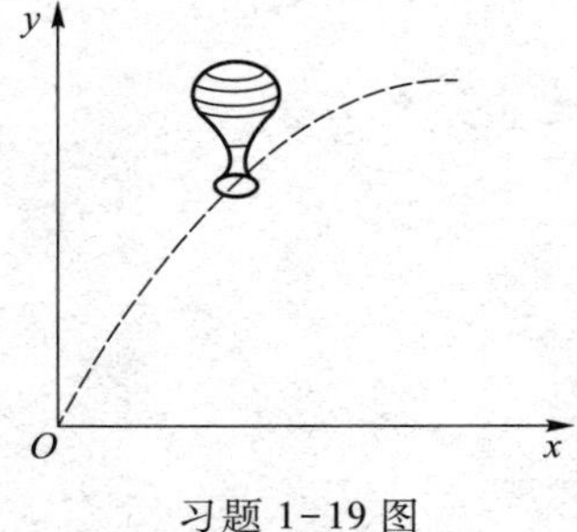

习题 1-19 图

1-20　一质点沿半径为 1 m 的圆周运动，运动方程为 $\theta=2+3t^3$，式中 θ 以 rad 计，t 以 s 计，求：

（1）$t=2$ s 时，质点的切向加速度和法向加速度；

（2）当加速度的方向和半径成 45°角时，其角位移.

1-21　杂技表演中，摩托车沿半径为 50 m 的圆形路线行驶，其运动方程为 $s=10+10t-0.5t^2$（SI 单位），求在 $t=5.0$ s 时，它的运动速率、切向加速度、法向加速度和总加速度的大小.

1-22 一质点沿 x 轴运动,其加速度和位置的关系是 $a=2+6x^2$(SI 单位).如质点在 $x=0$ 处的速度为 10 m/s,求质点在任意坐标 x 处的速度.

1-23 一质点沿半径为 R 的圆周按 $s=v_0t-\frac{1}{2}bt^2$ 的规律运动,式中 s 为质点离圆周上某点的弧长,v_0、b 都是常量.

(1) 求 t 时刻质点的加速度;

(2) 问 t 为何值时,加速度在数值上等于 b?

1-24 质点 P 在水平面内沿一半径为 $R=1$ m 的圆周转动,转动的角速度 ω 与时间 t 的函数关系为 $\omega=kt^2$,已知 $t=2$ s 时,质点 P 的速率为 16 m/s,试求 $t=1$ s 时,质点 P 的速率和加速度的大小.

第1章习题参考答案

1-25 在相对于地面静止的坐标系内,A、B 二船都以 4 m/s 的速率匀速航行,A 船沿 x 轴正方向航行,B 船沿 y 轴正方向航行.今在 A 船上设置与静止坐标系方向相同的坐标系(x、y 方向单位矢量分别用 $\boldsymbol{i}$、$\boldsymbol{j}$ 表示),求在 A 船上的坐标系中,B 船的速度.

第 2 章　质点动力学

第 2 章测试题

为什么抛出去的橄榄球总要落到地上？冰壶运动中为什么要刷冰？为什么烟花刚炸开时都呈球状？在第 1 章质点运动学中我们学习了如何描述物体的运动，但并未涉及引起质点运动状态变化的原因．要说清楚原因，需要进一步学习力学中的质点动力学．

【学习目标】

（1）掌握牛顿运动定律及其适用条件，特别是用牛顿第二定律求解相关力学问题．

（2）掌握功的概念，能计算变力的功．理解保守力做功的特点及势能的概念，会计算重力、弹性力和万有引力势能．

（3）掌握质点的动能定理和动量定理，理解角动量定理和角动量守恒定律，并能用它们分析、解决质点在平面内运动时的简单力学问题．掌握机械能守恒定律、动量守恒定律，掌握运用守恒定律分析问题的思想和方法，能分析简单系统在平面内运动的力学问题．

2-1　牛顿运动定律

牛顿运动定律是经典力学的基础．虽然牛顿运动定律一般是对质点而言的，但这并不限制其广泛适用性，这是因为复杂的物体在很多情况下都可看成质点的集合．从牛顿运动定律出发可以导出刚体、流体、弹性体等的运动规律，从而建立起整个经典力学的体系．

牛顿在伽利略、笛卡儿等前人研究的基础上，在 1687 年发表的《自然哲学的数学原理》中提出了牛顿运动定律．他透过形形色色的机械运动的现象，抓住了惯性、加速度和作用力这三者的关系，以定量的形式揭示出机械运动的共同规律，完成了人类科学史上第一次统一，建立了天体和地上物体机械运动的统一经典力学．

一、牛顿第一定律

牛顿第一定律表述为：**任何物体都保持静止或匀速直线运动状态，直到外力迫使它改变运动状态为止**．牛顿第一定律的数学表达形式为

$$\boldsymbol{F}=\mathbf{0}\text{ 时，}\quad \boldsymbol{v}=\text{常矢量}$$

牛顿第一定律表明，任何物体都具有保持其运动状态不变的性质，这种性质称为惯性，因此，牛顿第一定律也叫惯性定律．因为物体具有惯性，所以要改变物体所处的静止或匀速直线运动的状态，外界必须对这个物体施加影响，这种影响称为力．因为自然界中不存在不受力作用的物体，所以牛顿第一定律不能直接用实验来证明，它是从大量的实验事实中概括总结出来的．若质点保持其运动状态不变，则这时作用在质点上所有力的合力一定为零．因此，在实际应用中，牛顿第一定律也可以表述为：**任何质点，只要其他物体作用于它的力的合力为零，该质点就能保持静止或匀速直线运动状态不变**．我们把质点处于静

止或匀速直线运动的状态称为平衡状态.质点处于平衡状态的条件是作用在质点上所有力的合力为零.

前面提到,任何物体的运动都是相对于某个参考系而言的,如果这个参考系中的物体不受其他物体作用,而保持静止或匀速直线运动状态,这个参考系就称为惯性参考系.如果参考系以恒定速度相对于惯性系运动,那么这个参考系也是惯性参考系.如果某一个参考系相对于惯性系作加速运动,那么这个参考系称为非惯性参考系.

一个参考系能否看成惯性参考系,取决于所研究的问题和误差要求.例如,虽然地球有自转和公转,但是在研究地球表面附近物体的运动时,因为它对太阳的向心加速度和对地心的向心加速度都比较小,所以地球虽然不是严格的惯性参考系,但仍可以近似认为是惯性参考系.同理,沿直线匀速行驶的汽车也可看成惯性参考系.

二、牛顿第二定律

牛顿第一定律表明任何物体都具有惯性,给出了质点的平衡条件.牛顿第二定律则给出质点在合外力不为零的情况下,物体的运动状态是如何变化的,并给出惯性的量度.

设物体的质量为 m,其运动速度为 $\boldsymbol{v}$,质量 m 与速度 $\boldsymbol{v}$ 的乘积称为物体的动量,用 $\boldsymbol{p}$ 表示,即

$$\boldsymbol{p}=m\boldsymbol{v} \tag{2-1}$$

实验表明,质点所受合外力 $\boldsymbol{F}=\sum_i \boldsymbol{F}_i$ 不为零时,它的动量将会发生变化,且有如下关系:

$$\boldsymbol{F}=\sum_i \boldsymbol{F}_i=\frac{\mathrm{d}\boldsymbol{p}}{\mathrm{d}t} \tag{2-2}$$

这正是牛顿第二定律的数学表达式,即**某时刻质点动量对时间的变化率等于该时刻作用在质点上所有力的合力**.

在经典物理学中,质点的质量与运动状态无关,可看成常量,式(2-2)可写为

$$\boldsymbol{F}=m\frac{\mathrm{d}\boldsymbol{v}}{\mathrm{d}t}=m\boldsymbol{a} \tag{2-3}$$

这就是大家熟悉的牛顿第二定律的表达式.

牛顿第二定律表明:质点受力的作用时,在某时刻的加速度,其大小与质点在该时刻所受合力的大小成正比,与质点的质量成反比,其方向与合力的方向相同.若将同一力作用在质量不同的质点上,则质量大的质点获得的加速度小,质量小的质点获得的加速度大.也就是说,对于质量大的质点,改变其运动状态比较难;对于质量小的质点,改变其运动状态比较容易.我们知道,任何物体都具有惯性,惯性大的物体的运动状态难以改变,惯性小的物体的运动状态容易改变.由此可见,这里的质量是物体惯性的量度,称为惯性质量.

牛顿第二定律还指出,任何质点,只有在作用于它的不为零的合力的迫使下,才能获得加速度.作用在质点上的合力是质点运动状态改变并产生加速度的原因,即力是一个物体对另一个物体的作用,这种作用能迫使物体改变其运动状态,产生加速度.

关于牛顿第二定律,还要注意两个问题:

（1）牛顿第二定律的瞬时性.牛顿第二定律定量表述了物体的加速度与所受外力之间的瞬时关系.加速度与外力同时存在,同时改变,同时消失.一旦作用在物体上的外力被撤去,物体的加速度就会立即消失.这正是牛顿第一定律所要求的,也是物体惯性的表现.

（2）牛顿第二定律的矢量性.力和物体的加速度都是矢量.$\boldsymbol{F}=m\boldsymbol{a}$ 是矢量方程.我们可以写出牛顿第二定律在具体坐标系中的分量形式.

牛顿第二定律在直角坐标系中可表示为

$$\boldsymbol{F}=m\frac{\mathrm{d}\boldsymbol{v}}{\mathrm{d}t}=m\frac{\mathrm{d}v_x}{\mathrm{d}t}\boldsymbol{i}+m\frac{\mathrm{d}v_y}{\mathrm{d}t}\boldsymbol{j}+m\frac{\mathrm{d}v_z}{\mathrm{d}t}\boldsymbol{k} \tag{2-4}$$

其分量形式为

$$F_x=ma_x=m\frac{\mathrm{d}x}{\mathrm{d}t},\quad F_y=ma_y=m\frac{\mathrm{d}y}{\mathrm{d}t},\quad F_z=ma_z=m\frac{\mathrm{d}z}{\mathrm{d}t}$$

研究质点平面曲线运动时,将加速度投影到轨道的切线和法线方向,可得

$$\boldsymbol{F}=F_{\mathrm{t}}\boldsymbol{e}_{\mathrm{t}}+F_{\mathrm{n}}\boldsymbol{e}_{\mathrm{n}}=m\frac{\mathrm{d}v}{\mathrm{d}t}\boldsymbol{e}_{\mathrm{t}}+m\frac{v^2}{\rho}\boldsymbol{e}_{\mathrm{n}} \tag{2-5}$$

其分量形式为

$$F_{\mathrm{t}}=\sum_i F_{i\mathrm{t}}=ma_{\mathrm{t}}=m\frac{\mathrm{d}v}{\mathrm{d}t} \tag{2-6}$$

$$F_{\mathrm{n}}=\sum_i F_{i\mathrm{n}}=ma_{\mathrm{n}}=m\frac{v^2}{\rho} \tag{2-7}$$

三、牛顿第三定律

牛顿第三定律说的是物体间的相互作用力的性质,其内容表述为:**两个物体之间的作用力 $\boldsymbol{F}$ 和反作用力 $\boldsymbol{F}'$,沿同一直线,大小相等,方向相反,分别作用在两个物体上**.即

$$\boldsymbol{F}=-\boldsymbol{F}'$$

牛顿第三定律表明,力的作用是相互的,作用力和反作用力总是同时出现,同时消失,分别作用在相互作用的两个物体上,并且作用力和反作用力属于同种性质的力.此外,因为牛顿第三定律只涉及力的相互作用关系,所以该定律在任何参考系中均成立.

四、力学中几种常见的力

力学中常见的力有万有引力、重力、弹性力、摩擦力等.下面分别介绍这几种力.

1. 万有引力

任何两个物体之间都存在相互吸引的力,即万有引力.万有引力的大小与两质点的质量的乘积成正比,与两质点间的距离的平方成反比,力的方向沿着两质点的连线.这就是著名的万有引力定律,其数学表达式为

$$F=G\frac{m_1m_2}{r^2} \tag{2-8}$$

其中,G 是引力常量,在国际单位制中,它的大小为

$$G=6.674\ 30(15)\times10^{-11}\ \mathrm{N\cdot m^2/kg^2}$$

这里的质量是物体间引力作用的量度,称为引力质量,它与牛顿运动定律中衡量物体惯性大小的惯性质量在物理意义上是完全不同的.

实验表明,惯性质量与引力质量是成正比的,最简单的实验是在地球表面同一地点测定各种物体的重力加速度.设地球的引力质量为 m_E,半径为 R,物体的引力质量为 m_G,物体的惯性质量为 m,物体受到地球的引力而获得的重力加速度为 g_0,根据万有引力定律及牛顿运动定律,有

$$G\frac{m_E m_G}{R^2}=mg_0$$

所以物体的两种质量之比为

$$\frac{m}{m_G}=\frac{Gm_E}{g_0R^2}$$

实验证实,在同一地点,一切自由落体的加速度都相同,这意味着任何物体的惯性质量和引力质量之比皆相等.精密的实验研究证实,对不同的物体,两种质量的比值之差不超过值本身的 $1/10^{11}$,因此可以认为任何物体的惯性质量和引力质量都是相等的.我们以后将不再区分物体的引力质量和惯性质量,而统称其为质量.这为爱因斯坦在广义相对论中提出的“等效原理”提供了实验基础.

2. 重力

地球表面附近不论是静止还是运动的物体都受到地球的吸引作用,这种因地球吸引而使物体受到的力称为重力,通常也称为物体的重量.质量为 m 的物体所受的重力是 $m\boldsymbol{g}$,重力的方向和重力加速度的方向相同.严格来说,由于地球的自转效应,地球不是一个惯性系,在某个惯性系看来,地面上的物体将绕地轴作圆周运动,物体所受地球的引力(指向地心)有一部分提供了向心力,剩余的分力才是重力(见图 2-1).

在地面附近和一些精度要求不高的计算中,可以认为重力近似等于地球的引力.对于地面附近的物体,其所在位置的高度变化与地球半径(约为 6 370 km)相比极为微小,因此物体在地面附近不同高度时的重力加速度可以看成常量.

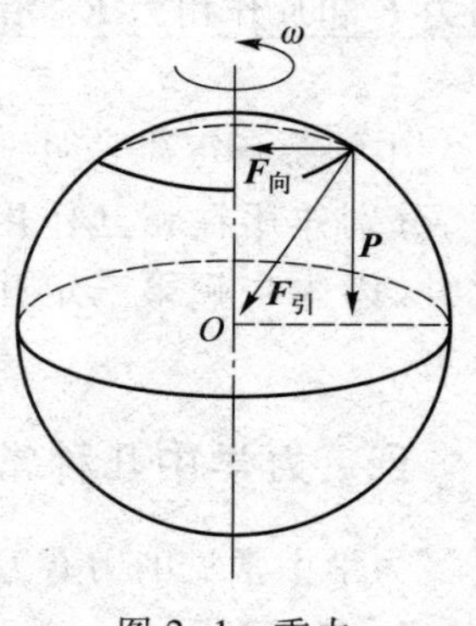

图 2-1　重力

3. 弹性力

在外力作用下发生形变(即改变形状或大小)的物体,因为要恢复原状,所以会对与之直接接触的物体产生力的作用,力的方向要根据物体形变的情况来决定,这种力叫弹性力.弹性力的表现形式是多种多样的,在力学中,常见的弹性力有以下三种形式.

(1) 正压力.

在两个物体通过一定面积相互挤压时,相互挤压的两个物体都会发生形变,即使小到难于观察,但形变总是存在的,因而产生对对方的弹性力作用.例如,把一个重物放在桌面上时,因为重物压紧桌面,所以它们都会因相互挤压而产生微小的形变,重物会作用于桌面一个弹性力,桌面受重物挤压而发生形变,也会产生一个反方向的弹性力.这种弹性力通常称为正压力或支持力.它们的大小取决于相互挤压的程度,它们的方向总是垂直于接

触面或接触点的公切面，指向受力物体，故也称之为法向力.

（2）绳中的张力.

绳对物体的拉力是绳发生了伸长形变而产生的，其大小取决于绳收紧的程度，它们的方向总是沿着绳而指向绳收紧的方向.绳产生拉力时，其内部各段之间也有相互的弹性力作用.在张紧的绳上某处作一假想横截面，把绳分为两侧，这种内部的两侧绳的相互拉力称为张力.如图 2-2 所示，在外力 $\boldsymbol{F}$ 作用下，物体与绳一起以加速度 $\boldsymbol{a}$ 向前运动.在绳上任取一小段 Δl，其质量为 Δm，它受到前、后方相邻绳的张力 $\boldsymbol{F}_{\mathrm{TA}}$ 和 $\boldsymbol{F}_{\mathrm{TB}}$ 作用.根据牛顿第二定律，有

$$F_{\mathrm{TB}}-F_{\mathrm{TA}}=\Delta ma$$

由此式可知，若 $\Delta m\neq 0$ 且 $a\neq 0$，则 $F_{\mathrm{TB}}\neq F_{\mathrm{TA}}$；若 $\Delta m=0$ 或 $a=0$，则 $F_{\mathrm{TB}}=F_{\mathrm{TA}}$.这说明，在绳作加速运动而它的质量又不可忽略时，绳内部各截面处的张力是不相等的.但在很多实际问题中，如果绳没有加速度或质量可以忽略，那么可以认为绳上各点的张力大小都是相等的，而且就等于绳两端外力的大小.

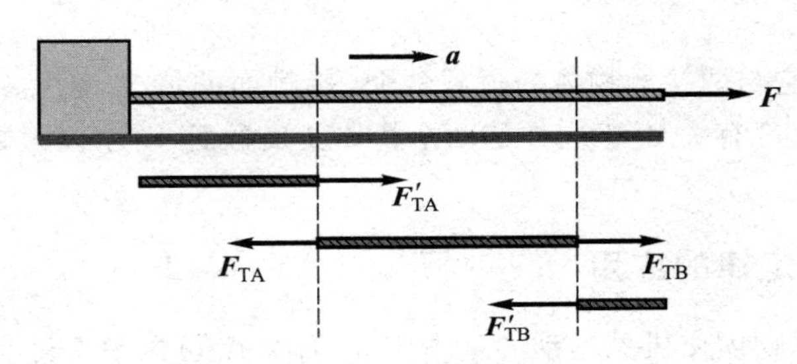

图 2-2 绳中的张力

（3）弹簧的弹性力.

当弹簧被拉伸或压缩时，它就会对与之相连的物体有弹性力作用（如图 2-3 所示）.这种弹性力总是力图使弹簧回复原状，所以称为回复力.这种回复力在弹性限度内，其大小和形变量成正比.以 F 表示弹性力，以 x 表示形变量即弹簧的长度变化量，则

$$F=-kx \tag{2-9}$$

式中 k 为弹簧的弹性系数，负号表示弹性力的方向总是和弹簧位移的方向相反，这就是说，弹性力总是指向要回复它原长的方向.式(2-9)称为胡克定律.

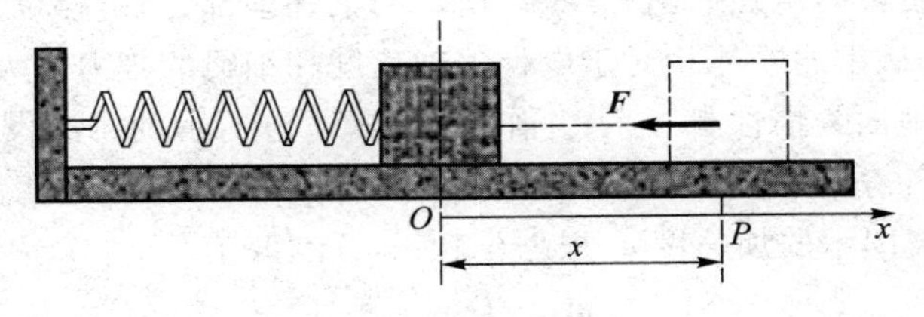

图 2-3 弹簧的弹性力

4. 摩擦力

两个相互接触的物体间有相对滑动的趋势但尚未相对滑动时，在接触面上便产生了阻碍发生相对滑动的力，这种力称为**静摩擦力**.如图 2-4 所示，把物体放在一水平面上，有一外力 $\boldsymbol{F}$ 沿水平面作用在物体上，若外力 $\boldsymbol{F}$ 较小，物体尚未滑动，则这时静摩擦力 $\boldsymbol{F}_{\mathrm{s}}$ 与外

力 $\boldsymbol{F}$ 在数值上相等，在方向上相反. 静摩擦力 $\boldsymbol{F}_s$ 随着 $\boldsymbol{F}$ 的增大而增大，直到 $\boldsymbol{F}$ 增大到某一定数值时，物体相对于平面即将滑动，这时静摩擦力达到最大值，称为**最大静摩擦力** $\boldsymbol{F}_{s,max}$. 实验表明，最大静摩擦力的值与物体的正压力大小 F_N 成正比，即

$$F_{s,max}=\mu_s F_N$$

μ_s 称为静摩擦因数. 静摩擦因数与两接触物体的材料性质以及接触面的情况有关，而与接触面的大小无关. 应强调指出的是，在一般情况下，静摩擦力总是满足下述关系：

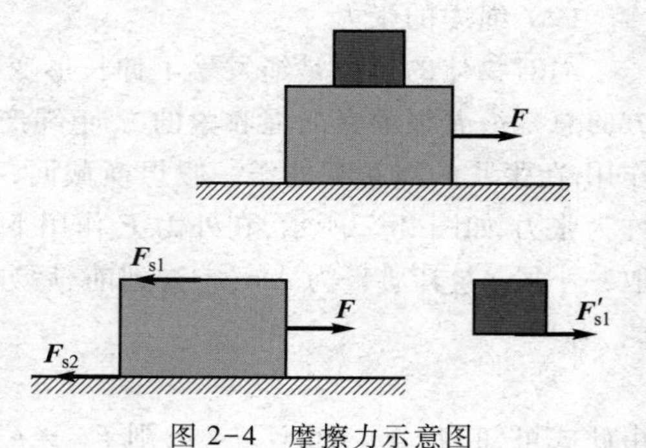

图 2-4　摩擦力示意图

$$F_s \leqslant F_{s,max}$$

当物体在平面上滑动时，它仍受摩擦力作用. 这种摩擦力称为**滑动摩擦力** $\boldsymbol{F}_k$，其方向总是与物体相对于平面的运动方向相反，其大小与物体的正压力大小 F_N 成正比，即

$$F_k=\mu_k F_N$$

μ_k 称为动摩擦因数，它与两接触物体的材料性质、接触面的情况、温度、湿度等有关，还与两接触物体的相对速度有关. 对于同样的两个物体及接触面，动摩擦因数一般略小于静摩擦因数.

五、牛顿运动定律的应用

牛顿运动定律是物体作机械运动的基本定律，原则上可以解决经典质点动力学中的所有问题，它在实践中有着广泛的应用. 应用牛顿运动定律可以解决两大类力学问题：一类是已知受力情况求运动量；另一类是已知运动量求力. 下面通过举例来说明如何应用牛顿运动定律分析问题和解决问题.

例题 2-1　阿特伍德机

如图 2-5(a) 所示，一根细绳跨过定滑轮，在细绳两侧各悬挂质量分别为 m_1 和 m_2 的物体，且 $m_1>m_2$，假设滑轮的质量与细绳的质量均略去不计，滑轮与细绳间的摩擦力以及轮轴的摩擦力亦略去不计.

(1) 试求重物释放后，物体的加速度和细绳的张力的大小.

(2) 若将上述装置固定在如图 2-5(b) 所示的电梯顶部，当电梯以加速度 $\boldsymbol{a}$ 相对于地面竖直向上运动时，试求两物体相对于电梯的加速度和细绳的张力的大小.

解　(1) 选取地面为惯性参考系，并作如图 2-5(a) 所示的示力图，考虑到可忽略细绳和滑轮质量的条件，故细绳作用于两物体上的力 $\boldsymbol{F}_{T1}$、$\boldsymbol{F}_{T2}$ 与细绳的张力 $\boldsymbol{F}_T$ 应大小相等，即 $F_{T1}=F_{T2}=F_T$. 又按图示的加速度 $\boldsymbol{a}$，根据牛顿第二定律，有

$$m_1g-F_T=m_1a$$

$$F_T-m_2g=m_2a$$

联立求解以上两式，可得两物体的加速度和细绳的张力大小分别为

$$a=\frac{m_1-m_2}{m_1+m_2}g,\quad F_T=\frac{2m_1m_2}{m_1+m_2}g$$

(2) 仍选取地面为惯性参考系，电梯相对于地面的加速度为 $\boldsymbol{a}$，如图 2-5(b) 所示，如

果以 $\boldsymbol{a}_{\mathrm{T}}$ 为物体 m_1 相对于电梯的加速度，那么物体 m_1 相对于地面的加速度为 $\boldsymbol{a}_1=\boldsymbol{a}_{\mathrm{T}}-\boldsymbol{a}$，由牛顿第二定律，有

$$\boldsymbol{P}_1+\boldsymbol{F}_{\mathrm{T1}}=m_1\boldsymbol{a}_1$$

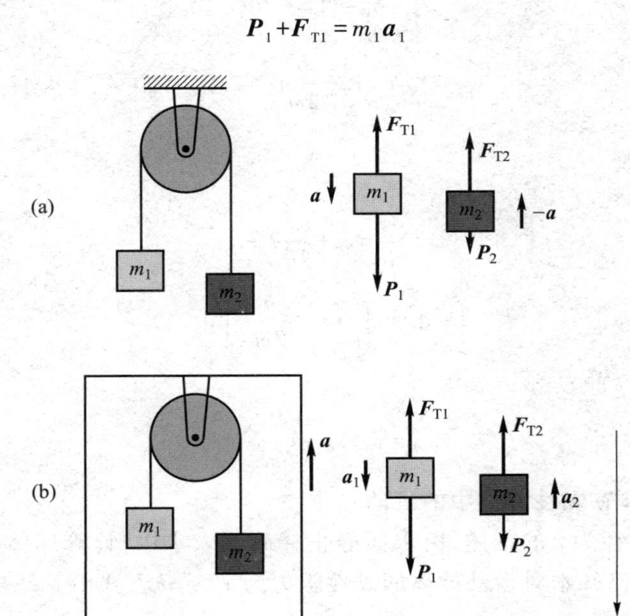

图 2-5 阿特伍德机

按如图所选的坐标系，考虑到物体 m_1 被限制在 y 轴上运动，且 $\boldsymbol{a}_1=\boldsymbol{a}_{\mathrm{T}}-\boldsymbol{a}$，故上式为

$$m_1g-F_{\mathrm{T}}=m_1a_1=m_1(a_{\mathrm{T}}-a) \tag{1}$$

因为细绳的长度不变，所以物体 m_2 相对于电梯的加速度的大小也是 a_{T}，物体 m_2 相对于地面的加速度为 $\boldsymbol{a}_2$，按如图所选的坐标系，$\boldsymbol{a}_2=\boldsymbol{a}_{\mathrm{T}}+\boldsymbol{a}$. 因此，物体 m_2 的运动方程为

$$m_2g-F_{\mathrm{T}}=-m_2a_2=-m_2(a_{\mathrm{T}}+a) \tag{2}$$

由式(1)和式(2)，可得两物体相对于电梯的加速度的大小为

$$a_{\mathrm{T}}=\frac{m_1-m_2}{m_1+m_2}(g+a)$$

将上式代入式(1)，得细绳的张力大小为

$$F_{\mathrm{T}}=\frac{2m_1m_2}{m_1+m_2}(g+a)$$

例题 2-2

一质量为 m 的质点，在力 $\boldsymbol{F}=bt\boldsymbol{i}$ 的作用下，沿 x 方向作直线运动，在 $t=0$ 时，质点位于 x_0 处，其速度为 $v_0\boldsymbol{i}$，求质点在任意时刻的位置.

解 由牛顿第二定律，有

$$\boldsymbol{F}=m\boldsymbol{a}=m\frac{\mathrm{d}\boldsymbol{v}}{\mathrm{d}t}$$

因质点在直线上运动，故

$$bt=m\frac{\mathrm{d}v}{\mathrm{d}t}$$

作用力 F 是时间 t 的函数，可用积分方法求得速度：

$$\int_{v_0}^{v} \mathrm{d}v = \int_0^t \frac{b}{m} t \mathrm{d}t$$

$$v = v_0 + \frac{b}{2m} t^2$$

由速度定义 $v = \frac{\mathrm{d}x}{\mathrm{d}t}$，故

$$\frac{\mathrm{d}x}{\mathrm{d}t} = v_0 + \frac{b}{2m} t^2$$

$$\int_{x_0}^{x} \mathrm{d}x = \int_0^t \left(v_0 + \frac{b}{2m} t^2 \right) \mathrm{d}t$$

质点在任意时刻的位置为

$$x = x_0 + v_0 t + \frac{b}{6m} t^3$$

例题 2-3　物体在黏性液体中的运动

一质量为 m、半径为 r 的球体，由水面静止释放沉入水中，计算球体竖直沉降的速度与时间的函数关系.已知水对运动球体的黏性阻力为 $\boldsymbol{F}_{\mathrm{r}} = -b\boldsymbol{v}$，式中 b 是与水的黏性、球体的半径有关的一个常量.

解　如图 2-6(a)所示，球体在水中受到重力 $\boldsymbol{P}$、浮力 $\boldsymbol{F}_{\mathrm{B}}$ 和黏性阻力 $\boldsymbol{F}_{\mathrm{r}}$ 的作用，浮力 $\boldsymbol{F}_{B}$ 的大小等于物体所排开的水的重量，即 $\boldsymbol{F}_{\mathrm{B}} = m'\boldsymbol{g}$.黏性阻力的大小为 F_{r}，重力 $\boldsymbol{P}$ 与浮力 $\boldsymbol{F}_{\mathrm{B}}$ 的合力称为驱动力，$\boldsymbol{F}_0 = \boldsymbol{P} + \boldsymbol{F}_{\mathrm{B}}$，其大小为 $F_0 = P - F_{\mathrm{B}} = mg - m'g$，其方向与球体的运动方向相同，为一恒力.由牛顿第二定律，可得出球体的运动方程为

$$F_0 - bv = m \frac{\mathrm{d}v}{\mathrm{d}t} \tag{1}$$

因此有

$$\frac{\mathrm{d}v}{\mathrm{d}t} = -\frac{b}{m}\left(v - \frac{F_0}{b} \right) \tag{2}$$

由于球体是由静止释放的，即 $t=0$ 时，$v_0=0$，故其速度是随时间增加而增加的；当 $v = F_0/b$ 时，球体的速度达到极限值.对上式分离变量并积分，有

$$\int_0^v \frac{\mathrm{d}v}{v - \frac{F_0}{b}} = -\frac{b}{m} \int_0^t \mathrm{d}t$$

于是有

$$v = \frac{F_0}{b} [1 - \mathrm{e}^{-(b/m)t}] \tag{3}$$

按照式(3)的速度-时间函数，可作如图 2-6(b)所示的曲线.从式(3)和曲线可以看出，球体下沉速度随时间增加而增加；当 $t \to \infty$ 时，$\mathrm{e}^{-(b/m)t} \to 0$，这时下沉速度达到极限值 $v_{\mathrm{L}} = F_0/b$.实际上，下沉速度达到极限值并不需要无限长的时间，当 $t = 3m/b$ 时，$\mathrm{e}^{-(b/m)t} = \mathrm{e}^{-3} \approx 0.05$，从式(3)可以看出，此时的下沉速度为

$$v=\frac{F_0}{b}(1-0.05)=v_L(1-0.05)=0.95v_L$$

这就是说,下沉速度已达极限速度的 95%.因此,一般认为 $t\geqslant 3m/b$ 时,下沉速度已达到极限值了,如 $t=5m/b$,则 $v=0.993v_L$.

若球体落在水面上时具有竖直向下的速度 v_0,且在水中所受的浮力 F_B 与重力 P 亦相等,即 $F_0=F_B-P=0$,那么球体在水中仅受阻力 $F=-bv$ 的作用,则式(1)可写成

$$m\frac{dv}{dt}=-bv \tag{4}$$

由已知条件,对上式分离变量并积分,有

$$\int_{v_0}^{v}\frac{dv}{v}=-\frac{b}{m}\int_0^t dt$$

于是有

$$v=v_0e^{-(b/m)t} \tag{5}$$

球体在水中的速率与时间的关系如图 2-6(c)所示.

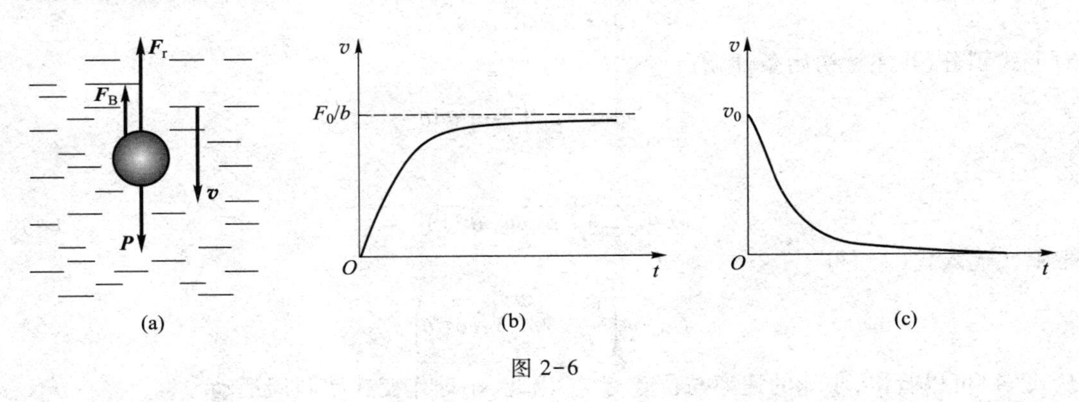

图 2-6

例题 2-4

如图 2-7 所示,长为 l 的轻绳,一端系质量为 m 的小球,另一端系于定点 O,开始时小球处于最低位置,若使小球获得如图所示的初速度 $\boldsymbol{v}_0$,则小球将在竖直平面内作圆周运动.求小球在任意位置的速率及轻绳的张力.

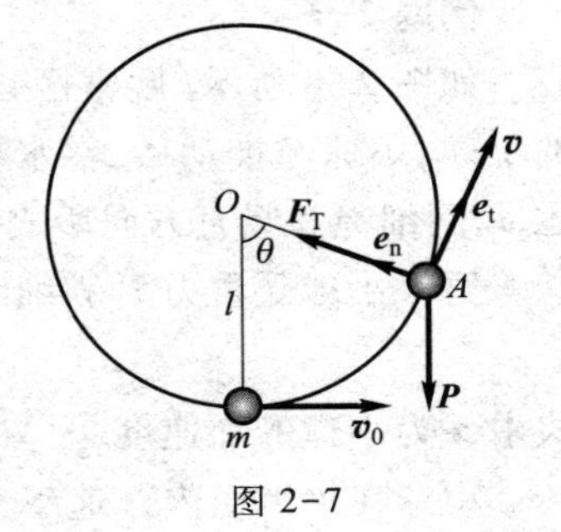

图 2-7

解 由题意知,在 $t=0$ 时,小球位于最低点,速率为 v_0,设在时刻 t,小球位于点 A,速率为 v,轻绳与竖直线成 θ 角,此时小球受重力 $\boldsymbol{P}$ 和轻绳的拉力 $\boldsymbol{F}_T$ 作用.由于轻绳的质量不计,故轻绳的张力就等于轻绳对小球的拉力.由牛顿第二定律,小球的运动方程为

$$\boldsymbol{F}_T+\boldsymbol{P}=m\boldsymbol{a} \tag{1}$$

为列出小球运动方程的分量式,我们选取自然坐标系,并以过点 A 与速度 $\boldsymbol{v}$ 同向的轴线为 $\boldsymbol{e}_t$ 轴,过点 A 指向圆心 O 的轴线为 $\boldsymbol{e}_n$ 轴,那么式(1)在两轴上的运动方程分量式分别为

$$F_T-mg\cos\theta=ma_n$$

$$-mg\sin\theta = ma_t$$

由变速圆周运动知，a_n为法向加速度，$a_n = v^2/l$，a_t为切向加速度，$a_t = \mathrm{d}v/\mathrm{d}t$. 因此上面两式可化为

$$F_T - mg\cos\theta = m\frac{v^2}{l} \tag{2}$$

$$-mg\sin\theta = m\frac{\mathrm{d}v}{\mathrm{d}t} \tag{3}$$

式(3)中，

$$\frac{\mathrm{d}v}{\mathrm{d}t} = \frac{\mathrm{d}v}{\mathrm{d}\theta}\frac{\mathrm{d}\theta}{\mathrm{d}t}$$

由角速度定义式 $\omega = \mathrm{d}\theta/\mathrm{d}t$ 以及角速度 ω 与线速度之间的关系式 $v = l\omega$，上式可化为

$$\frac{\mathrm{d}v}{\mathrm{d}t} = \frac{v}{l}\frac{\mathrm{d}v}{\mathrm{d}\theta}$$

于是式(3)可写成

$$v\mathrm{d}v = -gl\sin\theta\mathrm{d}\theta$$

对上式积分，并注意初始条件，有

$$\int_{v_0}^{v} v\mathrm{d}v = -gl\int_0^{\theta}\sin\theta\mathrm{d}\theta$$

得

$$v = \sqrt{v_0^2 + 2lg(\cos\theta - 1)} \tag{4}$$

把上式代入式(2)，得

$$F_T = m\left(\frac{v_0^2}{l} - 2g + 3g\cos\theta\right) \tag{5}$$

从式(4)可以看出，小球的速率与位置有关，因此，小球作变速率圆周运动.

例题 2-5

如图 2-8 所示(圆锥摆)，长为 l 的细绳一端固定在天花板上，另一端悬挂质量为 m 的小球，小球经推动后，在水平面内绕通过圆心 O 的竖直轴作角速率为 ω 的匀速率圆周运动. 问细绳和竖直方向所成的角度 θ 为多少？空气阻力不计.

解　小球受重力 $\boldsymbol{P}$ 和细绳的拉力 $\boldsymbol{F}_T$作用，其运动方程为

$$\boldsymbol{F}_T + \boldsymbol{P} = m\boldsymbol{a} \tag{1}$$

式中 $\boldsymbol{a}$ 为小球的加速度.

小球在水平面内作速率为 $v = r\omega$ 的匀速率圆周运动，过圆周上任意点 A 取自然坐标系，其轴线方向的单位矢量分别为 $\boldsymbol{e}_n$ 和 $\boldsymbol{e}_t$，小球的法向加速度的大小为 $a_n = v^2/r$，而切向加速度大小为 $a_t = 0$，且小球在任意位置的速度 $\boldsymbol{v}$ 的方向均与 $\boldsymbol{P}$ 和 $\boldsymbol{F}_T$所成的平面垂直. 因此，在自然坐标系下，式(1)的分量式为

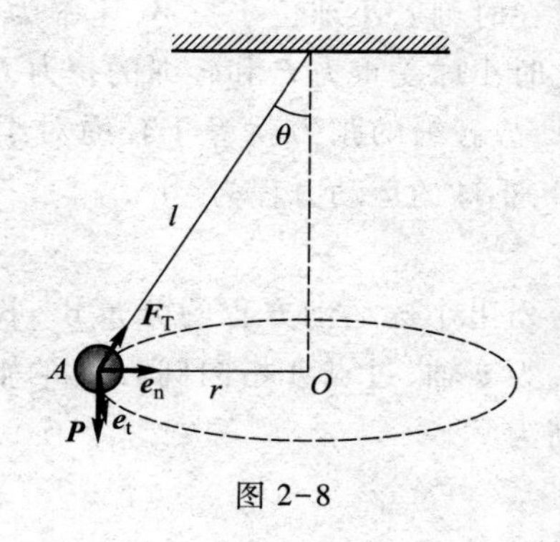

图 2-8

$$F_T\sin\theta = ma_n = m\frac{v^2}{r} = mr\omega^2$$

$$F_{\mathrm{T}}\cos\theta-P=0$$

由图知 $r=l\sin\theta$,故由以上两式,得

$$F_{\mathrm{T}}=m\omega^2 l$$

及

$$\cos\theta=\frac{mg}{m\omega^2 l}=\frac{g}{\omega^2 l}$$

得

$$\theta=\arccos\frac{g}{\omega^2 l}$$

可见,ω 越大,细绳与竖直方向所成的夹角 θ 就越大.据此可制作蒸汽机的调速器.

例题 2-6

一质量为 10 kg 的质点在力 $F=120t+40$(SI 单位)作用下,沿 x 轴作直线运动.$t=0$ 时,质点位于 $x=5$ m 处,其速度为 $v_0=6$ m/s.求质点在任意时刻的速度和位置.

解　由牛顿第二定律,有

$$120t+40=m\frac{\mathrm{d}v}{\mathrm{d}t}$$

分离变量:

$$\mathrm{d}v=(12t+4)\mathrm{d}t$$

积分:

$$\int_6^v \mathrm{d}v=\int_0^t(12t+4)\mathrm{d}t$$

得

$$v=6t^2+4t+6$$

而

$$v=\frac{\mathrm{d}x}{\mathrm{d}t}$$

积分:

$$\int_5^x \mathrm{d}x=\int_0^t v\mathrm{d}t$$

得

$$x=2t^3+2t^2+6t+5$$

本题所有解答步骤均采用 SI 单位.

2-2　力学相对性原理　非惯性系　惯性力

一、惯性系

我们在第 1 章中指出,要描述运动必须选择一个参考系,且参考系的选取可以是任意的.然而,在应用牛顿运动定律时,参考系的选取不再是任意的,因为牛顿运动定律不是对

任何参考系都成立的,它只适用于惯性参考系(简称惯性系).下面我们通过一个例子给出解释.

在火车车厢内的一个光滑桌面上,放一个静止的小球.当车厢相对于地面以匀速前进时,车厢内的观察者看到这个小球相对于桌面处于静止状态,而路基旁的人则看到小球随车厢一起作匀速直线运动.这时,无论是以车厢还是以地面作为参考系,牛顿运动定律都是适用的,因为小球在水平方向不受外力作用,它保持静止或匀速直线运动状态,显然此时相对于地面匀速运动的车厢和地面都属于惯性参考系.当车厢突然相对于地面以向前的加速度 $\boldsymbol{a}$ 运动时,车厢内的乘客观察到此小球所受合力为零却相对于车厢内的桌面以加速度 $-\boldsymbol{a}$ 向后作加速运动,牛顿运动定律不再成立,这说明此时相对于地面加速运动的车厢不是一个惯性参考系;而站在路基旁的人看到,当桌面随车厢一起以加速度 $\boldsymbol{a}$ 向前运动时,小球所受合力为零,所以它仍处于静止状态,牛顿运动定律此时仍然是适用的,地面是一个惯性参考系.

是否可以把一个参考系看成惯性系,取决于所研究的问题以及误差要求.在自然界中,严格的惯性系是不存在的.但是若以太阳为参考系,并以指向任一恒星的直线为坐标轴,则这个参考系可以认为是很好的惯性系.地球因为有公转和自转,所以不是很精确的惯性系.但地球公转和自转的向心加速度是很小的,因此除非涉及地球自转的问题(如地球同步卫星),在一定精确度范围内,都可近似将地球看成惯性系.可以证明,凡是与惯性系作相对匀速直线运动的参考系也都是惯性系.

二、力学相对性原理

设有两个参考系 S($Oxyz$)和 S′($O'x'y'z'$),它们对应的坐标轴都相互平行,且 x 轴与 x'轴重合,如图 2-9 所示,其中 S 系是惯性系,S′系以恒定的速度 $\boldsymbol{u}$ 沿 x 轴正方向相对于 S 系作匀速直线运动,所以 S′系也是惯性系.若有一质点 P 相对于 S′系的速度为 $\boldsymbol{v}'$,相对于 S 系的速度为 $\boldsymbol{v}$,由 1-3 节关于速度相对性的讨论可知,它们之间的关系为

$$\boldsymbol{v}=\boldsymbol{v}'+\boldsymbol{u}$$

将上式对时间 t 求导,并考虑到 $\boldsymbol{u}$ 为常量,可得

$$\frac{\mathrm{d}\boldsymbol{v}}{\mathrm{d}t}=\frac{\mathrm{d}\boldsymbol{v}'}{\mathrm{d}t}$$

即

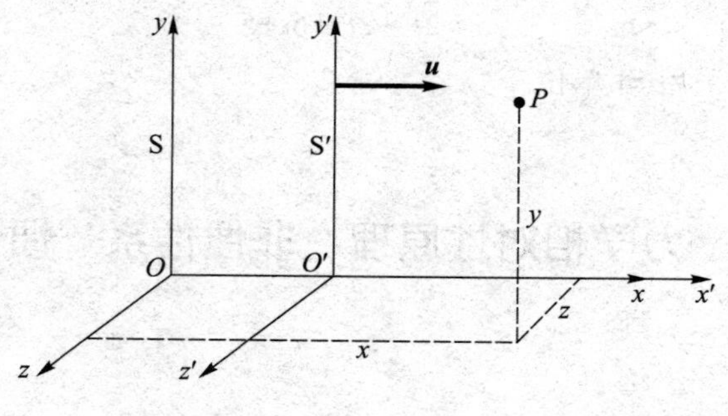

图 2-9

$$\boldsymbol{a}=\boldsymbol{a}' \tag{2-10}$$

上式表明，当惯性参考系 S′以恒定的速度相对于惯性参考系 S 作匀速直线运动时，质点在这两个惯性系中的加速度是相同的.因为 S′系也是惯性系，所以质点所受的力为 $\boldsymbol{F}'=m\boldsymbol{a}'$.考虑到 $\boldsymbol{a}'=\boldsymbol{a}$，所以

$$\boldsymbol{F}=m\boldsymbol{a}=m\boldsymbol{a}'=\boldsymbol{F}'$$

这就是说，在这两个惯性系中，牛顿第二定律的数学表达式也具有相同形式，即

$$\boldsymbol{F}=m\boldsymbol{a}$$

当由惯性系 S 变换到惯性系 S′时，牛顿运动定律的形式不变.换句话说，在所有惯性系中，牛顿运动定律都是等价的.**对于不同惯性系，牛顿力学的规律具有相同的形式，在一惯性系内部所做的任何力学实验，都不能确定该惯性系相对于其他惯性系是否在运动**.这个原理称为**力学相对性原理**或**伽利略相对性原理**.

三、非惯性系与惯性力

从刚才的讨论中我们已经知道，牛顿运动定律只适用于惯性系，而在相对于惯性系作加速运动的参考系中，牛顿运动定律则是不适用的.这种相对于惯性系作加速运动的参考系就是非惯性系.相对于地面加速运动的火车、升降机以及旋转的圆盘等都是非惯性系.

为了方便地求解非惯性系中的力学问题，我们引入**惯性力**，以便在形式上利用牛顿运动定律去分析问题.如图 2-10 所示，有一加速火车，当火车以加速度 $\boldsymbol{a}_0$沿 x 轴正方向运动时，如果我们设想作用在质量为 m 的小球上有一个惯性力，并认为这个惯性力为 $\boldsymbol{F}_{\mathrm{i}}=-m\boldsymbol{a}_0$，那么对火车这个非惯性系也可应用牛顿第二定律了，这就是说，对处于加速度为 $\boldsymbol{a}_0$的火车中的观察者来说，他认为有一个大小等于 ma_0，方向与 $\boldsymbol{a}_0$相反的惯性力作用在小球上.

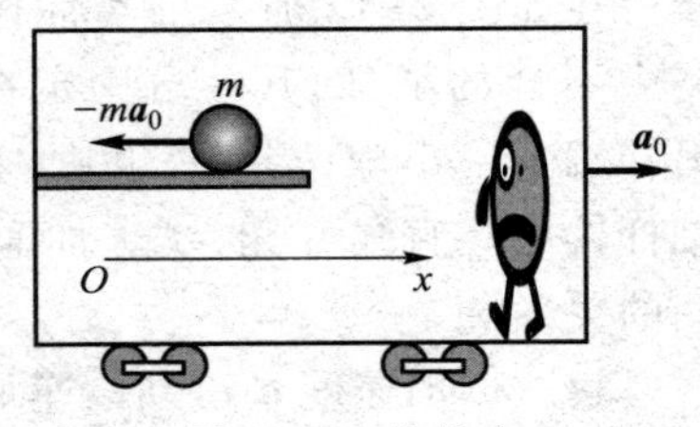

图 2-10 惯性力

一般来说，如果作用在物体上的力含有惯性力 $\boldsymbol{F}_{\mathrm{i}}$，那么牛顿第二定律的数学表达式为

$$\boldsymbol{F}+\boldsymbol{F}_{\mathrm{i}}=m\boldsymbol{a} \tag{2-11}$$

或

$$\boldsymbol{F}-m\boldsymbol{a}_0=m\boldsymbol{a}$$

式中 $\boldsymbol{a}_0$是非惯性系相对于惯性系的加速度，$\boldsymbol{a}$ 是物体相对于非惯性系的加速度，$\boldsymbol{F}$ 是物体所受到的除惯性力以外的合外力.

下面介绍**惯性离心力**的概念.如图 2-11 所示，在水平放置的转台上，有一轻弹簧，一端系在转台中心 O 点，另一端系一质量为 m 的小球，设转台平面非常光滑，它与小球和弹簧的摩擦力均可略去不计.转台可绕垂直于转台中心的竖直轴以匀角速度 ω 转动，有两个观察者，一个站在地面上（处在惯性系中），另一个相对于转台静止并随转台一起转动（处在非惯性系中）.当转台转

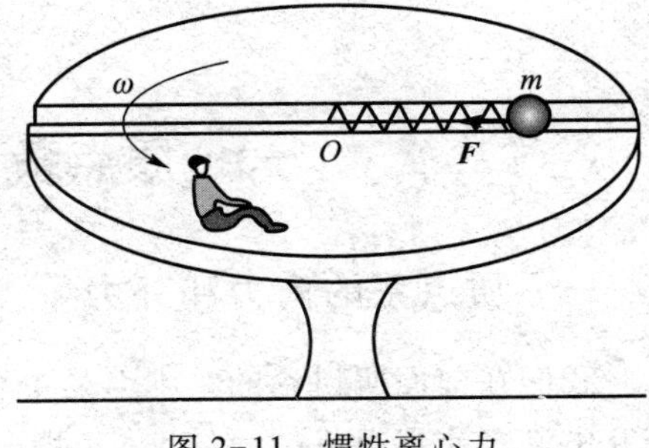

图 2-11 惯性离心力

动，弹簧被拉长到一定程度时，小球相对于转台静止，距中心 O 点的距离为 l.站在地面上的观察者观察到弹簧被拉长.这时，弹簧对小球的作用力为指向转台中心的向心力 $\boldsymbol{F}$，其大小为 $ml\omega^2$.从牛顿第二定律来说，这一点是很好理解的，在向心力作用下，小球作匀速率圆周运动.而相对于转台静止的另一个观察者，虽也观察到弹簧被拉长，有力 $\boldsymbol{F}$ 沿向心方向作用在小球上，但小球却相对于转台静止不动.这就不好理解了，为什么有力作用在小球上，小球却静止不动呢？于是这个观察者认为，要使小球保持平衡的事实仍然遵从牛顿第二定律，就必须想象有一个与向心力方向相反、大小相等的力作用在小球上，这个力称为**惯性离心力**.应当注意的是，向心力和惯性离心力都是作用在同一小球上的，它们不是作用力和反作用力，也就是说，它们不服从牛顿第三定律.

注意：惯性力是在非惯性系中物体所受到的一种等效力，它是由非惯性系本身的加速运动所引起的.惯性力不同于物体间相互作用所产生的力，它没有施力者，当然也不存在反作用力，从这个意义上可以说惯性力是"假想力"；然而在非惯性系中这个惯性力又是确实存在的，是可以感受和测量的，从这个意义上可以说惯性力是"真实力".

事实上，在非惯性系中物体所受到的惯性力，从惯性系角度来看，完全是惯性的一种表现，因此，用"惯性力"来命名，正是考虑到了这一点.

例题 2-7

在如图 2-12 所示的车厢内，一根质量可略去不计的细杆，其一端固定在车厢的顶部，另一端系一小球，当列车以加速度 $\boldsymbol{a}$ 行驶时，细杆偏离竖直线 α 角，试求加速度 $\boldsymbol{a}$ 与摆角 α 间的关系.

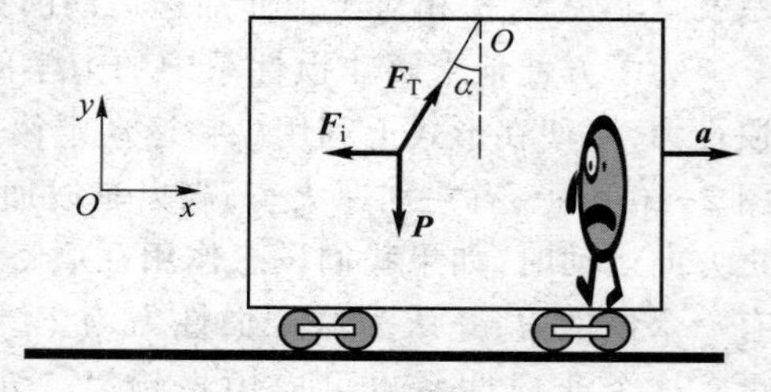

图 2-12 加速运动的车厢

解 以加速度 $\boldsymbol{a}$ 运动的车厢为参考系，此参考系为非惯性系，在此非惯性系中的观察者认为，当细杆的摆角为 α 时，小球受到重力 $\boldsymbol{P}$、拉力 $\boldsymbol{F}_\mathrm{T}$ 和惯性力 $\boldsymbol{F}_\mathrm{i}=-m\boldsymbol{a}$ 的作用.因为小球处于平衡状态，所以有如下方程：

$$\boldsymbol{P}+\boldsymbol{F}_\mathrm{T}-m\boldsymbol{a}=\boldsymbol{0}$$

上式在 x 轴、y 轴上的分量式分别为

$$F_\mathrm{T}\cos\alpha-mg=0$$

$$F_\mathrm{T}\sin\alpha-ma=0$$

解得

$$a=g\tan\alpha$$

2-3 质点系 质心 质心运动定理

一、质点系的内力和外力

我们在前面所讨论的基本上是单个物体或质点的运动，其情况是比较简单的.当我们研究由许多质点组成的系统时，其情况就复杂得多.质点系内各个质点之间都有相互作

用,我们把这种相互作用称为内力;系统外物体对系统内各质点所施加的力则称为外力.牛顿第三定律告诉我们,质点系内质点间相互作用的内力必定成对出现,同时存在,同时消失,且每对相互作用内力都沿两质点连线的方向,因此系统的所有内力之和始终等于零,这说明内力对系统的整体运动没有影响.

二、质心

在研究多个物体组成的系统时,质心是个很重要的概念.考虑由一刚性轻杆相连的两个小球组成的简单系统,当我们将它斜向上抛出时(见图 2-13),它在空间的运动是很复杂的,每个小球的轨道都不是抛物线形状.但实践和理论都证明,两小球连线中的某点 C 却仍然作抛物线运动.C 点的运动规律就像两小球的质量都集中在 C 点一样,全部外力也像是作用在 C 点一样.这个特殊点 C 就是质点系的质心.

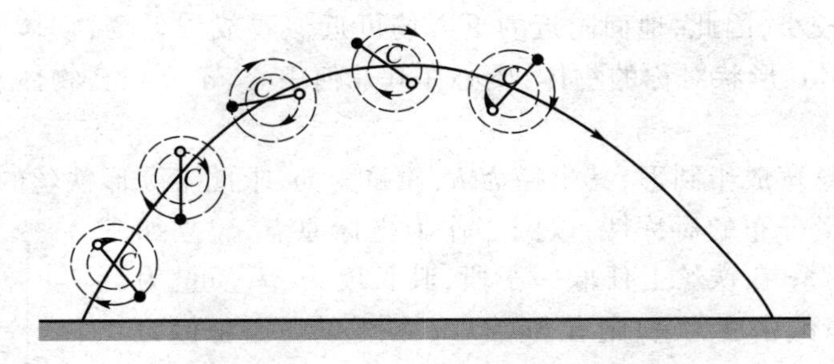

图 2-13 质心的运动轨道

质心实际上是与质点系质量分布有关的一个代表点,它的位置在平均意义上为质点系质量分布的中心,质心的运动描绘了质点系整体运动的趋势.$\boldsymbol{F}_i$ 代表质点系内各个质点所受外力,m_i 和 $\boldsymbol{v}_i$、$\boldsymbol{p}_i$ 代表质点系内各个质点的质量和 t 时刻的速度、动量,根据牛顿第二定律,对质点系有

$$\sum_i \boldsymbol{F}_i=\frac{\mathrm{d}}{\mathrm{d}t}\sum_i \boldsymbol{p}_i=\frac{\mathrm{d}}{\mathrm{d}t}\sum_i m_i\boldsymbol{v}_i=\frac{\mathrm{d}^2}{\mathrm{d}t^2}\left(\sum_i m_i\boldsymbol{r}_i\right)$$

用 $m=\sum_i m_i$ 表示质点系的总质量,可将上式改写为

$$\sum_i \boldsymbol{F}_i=m\frac{\mathrm{d}^2}{\mathrm{d}t^2}\left(\frac{\sum_i m_i\boldsymbol{r}_i}{m}\right)=m\frac{\mathrm{d}^2\boldsymbol{r}_C}{\mathrm{d}t^2} \tag{2-12}$$

其中,

$$\boldsymbol{r}_C=\frac{\sum_i m_i\boldsymbol{r}_i}{m} \tag{2-13}$$

代表质点系的质心位置矢量,在直角坐标系中,有

$$x_C=\frac{\sum_i m_ix_i}{m},\quad y_C=\frac{\sum_i m_iy_i}{m},\quad z_C=\frac{\sum_i m_iz_i}{m} \tag{2-14}$$

对于质量连续分布的物体,质心的位矢为

$$\boldsymbol{r}_C=\frac{\int \boldsymbol{r}\mathrm{d}m}{\int \mathrm{d}m}=\frac{\int \boldsymbol{r}\mathrm{d}m}{m} \tag{2-15}$$

式中 $\boldsymbol{r}$ 为质量元 $\mathrm{d}m$ 的位置矢量,在直角坐标系中上式可以表示为如下分量形式:

$$x_C=\int \frac{x\mathrm{d}m}{m},\quad y_C=\int \frac{y\mathrm{d}m}{m},\quad z_C=\int \frac{z\mathrm{d}m}{m} \tag{2-16}$$

根据质量分布情况,质量元又可表示为具体的形式.质量若为线分布,则 $\mathrm{d}m=\lambda\mathrm{d}l$;若为面分布,则 $\mathrm{d}m=\sigma\mathrm{d}S$;若为体分布,则 $\mathrm{d}m=\rho\mathrm{d}V$.这里 λ、σ 和 ρ 分别为质量线密度、质量面密度和质量体密度.

值得注意的是,物体的重心和质心是两个不同的概念,它们的空间位置也不一定相同.只有当物体处于均匀的重力场中时,物体的重心才与质心重合.一般情况下,我们考虑的物体线度都比较小,因此,地面附近的重力场可近似看成均匀场,物体的重心与质心重合.而对于密度均匀、形状对称的物体,质心在其几何中心,不一定在物体上.

例题 2-8

一段均匀铁丝弯成半圆形,其半径为 R,质量为 m,求此半圆形铁丝的质心.

解　根据质量分布的对称性,以圆心作为坐标原点,建立如图 2-14 所示坐标系.在铁丝上任取一小段,其长度为 $\mathrm{d}l$,质量为 $\mathrm{d}m$,设铁丝的质量线密度为 λ,则有 $\mathrm{d}m=\lambda\mathrm{d}l$,铁丝的质心坐标为

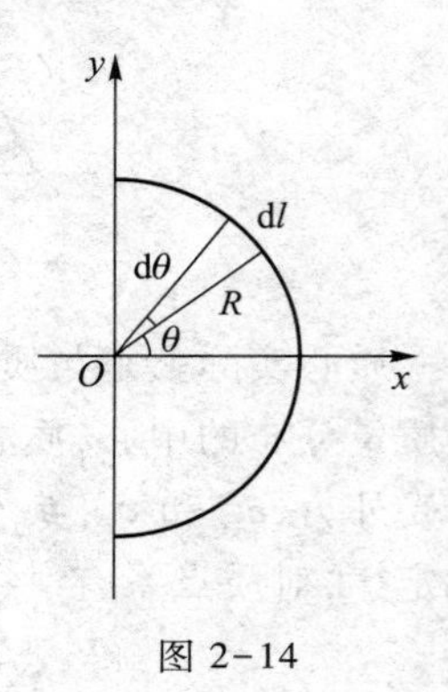

图 2-14

$$x_C=\frac{\int x\mathrm{d}m}{m}=\frac{\int x\lambda\,\mathrm{d}l}{m}$$

因 $x=R\cos\theta$, $\mathrm{d}l=R\mathrm{d}\theta$,代入上式得

$$x_C=\frac{\int_{-\pi/2}^{\pi/2} R(\cos\theta)\lambda R\mathrm{d}\theta}{m}=\frac{2\lambda R^2}{m}$$

铁丝的质量线密度为 $\lambda=\dfrac{m}{\pi R}$,因此得

$$x_C=\frac{2}{\pi}R\approx 0.64R$$

根据对称性分析可知

$$y_C=0$$

三、质心运动定理

当质点系中每个质点都在运动时,质点系质心的位置也要发生变化.根据式(2-12)有

$$\sum_i \boldsymbol{F}_i=m\frac{\mathrm{d}^2\boldsymbol{r}_C}{\mathrm{d}t^2}=m\frac{\mathrm{d}\boldsymbol{v}_C}{\mathrm{d}t}=m\boldsymbol{a}_C$$

即

$$\sum_i \boldsymbol{F}_i=m\boldsymbol{a}_C \tag{2-17}$$

$\boldsymbol{a}_C$、$\boldsymbol{v}_C$ 分别为质心运动的加速度和速度.由此可见,**质心的运动等同于一个质点的运动,这个质点具有质点系的总质量,它所受的外力是质点系所受的所有外力的矢量和**,这个结论称为**质心运动定理**.它告诉我们,无论系统内各质点的运动如何复杂,质心的运动却有可能相当简单,只由外力的矢量和决定,内力不能改变质心的运动状态.

例题 2-9

一质量为 $m_1=50\ \mathrm{kg}$ 的人站在一质量为 $m_2=350\ \mathrm{kg}$、长为 $L=5.6\ \mathrm{m}$ 的船的船头,开始时船静止.忽略水的阻力,试求当人走到船尾时船移动的距离.

解 因为人和船组成的系统在水平方向不受外力的作用,所以质心的速度不变,而系统原来是静止的,所以在人从船头走到船尾的过程中系统质心位置不变.设船向左移动 d.如图 2-15 所示,人在船头时:

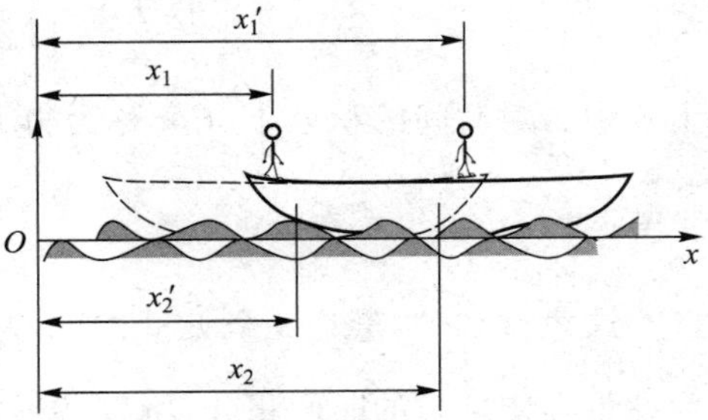

$$x_C=\frac{m_1x_1+m_2x_2}{m_1+m_2}$$

人在船尾时:

$$x_C'=\frac{m_1x_1'+m_2x_2'}{m_1+m_2}$$

图 2-15

上面两式联立得

$$m_1(x_1'-x_1)=m_2(x_2-x_2') \tag{1}$$

又由相对运动的位移变换式:

$$\Delta\boldsymbol{x}_{人对地}=\Delta\boldsymbol{x}_{人对船}+\Delta\boldsymbol{x}_{船对地}$$

得

$$x_1'-x_1=L+(x_2'-x_2)=L-d \tag{2}$$

将式(2)代入式(1)得

$$d=\frac{m_1L}{m_1+m_2}=0.7\ \mathrm{m}$$

2-4 动量定理和动量守恒定律

牛顿第二定律描述了力对物体作用的瞬间关系.在受力时,物体瞬间获得相应的加速度,物体的运动状态已经开始发生变化.要使物体的运动状态继续变化,力的作用要有一个过程.本节从力的时间累积效应出发,讨论冲量和动量的概念,用动量对机械运动进行分析,并从牛顿第二定律导出动量定理和动量守恒定律.这两个规律对解决一定范围内的动力学问题也有较大的方便之处.

语音录课:质点的动量定理

一、质点的动量定理

前面讲过,牛顿第二定律可以表示为

$$\boldsymbol{F}=\frac{\mathrm{d}(m\boldsymbol{v})}{\mathrm{d}t}=\frac{\mathrm{d}\boldsymbol{p}}{\mathrm{d}t} \tag{2-18}$$

式中 $\boldsymbol{F}$ 表示质点所受到的合外力.$\boldsymbol{p}=m\boldsymbol{v}$ 称为质点的动量,它是一个矢量,它的方向与质点的运动方向一致;动量也是个相对量,它的大小与参考系的选择有关.式(2-18)表示,在任一瞬间,质点动量的时间变化率等于同一瞬间作用于质点的合力,其方向与合力的方向一致.

现在来研究力的时间累积效应.把式(2-18)改写为

$$\boldsymbol{F}\mathrm{d}t=\mathrm{d}\boldsymbol{p} \tag{2-19}$$

该式表明,力 $\boldsymbol{F}$ 在 $\mathrm{d}t$ 时间内的累积结果等于相应时间内动量的增量.一般来说,作用在质点上的合力 $\boldsymbol{F}$ 是随时间改变的,即力是时间的函数,将上式两边同时取积分得

$$\int_{t_1}^{t_2}\boldsymbol{F}\mathrm{d}t=\int_{p_1}^{p_2}\mathrm{d}\boldsymbol{p}=\boldsymbol{p}_2-\boldsymbol{p}_1=m\boldsymbol{v}_2-m\boldsymbol{v}_1 \tag{2-20}$$

上式中力对时间的积分 $\int_{t_1}^{t_2}\boldsymbol{F}\mathrm{d}t$ 称为力 $\boldsymbol{F}$ 在时间 t_1 到 t_2 的冲量,用 $\boldsymbol{I}$ 表示,有

$$\boldsymbol{I}=\int_{t_1}^{t_2}\boldsymbol{F}\mathrm{d}t$$

注意:(1) 冲量是一个矢量,大小为 $\left|\int_{t_1}^{t_2}\boldsymbol{F}\mathrm{d}t\right|$,方向是速度或动量的变化方向;(2) 因为冲量是作用力的时间积分,所以必须知道力在这段时间中的全部情况,才能求出冲量.实际上要知道力的大小和方向随时间的变化关系是很困难的,必须采取近似处理方法.若 $\boldsymbol{F}$ 为恒力(方向也不变),则 $\boldsymbol{I}=\boldsymbol{F}\Delta t$(此即高中的冲量定义);若 $\boldsymbol{F}$ 为变力,则其冲量可以用在一段相同的时间内,具有恒定大小的平均作用力 $\overline{\boldsymbol{F}}$ 的冲量来代替,即

$$\overline{\boldsymbol{F}}\Delta t=\int_{t_1}^{t_2}\boldsymbol{F}\mathrm{d}t$$

如图2-16所示,$\overline{F}-t$ 曲线下的面积与 $F-t$ 曲线下的面积相等.

式(2-20)表明:**在给定的时间间隔内,质点所受合力的冲量,等于该质点动量的增量,这就是质点的动量定理**.

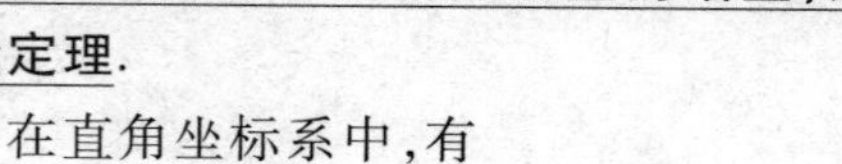

图2-16　平均冲力

在直角坐标系中,有

$$\begin{cases} I_x=\int_{t_1}^{t_2}F_x\mathrm{d}t=mv_{2x}-mv_{1x} \\ I_y=\int_{t_1}^{t_2}F_y\mathrm{d}t=mv_{2y}-mv_{1y} \\ I_z=\int_{t_1}^{t_2}F_z\mathrm{d}t=mv_{2z}-mv_{1z} \end{cases} \tag{2-21}$$

即在一段时间内,质点在某一轴线上的动量增量,等于该质点在该轴线上所受合力的冲量.

如果作用在质点上的合力为一个恒力,那么式(2-20)可表示为

$$\int_{t_1}^{t_2}\boldsymbol{F}\mathrm{d}t=\boldsymbol{F}\int_{t_1}^{t_2}\mathrm{d}t=\boldsymbol{F}(t_2-t_1)=m\boldsymbol{v}_2-m\boldsymbol{v}_1 \tag{2-22}$$

动量定理在**打击**和**碰撞**等情形中特别有用.一般而言,冲力大小随时间而变化的情况比较复杂,因此很难把每一时刻的冲力测量出来.但若我们能够知道两物体在碰撞前后的动量,则根据动量定理,就可得出物体所受的冲量;如果我们还能测出碰撞时间,那么也可

以根据冲量算出在碰撞时间 Δt 内的平均冲力：

$$\overline{\boldsymbol{F}}=\frac{m\boldsymbol{v}_2-m\boldsymbol{v}_1}{\Delta t} \tag{2-23}$$

二、质点系的动量定理

语音录课：质点系的动量定理

前面我们给出了质点的动量定理，但通常我们研究的对象不止包含一个质点，而是由多个彼此相互作用的质点组成的质点系. 下面我们来介绍质点系在力的作用下动量的变化.

假设研究的对象是由两个质点 1 和 2 组成的，如图 2-17 所示，它们的质量分别为 m_1 和 m_2. **外界对系统内各质点作用的力称为外力，系统内各质点间相互作用的力称为内力**. 设外界作用在两质点上的外力分别为 $\boldsymbol{F}_1$ 和 $\boldsymbol{F}_2$，两质点间相互作用的内力分别为 $\boldsymbol{F}_{12}$ 和 $\boldsymbol{F}_{21}$. 在时间间隔 $\Delta t=t_2-t_1$ 内，对质点 1 和 2 分别应用动量定理，有

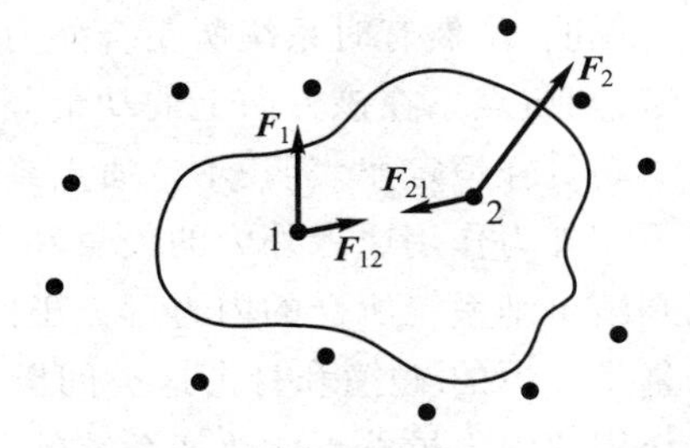

图 2-17　质点系的内力和外力

$$\int_{t_1}^{t_2}(\boldsymbol{F}_1+\boldsymbol{F}_{12})\,\mathrm{d}t=m_1\boldsymbol{v}_1-m_1\boldsymbol{v}_{10}$$

$$\int_{t_1}^{t_2}(\boldsymbol{F}_2+\boldsymbol{F}_{21})\,\mathrm{d}t=m_2\boldsymbol{v}_2-m_2\boldsymbol{v}_{20}$$

将上面两式相加，有

$$\int_{t_1}^{t_2}(\boldsymbol{F}_1+\boldsymbol{F}_2)\,\mathrm{d}t+\int_{t_1}^{t_2}(\boldsymbol{F}_{12}+\boldsymbol{F}_{21})\,\mathrm{d}t=(m_1\boldsymbol{v}_1+m_2\boldsymbol{v}_2)-(m_1\boldsymbol{v}_{10}+m_2\boldsymbol{v}_{20})$$

根据牛顿第三定律，有 $\boldsymbol{F}_{12}=-\boldsymbol{F}_{21}$，所以上式可写为

$$\int_{t_1}^{t_2}(\boldsymbol{F}_1+\boldsymbol{F}_2)\,\mathrm{d}t=(m_1\boldsymbol{v}_1+m_2\boldsymbol{v}_2)-(m_1\boldsymbol{v}_{10}+m_2\boldsymbol{v}_{20}) \tag{2-24}$$

上式表明，对于两个质点组成的系统，系统所受合外力的冲量等于系统总动量的增量.

把上述结果推广到 n 个质点组成的系统，考虑到内力总是成对出现的，且每一对内力都等值反向，因此系统中所有内力的矢量和恒为零，于是有

$$\int_{t_2}^{t_1}\left(\sum_{i=1}^{n}\boldsymbol{F}_i\right)\mathrm{d}t=\sum_{i=1}^{n}m_i\boldsymbol{v}_i-\sum_{i=1}^{n}m_i\boldsymbol{v}_{i0} \tag{2-25}$$

上式中 $\boldsymbol{F}_i$ 是外界作用在系统第 i 个质点上的外力. 系统初动量和末动量分别用 $\boldsymbol{p}_0$ 和 $\boldsymbol{p}$ 表示，有

$$\int_{t_2}^{t_1}\left(\sum_{i=1}^{n}\boldsymbol{F}_i\right)\mathrm{d}t=\boldsymbol{p}-\boldsymbol{p}_0=\Delta\boldsymbol{p} \tag{2-26}$$

这就是**质点系的动量定理**的数学表达式. 即**质点系总动量的增量等于作用于质点系上合外力的冲量**. 该定理表明只有外力才对系统的总动量变化有贡献，而内力不改变系统的总动量.

三、质点系的动量守恒定律

语音录课：质点系的动量守恒定律

对于质点系来说，若系统所受的外力的矢量和为 $\sum\limits_i\boldsymbol{F}_i=\boldsymbol{0}$，则有

$$\Delta\boldsymbol{p}=\boldsymbol{0}$$

即系统总动量增量为零.这说明系统总动量保持不变,即

$$\boldsymbol{p}=\sum_i m_i\boldsymbol{v}_i=\text{常矢量} \tag{2-27}$$

这就是**质点系的动量守恒定律**,它的表述为:**当系统所受合外力为零时,系统的总动量保持不变**.直角坐标系中的分量形式为

$$\begin{cases}\sum\limits_i m_iv_{ix}=C, & \sum\limits_i F_{ix}=0\\ \sum\limits_i m_iv_{iy}=C, & \sum\limits_i F_{iy}=0\\ \sum\limits_i m_iv_{iz}=C, & \sum\limits_i F_{iz}=0\end{cases} \tag{2-28}$$

说明:虽然有时系统所受合外力不为零,但是若质点系所受合外力沿某一方向的分量为零,则质点系在该方向上的动量分量也满足动量守恒定律.

动量守恒定律表明:不论质点系内运动情况多么复杂,相互作用多么强烈,只要质点系不受外力作用或者外力的矢量和为零,该质点系的总动量就守恒.在实际问题中,如果能判断出来系统所受的内力远大于所受的外力,那么可忽略外力的作用,近似认为系统的动量是守恒的.碰撞和打击这类问题就是这样处理的.应当指出的是,质点系内各质点相互作用的内力虽然不能改变系统的总动量,但是却能改变质点系内各质点的动量,即内力能使质点系内各质点的动量发生转移.

虽然动量守恒定律的导出过程是从牛顿第二定律出发的,并应用了牛顿第三定律,但绝不能认为动量守恒定律是牛顿运动定律的推论,动量守恒定律是独立于牛顿运动定律的自然定律,是比牛顿运动定律更为普遍的定律.在某些问题中,如在微观领域中,牛顿运动定律已经不成立,但动量守恒定律仍然适用.

例题 2-10

如图 2-18(a)所示,一质量为 $m=1$ kg 的小球,在 $h=20$ m 处以 $v_0=10$ m/s 平抛,小球落地后跳起的最大高度为 10 m,水平速度大小为 5 m/s.设小球与地面的碰撞时间为 0.01 s.求:

(1) 平抛过程中任一时刻小球的动量以及从抛出到落地过程中小球动量的增量;

(2) 小球与地面碰撞过程中受到的水平冲力.(g 取 10 m/s^2.)

解　(1) $\boldsymbol{p}(t)=m\boldsymbol{v}(t)=v_0\boldsymbol{i}+(-g)t\boldsymbol{j}=10\boldsymbol{i}+(-10)t\boldsymbol{j}$(SI 单位)

落地前飞行时间为

$$t=\sqrt{\frac{2h}{g}}=\sqrt{\frac{2\times20}{10}}\ \text{s}=2\ \text{s}$$

这段时间内动量的增量为

$$\Delta\boldsymbol{p}=\boldsymbol{F}t=-mg\boldsymbol{j}t=-20\boldsymbol{j}\ \text{kg}\cdot\text{m/s}$$

(2) 如图 2-18(b)所示,根据 x 方向的动量定理:

$$F_x\Delta t=m\Delta v_x$$

x 方向的平均冲力为

$$F_x=\frac{m\Delta v_x}{\Delta t}=\frac{1\times(5-10)}{0.01}\ \text{N}=-500\ \text{N}$$

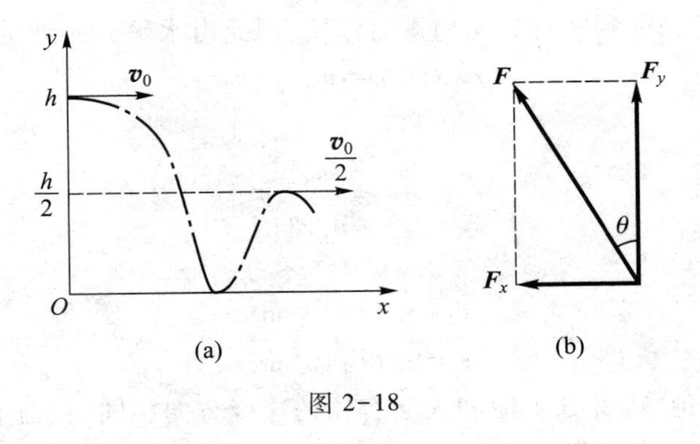

图 2-18

方向沿 x 轴负方向.

同理,y 方向的平均冲力为 F_y,有

$$(F_y - mg)\Delta t = m\Delta v_y$$

而 $v_{y2}=\sqrt{2gh_2}$,$v_{y1}=\sqrt{2gh_1}$,方向一上一下,故有

$$F_y = mg+\frac{m\Delta v_y}{\Delta t}=\left(1\times10+\frac{\sqrt{2\times10\times10}+\sqrt{2\times10\times20}}{0.01}\right)\ \text{N}\approx3.42\times10^3\ \text{N}$$

$$F=\sqrt{F_x^2+F_y^2}=\sqrt{500^2+3\ 420^2}\ \text{N}\approx3.46\times10^3\ \text{N}$$

方向为

$$\theta=\arctan\left|\frac{F_x}{F_y}\right|=\arctan\frac{500}{3.46\times10^3}\approx8.22°$$

例题 2-11

一枚返回式火箭以 2.5×10^3 m/s 的速率相对于地面沿水平方向飞行,设空气阻力不计,现由控制系统使火箭分离为两部分,前方部分是质量为 100 kg 的仪器舱,后方部分是质量为 200 kg 的火箭容器.若仪器舱相对于火箭容器的水平速率为 1.0×10^3 m/s,求仪器舱和火箭容器相对于地面的速度.

解 如图 2-19 所示,以地面为惯性系 S,设 $\boldsymbol{v}$ 为火箭分离前火箭相对于惯性系 S 的速度,$\boldsymbol{v}_1$ 和 $\boldsymbol{v}_2$ 为火箭分离后,仪器舱和火箭容器相对于惯性系 S 的速度.$\boldsymbol{v}'$为分离后仪器舱相对于火箭容器的速度,取火箭容器为惯性系 S′.因为 S′系沿 x 轴以速度 $\boldsymbol{v}_2$ 相对于 S 系运动,所以由相对运动的速度公式,有 $\boldsymbol{v}_1=\boldsymbol{v}_2+\boldsymbol{v}'$,由于它们三者都在同一水平面上,故上式为

$$v_1=v_2+v'$$

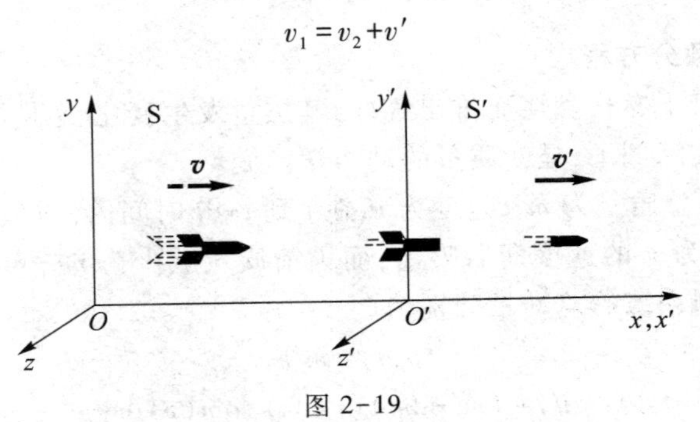

图 2-19

在火箭分离前后，它只受到竖直方向的重力作用，因此沿水平方向动量守恒，有

$$(m_1+m_2)v=m_1v_1+m_2v_2$$

解以上两式得

$$v_2=v-\frac{m_1}{m_1+m_2}v'$$

代入数据得

$$v_1=3.17\times10^3\ \mathrm{m/s}$$

$$v_2=2.17\times10^3\ \mathrm{m/s}$$

v_1 和 v_2 都是正值，因此仪器舱和火箭容器的速度方向相同，且与 $\boldsymbol{v}$ 同向. 只不过分离后仪器舱速率变大了，火箭容器的速率却变小了，从而实现了动量的转移.

例题 2-12

如图 2-20 所示，设炮车以仰角 θ 发射一炮弹，炮车和炮弹的质量分别为 m_1 和 m，炮弹的出口速度为 $\boldsymbol{v}$，求炮车的反冲速度 $\boldsymbol{v}_1$ 的大小. 炮车与地面间的摩擦力不计.

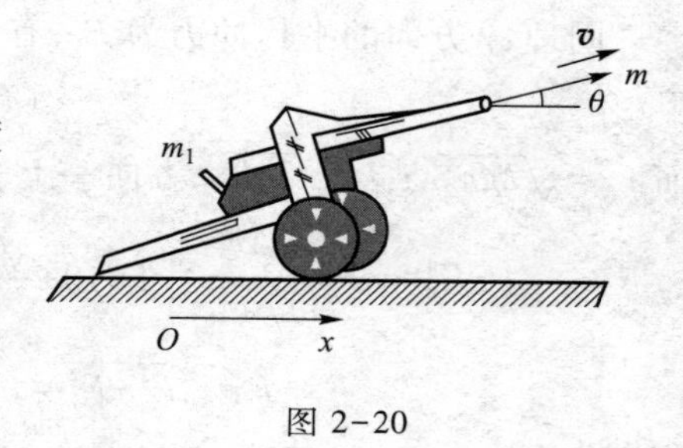

图 2-20

解　把炮车和炮弹看成一个系统. 发炮前系统在竖直方向上的外力有重力 $\boldsymbol{P}$ 和地面支持力 $\boldsymbol{F}_N$，而且 $\boldsymbol{P}=-\boldsymbol{F}_N$，在发射过程中 $\boldsymbol{P}=-\boldsymbol{F}_N$ 并不成立（为什么？），系统所受的外力的矢量和不为零，因此这一系统的总动量不守恒. 经分析，对地面参考系而言，炮弹相对于地面的速度为 $\boldsymbol{u}$，按速度变换式有

$$\boldsymbol{u}=\boldsymbol{v}+\boldsymbol{v}_1$$

在水平方向上有

$$u_x=v\cos\theta-v_1$$

因此，炮弹在水平方向的动量为 $m(v\cos\theta-v_1)$，而炮车在水平方向的动量为 $-m_1v_1$. 根据动量守恒定理，有

$$-m_1v_1+m(v\cos\theta-v_1)=0$$

由此得炮车的反冲速度大小为

$$v_1=\frac{m}{m+m_1}v\cos\theta$$

* 四、系统内质量移动问题（火箭飞行）

1. 火箭运动的微分方程

火箭在飞行中由于燃料燃烧而排出气体，其质量发生变化. 这是质点系动量定理和动量守恒定律应用的实际例子，是变质量的动力学问题.

设火箭在 t 时刻总质量为 m'，速度为 v，在 t 到 $t+\mathrm{d}t$ 时间内，质量为 $\mathrm{d}m$ 的燃料变成气体，并以相对于火箭为 u 的速度向后喷出，而火箭质量减少为 $m'-\mathrm{d}m$，速度增加为 $v+\mathrm{d}v$，则 t 时刻和 $t+\mathrm{d}t$ 时刻系统的总动量分别为

$$p(t)=m'v$$

$$p(t+\mathrm{d}t)=(m'-\mathrm{d}m)(v+\mathrm{d}v)+\mathrm{d}m(v+\mathrm{d}v-u)$$

略去小量 $\mathrm{d}m\mathrm{d}v$,可得系统动量的增量为

$$\mathrm{d}p=p(t+\mathrm{d}t)-p(t)=m'\mathrm{d}v-u\mathrm{d}m$$

一般来讲,火箭所受外力为重力(万有引力)和空气阻力.设其合外力为 F,则根据动量定理得

$$F=\frac{\mathrm{d}p}{\mathrm{d}t}=m'\frac{\mathrm{d}v}{\mathrm{d}t}-u\frac{\mathrm{d}m}{\mathrm{d}t}$$

由于单位时间内从火箭喷出的气体的质量等于火箭减少的质量,即

$$\frac{\mathrm{d}m}{\mathrm{d}t}=-\frac{\mathrm{d}m'}{\mathrm{d}t}$$

所以有 $F=m'\frac{\mathrm{d}v}{\mathrm{d}t}+u\frac{\mathrm{d}m'}{\mathrm{d}t}$(这样就去掉了 $\mathrm{d}m$).$u\frac{\mathrm{d}m'}{\mathrm{d}t}$为发动机的推力,移项后为

$$F-u\frac{\mathrm{d}m'}{\mathrm{d}t}=m'\frac{\mathrm{d}v}{\mathrm{d}t}\left(\text{注意}\frac{\mathrm{d}m'}{\mathrm{d}t}\text{为负值}\right)$$

这就是火箭运动的微分方程.可见要获得较大的推力,必须有较大的喷气速度和喷气流量.典型数值如下:

$$u=2.94\times10^{3}\ \mathrm{m/s},\quad \frac{\mathrm{d}m}{\mathrm{d}t}=-\frac{\mathrm{d}m'}{\mathrm{d}t}=1.38\times10^{4}\ \mathrm{kg/s}$$

产生的推力约为 4.06×10^{7} N.

2. 火箭运动的速度公式

在重力场中,忽略空气阻力,且 g 不变,则由其微分方程得

$$-m'g-u\frac{\mathrm{d}m'}{\mathrm{d}t}=m'\frac{\mathrm{d}v}{\mathrm{d}t}$$

$$-\int_0^t g\mathrm{d}t-u\int_{m_0'}^{m'}\frac{\mathrm{d}m'}{m'}=\int_{v_0}^{v}\mathrm{d}v$$

$$-gt-u\ln\frac{m'}{m_0'}=v-v_0$$

$$v=v_0+u\ln\frac{m_0'}{m'}-gt\text{(在重力场中},v_0=0)$$

若火箭飞行于星际空间,则无外力作用,同理可得

$$v=v_0+u\ln\frac{m_0'}{m'}$$

$\frac{m_0'}{m'}$称为火箭的质量比.液氧和液氢燃料的 u 可达 4.1 km/s,但燃烧温度达到 4 000 ℃,这给材料的选取带来了困难.目前$\frac{m_0'}{m'}$可达 15,在这种情况下,单级火箭的末速度可达 11 km/s.实际上由于重力和空气阻力的影响,单级火箭的末速度只能达到 7 km/s,小于第一宇宙速度 7.9 km/s.因此,用单级火箭还不能把卫星送入轨道.

为了得到较大的速度,就需要用多级火箭.设各级火箭的质量比和喷气速度分别为 $N_1,N_2,\cdots,N_n$ 和 $u_1,u_2,\cdots,u_n$,则有

$$v_1 = u_1 \ln N_1$$
$$v_2 - v_1 = u_2 \ln N_2$$
$$\cdots\cdots\cdots\cdots$$
$$v_n - v_{n-1} = u_n \ln N_n$$

最终达到的速度为

$$v_n = \sum_{i=1}^{n} u_i \ln N_i$$

由于技术上的原因,现在的火箭一般为三级.

2-5　功和能量

通过前面的学习我们已经知道,力可以改变物体的运动状态,而能量反映了物体的运动状态.也就是说,在物体从一个状态运动到另一个状态的过程中,能量也发生了变化或转移.力做功是改变能量的手段,因此有必要研究力做功及其与能量的关系.

一、功和功率

1. 功

(1) 恒力的功.

质量为 m 的物体在一恒力 $\boldsymbol{F}$ 的作用下沿直线运动,如图 2-21 所示.物体在力的作用下发生位移 $\Delta\boldsymbol{r}$,恒力 $\boldsymbol{F}$ 与位移 $\Delta\boldsymbol{r}$ 的夹角为 θ,定义恒力 $\boldsymbol{F}$ 所做的功 A 为力沿所作用的物体在位移方向上的分量与其位移大小的乘积,即

$$A = F|\Delta\boldsymbol{r}|\cos\theta \tag{2-29}$$

根据矢量标积的定义,式(2-29)可以改写为

$$A = \boldsymbol{F}\cdot\Delta\boldsymbol{r} \tag{2-30}$$

即作用在沿直线运动质点上的恒力 $\boldsymbol{F}$ 所做的功等于力 $\boldsymbol{F}$ 和位移 $\Delta\boldsymbol{r}$ 的标积.

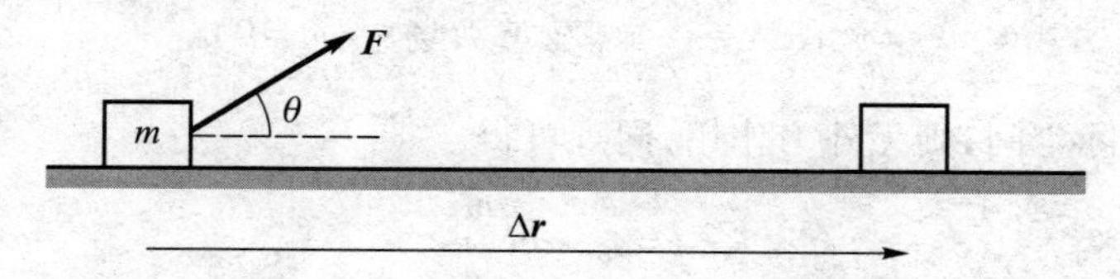

图 2-21　质点在恒力作用下的直线运动

由功的定义可见,功为标量,没有方向,但有正负.功的正负表示力做了正功还是负功,由 θ 角决定.当 $0\leqslant\theta<\frac{\pi}{2}$时,功为正值,表示力对物体做正功;当 $\theta=\frac{\pi}{2}$时,功为零,表示力对物体不做功;当$\frac{\pi}{2}<\theta\leqslant\pi$ 时,功为负值,表示力对物体做负功,或者说物体在运动过程中克服外力做功.

在国际单位制中,功的单位为 J,也可以是 N · m.

（2）变力的功.

物体在运动过程中所受到的力可能是恒力也可能是变力.若物体所受到的力为变力，就不能用式(2-30)直接计算力所做的功.此时可以采用数学中的微分的思想和方法计算变力所做的功.

如图2-22所示，物体在变力 $\boldsymbol{F}$ 的作用下从 a 点运动到 b 点.在计算变力 $\boldsymbol{F}$ 所做的功时，将物体运动的轨道分成无限多个小的位移（元位移），在每个元位移上将力看成恒力，利用恒力的功的定义式，力 $\boldsymbol{F}$ 在这段元位移上所做的元功为

$$dA=\boldsymbol{F}\cdot d\boldsymbol{r}$$

在每个元位移上，力所做的功都满足该式.采用微积分的思想，对所有元功求和即可得到物体从 a 点运动到 b 点的过程中变力 $\boldsymbol{F}$ 所做的功，即

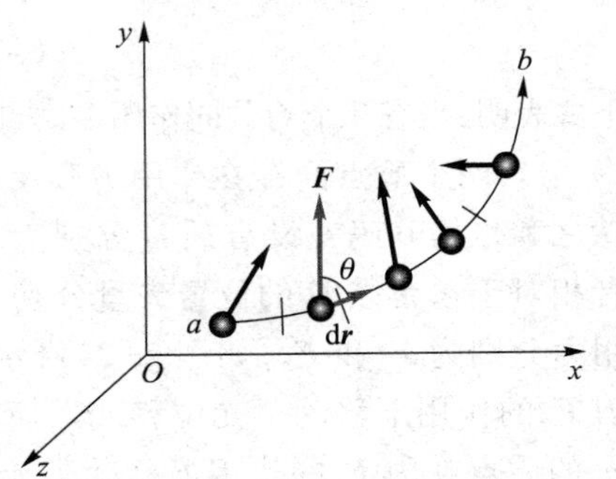

图2-22 质点在变力作用下作曲线运动

$$A=\int_a^b \boldsymbol{F}\cdot d\boldsymbol{r} \tag{2-31}$$

这就是变力的功的定义式.

在直角坐标系中，有

$$\boldsymbol{F}=F_x\boldsymbol{i}+F_y\boldsymbol{j}+F_z\boldsymbol{k}$$
$$d\boldsymbol{r}=dx\boldsymbol{i}+dy\boldsymbol{j}+dz\boldsymbol{k}$$

变力的功可表示为

$$A=\int_a^b (F_x dx+F_y dy+F_z dz)=\int_{x_0}^{x} F_x dx+\int_{y_0}^{y} F_y dy+\int_{z_0}^{z} F_z dz \tag{2-32}$$

在自然坐标系中，有

$$\boldsymbol{F}=F_t\boldsymbol{e}_t+F_n\boldsymbol{e}_n$$
$$d\boldsymbol{r}=ds\boldsymbol{e}_t$$

变力的功可表示为

$$A=\int_a^b F_t ds \tag{2-33}$$

力做功也可通过图示法计算.如图2-23所示，以路程 s 为横坐标，$F\cos\theta$ 为纵坐标，曲线表示物体从坐标 a 运动到坐标 b 的过程中 $F\cos\theta$ 随路程 s 的变化关系.在物体运动轨道上选取任意微小量 ds，力所做的元功在数值上等于小矩形（阴影部分）的面积，在物体运动轨道上所取的每段 ds 上的元功都能如此计算.将每段上的元功求和即可求得力对物体所做的总功.总功在 $F\cos\theta-s$ 图上可表示为曲线与边界线所围成的面积.可见，图示法可直接计算功的大小.

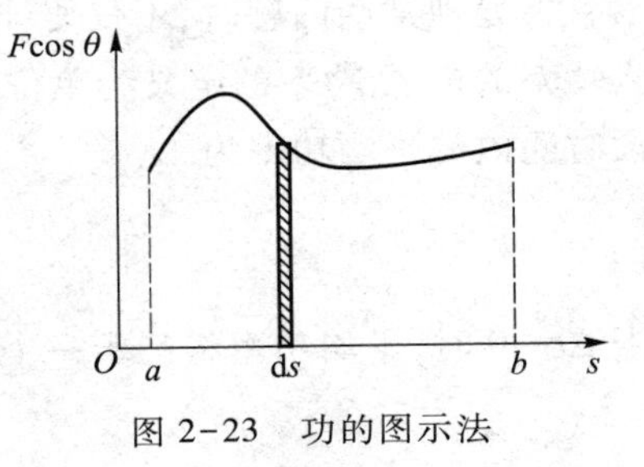

图2-23 功的图示法

若质点受到几个力的共同作用，合力对质点的总功是多少呢？设有 $\boldsymbol{F}_1,\boldsymbol{F}_2,\cdots,\boldsymbol{F}_i,\cdots,\boldsymbol{F}_n$ 共 n 个力作用在质点上，此时质点所受的合力为 $\boldsymbol{F}=\boldsymbol{F}_1+\boldsymbol{F}_2+\cdots+\boldsymbol{F}_i+\cdots+\boldsymbol{F}_n$，质点在这些力作用下移动有限距离的过程中所做的总功为

$$A=\int \boldsymbol{F}\cdot \mathrm{d}\boldsymbol{r}=\int(\boldsymbol{F}_1+\boldsymbol{F}_2+\cdots+\boldsymbol{F}_i+\cdots+\boldsymbol{F}_n)\cdot \mathrm{d}\boldsymbol{r}$$
$$=\int \boldsymbol{F}_1\cdot \mathrm{d}\boldsymbol{r}+\int \boldsymbol{F}_2\cdot \mathrm{d}\boldsymbol{r}+\cdots+\int \boldsymbol{F}_i\cdot \mathrm{d}\boldsymbol{r}+\cdots+\int \boldsymbol{F}_n\cdot \mathrm{d}\boldsymbol{r}$$

即

$$A=A_1+A_2+\cdots+A_i+\cdots+A_n \tag{2-34}$$

上式表明,当有几个力共同作用在质点上时,合力所做的功等于各个分力所做的功的代数和.

当两个质点间存在作用力和反作用力时,两个力所做的功之和也为0吗?设有质量分别为m_1和m_2的两个质点,两者相对于参考点O的位置矢量分别为$\boldsymbol{r}_1$和$\boldsymbol{r}_2$,两者之间的作用力分别为$\boldsymbol{F}_1$和$\boldsymbol{F}_2$,如图2-24所示.设质量为m_1的质点在力$\boldsymbol{F}_1$的作用下移动了元位移$\mathrm{d}\boldsymbol{r}_1$,所做的元功为$\mathrm{d}A_1$,质量为$m_2$的质点在力$\boldsymbol{F}_2$的作用下移动了元位移$\mathrm{d}\boldsymbol{r}_2$,所做的元功为$\mathrm{d}A_2$,则两个力所做的元功的和为

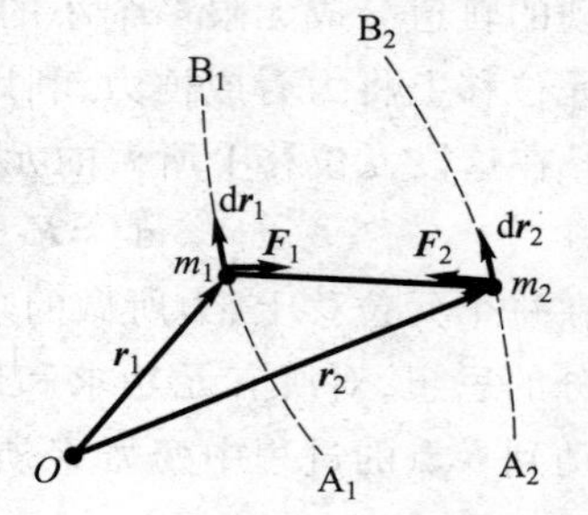

图2-24　两质点间的作用力

$$\mathrm{d}A_1+\mathrm{d}A_2=\boldsymbol{F}_1\cdot \mathrm{d}\boldsymbol{r}_1+\boldsymbol{F}_2\cdot \mathrm{d}\boldsymbol{r}_2=\boldsymbol{F}_1\cdot \mathrm{d}(\boldsymbol{r}_1-\boldsymbol{r}_2)=\boldsymbol{F}_1\cdot \mathrm{d}\boldsymbol{r}_{12} \tag{2-35}$$

$\mathrm{d}\boldsymbol{r}_{12}$是两个质点间的相对位移.上式说明,两个质点间的作用力和反作用力所做的功之和等于其中一个力和两个质点间的相对位移的标积.

例题 2-13

一质点在力$\boldsymbol{F}$作用下沿x轴运动,$\boldsymbol{F}=2x\boldsymbol{i}+3\boldsymbol{j}$,$\boldsymbol{F}$的单位为N,$x$的单位为m.试求质点从$x_1=1$ m处运动到$x_2=10$ m处的过程中,力$\boldsymbol{F}$所做的功.

解　根据变力的功的公式,有

$$A=\int_a^b(F_x\mathrm{d}x+F_y\mathrm{d}y+F_z\mathrm{d}z)$$

力$\boldsymbol{F}$所做的功为

$$A=\int_1^{10}F_x\mathrm{d}x=\int_1^{10}2x\mathrm{d}x=99\ \mathrm{J}$$

本题所有解答步骤均采用SI单位.

2. 功率

在处理某些问题时,不仅要计算某力做了多少功,还要考虑做功的快慢,因此这里引入功率的概念.功率的定义为单位时间内所做的功.设在Δt时间内所做的功为ΔA,则在这段时间内的平均功率为

$$\overline{P}=\frac{\Delta A}{\Delta t} \tag{2-36}$$

当$\Delta t\to 0$时,平均功率将趋于一个确定的值,即t时刻的瞬时功率,用P表示,则有

$$P=\lim_{\Delta t\to 0}\frac{\Delta A}{\Delta t}=\frac{\mathrm{d}A}{\mathrm{d}t} \tag{2-37}$$

功率还可以有另外一种表示方法,因为

$$\mathrm{d}A=\boldsymbol{F}\cdot \mathrm{d}\boldsymbol{r}$$

所以

$$P=\boldsymbol{F}\cdot\frac{\mathrm{d}\boldsymbol{r}}{\mathrm{d}t}=\boldsymbol{F}\cdot\boldsymbol{v} \tag{2-38}$$

即瞬时功率等于力和速度的标积.

在国际单位制中,功的单位是牛秒(N·s),又称为焦耳(J);功率的单位是焦耳每秒(J/s),又称为瓦特(W).

二、动能 质点的动能定理

设质量为 m 的物体在合力 $\boldsymbol{F}$ 的作用下沿轨道 L 从 a 点运动到 b 点,如图 2-25 所示,质点速度由 $\boldsymbol{v}_1$ 变化为 $\boldsymbol{v}_2$. 合力 $\boldsymbol{F}$ 与速度 $\boldsymbol{v}$ 之间的夹角为 θ. 根据变力的功的公式,可求得合力 $\boldsymbol{F}$ 在此过程中所做的功:

$$A=\int_a^b \boldsymbol{F}\cdot\mathrm{d}\boldsymbol{r}=\int_a^b (F\cos\theta)\,\mathrm{d}s=\int_a^b F_{\mathrm{t}}\mathrm{d}s$$

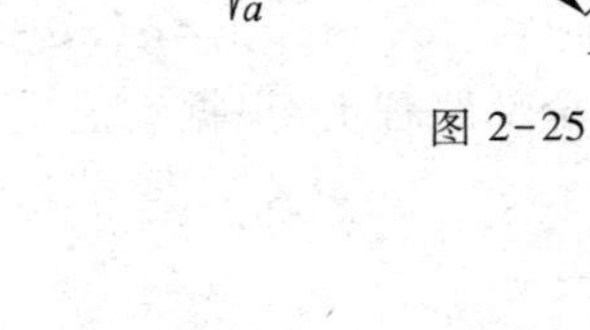

图 2-25

又

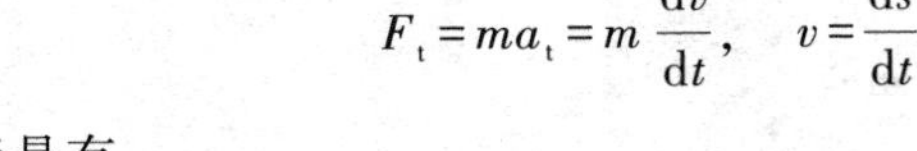

$$F_{\mathrm{t}}=ma_{\mathrm{t}}=m\frac{\mathrm{d}v}{\mathrm{d}t},\quad v=\frac{\mathrm{d}s}{\mathrm{d}t}$$

于是有

$$A=\int_a^b \mathrm{d}\left(\frac{1}{2}mv^2\right)$$

$E_{\mathrm{k}}=\frac{1}{2}mv^2$ 为物体的动能,由质点的质量和速率决定,是质点运动状态的函数,它的改变量取决于合力的功,则上式可写为

$$A=\frac{1}{2}mv_2^2-\frac{1}{2}mv_1^2=E_{\mathrm{k2}}-E_{\mathrm{k1}} \tag{2-39}$$

式(2-39)表明,**作用于质点的合力在某一路程中对质点所做的功,等于质点在同一路程的始、末两个状态动能的增量,这称为质点的动能定理.**

质点的动能定理说明了做功与质点的运动状态变化之间的关系,指出了质点动能的任何改变都是作用于质点的合力对质点做功引起的,作用于质点的合力在某一过程中所做的功,在量值上等于质点在同一过程中动能的增量.也就是说,功是动能改变的量度.当功为正值时,作用于物体上的合力做正功,使得物体的动能增加;当功为负值时,作用于物体上的合力做负功,使得物体的动能减少.

动能和功的单位都是焦耳,但两者的含义不同.功反映了力的空间累积效果,取决于物体的运动过程,是个过程量;而动能与物体的速度有关,表示物体的运动状态,是个状态量.两者都依赖于参考系的选取.

例题 2-14

一质量为 2 kg 重物在外力 $\boldsymbol{F}=(3.0\boldsymbol{i}-5.0\boldsymbol{j})$ N 的作用下沿直线运动,位移为 $\Delta\boldsymbol{x}=-2.0\boldsymbol{i}$ m,如图 2-26 所示,地面的动摩擦因数为 0.20. (1) 求这段位移内,外力及摩擦力所做的功;(2) 若末态的速率恰好为零,问初态的速率是多少?

解 取重物为研究对象,进行受力分析,建立如图 2-26 所示坐标系.

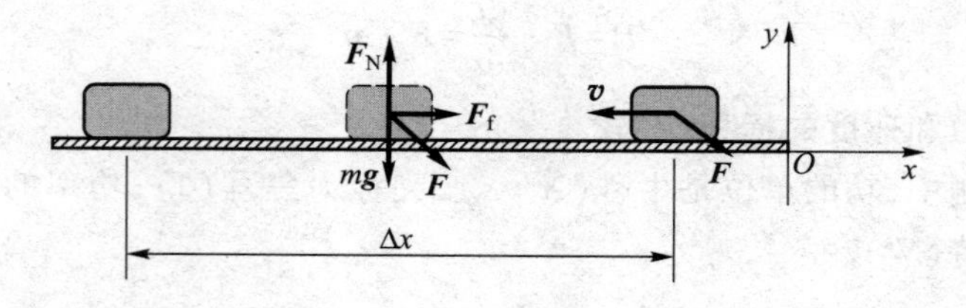

图 2-26　重物在外力作用下运动

（1）外力所做的功为

$$A_F=\int(F_x\mathrm{d}x+F_y\mathrm{d}y+F_z\mathrm{d}z)=(3.0\boldsymbol{i}-5.0\boldsymbol{j})\cdot(-2.0\boldsymbol{i})\ \mathrm{J}=-6\ \mathrm{J}$$

滑动摩擦力为

$$\boldsymbol{F}_\mathrm{f}=\mu(mg+F_y)\boldsymbol{i}=0.2\times(20+5)\boldsymbol{i}\ \mathrm{N}=5.0\boldsymbol{i}\ \mathrm{N}$$

则滑动摩擦力所做的功为

$$A_\mathrm{f}=\mu(mg+F_y)\boldsymbol{i}\cdot(-2.0\boldsymbol{i})\ \mathrm{J}=-10.0\ \mathrm{J}$$

（2）在全部路程上，根据动能定理，有

$$A=\frac{1}{2}mv_2^2-\frac{1}{2}mv_1^2$$

$$-16\ \mathrm{J}=-\frac{1}{2}mv_1^2$$

$$v_1=4\ \mathrm{m/s}$$

三、保守力与非保守力

下面介绍几种常见力做功的情况，根据这几种力做功的规律获得保守力和非保守力的做功特点.

1. 重力的功

这里所说的重力可视为恒力，即指地面附近几百米的高度范围内的重力.质量为 m 的质点，在地面上建立的直角坐标系中沿任意路径从 a 点运动到 b 点，如图 2-27 所示.在质点运动轨道上取元位移 $\mathrm{d}\boldsymbol{r}$，$\mathrm{d}\boldsymbol{r}=\mathrm{d}x\boldsymbol{i}+\mathrm{d}y\boldsymbol{j}$.因为质点所受重力的方向竖直向下，重力的大小为 mg，所以质点从 a 到 b 的过程中重力所做的功为

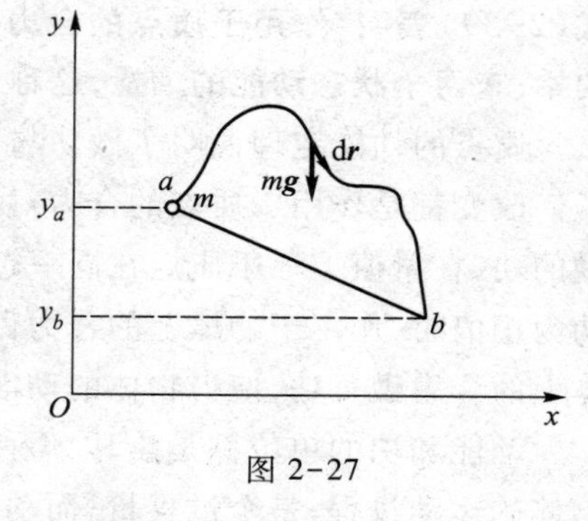

图 2-27

$$A=\int_a^b\boldsymbol{F}\cdot\mathrm{d}\boldsymbol{r}=\int_{y_a}^{y_b}(-mg)\mathrm{d}y=mgy_a-mgy_b \qquad (2-40)$$

上式表明，**重力所做的功只与质点相对于地面的始、末位置有关，与质点所经历的路径无关.**

2. 万有引力的功

设有质量分别为 m' 和 m 的两个质点 A 和 B，其中质点 A 可看成固定不动.质点 B 在万有引力的作用下经任一路径由 a 点运动到 b 点，如图 2-28 所示.取质点 A 所在位置为坐标原点，a 和 b 两点到原点的距离分别为 r_a 和 r_b，则质点 B 受到的万有引力为

$$\boldsymbol{F}=-G\frac{m'm}{r^2}\boldsymbol{e}_r \tag{2-41}$$

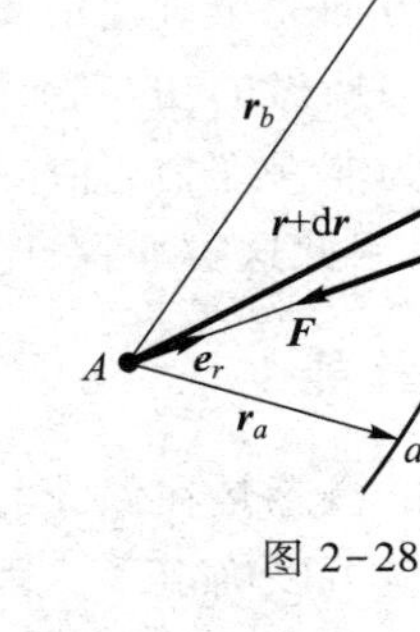

图 2-28

在质点 B 的运动轨道上取元位移 d$\boldsymbol{r}$，则万有引力的元功为

$$\mathrm{d}A=\boldsymbol{F}\cdot\mathrm{d}\boldsymbol{r}=F(\cos\theta)|\mathrm{d}\boldsymbol{r}|=-G\frac{m'm}{r^2}|\boldsymbol{e}_r|\cos\theta|\mathrm{d}\boldsymbol{r}|$$

由图 2-28 可知，

$$\mathrm{d}r=|\boldsymbol{r}+\mathrm{d}\boldsymbol{r}|-|\boldsymbol{r}|=|\mathrm{d}\boldsymbol{r}|\cos\theta$$

因此有

$$\mathrm{d}A=-G\frac{m'm}{r^2}\mathrm{d}r$$

则整个过程中万有引力所做的功为

$$A=\int_{r_a}^{r_b}-G\frac{m'm}{r^2}\mathrm{d}r=Gm'm\left(\frac{1}{r_b}-\frac{1}{r_a}\right) \tag{2-42}$$

上式表明，**万有引力所做的功只与质点的始、末位置有关，而与具体的路径无关**. 根据这个结论可以推知，质点沿任意闭合路径运动一周，万有引力所做的功一定为零.

3. 弹簧弹性力的功

一放置在光滑水平面上弹性系数为 k 的轻质弹簧，其一端固定，另一端系一质量为 m 的小球，如图 2-29 所示. 选取弹簧自然伸长处为 x 轴的原点，则当弹簧形变量为 x 时，弹簧对小球的弹性力为

$$\boldsymbol{F}=-kx\boldsymbol{i} \tag{2-43}$$

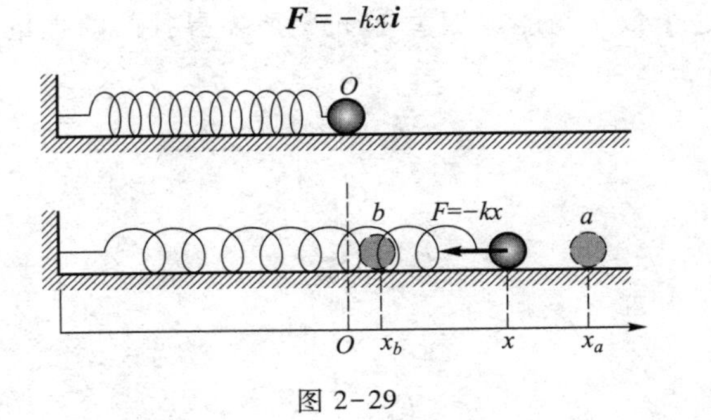

图 2-29

式中的负号表示弹性力的方向总是指向弹簧的平衡位置. 在弹簧的弹性范围内，取小球元位移 d$\boldsymbol{x}$，弹性力可看成恒力. 因为作用力只有 x 方向的分量，所以小球从 x_a 移动到 x_b 过程中弹簧弹性力所做的功为

$$A=\int_{x_a}^{x_b}\boldsymbol{F}\cdot\mathrm{d}\boldsymbol{x}=\int_{x_a}^{x_b}(-kx)\,\mathrm{d}x=\frac{1}{2}kx_a^2-\frac{1}{2}kx_b^2 \tag{2-44}$$

上式表明，**弹簧弹性力所做的功只与始、末位置有关，而与弹簧的中间形变过程无关.**

由此可见，重力、万有引力、弹簧弹性力的做功特点是，它们的功都只与物体运动的始、末位置有关，而与物体运动的具体路径无关. 也就是说，在这些力的作用下物体沿闭合路径运动一周，它们所做的功均为零. 把具有这种特性的力称为保守力. 保守力也可用下面的形式来定义，即

$$\oint_l \boldsymbol{F}_{保}\cdot\mathrm{d}\boldsymbol{r}=0 \tag{2-45}$$

保守力存在的空间可称为保守力场.在保守力场中,质点在任何位置都受到一个大小和方向完全确定的保守力的作用.例如,在地球表面附近空间的任何位置,质点都受到一个大小和方向完全确定的重力的作用,因此该空间存在重力场.

若某力所做的功与物体运动路径有关,或该力沿任意闭合路径所做的功不等于零,则称这种力为非保守力,如摩擦力、磁场力、内燃机中气体对活塞的推力等.摩擦力所做的功消耗动能,因此这类非保守力又称为耗散力.

四、势能

势能的概念是在保守力概念的基础上提出来的.当受力质点始末位置确定时,保守力所做的功就可以确定了。因此可以引入一个既与位置有关又与保守力所做的功有关的函数来描述保守力做功.又因为力做的功与能量相关,所以该函数也要与能量有关.因此把与质点位置有关的能量称为质点的势能,用 E_p 表示.

将式(2-40)、式(2-42)、式(2-44)分别改写为

$$A=-(mgy_b-mgy_a)$$

$$A=-\left[\left(-G\frac{m'm}{r_b}\right)-\left(-G\frac{m'm}{r_a}\right)\right]$$

$$A=-\left(\frac{1}{2}kx_b^2-\frac{1}{2}kx_a^2\right)$$

从上面的公式中可以看到,保守力所做的功等于某个量的增量的负值.这个量是由相对位置决定的.同时这个量又与能量相关.这正是所要寻找的物理量——势能,于是有

重力势能:

$$E_p=mgh \tag{2-46}$$

引力势能:

$$E_p=-G\frac{m'm}{r} \tag{2-47}$$

弹性势能:

$$E_p=\frac{1}{2}kx^2 \tag{2-48}$$

因此,保守力所做的功等于势能增量的负值,即

$$\int_1^2 \boldsymbol{F}_{保}\cdot \mathrm{d}\boldsymbol{r}=-(E_p-E_{p0})=-\Delta E_p \tag{2-49}$$

某点的势能可以用积分的方法来确定:

$$E_p=-\int \boldsymbol{F}_{保}\cdot \mathrm{d}\boldsymbol{r}+C \tag{2-50}$$

式中,C 是一个由系统零势能位置决定的积分常量.即质点在保守力场中某点的势能,在数值上等于质点从此点移动到零势能点的过程中保守力所做的功.于是,空间中某点 M 的势能可以写成

$$E_p=\int_M^{M_0} \boldsymbol{F}_{保}\cdot \mathrm{d}\boldsymbol{r} \tag{2-51}$$

其中 M_0 点为势能零点.因此,求保守力场中某点的势能时,必须指明势能零点的位置,可

见势能是相对量.但在保守力场中,两个不同位置的势能差却是不变的,是绝对量.

同时需要注意的是,因为保守力存在于系统内,所以势能是属于系统的,是由于系统内各物质间具有保守力作用而产生的.

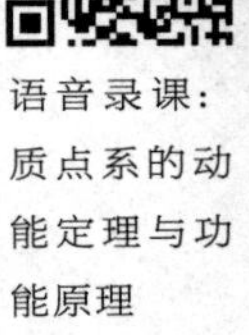

五、质点系的动能定理与功能原理

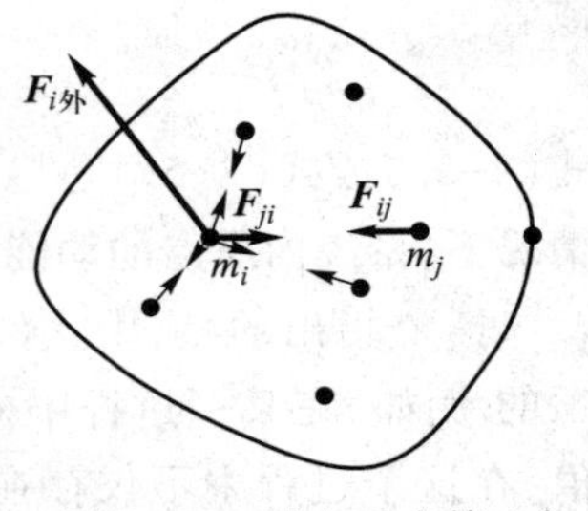

图 2-30 质点系内第 i 个质点受力分析

设一个系统由 n 个质点组成,如图 2-30 所示,在系统内任取第 i 个质点,其质量为 m_i,某一过程的初状态的速率为 v_{i1},末状态的速率为 v_{i2},质点所受合力为外力和质点内其他 $n-1$个质点与之相互作用的力,即 $\boldsymbol{F}_{i外}+\sum\limits_{j,j\neq i}^{n-1}\boldsymbol{F}_{ji}$,则对第 i 个质点运用质点的动能定理,有

$$\int_1^2 \boldsymbol{F}_{i外}\cdot \mathrm{d}\boldsymbol{r}_i+\int_1^2\sum_{j=1,j\neq i}^{n-1}\boldsymbol{F}_{ji}\cdot \mathrm{d}\boldsymbol{r}_i=\frac{1}{2}m_iv_{i2}^2-\frac{1}{2}m_iv_{i1}^2 \tag{2-52}$$

对所有质点求和,可得

$$\sum_{i=1}^{n}\int_1^2 \boldsymbol{F}_{i外}\cdot \mathrm{d}\boldsymbol{r}_i+\sum_{i=1}^{n}\int_1^2\sum_{j=1,j\neq i}^{n-1}\boldsymbol{F}_{ji}\cdot \mathrm{d}\boldsymbol{r}_i=\sum_{i=1}^{n}\frac{1}{2}m_iv_{i2}^2-\sum_{i=1}^{n}\frac{1}{2}m_iv_{i1}^2 \tag{2-53}$$

式(2-53)是质点系的动能定理的数学表达式.即**质点系从一个状态运动到另一个状态时动能的增量等于作用于质点系内各质点上的所有力在这个过程中所做的功的总和.**

这里需要明确的是,在求作用于质点系内各质点上所有力的功时,不能先求合力,再求合力的功,这是因为在质点系内各质点的位移 $\mathrm{d}\boldsymbol{r}_i$ 是不同的.因此,在计算质点系的功时,只能先求每个力的功,再对这些功求和.

作用于质点系内各质点上的力包含内力和外力,因此,功可以分为所有外力所做的功 $A_{外}$ 和所有内力所做的功 $A_{内}$.而内力又可以分为保守内力和非保守内力.于是内力的功可以分为保守内力所做的功和非保守内力所做的功,分别用 $A_{内保}$ 和 $A_{内非}$ 表示,则质点系的动能定理可以表示为

$$A_{外}+A_{内非}+A_{内保}=E_{k2}-E_{k1} \tag{2-54}$$

其中,E_{k1} 和 E_{k2} 分别表示质点系的末态动能和初态动能.即**质点系总动能的增量等于外力的功与质点系保守内力的功和质点系非保守内力的功三者之和.**

我们知道保守力所做的功等于相关势能增量的负值,若用 E_p 表示势能,E_{p1} 和 E_{p2} 表示系统初态和末态的势能,则有 $A_{内保}=-\Delta E_p=-(E_{p2}-E_{p1})$.系统的动能定理可改写为

$$A_{外}+A_{内非}=(E_{k2}-E_{k1})+(E_{p2}-E_{p1}) \tag{2-55}$$

令 $E=E_k+E_p$,称为系统的机械能,则

$$A_{外}+A_{内非}=E_2-E_1 \tag{2-56}$$

式(2-56)是质点系的功能原理的数学表达式.即**系统机械能的增量等于所有外力的功与所有非保守内力的功的和.**

六、机械能守恒定律

若式(2-56)满足

语音录课：机械能守恒定律

$$A_{外}=0 \quad 且 \quad A_{内非}=0 \tag{2-57}$$

则有

$$E_2=E_1 \tag{2-58}$$

或者

$$E_{k1}+E_{p1}=E_{k2}+E_{p2} \tag{2-59}$$

式(2-58)或式(2-59)是机械能守恒定律的数学表达式.即**在外力和非保守内力都不做功的情况下,系统内质点的动能和势能可以相互转化,但它们的总和,即系统的机械能保持不变**.

需要指出的是,由式(2-55),当$A_{外}+A_{内非}=0$时,$\Delta E=0$,但这并不意味着机械能是守恒的.例如,在某一过程中外力对系统所做的正功的值恰好等于非保守内力所做的负功的值,在这个过程中不仅存在质点的动能和势能的相互转化,还存在其他形式的能与两者间的转化.比如存在摩擦力时,消耗的系统的机械能转化为系统的内能.

例题 2-15

质量均为m的弹性小球A和弹性小球B分别与轻弹簧和轻绳相连,如图2-31所示.弹性系数为k的弹簧一端与墙体固定,另一端与小球A相连,放置在水平木板上,小球与木板间的动摩擦因数为μ.轻绳的长度为L,一端固定在木板上,另一端与小球B相连.小球B在竖直方向处于平衡状态恰与小球A接触.最初,弹簧处于原长状态,小球B被拉至与竖直方向成30°角后无初速度释放,在弹簧原长O点处与小球A发生碰撞后交换速度.求小球A在木板上滑行的最大距离.

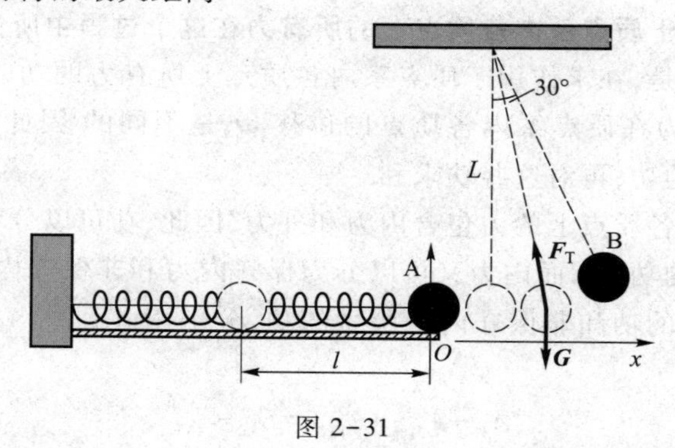

图 2-31

解　第一个关键点是,可以将这一复杂的运动分解为三步:(1)球B下降;(2)两球碰撞;(3)球A在木板上滑动.

(1)球B下摆时,球-地系统的机械能是守恒的,取水平面为重力势能零点,于是有

$$\frac{1}{2}mv^2=mgL\left(1-\frac{\sqrt{3}}{2}\right)$$

(2)球A和球B发生碰撞后交换速度.

(3)球A在木板上滑动一段距离l后停止.

由动能定理,有

$$A=-\mu mgl+\int_0^l -kx\mathrm{d}x=-\mu mgl-\frac{1}{2}kl^2$$

$$A=\frac{1}{2}mv'^2-\frac{1}{2}mv^2=0-\frac{1}{2}mv^2$$

$$\frac{1}{2}mv^2=\mu mgl+\frac{1}{2}kl^2$$

解方程得

$$l=\frac{-\mu mg\pm\mu mg\sqrt{1+\frac{(2-\sqrt{3})kmgL}{(\mu mg)^2}}}{k}$$

舍去负值,有

$$l=\frac{-\mu mg+\mu mg\sqrt{1+\frac{(2-\sqrt{3})kmgL}{(\mu mg)^2}}}{k}\approx\frac{\mu mg}{k}\left(\sqrt{1+0.268\frac{kL}{\mu^2 mg}}-1\right)$$

七、能量转化与守恒定律

当外力和非保守内力都不做功时,系统的机械能守恒,也就是说,系统的动能和势能可以相互转化,但总和是不变的.当系统存在摩擦力、黏性力等非保守力时,系统的机械能还将转化为其他形式的能量.

人们通过长期的生活实践和科学实验发现,在一个不与外界相互作用的系统(可称为孤立系统)内,无论发生何种变化过程,各种形式的能量之间无论怎样转化,系统的总能量将保持不变,这就是能量转化与守恒定律(简称能量守恒定律).这表明能量既不能凭空消失,也不能凭空创生,只能从一种形式转化为另一种形式.

能量守恒定律是自然界中的普遍规律,它不仅适用于机械运动、热运动、电磁运动、核子运动等物理运动形式,而且适用于化学运动、生物运动等运动形式.由于运动是物质的存在形式,而能量又是物质运动的量度,所以能量转化与守恒定律的深刻含义是运动既不能消失也不能创造,只能由一种形式转化为另一种形式.能量守恒在数值上体现了运动守恒.

2-6 碰　撞

碰撞是物理学研究的重要对象.发生碰撞的物体可大到天文尺度小到微观尺度,例如,天体间的碰撞、保龄球间的碰撞、原子间的碰撞、打桩、打铁等.在碰撞过程中,由于相互作用的时间极短,相互作用的冲力又极大,所以碰撞物体所受的其他作用力相对很小,可忽略不计.因此,在处理碰撞问题时,人们常将相互碰撞的物体作为一个系统考虑,认为系统仅有内力的相互作用,所以这一系统应该遵从动量守恒定律.如果碰撞前后系统的动能未发生变化,那么这种碰撞称为完全弹性碰撞.通常,两物体碰撞时伴随有非保守力作用,系统能量发生损耗,或其他形式的能量转化成机械能,这种碰撞称为非弹性碰撞.如果发生非弹性碰撞后两个物体以同一速度一起运动,那么这种碰撞称为完全非弹性碰撞.

下面我们以两球碰撞为例讨论完全弹性碰撞和完全非弹性碰撞.

图 2-32 为两球发生对心碰撞过程的示意图.设两球的质量分别为 m_1 和 m_2,两球分别以 $\boldsymbol{v}_{10}$ 和 $\boldsymbol{v}_{20}$ 的速度在光滑水平面上同向运动,两球发生对心碰撞后的速度分别为 $\boldsymbol{v}_1$ 和 $\boldsymbol{v}_2$.

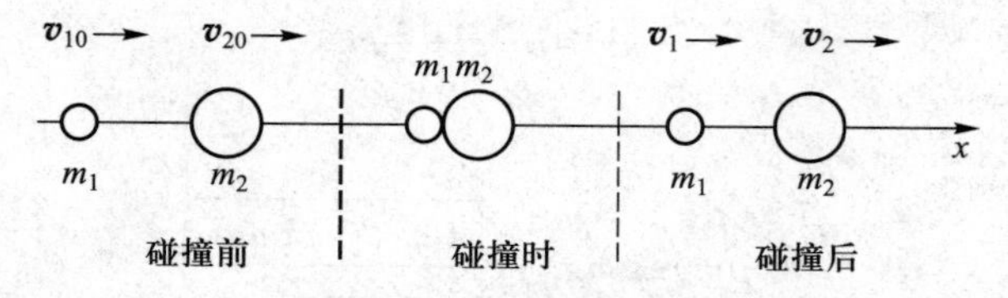

图 2-32 两球的对心碰撞

应用动量守恒定律得

$$m_1\boldsymbol{v}_{10}+m_2\boldsymbol{v}_{20}=m_1\boldsymbol{v}_1+m_2\boldsymbol{v}_2 \tag{2-60}$$

牛顿通过实验得到碰撞后两球的分离速度 $\boldsymbol{v}_2-\boldsymbol{v}_1$ 和碰撞前两球的接近速度 $\boldsymbol{v}_{10}-\boldsymbol{v}_{20}$ 成正比，即

$$e=\frac{\boldsymbol{v}_2-\boldsymbol{v}_1}{\boldsymbol{v}_{10}-\boldsymbol{v}_{20}} \tag{2-61}$$

e 称为恢复系数，由两碰撞物体材料的弹性决定.在发生完全弹性碰撞时，$e=1$；在发生完全非弹性碰撞时，$e=0$.联立式(2-60)和式(2-61)，碰撞后的速度为

$$\boldsymbol{v}_1=\boldsymbol{v}_{10}-\frac{m_2}{m_1+m_2}(1+e)(\boldsymbol{v}_{10}-\boldsymbol{v}_{20}) \tag{2-62}$$

$$\boldsymbol{v}_2=\boldsymbol{v}_{20}+\frac{m_1}{m_1+m_2}(1+e)(\boldsymbol{v}_{10}-\boldsymbol{v}_{20}) \tag{2-63}$$

下面讨论两种极端情况.

1. 完全弹性碰撞

$e=1$，碰撞后两球速度大小分别为

$$v_1=\frac{(m_1-m_2)v_{10}+2m_2v_{20}}{m_1+m_2} \tag{2-64}$$

$$v_2=\frac{(m_2-m_1)v_{20}+2m_1v_{10}}{m_1+m_2} \tag{2-65}$$

讨论：

(1) $m_1=m_2$.由式(2-62)和式(2-63)可求得 $\boldsymbol{v}_1=\boldsymbol{v}_{20}$，$\boldsymbol{v}_2=\boldsymbol{v}_{10}$.可见，质量相同的两球对心碰撞后交换了彼此的速度.若第二个球原为静止，当第一个球以 $\boldsymbol{v}_{10}$ 的速度与它相撞后，则第一个球突然停止，而第二个球以 $\boldsymbol{v}_2=\boldsymbol{v}_{10}$ 的速度前进.这一现象可以通过两质量相等的玻璃球正碰进行演示.显然，第一个球的动能完全转化为第二个球的动能，碰撞前后动能守恒.

(2) $m_1<<m_2$ 且 $\boldsymbol{v}_{20}=\boldsymbol{0}$.这相当于用质量很小的球碰撞质量很大的静止的球，因 $\boldsymbol{v}_{20}=\boldsymbol{0}$，由式(2-62)和式(2-63)可求得 $\boldsymbol{v}_1\approx-\boldsymbol{v}_{10}$，$\boldsymbol{v}_2=\boldsymbol{0}$.这表明，质量很大的球碰撞后仍然不动，而质量很小的球以原速率弹回.例如皮球垂直撞击墙面后，皮球被弹回；乒乓球去碰铅球，乒乓球几乎以原速率弹回；气体分子从垂直于器壁方向与壁面相碰，亦属完全弹性碰撞，因此气体分子也以原速率弹回.

(3) $m_1>>m_2$ 且 $\boldsymbol{v}_{20}=\boldsymbol{0}$.这相当于用质量很大的球碰撞静止的质量很小的球.由式(2-62)和式(2-63)可求得 $\boldsymbol{v}_1\approx\boldsymbol{v}_{10}$，$\boldsymbol{v}_2\approx2\boldsymbol{v}_{10}$.这表明质量很大的球几乎以原速前进，而静止的质量很小的球则以二倍于质量很大的球的速率前进.例如用铅球碰乒乓球，铅球仍像没有受到任何阻碍那样前进，而乒乓球却很快弹开.

2. 完全非弹性碰撞

$e=0$，由式(2-62)和式(2-63)得

$$v_1=v_2=\frac{m_1v_{10}+m_2v_{20}}{m_1+m_2} \tag{2-66}$$

则碰撞中损失的机械能为

$$\Delta E=\frac{1}{2}(1-e^2)\frac{m_1m_2}{m_1+m_2}(v_{10}+v_{20})^2 \tag{2-67}$$

由上式可以看出，在完全非弹性碰撞中，损失的机械能最多.

碰撞除了上述一维对心碰撞外还有非对心碰撞，如两个冰球的碰撞、冰面上的两个滑冰者间的碰撞都有可能是非对心碰撞.

例题 2-16

如图 2-33 所示，两个用线吊着的金属球最初刚刚接触.把质量为 $m_1=30$ g 的金属球 1 向左拉到 $h_1=8.0$ cm 的高度后由静止释放.在摆下后，它和质量为 $m_2=75$ g 的金属球 2 发生弹性碰撞.问球 1 在刚碰完后的速度 $\boldsymbol{v}_1$ 是多少？

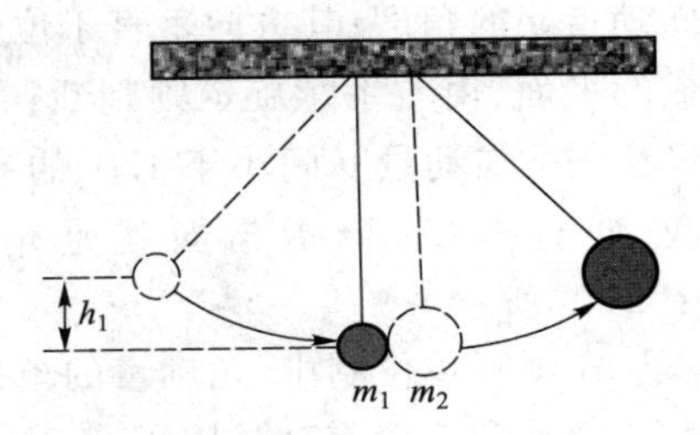

图 2-33

解　可以将这一复杂的运动分解为两步：(1) 球 1 下降和(2) 两球碰撞.

第(1)步：球 1 下摆时，球-地系统的机械能是守恒的，取最低点处的高度为零重力势能的参考高度.于是球 1 在最低点时的动能一定等于它在原高度时系统的重力势能，因此

$$\frac{1}{2}m_1v_{10}^2=m_1gh_1$$

解此式可得球 1 在刚要碰撞时的速率为

$$v_{10}=\sqrt{2gh_1}=\sqrt{2\times9.8\times0.080}\ \text{m/s}\approx1.252\ \text{m/s}$$

第(2)步：这里假设碰撞是弹性碰撞，因此水平方向上动量守恒，有

$$v_1=\frac{m_1-m_2}{m_1+m_2}v_{10}=\frac{0.030-0.075}{0.030+0.075}\times1.252\ \text{m/s}\approx-0.537\ \text{m/s}$$

式中，负号表示球 1 在刚碰撞后向左运动.

2-7　质点的角动量定理和角动量守恒定律

一、质点的角动量

在前面讨论质点运动时，我们用动量和能量来描述机械运动的状态，并讨论了在机械运动的转移过程中所遵循的动量守恒定律和能量守恒定律.但动量和能量不能描述质点运动的全部特征.例如，当质点运动始终和一个点或一个轴相关时，运用角动量概念及其

规律解决问题较为方便.一质点绕参考点作匀速率圆周运动时,质点的角动量守恒,但动量并不守恒。因此当质点相对于空间某一定点运动时,可以用动量的角对应量——角动量来描述物体的运动状态.角动量是物理学中很重要的概念,在转动问题中,它所起的作用和(线)动量所起的作用相类似.在自然界中,人们经常会遇到质点围绕着一定的中心运转的情况.例如,行星围绕太阳公转、人造地球卫星围绕地球运转、原子中的电子围绕原子核运转等都可以用角动量来描述其运动状态.

设平面内有一质点绕参考点 O 作圆周运动,其质量为 m,具有动量 $\boldsymbol{p}(=m\boldsymbol{v})$,如图 2-34 所示,在某一时刻,质点对点 O 的位矢为 $\boldsymbol{r}$,定义质点对点 O 的位矢与其动量的矢积为质点对参考点 O 的角动量,即

$$\boldsymbol{L}=\boldsymbol{r}\times\boldsymbol{p}=\boldsymbol{r}\times(m\boldsymbol{v}) \tag{2-68}$$

显然,角动量 $\boldsymbol{L}$ 是一个矢量.式(2-68)表明,角动量 $\boldsymbol{L}$ 的大小为 $L=rp\sin\theta$,θ 为位矢 $\boldsymbol{r}$ 转向动量 $\boldsymbol{p}$ 的角度;其方向垂直于位矢 $\boldsymbol{r}$ 和动量 $\boldsymbol{p}$ 所组成的平面,由右手螺旋定则判断:右手四指由 $\boldsymbol{r}$ 方向经位矢 $\boldsymbol{r}$ 与动量 $\boldsymbol{p}$ 间小于 180°的夹角转到动量 $\boldsymbol{p}$ 方向,伸直拇指,拇指指向就是角动量的方向,如图 2-34所示.

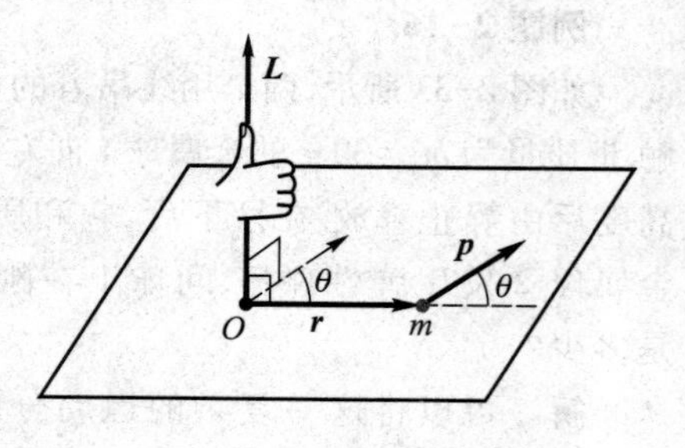

图 2-34　质点的角动量

在国际单位制中,角动量的单位是 $\mathrm{kg\cdot m^2/s}$.

角动量 $\boldsymbol{L}$ 含有动量因子 $\boldsymbol{p}$,因此角动量与参考系有关;因位矢 $\boldsymbol{r}$ 依赖于参考点的位置,故对于不同的空间点,同一质点具有不同的角动量.因此求解角动量时一定要确定好是相对哪一点的值.

二、力对空间点的力矩

为了研究质点对某点的角动量如何发生变化并在何种条件下守恒,需引入力矩的概念.参照图 2-35,O 为空间任一点,$\boldsymbol{r}$ 为质点相对于点 O 的位矢,$\boldsymbol{F}$ 为作用在质点上的力,m 为受力质点的质量.**受力质点相对于点 O 的位矢 $\boldsymbol{r}$ 与力 $\boldsymbol{F}$ 的矢积 $\boldsymbol{M}$ 称为力 $\boldsymbol{F}$ 对点 O 的力矩**,即

$$\boldsymbol{M}=\boldsymbol{r}\times\boldsymbol{F} \tag{2-69}$$

可见,力矩为矢量,其方向与位矢 $\boldsymbol{r}$ 和力 $\boldsymbol{F}$ 所在平面垂直,且满足右手螺旋关系;其大小为 $|rF\sin\alpha|$,α 为位矢 $\boldsymbol{r}$ 转向力 $\boldsymbol{F}$ 的角度.因为力矩依赖于位矢 $\boldsymbol{r}$ 相对于参考点的位置,所以同一个力相对于空间不同点的力矩各不相同.因此,在讲述力矩时要明确是相对于哪一点的力矩.

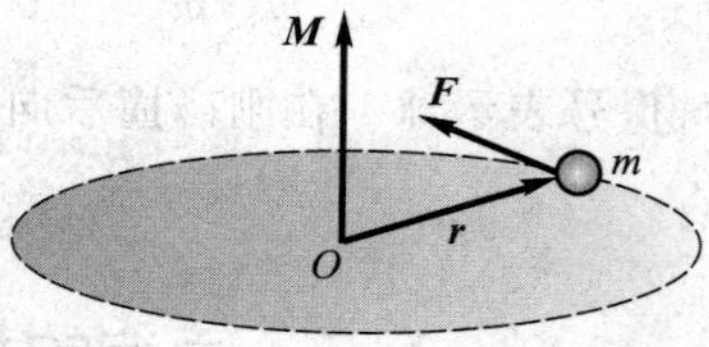

图 2-35

在国际单位制中,力矩的单位是 $\mathrm{N\cdot m}$.

三、质点的角动量定理和角动量守恒定律

一个质点的动量的变化率是由合外力决定的,那么质点的角动量的变化率是由什么决定的呢?

质点的角动量对时间的变化率可写为

$$\frac{\mathrm{d}\boldsymbol{L}}{\mathrm{d}t}=\frac{\mathrm{d}}{\mathrm{d}t}(\boldsymbol{r}\times\boldsymbol{p})=\frac{\mathrm{d}\boldsymbol{r}}{\mathrm{d}t}\times\boldsymbol{p}+\boldsymbol{r}\times\frac{\mathrm{d}\boldsymbol{p}}{\mathrm{d}t} \tag{2-70a}$$

语音录课：质点的角动量定理和角动量守恒定律

因为$\frac{\mathrm{d}\boldsymbol{r}}{\mathrm{d}t}=\boldsymbol{v}$，所以式(2-70a)等号右端前一项可变换为$\frac{\mathrm{d}\boldsymbol{r}}{\mathrm{d}t}\times\boldsymbol{p}=\boldsymbol{v}\times(m\boldsymbol{v})=\boldsymbol{0}$，于是有

$$\frac{\mathrm{d}\boldsymbol{L}}{\mathrm{d}t}=\boldsymbol{r}\times\frac{\mathrm{d}\boldsymbol{p}}{\mathrm{d}t} \tag{2-70b}$$

根据牛顿第二定律可知，$\frac{\mathrm{d}\boldsymbol{p}}{\mathrm{d}t}=\boldsymbol{F}$，式(2-70b)可改写为

$$\frac{\mathrm{d}\boldsymbol{L}}{\mathrm{d}t}=\boldsymbol{r}\times\boldsymbol{F}=\boldsymbol{M} \tag{2-70c}$$

式中 $\boldsymbol{M}$ 是作用在质点上的力相对于同一参考点的合力矩.

于是，式(2-70c)可写为

$$\boldsymbol{M}=\frac{\mathrm{d}\boldsymbol{L}}{\mathrm{d}t} \tag{2-71}$$

拓展阅读：轿车造型与空气动力学的微妙关系

即质点所受的合外力矩等于它的角动量对时间的变化率，这个结论称为质点的角动量定理. 这里需注意的是，力矩和角动量是对同一个参考点而言的.

由式(2-71)可知，

$$\text{若 }\boldsymbol{M}=\boldsymbol{0},\quad \text{则 }\boldsymbol{L}=\text{常矢量} \tag{2-72}$$

即若作用在质点上的合外力对某点的力矩为零，则质点对该点的角动量在运动过程中保持不变，这称为质点的角动量守恒定律.

例题 2-17

我国第一颗人造地球卫星绕地球沿椭圆轨道运动，地球的中心 O 为该椭圆的一个焦点.已知地球半径为 $R=6\ 378\ \mathrm{km}$，人造地球卫星距地面最近距离为 $l_1=439\ \mathrm{km}$，最远距离为 $l_2=2\ 384\ \mathrm{km}$，若人造地球卫星在近地点 A_1 的速率为 $v_1=8.10\ \mathrm{km/s}$，求人造地球卫星在远地点 A_2 的速率.

解 假定人造地球卫星在围绕地球运动时只受到地球对它的引力作用，因为引力是有心力，所以对地心 O 而言，作用在人造地球卫星上的合外力矩为零，则人造地球卫星在围绕地球运动过程中对地心 O 的角动量守恒.

人造地球卫星在近地点 A_1 和远地点的 A_2 的角动量分别为

$$L_1=mv_1(R+l_1)$$
$$L_2=mv_2(R+l_2)$$

因为角动量守恒，所以

$$mv_1(R+l_1)=mv_2(R+l_2)$$

于是，有

$$v_2=v_1\frac{R+l_1}{R+l_2}\approx 6.30\ \mathrm{km/s}$$

本 章 提 要

1. 牛顿运动定律

牛顿第一定律：$\sum \boldsymbol{F}=\boldsymbol{0}, \boldsymbol{v}=$常矢量.

牛顿第二定律：

$$\boldsymbol{F}=m\boldsymbol{a}=m\frac{\mathrm{d}\boldsymbol{v}}{\mathrm{d}t}$$

牛顿第三定律：

$$\boldsymbol{F}=-\boldsymbol{F}'$$

适用条件：低速、宏观的情况，惯性系和质点模型.

2. 力学中几种常见的力

万有引力：$F=G\dfrac{m_1m_2}{r^2}$（方向沿着两质点的连线）

重力：$\boldsymbol{P}=m\boldsymbol{g}$；

弹性力：正压力或支持力、绳中的张力、弹簧的弹性力 $F=-kx$（方向与位移方向相反）；

最大静摩擦力 $F_{\mathrm{s,max}}=\mu_{\mathrm{s}}F_{\mathrm{N}}$（方向与质点运动趋势方向相反）和滑动摩擦力 $F_{\mathrm{k}}=\mu_{\mathrm{k}}F_{\mathrm{N}}$（方向与质点运动方向相反）.

3. 力学相对性原理（或伽利略相对性原理）

对于不同惯性系，牛顿力学的规律都具有相同的形式，在一惯性系内部所做的任何力学实验，都不能确定该惯性系相对于其他惯性系是否在运动.

4. 质心

（1）质心的位置：在平均意义上为质点系质量分布的中心，有

$$\boldsymbol{r}_C=\frac{\sum\limits_i m_i\boldsymbol{r}_i}{m}$$

（2）质心运动定理：质心的运动等同于一个质点的运动，这个质点具有质点系的总质量，它所受的外力是质点系所受的所有外力的矢量和.

5. 动量定理和动量守恒定律

（1）动量定理：在给定的时间间隔内，质点所受合力的冲量等于质点动量的增量.

微分形式：

$$\boldsymbol{F}\mathrm{d}t=\mathrm{d}\boldsymbol{p}$$

积分形式：

$$\int_{t_1}^{t_2}\boldsymbol{F}\mathrm{d}t=\int_{\boldsymbol{p}_1}^{\boldsymbol{p}_2}\mathrm{d}\boldsymbol{p}=\boldsymbol{p}_2-\boldsymbol{p}_1$$

（2）冲量：

$$\boldsymbol{I}=\int_{t_1}^{t_2}\boldsymbol{F}\mathrm{d}t$$

(3) 质点系的动量守恒定律:当系统所受合外力为零时,系统的总动量将保持不变.

$$\sum_i m_i \boldsymbol{v}_i = \text{常矢量}$$

6. 功和能

(1) 功: $A=\int_a^b \boldsymbol{F}\cdot \mathrm{d}\boldsymbol{r}$

(2) 质点的动能定理: $A=\frac{1}{2}mv_2^2-\frac{1}{2}mv_1^2$

(3) 保守力: $\oint_l \boldsymbol{F}_{\text{保}}\cdot \mathrm{d}\boldsymbol{r}=0$

(4) 势能函数: $E_\mathrm{p}=-\int \boldsymbol{F}_{\text{保}}\cdot \mathrm{d}\boldsymbol{r}+C$

重力势能:$E_\mathrm{p}=mgh$(以地面为势能零点),引力势能:$E_\mathrm{p}=-G\frac{m'm}{r}$(以无穷远处为势能零点),弹性势能:$E_\mathrm{p}=\frac{1}{2}kx^2$(以弹簧自由伸长处为势能零点)

(5) 质点系功能原理: $A_{\text{外}}+A_{\text{内非}}=E_2-E_1$($E_1$、$E_2$为系统初、末态机械能)

(6) 机械能守恒定律: 若$A_{\text{外}}=0$且$A_{\text{内非}}=0$,则系统机械能E=常量.

7. 碰撞

(1) 完全弹性碰撞:碰撞前后动量守恒,能量守恒.

(2) 完全非弹性碰撞:碰撞前后动量守恒,碰后两质点具有相同速度,机械能损失最大.

(3) 非完全弹性碰撞:碰撞前后动量守恒,机械能损失.

8. 角动量

(1) 角动量:$\boldsymbol{L}=\boldsymbol{r}\times\boldsymbol{p}$

(2) 力矩:$\boldsymbol{M}=\boldsymbol{r}\times\boldsymbol{F}$

(3) 质点的角动量定理:$\frac{\mathrm{d}\boldsymbol{L}}{\mathrm{d}t}=\boldsymbol{r}\times\boldsymbol{F}=\boldsymbol{M}$ 或 $\int_{t_1}^{t_2}\boldsymbol{M}\mathrm{d}t=\boldsymbol{L}_2-\boldsymbol{L}_1$

(4) 质点的角动量守恒定律:若作用在质点上的合外力对某参考点的力矩为零,则质点对该参考点的角动量在运动过程中保持不变,即

$$\text{若 } \boldsymbol{M}=\boldsymbol{0}, \text{则 } \boldsymbol{L}=\text{常矢量}$$

思 考 题

2-1 在下列情况下,说明质点所受合力的特点.

(1) 质点作匀速直线运动;

(2) 质点作匀减速直线运动;

(3) 质点作匀速圆周运动;

(4) 质点作匀加速直线运动.

2-2　马拉车时，马和车的相互作用力大小相等而方向相反，为什么车能被拉动？分析马和车受的力，分别指出为什么马和车能启动.

2-3　举例说明以下两种说法是不正确的.

(1) 物体受到的摩擦力的方向总是与物体的运动方向相反；

(2) 摩擦力总是阻碍物体运动的.

2-4　牛顿运动定律的适用范围是什么？

2-5　在什么情况下，力的冲量与力的方向相同？

2-6　为什么在动量守恒定律的条件中，我们强调作用于系统的外力为零，而不强调冲量为零？

2-7　有人说，质点系在某一运动过程中，如果机械能守恒，那么动量也一定守恒；或者如果动量守恒，那么机械能也一定守恒.这个看法对吗？你能举出同一运动过程中机械能守恒但动量不守恒或动量守恒但机械能不守恒的例子吗？

2-8　同一人从大船上容易跳上岸，从小船上则不容易.为什么？

2-9　质点运动过程中，作用于质点的某力一直没有做功，这是否表明该力在这一过程中对质点的运动没有发生任何影响？

2-10　"甲、乙两物体相互作用过程中，若甲对乙做正功，则乙对甲做负功，作用力的功在数值上恒等于反作用力的功，因而这一对力的功之和恒为零."你认为这种说法对吗？试举例加以说明.

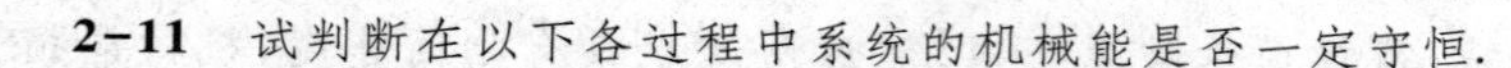

2-11　试判断在以下各过程中系统的机械能是否一定守恒.

第2章思考题参考答案

(1) 忽略空气阻力和其他星体的作用力，卫星绕地球沿椭圆轨道运动；

(2) 一弹簧上端固定，下端悬一重物，重物在其平衡位置附近振动（空气阻力不计）；

(3) 物体从空中自由落下，陷入沙坑.

2-12　如果不计摩擦阻力，那么作单摆运动的质点的角动量是否守恒？为什么？

习　题

一、单选题

2-1　两质点 P、Q 最初相距 1 m，都处于静止状态.P 的质量为 0.2 kg，而 Q 的质量为 0.4 kg.P、Q 组成的系统的质心位置距离 P 点的位置为（　　）.

(A) 0.2 m　　(B) 0.4 m　　(C) 0.66 m　　(D) 0.33 m

2-2　已知物体的质量为 m，在受到来自某方向力的作用后，它的速度 $\boldsymbol{v}$ 数值不变，而方向改变了 θ 角，则这个力作用在物体上的冲量的数值为（　　）.

(A) $2mv\cos\theta$　　(B) $2mv\sin(\theta/2)$

(C) $mv\cos\theta$　　(D) $2mv\cos(\theta/2)$

2-3　某物体在水平面内运动，受到一水平方向的变力 $\boldsymbol{F}$ 的作用，由静止开始作无摩擦的直线运动，若力的大小 F 随时间 t 的变化规律如图所示，则在 0~8 s 内，此力冲量的大小为(　　).

(A) 0

(B) 20 N·s

(C) 25 N·s

(D) 8 N·s

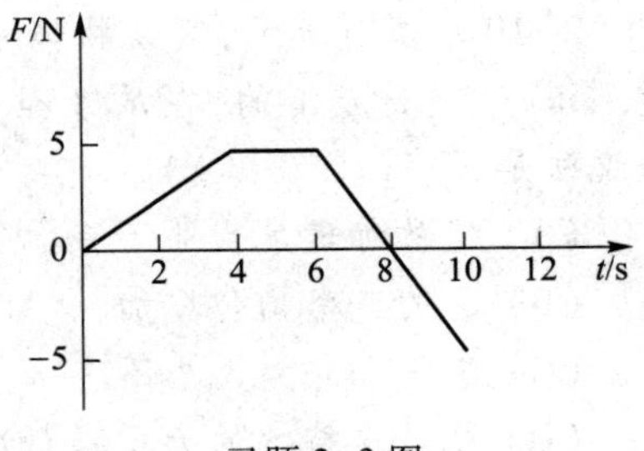

习题 2-3 图

2-4　质量为 2 kg 的物体在 $F=3t^2$(SI 单位)的外力作用下从静止开始运动,则在 0~2 s 内,外力 F 对质点所做的功为(　　).

(A) 6 J　　(B) 8 J

(C) 10 J　　(D) 16 J

2-5　设无穷远处为势能零点,则一质量为 $m=100$ kg 的物体在与地心的距离为 $r_1=6.37\times10^6$ m 处的势能大小为(　　).(已知地球的质量为 $m_E=5.98\times10^{24}$ kg,引力常量为 $G=6.67\times10^{-11}$ N·m²/kg².)

(A) -6.26×10^9 J　　(B) 6.26×10^9 J

(C) 5.8×10^7 J　　(D) -5.8×10^7 J

2-6　两个物体组成的系统在非弹性碰撞的过程中,内力远大于外力,则系统(　　).

(A) 动能和动量都守恒　　(B) 动能和动量都不守恒

(C) 动能不守恒,动量守恒　　(D) 动能守恒,动量不守恒

2-7　假设卫星绕地心作圆周运动,则在运动过程中,卫星对地球中心的(　　).

(A) 角动量守恒,动能也守恒　　(B) 角动量守恒,动能不守恒

(C) 角动量不守恒,动能守恒　　(D) 角动量不守恒,动能也不守恒

2-8　如图所示,用同种材料制成的一个轨道 ABC,AB 段为四分之一圆弧,半径为 R,水平放置的 BC 段长为 R.一个物块质量为 m,与轨道的动摩擦因数为 μ,它由轨道顶端 A 从静止开始下滑,恰好运动到 C 端停止,物块在 AB 段克服摩擦力所做的功为(　　).

(A) μmgR　　(B) $(1-\mu)mgR$

(C) $\pi\mu mgR/2$　　(D) mgR

2-9　如图所示,一滑块 m_1 沿着一置于光滑水平面上的圆弧形槽体无摩擦地由静止释放,若不计空气阻力,则在下滑过程中,(　　).

(A) 由 m_1 和 m_2 组成的系统动量守恒

(B) 由 m_1 和 m_2 组成的系统机械能守恒

(C) m_1 和 m_2 之间的相互正压力恒不做功

(D) 由 m_1、m_2 和地球组成的系统机械能守恒

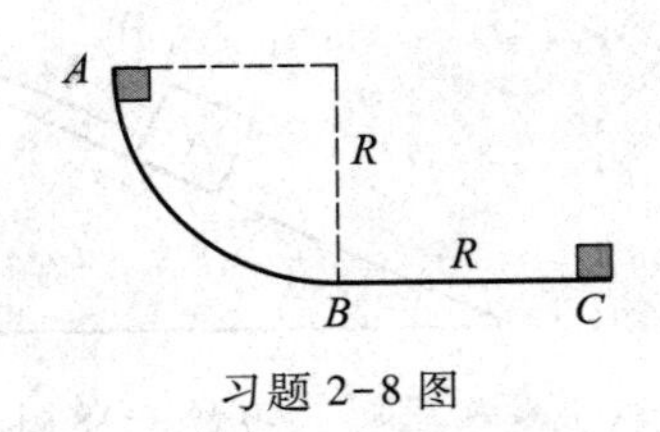

习题 2-8 图

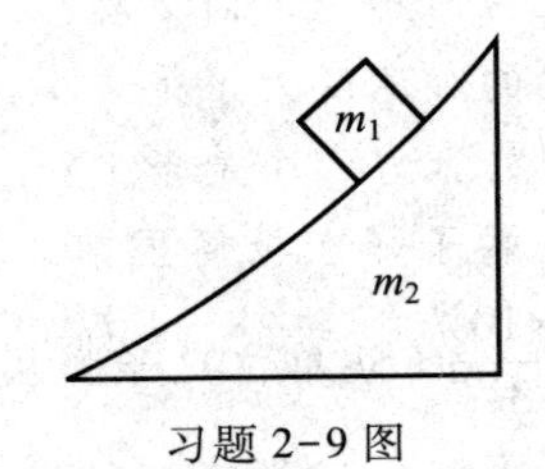

习题 2-9 图

2-10　如图所示，假设物体沿着竖直面上的圆弧形轨道下滑，轨道是光滑的，在从 A 至 C 的下滑过程中，下面哪个说法是正确的？(　　).

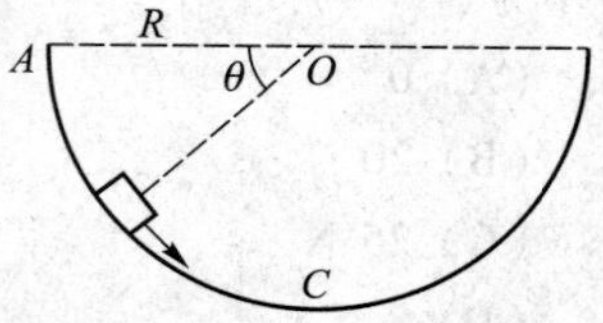

习题 2-10 图

(A) 它的加速度大小不变，方向永远指向圆心

(B) 它的速率均匀增加

(C) 它的合外力大小不变

(D) 轨道支持力的大小不断增加

二、填空题

2-11　质量为 $m=2$ kg 的物体，所受合外力沿 x 轴正方向，且力的大小随时间变化，其规律为 $F=4+6t$(SI 单位)，在 $t=0$ s 到 $t=2$ s 的时间内，力的冲量大小为________N·s.

2-12　作用于质点的某力 $\boldsymbol{F}$，在质点沿如图所示连接 a、b 两点任意不同路径上移动时做的功标明在图上，根据图中的信息判断：力 $\boldsymbol{F}$ 是保守力吗？________.

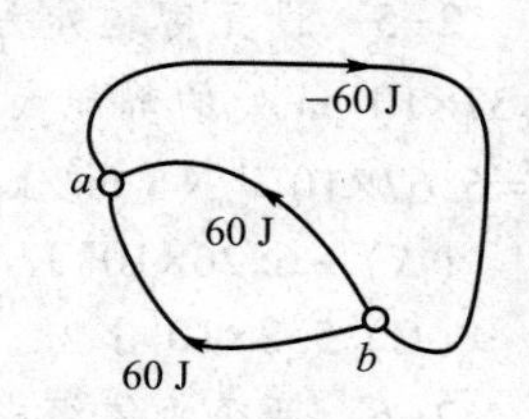

习题 2-12 图

2-13　一质量为 m 的小球，其运动速率为 v，向右运动，与迎面而来的质量为 $2m$、速率为 $0.5v$ 的另一球发生了完全非弹性碰撞.则碰撞后的合速度为________；两球碰撞后，机械能损失为________.

2-14　质量为 $m=1$ kg 的物体，从静止出发在水平面内沿 x 轴运动，其受力方向与运动方向相同，合力为 $F=3+2x$(SI 单位)，那么，物体在开始运动的 3 m 内，合力所做的功为________J；$x=3$ m 时，其速率为________m/s.

2-15　质量为 m 的质点，在竖直平面内以速率 v 作半径为 R 的匀速圆周运动，在任一时刻，质点对圆心 O 的角动量为 $L=$________.

2-16　如图所示，x 轴沿水平方向，y 轴竖直向下，在 $t=0$ 时刻将质量为 m 的质点由 A 处静止释放，让它自由下落，则在任意时刻 t，质点所受的对原点 O 的力矩为 $\boldsymbol{M}=$________；在任意时刻 t，质点对原点 O 的角动量为 $\boldsymbol{L}=$________.

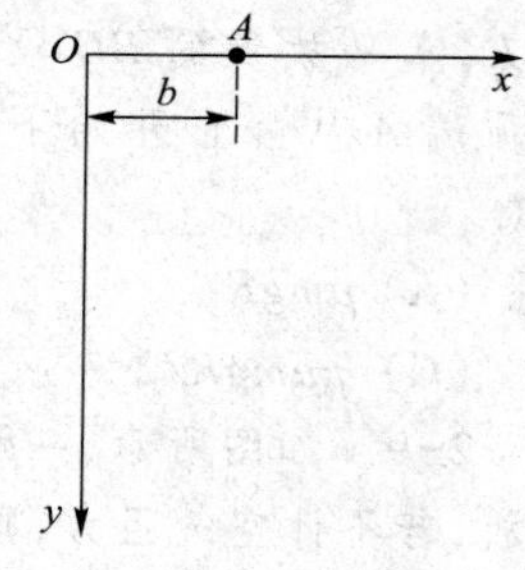

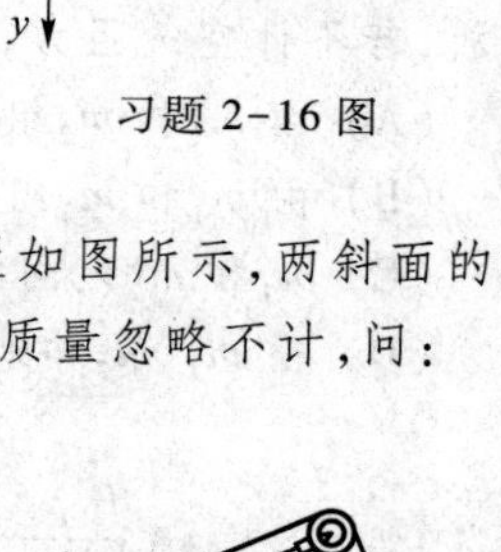

2-17　一个质点在几个力的作用下运动，它的运动方程为 $\boldsymbol{r}=3t\boldsymbol{i}-5t\boldsymbol{j}+10\boldsymbol{k}$(SI 单位)，其中一个力为 $\boldsymbol{F}=2\boldsymbol{i}+3t\boldsymbol{j}-t^2\boldsymbol{k}$(SI 单位)，则最初 2 s 内这个力对质点做的功为________J.

习题 2-16 图

三、计算题

2-18　A、B 两物体，质量分别为 $m_A=100$ kg、$m_B=60$ kg，装置如图所示，两斜面的倾角分别为 $\alpha=30°$ 和 $\beta=60°$.如果物体与斜面间无摩擦，滑轮和绳的质量忽略不计，问：

(1) 装置将向哪个方向运动？

(2) 装置的加速度大小是多少？

(3) 绳中的张力大小是多少？

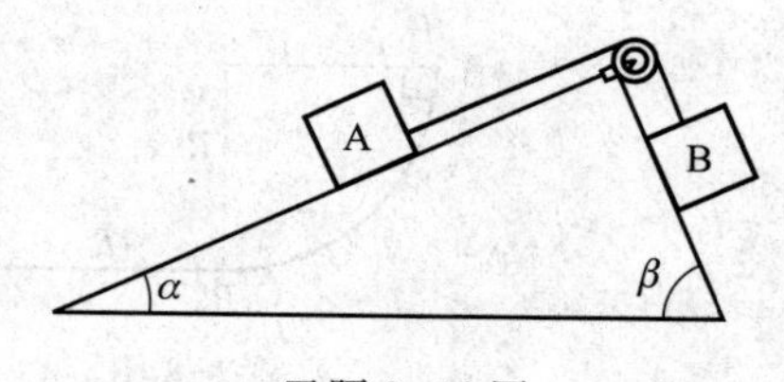

习题 2-18 图

2-19　一颗子弹在枪筒里前进时受到的合力为 $F=400-\dfrac{4\times10^5}{3}t$(SI 单位)，子弹从枪口射出时的速率为 300 m/s.假设子弹离开枪口处合力刚好为

零,求:

(1) 子弹走完枪筒全长所用的时间;

(2) 子弹在枪筒中所受的力的冲量;

(3) 子弹的质量.

2-20　有一单摆,其摆线的长为 l,摆线下系一质量为 m 的小球.小球可绕点 O 在竖直平面内摆动.开始时摆线静止于水平位置,然后自由放下,如图所示.求:

(1) 摆线与水平方向成 θ 角时,小球的角动量;

(2) 小球到达点 O 的正下方时的角速度.

2-21　一物体与斜面间的动摩擦因数为 $\mu=0.20$,斜面固定,倾角为 $\alpha=45°$,现给物体以初速率 $v_0=10$ m/s,使它沿斜面向上滑,如图所示.求:

(1) 物体能够上升的最大高度 h;

(2) 该物体达到最高点后,沿斜面返回到原出发点时的速率 v.

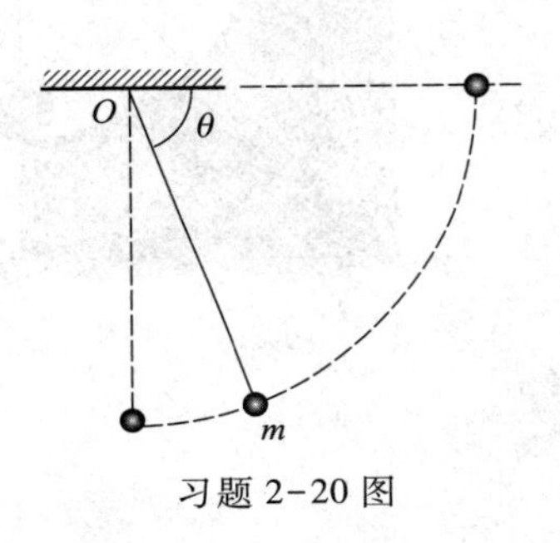

习题 2-20 图

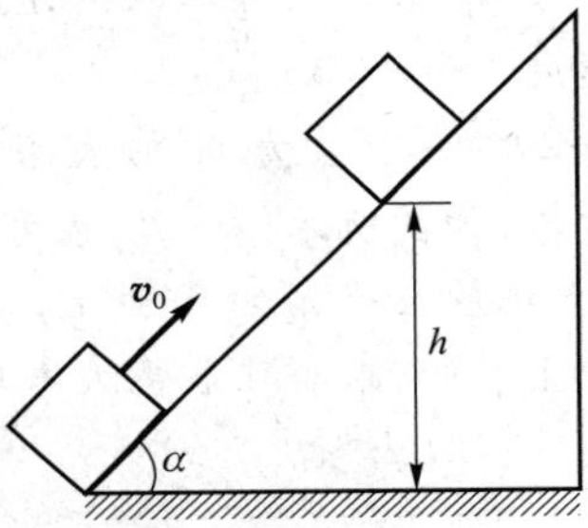

习题 2-21 图

2-22　一质量为 2 kg 的物体,在沿 x 轴方向的变力作用下,在 $x=0$ 处由静止开始运动.设变力 F 与 x 的关系如图所示,试由动能定理分别求出物体在 $x=5$ m,10 m,15 m 处的速率.

2-23　如图所示,轻弹簧的一端与质量为 m_2 的物体相连,另一端与一质量可忽略的挡板相连,它们静止在光滑的桌面上.弹簧的弹性系数为 k,今有一质量为 m_1、速度为 $\boldsymbol{v}_0$ 的物体向弹簧运动并与挡板发生正面碰撞.求弹簧被压缩的最大距离.

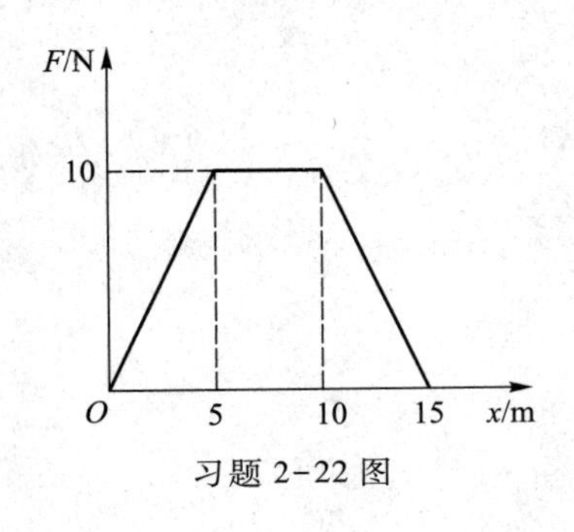

习题 2-22 图

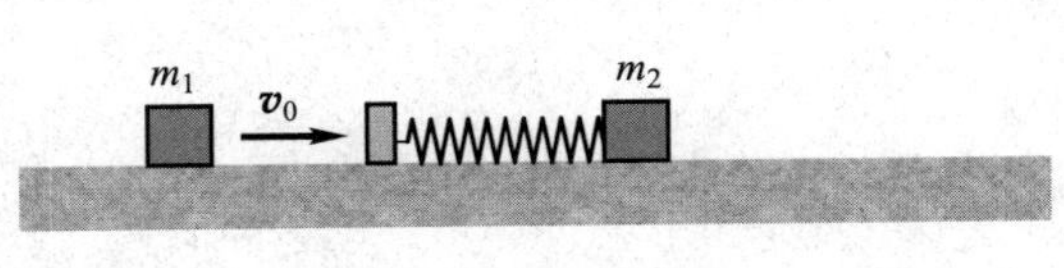

习题 2-23 图

2-24　一质量为 16 kg 的质点在 Oxy 平面内运动,受一恒力作用,力的分量分别为 $F_x=6$ N,$F_y=-7$ N.当 $t=0$ 时,$x=y=0$,$v_x=-2$ m/s,$v_y=0$.求:(1) $t=2$ s 时,质点的速度;(2) $t=2$ s 时,质点的位矢;(3) 从 $t=1$ s 到 $t=2$ s 质点的位移.

2-25　一质量为 m 的质点从地面斜向上抛出,设初速度与水平方向成 30°角,忽略空气阻力,求质点落地时相对于抛射时的动量的增量.

2-26　一质量为 m 的质点在 Oxy 平面内运动,其运动方程为 $\boldsymbol{r}=a(\cos\omega t)\boldsymbol{i}+b(\sin\omega t)\boldsymbol{j}$,求:(1) 质点的动量;(2) $t=0$ 到 $t=\dfrac{\pi}{2\omega}$ 时间内质点所受合力的冲量;(3) 质点动量的增量.

2-27　设一质点受合力 $\boldsymbol{F}=(7\boldsymbol{i}-6\boldsymbol{j})\,\mathrm{N}$ 的作用.

(1) 当质点从原点运动到 $\boldsymbol{r}=(-3\boldsymbol{i}+4\boldsymbol{j}+16\boldsymbol{k})$ m 处时,求 $\boldsymbol{F}$ 所做的功;

(2) 如果质点运动到 $\boldsymbol{r}$ 处需时 0.6 s,试求平均功率;

(3) 如果质点的质量为 1 kg,试求动能的变化量.

2-28　一颗炸弹在空中炸成 A、B、C 三块,其中 $m_A=m_B$,A、B 以相同的速率 30 m/s 沿相互垂直的方向分开,$m_C=3m_A$.假设炸弹原来的速度为零,求炸裂后第三块弹片的速度.

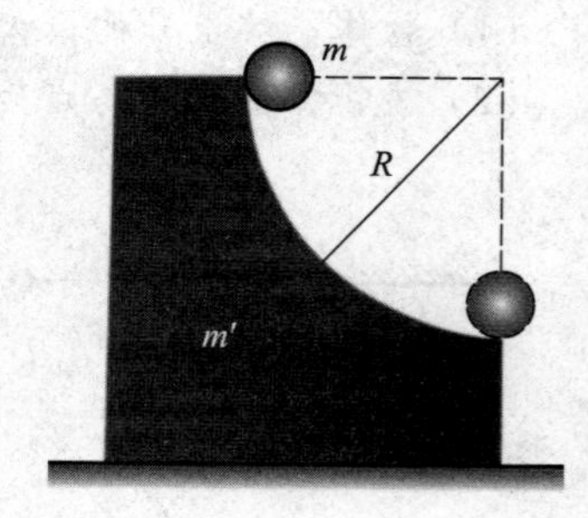

习题 2-29 图

第2章习题参考答案

2-29　一质量为 m' 的大木块具有半径为 R 的四分之一弧形槽,如图所示.另一质量为 m 的小球从曲面的顶端滑下,大木块放在光滑水平面上,二者都作无摩擦运动,而且都从静止开始,求小球脱离大木块时的速度.

第 3 章　刚体力学基础

第 3 章测试题

本章主要研究一种理想化的模型——刚体,刚体是指在任何情况下都没有形变的固态物体.在受力不太大时,多数固态物体的形状和大小变化甚微,在研究这类物体的整体运动时,不必留意这些细小的改变,可以近似将它们视为刚体.刚体也可看成由许多连续的微小部分(质元)组成的特殊质点系.无论在多大的外力的作用下,系统内任意两个质元间的距离都保持不变.这样就可以将质点系的力学规律应用于刚体,从而得到刚体所遵从的力学规律.

本章主要介绍刚体绕定轴的转动,主要内容有:刚体运动的描述、力矩、转动定律、转动惯量、角动量、角动量守恒定律、力矩的功、刚体绕定轴转动的动能定理等.

【学习目标】

(1) 理解刚体模型及其运动.

(2) 理解转动惯量的概念,掌握刚体绕定轴转动定律.

(3) 理解角动量的概念,通过质点在平面内运动和刚体绕定轴转动情况,理解角动量守恒定律及其适用条件,能运用角动量守恒定律分析、计算相关问题.

(4) 会计算力矩的功,能运用刚体绕定轴转动的动能定理计算相关问题.

3-1　刚体的运动及描述

一、刚体的运动

平动和转动是刚体运动的两种基本形式.刚体的一般运动也可看成是由平动和转动合成的。刚体的运动可分为以下几种形式.

1.平动

如果在运动过程中,刚体上任意一条直线在各个时刻都保持平行,这种运动就称为平动,如图 3-1 所示.显然,在任意一段时间内,刚体内所有质点的位移都是相同的.在任意时刻,刚体上所有质点都有相同的速度和加速度,因此刚体中任意一个质点的运动都可以代表整个刚体的运动,一般以质心示之.这说明刚体的平动与质点的运动并无区别.需要留意的是,刚体既可以沿直线平动,也可以沿曲线平动,例如飞机的起飞或降落过程、气缸中活塞的运动等.

2.定轴转动

刚体的转动可分为定轴转动和非定轴转动.刚体运动时,若其中有两质元相对于同一惯性系固定不动,则刚体的运动必然是绕这两点连线的定轴转动.这两个固定点的连线即转轴.若转轴并非静止,则刚体作非定轴转动.当刚体作定轴转动时,转轴上的质元静止不动，其他质元都在与转轴垂直的诸平面上作圆周运动，如图 3-2 所示，指针绕轴转动.刚体绕定轴转动是其运动形式中最简单的一种.在现实生活中有许多物体作定轴转动，如开关的门窗、自转的地球等.

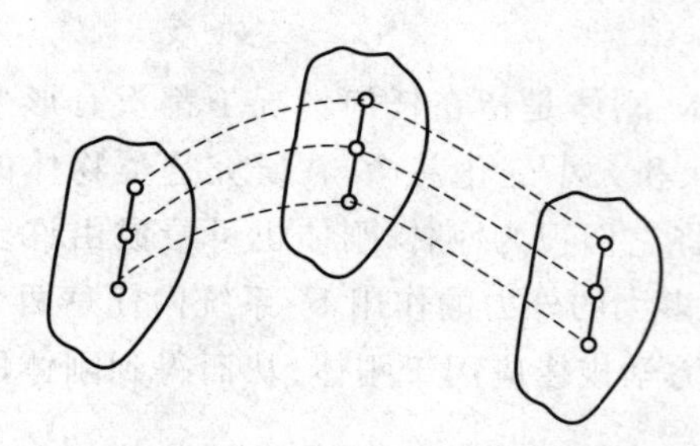

图 3-1　刚体的平动

图 3-2　刚体的转动

3. 平面平行运动

当刚体运动时，如果其中任一质点始终都在与某一固定平面平行的平面内运动，这种运动就称为平面平行运动，简称平面运动.这时在刚体中与那个固定平面垂直的直线上的质点的运动情况完全相同，例如轮胎的运动、圆柱体的滚动等.

4. 定点转动

定点转动是指刚体上有一点固定不动，整个刚体绕通过此定点的瞬时轴线转动.之所以在轴线前冠以“瞬时”二字，是因为通过固定点的轴线的方向可以随时改变.例如，万向联轴节中的十字头、万向支架中的陀螺转子等.

5. 一般运动

刚体可在空间中不受任何约束地运动.例如，空中飞行的球体.

二、刚体绕定轴转动的描述

与平面极坐标系下用角量描述质点圆周运动类似，这里也用角量描述刚体的定轴转动.为简单起见，当刚体绕定轴转动时，在刚体上选取任一垂直于转轴的平面作为参考平面，该面上的所有质元均绕同一转轴作圆周运动，如图3-3所示.为确定刚体绕定轴 z 转动的方位，在参考平面上建立坐标轴 Ox，与转轴 z 交于点 O.参考平面上的任意质元与坐标轴 Ox 的夹角 θ 可确定刚体的方位.角 θ 称为角坐标.刚体上任一质元随刚体绕定轴转动，t 时刻，质元位于 A 点，角坐标为 θ；经过 Δt 时间，质元运动到 B 点，角坐标为 $\theta+\Delta\theta$.$\Delta\theta$ 为质元在时间 Δt 内角坐标的变化，称为**角位移**.经 Δt 时间，质元转过 $\Delta\theta$ 角，刚体也绕转轴转过 $\Delta\theta$ 角.可见，角坐标 θ 也称为刚体绕定轴转动的角坐标，它是时间 t 的函数，即

$$\theta=\theta(t) \tag{3-1}$$

这就是**刚体绕定轴转动的运动方程**.一般规定，从上向下看，刚体沿逆时针转向的角坐标取正值，沿顺时针转向的角坐标取负值.绕定轴转动的刚体的方位可由角坐标 θ 的正负来表示.

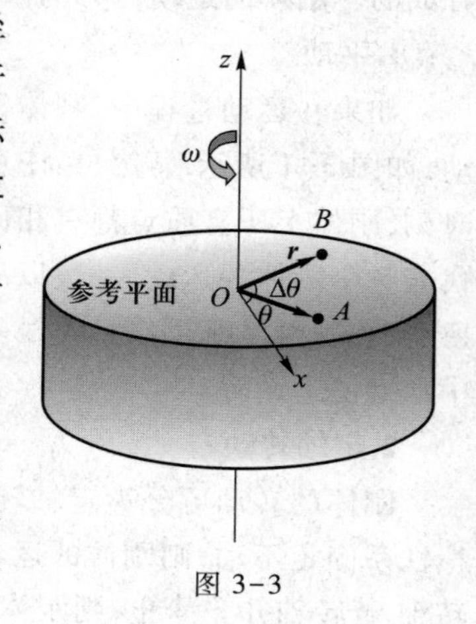

图 3-3

与质点的角速度和角加速度的定义方法类似，刚体在 t 时刻的角速度 ω 可表示为

$$\omega=\lim_{\Delta t\to 0}\bar{\omega}=\lim_{\Delta t\to 0}\frac{\Delta\theta}{\Delta t}=\frac{\mathrm{d}\theta}{\mathrm{d}t} \tag{3-2}$$

即刚体绕定轴转动的角速度等于刚体上作圆周运动质元的角坐标对时间的一阶导数. 角速度是表示刚体转动快慢的物理量. 任意时刻刚体上各质元均具有相同的角速度，其正负与角坐标的正负规定一致. 可见，角速度是具有方向性的. 在刚体绕定轴转动过程中，角速度的正负可表示其转动的方向. 当刚体作非定轴转动时，刚体的转轴方向随时间发生变化. 此时，角速度的正负不能表示刚体的转动方向，因此，需引入角速度矢量 $\boldsymbol{\omega}$ 表示刚体的转动方向.

角速度矢量 $\boldsymbol{\omega}$ 的方向可由右手螺旋定则确定：把右手四指并拢并握向刚体转动方向，拇指伸直，这时拇指所指的方向就是角速度 $\boldsymbol{\omega}$ 的方向，如图 3-4 所示.

在国际单位制中，θ 通常用无量纲的弧度（rad）来量度，所以角速度的单位为弧度每秒，符号为 rad/s. 但工程上常用转速 n 表示刚体转动的快慢，两者的关系为

$$\omega=\frac{\pi n}{30}\quad (\text{SI 单位}) \tag{3-3}$$

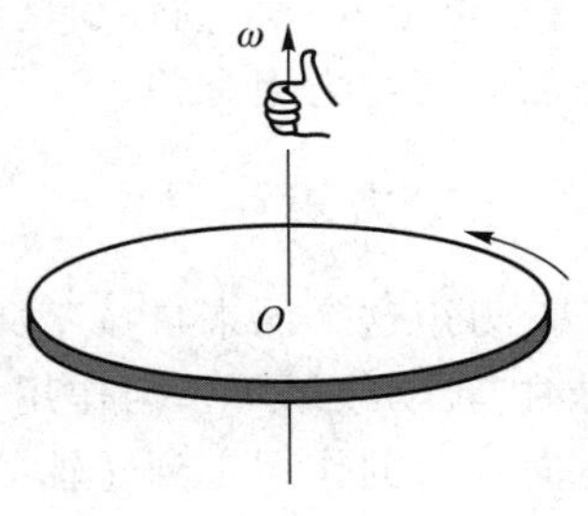

图 3-4　角速度矢量

当刚体绕定轴转动的角速度发生变化时，其角加速度也随之发生变化. t 时刻质元的角加速度 α 表示为

$$\alpha=\lim_{\Delta t\to 0}\frac{\Delta\omega}{\Delta t}=\frac{\mathrm{d}\omega}{\mathrm{d}t} \tag{3-4}$$

即刚体绕定轴转动的角加速度等于刚体上作圆周运动质元的角速度对时间的一阶导数，或者等于角坐标对时间的二阶导数. 刚体绕定轴作加速转动时，ω 和 α 同号；作减速转动时，ω 和 α 异号；作匀速率运动时，ω 为常量，α 等于零.

在国际单位制中，角加速度的单位是 rad/s^2.

当刚体绕定轴转动时，刚体上各质元都绕着同一定轴作圆周运动，因此前面介绍的质点作圆周运动时的角量和线量的关系，也适用于描述刚体运动状态的角量和线量.

弧长和角位移的关系为

$$\Delta s=r\Delta\theta \tag{3-5}$$

速度和角速度的关系为

$$v=r\omega \tag{3-6}$$

切向加速度和角加速度的关系为

$$a_{\mathrm{t}}=r\alpha \tag{3-7}$$

向心加速度和角速度的关系为

$$a_{\mathrm{n}}=\frac{v^2}{r}=r\omega^2 \tag{3-8}$$

刚体绕定轴转动的运动方程与质点作匀速率和匀变速率圆周运动时的运动方程相同.

刚体绕定轴作匀速率转动的运动方程为

$$\theta=\theta_0+\omega t \tag{3-9}$$

刚体绕定轴作匀变速率转动的运动方程为

$$\omega=\omega_0+\alpha t \tag{3-10}$$

$$\theta=\theta_0+\omega_0+\frac{1}{2}\alpha t^2 \tag{3-11}$$

$$\omega^2-\omega_0^2=2\alpha(\theta-\theta_0) \tag{3-12}$$

其中,θ_0、ω_0 分别为 $t=0$ 时刚体的角坐标和角速度;θ、ω 则为 t 时刻刚体的角坐标和角速度.

3-2 力矩 转动定律 转动惯量

本节讨论刚体定轴转动的动力学问题,即研究刚体作定轴转动时所遵守的规律.经验表明,不同大小和方向的力作用在刚体不同位置时,其转动状态的改变程度有所不同.因此,这里引入一个描述引起刚体转动状态变化的物理量——力矩.也就是说,刚体转动状态的改变与力矩有关.

一、力矩

力矩这个词来自拉丁文“扭转”,可表示力的转动和扭转作用.例如,当用扳手转动螺母时,转动效果不仅与作用力的大小和方向有关,还与力的作用点有关.可见,力的大小和方向及力的作用点到转轴的距离等因素都决定了力矩的作用效果.

如图 3-5 所示,在刚体上选一参考平面,它可绕通过点 O 且垂直于该平面的转轴 z 旋转.作用在该截面内质元 P 上的力 $\boldsymbol{F}$ 亦在此平面内.转轴与截面的交点 O 到力 $\boldsymbol{F}$ 的作用线的垂直距离 d 称为力对转轴的力臂,则力 $\boldsymbol{F}$ 对参考点的力矩大小表示为

$$M=Fd \tag{3-13a}$$

由图 3-5 可以看出,$\boldsymbol{r}$ 为由点 O 到力 $\boldsymbol{F}$ 的作用点 P 的位置矢量,θ 为位矢 $\boldsymbol{r}$ 与 $\boldsymbol{F}$ 之间的夹角,且 $d=r\sin\theta$,故式(3-13a)变为

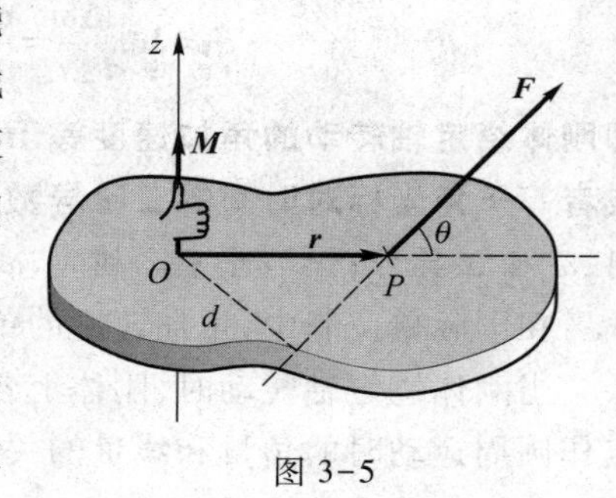

图 3-5

$$M=Fr\sin\theta \tag{3-13b}$$

由矢量的矢积定义,位矢 $\boldsymbol{r}$ 和力 $\boldsymbol{F}$ 的矢积的大小恰为 $Fr\sin\theta$,则力矩矢量 $\boldsymbol{M}$ 可表示为

$$\boldsymbol{M}=\boldsymbol{r}\times\boldsymbol{F} \tag{3-14}$$

$\boldsymbol{M}$ 的大小为 $M=Fr\sin\theta$,$\boldsymbol{M}$ 的方向垂直于 $\boldsymbol{r}$ 与 $\boldsymbol{F}$ 所构成的平面,由右手螺旋定则确定:把右手拇指伸直,其余四指弯曲,弯曲的方向是由径矢 $\boldsymbol{r}$ 通过小于 180°的角 θ 转向力 $\boldsymbol{F}$ 的方向,这时拇指所指的方向就是力矩的方向.力矩 $\boldsymbol{M}$ 矢量的方向垂直于 $\boldsymbol{r}$ 和 $\boldsymbol{F}$ 矢量所组成的平面.需要注意的是,因为力矩与力臂有关,所以当选择不同转轴时,若力臂不同,则力矩不同,因此,一般将力矩标在相应的转轴上.

式(3-14)表明,力矩是既有大小又有方向的矢量.例如,开关门时,用大小相等方向相反的两个力垂直作用在门板上推动门转动,这两个力的力矩所产生的转动效果是不同的.等值反向的两个力中,一力矩驱使门沿逆时针方向旋转,而另一力矩则驱使门沿顺时针方向旋转.由此可见,力矩是有大小、有方向的矢量.

在国际单位制中，力矩的单位是牛顿米，用 N · m 表示.

当刚体所受到的力不在与转轴垂直的截面内时，要解决力对刚体绕转轴转动产生的影响，需把力分成两个分量：其中一个在垂直于转轴的截面内，另一个与转轴方向平行(该力对转轴的力矩为零，读者可自行证明)，如图 3-6 所示.此时，力对 z 轴的力矩大小为

$$M_z = F_{\perp} r\sin\theta \tag{3-15}$$

M_z 也可以理解成力对参考点的力矩在 z 轴上投影的大小，其方向可由右手螺旋定则判断.

当几个力同时作用在绕定轴转动的刚体上时，这几个力对转轴的合外力矩等于各个外力矩的代数和.应注意的是，只有刚体绕定轴转动时，外力矩才可简化为代数运算.

此外，刚体中任意两个质点间的相互作用力对转轴的力矩和为零，即刚体内质点间的内力矩为零.如图 3-7 所示，在绕 z 轴转动的刚体上任取质元 A 和质元 B，两者之间的相互作用力大小相等、方向相反，作用在同一条直线上，即 $\boldsymbol{F}_A = -\boldsymbol{F}_B$.两个力到转轴的力臂均为 d.则这两个力对转轴 z 的合力矩为

$$M = M_A - M_B = F_A r_A \sin\theta_A - F_B r_B \sin\theta_B = F_A d - F_B d = 0$$

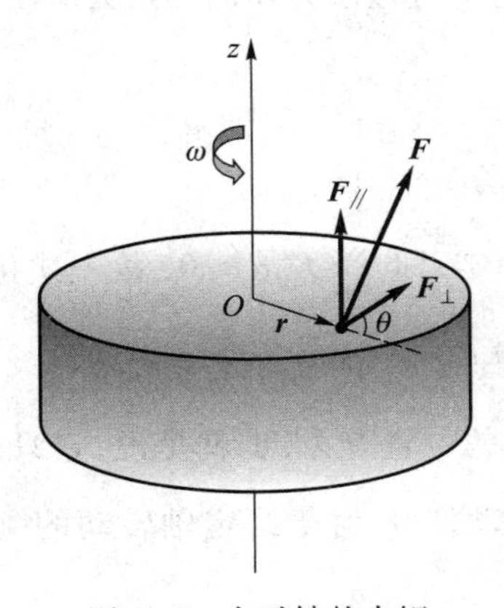

图 3-6　力对轴的力矩

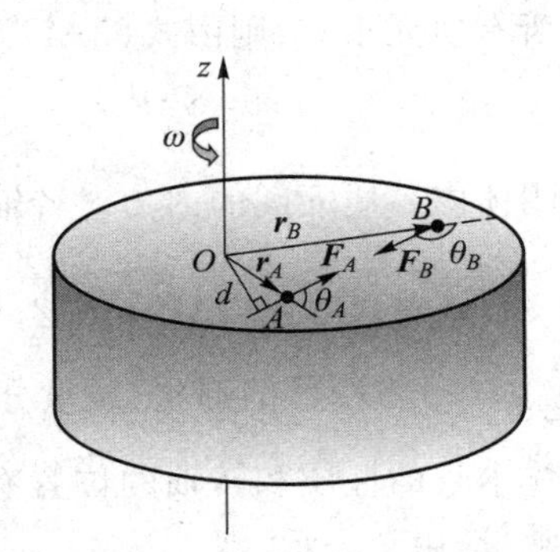

图 3-7　一对力对定轴的力矩

刚体上任意两个质元间的相互作用力 $\boldsymbol{F}_A$ 和 $\boldsymbol{F}_B$ 属于内力.由于内力总是成对出现，大小相等，方向相反，作用在同一条直线上，所以对绕定轴转动的刚体来说，其内力对转轴的合力矩为零.

二、转动定律

语音录课：
转动定律

在外力矩的作用下，绕定轴转动的刚体的状态可能发生变化，其转动的速度可快可慢.可见外力矩与刚体转动的角加速度间存在一定的联系.下面来讨论外力矩和角加速度之间的关系.

刚体可看成由 n 个质元组成，绕固定轴 z 转动，如图 3-8 所示.刚体上每一质元都绕 z 轴作圆周运动.在刚体上取任一质元 i，其质量为 Δm_i，其相对于圆心的位置矢量为 $\boldsymbol{r}_i$，绕 z 轴作半径为 r_i 的圆周运动.设质元 i 受两个力作用，一个是外力 $\boldsymbol{F}_i$，另一个是刚体中其他质元作用的内力 $\boldsymbol{F}'_i$，并设外力 $\boldsymbol{F}_i$ 和内力 $\boldsymbol{F}'_i$ 均在与 z 轴垂直的同一平面内.由牛顿第二定律，质元 i 的运动方程为

$$\boldsymbol{F}_i + \boldsymbol{F}'_i = \Delta m_i \boldsymbol{a}_i \tag{3-16}$$

将外力 $\boldsymbol{F}_i$ 和内力 $\boldsymbol{F}'_i$ 分别向切向和径向分解，径向的分力作用线与质元的位矢 $\boldsymbol{r}_i$ 在同一直线上，经过转轴，不能改变刚体的转动状态.而切向的分力 $\boldsymbol{F}_{it}$ 和 $\boldsymbol{F}'_{it}$ 与质元位矢 $\boldsymbol{r}$ 的方向垂直，可使质元垂直于位矢方向运动，从而影响刚体转动状态，那么质元 i 的切向运动方程为

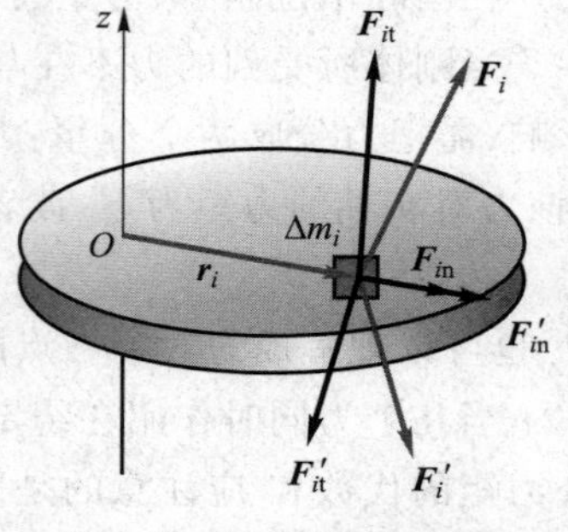

图 3-8　刚体绕定轴转动

$$F_{it}+F'_{it}=\Delta m_i a_{it}$$

a_{it}为质元 i 的切向加速度.

当力与力臂垂直时，力矩大小为

$$M=rF$$

根据切向加速度与角加速度 α 之间的关系 $a_t=r\alpha$，第 i 个质元的力矩为

$$M_i=F_{it}r_i+F'_{it}r_i=\Delta m_i r_i^2\alpha \tag{3-17}$$

式中 $F_{it}r_i$ 和 $F'_{it}r_i$ 分别是外力 $\boldsymbol{F}_i$ 和内力 $\boldsymbol{F}'_i$ 切向分力的力矩大小.外力和内力的法向分力 $\boldsymbol{F}_{in}$和 $\boldsymbol{F}'_{in}$ 均通过转轴 z，因此其力矩为零.故上式左边也可理解为作用在质元 i 上的外力矩与内力矩之和.

若对所有质元求和，则由式(3-17)可得

$$\sum_i F_{it}r_i + \sum_i F'_{it}r_i = \sum_i (\Delta m_i r_i^2)\alpha$$

由于刚体内各质元间的内力对转轴的合力矩为零，即 $\sum\limits_i F'_{it}r_i = 0$，故上式化为

$$M=\sum_i F_{it}r_i=\sum_i (\Delta m_i r_i^2)\alpha \tag{3-18}$$

式中的 $\sum\limits_i \Delta m_i r_i^2$ 与刚体的形状、质量分布以及转轴的位置有关，也就是说，它只与绕定轴转动的刚体本身的性质和转轴的位置有关，称为转动惯量.对于绕定轴转动的刚体，转动惯量为一常量，用 J 表示，即

$$J=\sum_i \Delta m_i r_i^2 \tag{3-19}$$

于是式(3-18)可写为

$$M=J\alpha \tag{3-20}$$

式(3-20)表明，**刚体绕定轴转动时，刚体的角加速度与它所受的合外力矩成正比，与刚体的转动惯量成反比**，这个关系称为刚体定轴转动的转动定律，简称转动定律.

如同牛顿第二定律是解决质点运动问题的基本方程一样，转动定律是解决刚体定轴转动问题的基本方程.它们的形式很相似：外力矩 M 和外力 $\boldsymbol{F}$ 相对应，角加速度 α 与加速度 $\boldsymbol{a}$ 相对应，转动惯量 J 与质量 m 相对应.转动惯量是描述刚体在转动中的惯性大小的物理量.例如，当以相同的力矩分别作用于两个绕定轴转动的不同刚体时，它们所获得的角加速度不一定相同.转动惯量大的刚体获得的角加速度小，即角速度改变得慢，也就是说，保持原有转动状态的惯性大；反之，转动惯量小的刚体所获得的角加速度大，即角速度改变得快，也就是说，保持原有的转动状态的惯性小.

三、转动惯量

由无相对位移的质元组成的刚体绕同一定轴转动，那么可以根据式(3-19)计算该刚

体相对于给定轴的转动惯量，即转动惯量等于刚体上各质元的质量与各质元到转轴的距离平方的乘积之和.

演示实验：转动惯量

如果刚体上的质元是连续分布的，则其转动惯量可以用积分进行计算，即

$$J=\int r^2\mathrm{d}m \tag{3-21}$$

式中，r 为质元到转轴的距离，$\mathrm{d}m$ 为质元的质量. 质元的选取与刚体的几何形状有关.

当刚体形状不同时，质元质量计算所需的密度的求解有所不同，具体有以下三种情况：(1) 刚体为质量连续且均匀分布的细棒，如图 3-9(a) 所示，其质量线密度为 $\lambda=\dfrac{\mathrm{d}m}{\mathrm{d}l}$，式中 $\mathrm{d}m$ 是线元 $\mathrm{d}l$ 的质量，$\mathrm{d}m=\lambda\mathrm{d}l$；(2) 刚体为质量连续且均匀分布的薄板，如图 3-9(b) 所示，其质量面密度为 $\sigma=\dfrac{\mathrm{d}m}{\mathrm{d}S}$，式中 $\mathrm{d}m$ 是面元 $\mathrm{d}S$ 的质量，$\mathrm{d}m=\sigma\mathrm{d}S$；(3) 刚体为质量连续且均匀分布的块状物体，如图 3-9(c) 所示，其质量体密度为 $\rho=\dfrac{\mathrm{d}m}{\mathrm{d}V}$，式中 $\mathrm{d}m$ 是体元 $\mathrm{d}V$ 的质量，$\mathrm{d}m=\rho\mathrm{d}V$. 将质元 $\mathrm{d}m$ 求出后代入式(3-21)，可求出绕定轴转动刚体的转动惯量.

语音录课：转动惯量

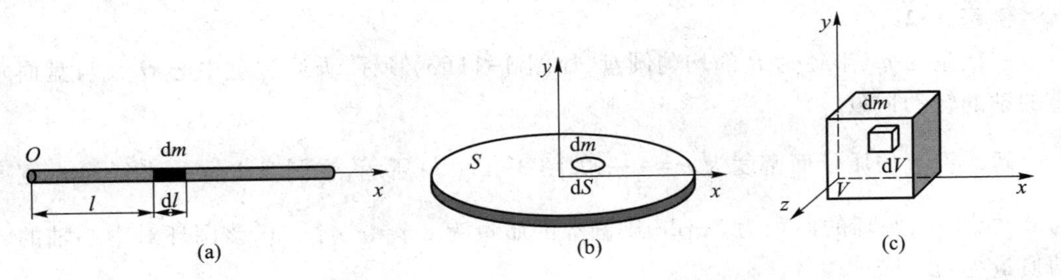

图 3-9　不同几何形状的刚体

可见，刚体绕轴转动的转动惯量的大小取决于以下三个因素：(1) 刚体转轴的位置；(2) 刚体的质量分布；(3) 刚体的几何形状.

在国际单位制中，转动惯量的单位是 $\mathrm{kg\cdot m^2}$.

下面计算两种形状简单的刚体的转动惯量.

例题 3-1

一质量为 m、长为 l 的均匀细棒，如图 3-10 所示. 求：

(1) 通过棒中心并与棒垂直的轴的转动惯量；

(2) 通过棒端点与棒垂直的轴的转动惯量.

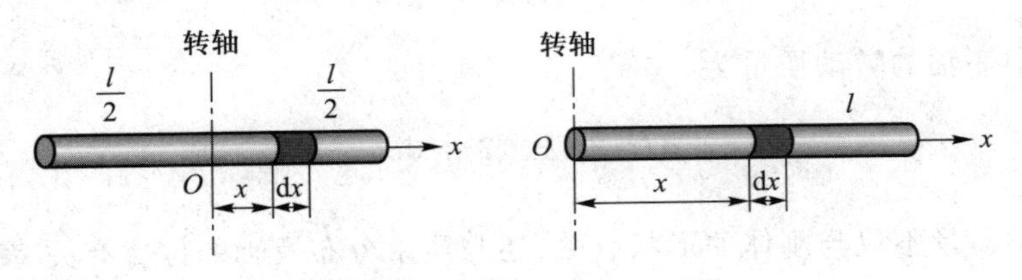

图 3-10　细棒转动惯量的计算

解 (1) 转轴通过棒的中心并与棒垂直，在棒上任取一质元，其长度为 $\mathrm{d}x$，距转轴的距离为 x，设棒的质量线密度(即单位长度上的质量)为

$$\lambda=\frac{m}{l}$$

则该质元的质量为

$$\mathrm{d}m=\lambda\,\mathrm{d}x$$

该质元对转轴的转动惯量为

$$\mathrm{d}J=x^2\mathrm{d}m=\lambda x^2\mathrm{d}x$$

整个棒对转轴的转动惯量为

$$J=\int\mathrm{d}J=\int_{-\frac{l}{2}}^{\frac{l}{2}}\lambda x^2\mathrm{d}x=\frac{1}{12}ml^2$$

(2) 转轴通过棒一端并与棒垂直时，整个棒对转轴的转动惯量为

$$J=\int_0^l\lambda x^2\mathrm{d}x=\frac{1}{3}ml^2$$

由此可看出，对于同一均匀细棒，转轴位置不同，其转动惯量不同.

例题 3-2

一质量为 m、半径为 R 的均匀圆盘，如图 3-11(a)所示.求通过盘中心 O 并与盘面垂直的轴的转动惯量.

解 设盘的质量面密度为 $\sigma=\frac{m}{\pi R^2}$.如图 3-11(b)所示，在圆盘上取一半径为 r、宽度为 $\mathrm{d}r$ 的圆环，圆环的面积为 $2\pi r\mathrm{d}r$，则圆环的质量为 $\mathrm{d}m=\sigma\cdot2\pi r\mathrm{d}r$.该圆环对中心轴的转动惯量为

$$\mathrm{d}J=r^2\mathrm{d}m=\sigma\cdot2\pi r^3\mathrm{d}r$$

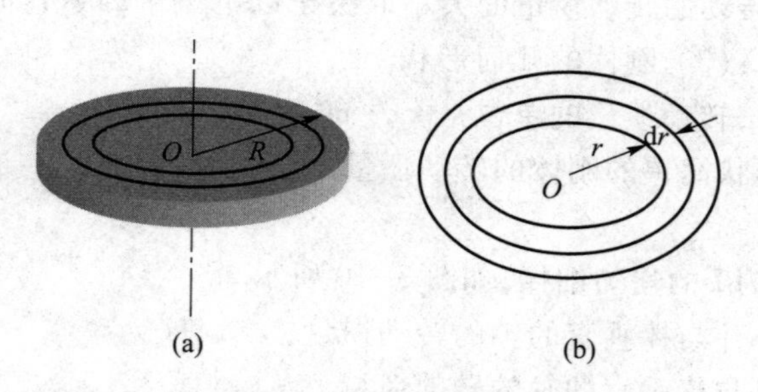

图 3-11 圆盘转动惯量的计算

整个圆盘对中心轴的转动惯量为

$$J=\int\mathrm{d}J=\int_0^R\sigma\cdot2\pi r^3\mathrm{d}r=\frac{1}{2}mR^2$$

可见转动惯量不仅与刚体的形状有关，还与质量分布及轴的位置有关.表 3-1 给出了几种刚体的转动惯量.

表 3-1 几种刚体的转动惯量

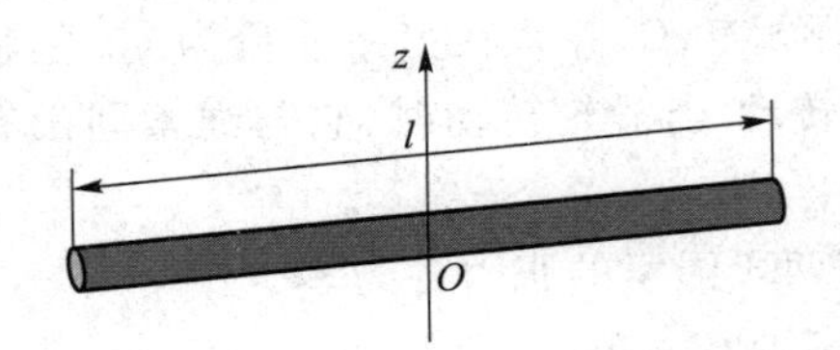 绕过质心并与棒垂直的轴转动的细棒 $J=\frac{1}{12}ml^2$	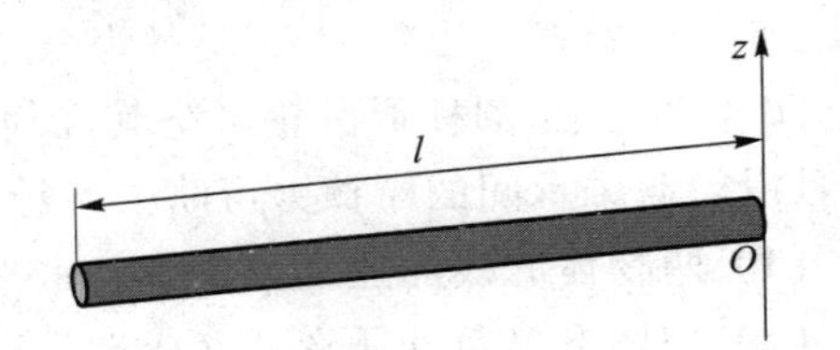 绕过一端并与棒垂直的轴转动的细棒 $J=\frac{1}{3}ml^2$
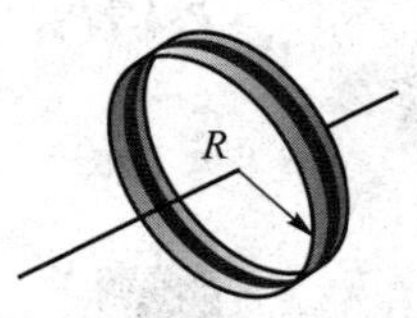 绕过环心并与环面垂直的轴转动的圆环 $J=mR^2$	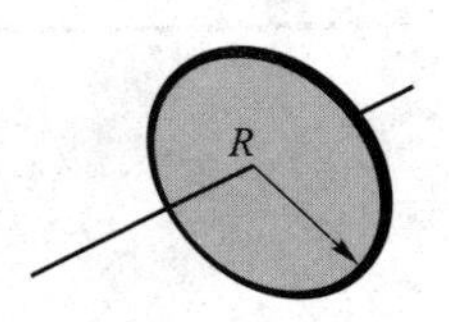 绕过盘心并与盘面垂直的轴转动的圆盘 $J=\frac{1}{2}mR^2$
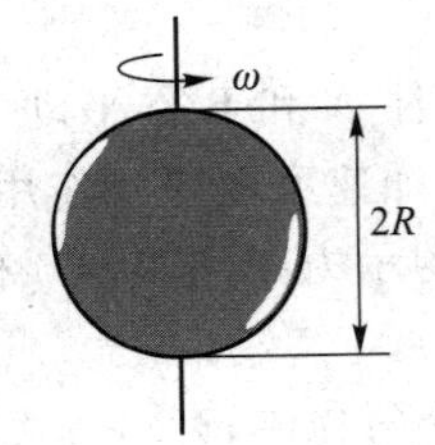 绕沿任意直径的轴转动的球体 $J=\frac{2}{5}mR^2$	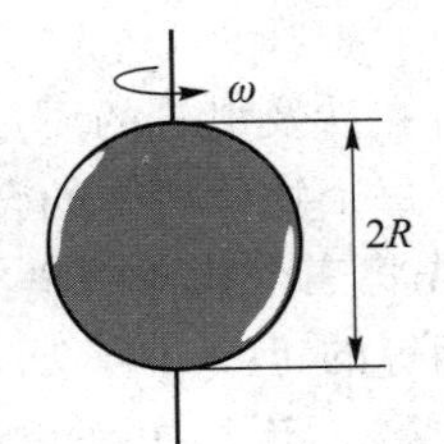 绕沿任意直径的轴转动的球面 $J=\frac{2}{3}mR^2$

四、平行轴定理

通过前面的学习我们发现,同一刚体的转轴位置不同,转动惯量也有所不同.原则上,由式(3-21)总能求出刚体绕定轴转动的转动惯量.但在某些情况下,应用平行轴定理较式(3-21)能更简捷地求得结果.如图 3-12 所示,有一刚体,质量为 m,可绕通过质心的轴 z_C 转动,其转动惯量为 J_C.如果有另一转轴 z,它与 z_C 轴平行,两者的距离为 d,刚体绕该轴的转动惯量为 J.可以证明,刚体对 z 轴的转动惯量为

$$J=J_C+md^2 \tag{3-22}$$

式(3-22)称为转动惯量的平行轴定理.

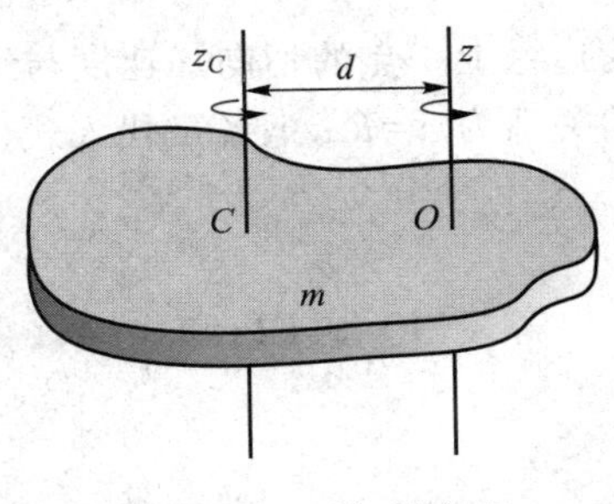

图 3-12 平行轴定理

例如,在例题 3-1 中,利用平行轴定理可求得通过细棒端点且与棒垂直的轴的转动惯量为

$$J=J_C+md^2=\frac{1}{12}ml^2+m\left(\frac{l}{2}\right)^2=\frac{1}{3}ml^2$$

例题 3-3

如图 3-13 所示，质量为 m_A 的物体 A 静止在光滑水平面上，它和一质量不计的绳索连接，此绳索跨过一半径为 R、质量为 m_C 的圆柱形滑轮 C，并系在另一质量为 m_B 的物体 B 上，B 竖直悬挂.圆柱形滑轮可绕其几何中心轴转动.当滑轮转动时，它与绳索间没有滑动，且滑轮与轴承间的摩擦力可略去不计.问：

（1）两物体的线加速度为多少？水平和竖直两段绳索的张力各为多少？

（2）物体 B 从静止下落距离 y 时，其速率为多少？

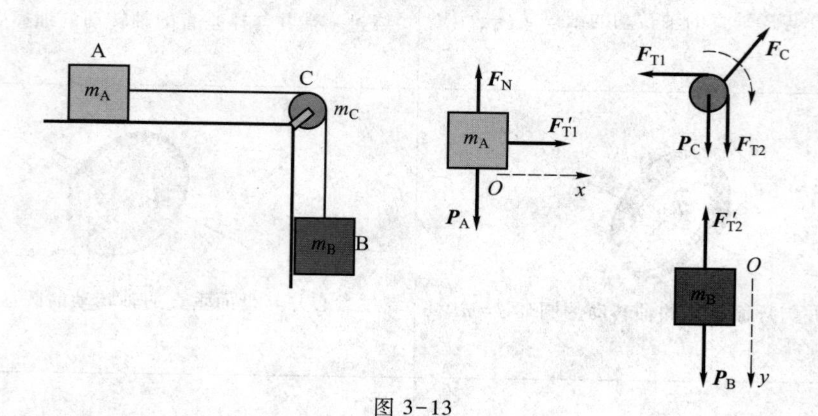

图 3-13

解 （1）在计及滑轮的质量时，就应考虑它的转动.物体 A 和 B 作平动，它们加速度的大小取决于每个物体所受的合力.滑轮 C 作转动，它的角加速度取决于作用在它上面的合外力矩.首先将三个物体隔离出来，并作如图 3-13 所示的示力图.张力 $\boldsymbol{F}_{T1}$ 和 $\boldsymbol{F}_{T2}$ 的大小是不能假定相等的.但 $F_{T2}=F'_{T2}$，$F_{T1}=F'_{T1}$.

应用牛顿第二定律，并考虑到绳索不伸长，故对 A 和 B 两物体，有

$$F_{T1}=m_A a \tag{1}$$

$$m_B g-F_{T2}=m_B a \tag{2}$$

在上面两式中，我们选择物体 B 加速度的正方向是竖直向下的，物体 A 加速度的正方向是向右的，按题意略去滑轮与轴承间的摩擦力，故滑轮 C 受到重力 $\boldsymbol{P}_C$、张力 $\boldsymbol{F}_{T1}$ 和 $\boldsymbol{F}_{T2}$ 以及轴对它的力 $\boldsymbol{F}_C$ 的作用.因为转轴通过滑轮的中心，所以仅有张力 $\boldsymbol{F}_{T1}$ 和 $\boldsymbol{F}_{T2}$ 对它有力矩作用.由转动定律有

$$RF_{T2}-RF_{T1}=J\alpha \tag{3}$$

滑轮 C 以其中心为轴的转动惯量是 $J=\frac{1}{2}m_C R^2$.因为绳索在滑轮上无滑动，所以在滑轮边缘上一点的切向加速度与绳索和物体的加速度大小相等，它与滑轮转动的角加速度的关系为 $a=R\alpha$.把各量代入式(3)，有

$$F_{T2}-F_{T1}=\frac{1}{2}m_C a \tag{4}$$

解式(1)、式(2)和式(4)，得

$$a=\frac{m_B g}{m_A+m_B+\frac{1}{2}m_C}$$

$$F_{\mathrm{T1}}=\frac{m_{\mathrm{A}}m_{\mathrm{B}}g}{m_{\mathrm{A}}+m_{\mathrm{B}}+\frac{1}{2}m_{\mathrm{C}}}$$

$$F_{\mathrm{T2}}=\frac{\left(m_{\mathrm{A}}+\frac{1}{2}m_{\mathrm{C}}\right)m_{\mathrm{B}}g}{m_{\mathrm{A}}+m_{\mathrm{B}}+\frac{1}{2}m_{\mathrm{C}}}$$

(2) 因为物体 B 是由静止出发作匀加速直线运动的,所以它下落距离 y 时的速率为

$$v=\sqrt{2ay}=\sqrt{\frac{2m_{\mathrm{B}}gy}{m_{\mathrm{A}}+m_{\mathrm{B}}+\frac{1}{2}m_{\mathrm{C}}}}$$

3-3 角动量 角动量守恒定律

通过前面的学习我们已经知道,力作用在物体上可以改变物体的运动状态,力作用一段时间后可以改变物体的动量,力作用一段位移后可以改变物体的动能,力矩作用在刚体上可以改变刚体的转动状态.在这一节中,我们将讨论力矩对时间的累积效应,并得出角动量定理和角动量守恒定律;在下一节中,我们将讨论力矩对空间的累积效应,得出刚体绕定轴转动的动能定理.

我们在前面学习了质点对某参考点的角动量的概念,这里由此概念出发将其推广到整个刚体,并获得刚体定轴转动的角动量、角动量定理及角动量守恒定律.

一、刚体定轴转动的角动量

图 3-14 表示一绕定轴 z 以角速度 ω 转动的刚体.由于其绕定轴转动,所以刚体上每一个质元也都以相同的角速度 ω 绕 z 轴作圆周运动.先选择任意质元 m_i 为研究对象,则其对参考点 O 的角动量为 $m_iv_ir_i=m_ir_i^2\omega$,因为 $\boldsymbol{r}_i$ 和 $\boldsymbol{v}_i$ 均在同一转动面内,且两者垂直,所以该质元的角动量与转轴 z 在同一条直线上,与角速度矢量方向一致.该质元对转轴 z 的角动量为 $m_ir_i^2\omega$.于是刚体上所有质元的角动量,即刚体对定轴 z 的角动量为

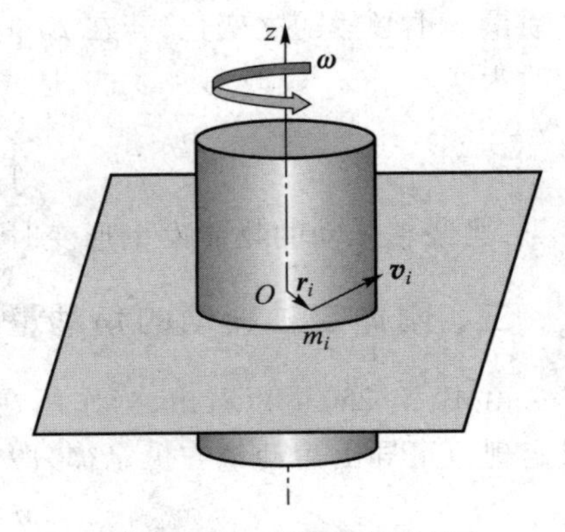

图 3-14 刚体的角动量

$$L=\sum_i m_ir_i^2\omega=\left(\sum_i m_ir_i^2\right)\omega=\left(\int r^2\mathrm{d}m\right)\omega$$

式中 $\sum_i m_ir_i^2$ 为刚体绕 z 轴的转动惯量.于是刚体对定轴 z 的角动量为

$$L=J\omega \tag{3-23}$$

二、刚体定轴转动的角动量定理

与质点的角动量定理的思路类似,求角动量对时间的变化率,可获得角动量定理的

语音录课：刚体定轴转动的角动量定理

微分形式.因此将式(3-23)对时间求导,可得

$$M=\frac{\mathrm{d}}{\mathrm{d}t}(J\omega)=\frac{\mathrm{d}L}{\mathrm{d}t} \tag{3-24}$$

因为对绕定轴 z 转动的刚体来说,刚体内质元间的作用力为内力,对转轴的力矩为内力矩,且 $\sum M_i^{\text{in}}=0$,所以式(3-24)中的力矩为合外力矩.式(3-24)表明,**刚体绕某定轴转动时,作用于刚体的合外力矩等于绕此定轴的角动量随时间的变化率**,这也称为刚体定轴转动的角动量定理的微分形式.对照式(3-20)可见,式(3-24)是转动定律的另一表达方式,但其意义更加普遍.在绕定轴转动物体的转动惯量 J 因内力作用而发生变化时,式(3-20)已不适用,但式(3-24)仍然成立.这与质点动力学中,牛顿第二定律的表达式 $\boldsymbol{F}=\frac{\mathrm{d}\boldsymbol{p}}{\mathrm{d}t}$ 较 $\boldsymbol{F}=m\boldsymbol{a}$ 更普遍是一样的.

在实际应用中,刚体的转动并不是瞬时的,而是要经过一段时间.因此,若要求解这一段时间内的动量的变化,可将式(3-24)分离变量,再两边积分.设图3-14中转动惯量为 J 的刚体在合外力矩 M 的作用下,在时间 $\Delta t=t_2-t_1$ 内,其角速度由 ω_1 变为 ω_2,则由式(3-24)得

$$\int_{t_1}^{t_2} M\mathrm{d}t=\int_{L_1}^{L_2}\mathrm{d}L=L_2-L_1=J\omega_2-J\omega_1 \tag{3-25a}$$

式中 $\int_{t_1}^{t_2} M\mathrm{d}t$ 是外力矩与作用时间的乘积,称为在 $t_1\sim t_2$ 时间内力矩对给定轴的冲量矩.冲量矩表示了力矩在一段时间间隔内的累积效应.式(3-25a)表明,**当转轴给定时,作用在刚体上的冲量矩等于其角动量的增量**,这也称为刚体定轴转动的角动量定理的积分形式.它与质点的角动量定理在形式上很相似.

如果物体在转动过程中,其内部各质元相对于转轴的位置发生了变化,那么物体的转动惯量 J 也必然随之变化,若在 Δt 时间内,转动惯量由 J_1 变为 J_2,则式(3-25a)中的 $J\omega_1$ 应改为 $J_1\omega_1$,$J\omega_2$ 应改为 $J_2\omega_2$.于是式(3-25a)可改为

$$\int_{t_1}^{t_2} M\mathrm{d}t=J_2\omega_2-J_1\omega_1 \tag{3-25b}$$

可见,当绕轴转动的物体发生形变时,其冲量矩仍然等于角动量的增量.

演示实验：刚体定轴转动的角动量守恒定律

三、刚体定轴转动的角动量守恒定律

由式(3-25)可以看出,当作用在绕定轴转动的刚体上的合外力矩等于零时,由角动量定理也可导出角动量守恒定律,即

$$M=0\text{ 时},\quad J\omega=\text{常量} \tag{3-26}$$

这表明,**如果物体所受的合外力矩等于零,或者不受外力矩的作用,那么物体的角动量保持不变**.这个结论称为角动量守恒定律.

虽然角动量守恒定律的推导过程受到刚体、定轴等条件的限制,但它的适用范围却远超出这些限制,例如,行星绕着恒星运转的过程中,两者间的万有引力是有心力,力矩为零,角动量守恒,由于行星绕恒星运转时两者间距时大时小,转动惯量也随之时大时小,所以行星的速度时快时慢;芭蕾舞演员和花样滑冰运动员在表演过程中,其重力通过重心,力矩为零,角动量守恒,因此转动惯量发生改变时,角速度也发生改变;跳水运动员在跳水

过程中，其重力也通过重心，力矩为零，角动量守恒，空中尽量蜷缩身体，增大转速，而入水前尽量伸展身体，减缓速度.

语音录课：刚体定轴转动的角动量守恒定律

在现实生活中，存在多种守恒定律，如角动量守恒定律、动量守恒定律和能量守恒定律.这些守恒定律是自然界普遍适用的定律，它们不仅适用于宏观低速的物体，同样适用于微观高速的物体.

例题 3-4

一杂技演员 M 由距水平跷板高为 h 处自由下落到跷板的一端 A，并把跷板另一端的演员 N 弹了起来，设跷板是匀质的，长度为 l，质量为 m'，支撑点在跷板的中点 C，跷板可绕点 C 在竖直平面内转动，演员 M、N 的质量都是 m，假定演员 M 落在跷板上时，与跷板的碰撞是完全非弹性碰撞，问演员 N 可弹起多高(图 3-15)？

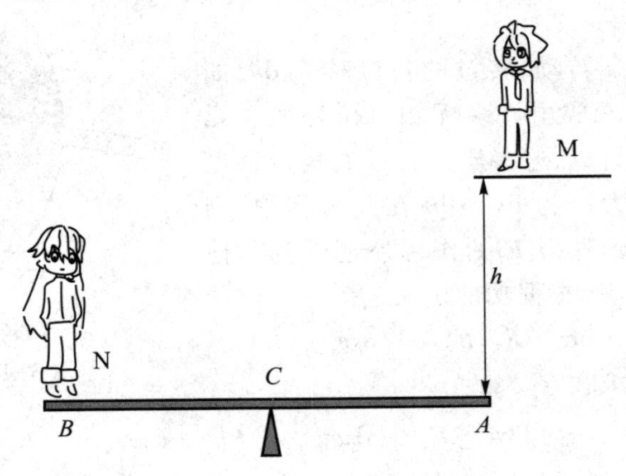

图 3-15 杂技演员在表演

解 为使讨论简化，把演员视为质点，演员 M 落在跷板 A 处的速率为 $v_M=\sqrt{2gh}$，这个速率也就是演员 M 与跷板 A 处刚碰撞时的速率，此时演员 N 的速率 $v_N=0$.在碰撞后的瞬时，演员 M、N 具有相同的线速率 u，其值为 $u=\frac{l\omega}{2}$，ω 为演员和跷板绕点 C 的角速度.现把演员 M、N 和跷板作为一个系统，并以通过点 C 垂直于纸平面的轴为转轴.因为 M、N 两演员的质量相等，所以当演员 M 碰撞跷板 A 处时，作用在系统上的合外力矩为零，故系统的角动量守恒，有

$$mv_M\frac{l}{2}=J\omega+2mu\frac{l}{2}=J\omega+\frac{1}{2}ml^2\omega$$

其中 J 为跷板的转动惯量，若把跷板看成是窄长条形状的，则 $J=\frac{1}{12}m'l^2$，于是由上式可得

$$\omega=\frac{mv_M\frac{l}{2}}{\frac{1}{12}m'l^2+\frac{1}{2}ml^2}=\frac{6m\sqrt{2gh}}{(m'+6m)l}$$

演员 N 将以速率 $u=\frac{l\omega}{2}$ 跳起，达到的高度 h' 为

$$h'=\frac{u^2}{2g}=\frac{l^2\omega^2}{8g}=\left(\frac{3m}{m'+6m}\right)^2h$$

3-4　力矩的功　刚体绕定轴转动的动能定理

质点在外力作用下发生位移时,我们就说力对质点做了功.当刚体在外力矩的作用下绕定轴转动而发生角位移时,我们就说力矩对刚体做了功,这就是力矩的空间累积效应.可从力对质点的功出发,导出力矩的功及动能定理.

一、力矩的功

设一刚体绕转轴 z 转动,转过的角位移为 $\mathrm{d}\theta$,如图3-16所示.刚体可看成由许多无相对位移的质元($\Delta m_1,\Delta m_2,\cdots,\Delta m_i$)组成,这些质元转过的角位移也为 $\mathrm{d}\theta$,转过的位移的大小为 $\mathrm{d}s=r\mathrm{d}\theta$.在此过程中,刚体上任一质元 i 除受到外力 $\boldsymbol{F}_i$ 的作用外还受到其他质元给它的力 $\boldsymbol{F}_i'$ 的作用.根据功的定义,有

$$\mathrm{d}A_i=(\boldsymbol{F}_i+\boldsymbol{F}_i')\cdot\mathrm{d}\boldsymbol{r}=(\boldsymbol{F}_i+\boldsymbol{F}_i')\cdot(\mathrm{d}s\boldsymbol{e}_{ti})$$

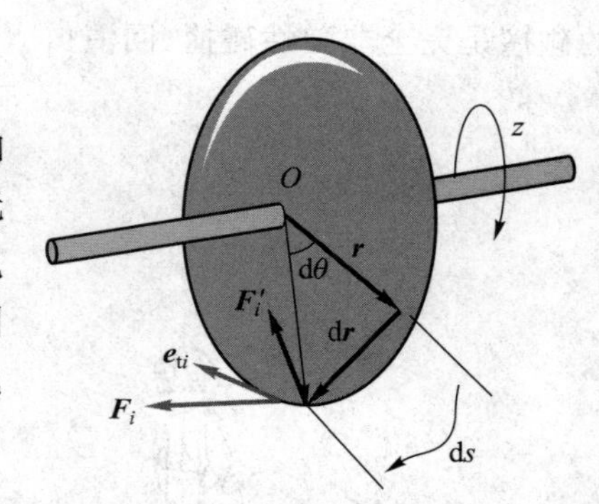

图3-16　力矩的功

对刚体所有质元求和有

$$\mathrm{d}A=\sum\boldsymbol{F}_i\cdot(\mathrm{d}s\boldsymbol{e}_{ti})+\sum\boldsymbol{F}_i'\cdot(\mathrm{d}s\boldsymbol{e}_{ti})$$

因为质元间无相对位移,所以内力所做的功为零.因此上式可改写为

$$\mathrm{d}A=\boldsymbol{F}\cdot(\mathrm{d}s\boldsymbol{e}_t)=F_t r\mathrm{d}\theta \tag{3-27}$$

式中,$\boldsymbol{F}$ 为刚体受到的合外力,F_t 是 $\boldsymbol{F}$ 在切向的投影大小.F_t 对转轴的力矩大小为 $M=F_t r$.因此在这段位移内,外力 $\boldsymbol{F}$ 所做的元功为

$$\mathrm{d}A=M\mathrm{d}\theta$$

上式表明,作用在绕定轴转动的刚体上的力的元功等于该力对转轴 z 的力矩与刚体的元角位移的乘积,也称为力矩的元功.

在刚体绕定轴从 θ_1 转到 θ_2 的过程中,力矩所做的功为

$$A=\int_{\theta_1}^{\theta_2}M\mathrm{d}\theta \tag{3-28}$$

如果力矩的大小和方向都不变,那么当刚体在此力矩作用下转过 θ 角时,力矩所做的功为

$$A=\int_0^{\theta}\mathrm{d}A=\int_0^{\theta}M\mathrm{d}\theta=M\theta \tag{3-29}$$

上式表明,**恒力矩对绕定轴转动的刚体所做的功,等于力矩的大小与转过的角度 θ 的乘积.**

需要注意的是,力矩做功并不是新的概念,实际上仍是力做功,只是将刚体定轴转动过程中力所做的功用力矩及角位移来表示.

根据功率的定义,在单位时间内力矩对刚体所做的功称为力矩的功率,用 P 表示.刚体绕定轴转动,经时间 $\mathrm{d}t$ 转过 $\mathrm{d}\theta$ 角,则力矩的功率为

$$P=\frac{\mathrm{d}A}{\mathrm{d}t}=M\frac{\mathrm{d}\theta}{\mathrm{d}t}=M\omega \tag{3-30}$$

上式表明,**力矩的功率等于力矩与角速度的乘积**.由此可见,当功率一定时,转速越低,力矩越大;反之,转速越高,力矩越小.例如,汽车在行驶时,它的曲轴以一定的功率从发动机向主轴传递能量,主轴转速越快,曲轴产生的力矩越小.

二、转动动能

由图 3-16 可知,当刚体绕定轴转动时,其上的每一质元也随之作定轴转动.可见,刚体的转动动能等于各质元动能的总和.设刚体上各质元的质量与线速率分别为 Δm_1,Δm_2,…,Δm_i 与 v_1,v_2,…,v_i,各质元到转轴的垂直距离分别为 r_1,r_2,…,r_i.当刚体以角速度 ω 绕定轴转动时,第 i 个质元的动能为

$$\frac{1}{2}\Delta m_i v_i^2=\frac{1}{2}\Delta m_i r_i^2\omega^2$$

遍及整个刚体,其动能为

$$E_\mathrm{k}=\sum_i\frac{1}{2}\Delta m_i r_i^2\omega^2=\frac{1}{2}\Big(\sum_i\Delta m_i r_i^2\Big)\omega^2=\frac{1}{2}J\omega^2 \tag{3-31}$$

上式表明,**刚体绕定轴转动的转动动能等于刚体的转动惯量与角速度二次方的乘积的一半**.上式是质点的动能 $E_\mathrm{k}=\frac{1}{2}mv^2$ 的角变量对应式,两者表达形式一致,都是动能.

三、刚体绕定轴转动的动能定理

由图 3-16 可知,在合外力矩 M 的作用下,经过时间 $\mathrm{d}t$,刚体绕定轴转过角位移 $\mathrm{d}\theta$,合外力矩对刚体所做的元功为

$$\mathrm{d}A=M\mathrm{d}\theta$$

由转动定律 $M=J\alpha=J\frac{\mathrm{d}\omega}{\mathrm{d}t}$,上式可改写为

$$\mathrm{d}A=J\frac{\mathrm{d}\omega}{\mathrm{d}t}\mathrm{d}\theta=J\frac{\mathrm{d}\theta}{\mathrm{d}t}\mathrm{d}\omega=J\omega\mathrm{d}\omega$$

若在 Δt 时间内,绕定轴转动的刚体的角速度从 ω_1 变到 ω_2,则合外力矩对刚体所做的功为

$$A=\int\mathrm{d}A=\int_{\omega_1}^{\omega_2}J\omega\mathrm{d}\omega \tag{3-32}$$

若式(3-32)中的 J 为常量,则有

$$A=\frac{1}{2}J\omega_2^2-\frac{1}{2}J\omega_1^2 \tag{3-33}$$

上式表明,**合外力矩对绕定轴转动的刚体所做的功等于刚体转动动能的增量**.**这就是刚体绕定轴转动的动能定理**.

例题 3-5

如图 3-17 所示,一质量为 m'、半径为 R 的圆盘,可绕一垂直通过盘心的无摩擦的水平轴转动.圆盘上绕有轻绳,一端悬挂质量为 m 的物体.问物体由静止下落高度 h 时,其速

度的大小为多少？设轻绳的质量略去不计.

解　按图3-17所示的示力图,对圆盘来说,它受到重力 $\boldsymbol{P}'$、支持力 $\boldsymbol{F}_{\mathrm{N}}$ 和拉力 $\boldsymbol{F}_{\mathrm{T}}$ 的作用.因为 $\boldsymbol{P}'$ 和 $\boldsymbol{F}_{\mathrm{N}}$ 均通过转轴 O,所以作用于圆盘的外力矩仅是拉力 $\boldsymbol{F}_{\mathrm{T}}$ 的力矩.当物体下落高度 h 时,圆盘的转角由 θ_0 变为 θ,且 $h=\int_{\theta_0}^{\theta} R\mathrm{d}\theta$.由刚体绕定轴转动的动能定理式(3-33)可得,拉力 $\boldsymbol{F}_{\mathrm{T}}$ 的力矩所做的功为

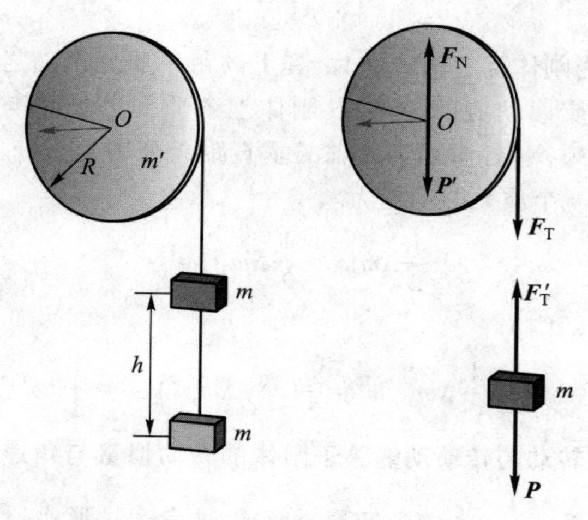

图 3-17

$$\int_{\theta_0}^{\theta} F_{\mathrm{T}} R\mathrm{d}\theta = R\int_{\theta_0}^{\theta} F_{\mathrm{T}}\mathrm{d}\theta = \frac{1}{2}J\omega^2 - \frac{1}{2}J\omega_0^2 \tag{1}$$

式中 ω_0 和 ω 分别为圆盘在起始和终末时的角速度.

对物体来说,它受到拉力 $\boldsymbol{F}_{\mathrm{T}}'$ 和重力 $\boldsymbol{P}$ 的作用,且 $F_{\mathrm{T}}'=F_{\mathrm{T}}$.轻绳与圆盘间无相对滑动,因此重物下落的距离等于圆盘边缘上任意点所经过的弧长.由质点的动能定理可得,这两个力所做的功为

$$mgh - R\int_{\theta_0}^{\theta} F_{\mathrm{T}}\mathrm{d}\theta = \frac{1}{2}mv^2 - \frac{1}{2}mv_0^2 \tag{2}$$

式中 v_0 和 v 分别是物体在起始和终末时的速度.

此外,物体是由静止开始下落的,有 $v_0=0$,$\omega_0=0$ 且 $v=R\omega$.于是由式(1)和式(2)可得

$$mgh = \left(\frac{1}{2}J\omega^2 + \frac{1}{2}mv^2\right) - \left(\frac{1}{2}J\omega_0^2 + \frac{1}{2}mv_0^2\right)$$

可得

$$v = \sqrt{\frac{2mgh}{m+\dfrac{J}{R^2}}}$$

已知圆盘的转动惯量为 $J=\frac{1}{2}m'R^2$,故上式为

$$v = 2\sqrt{\frac{mgh}{m'+2m}}$$

为了便于理解刚体绕定轴转动的规律性,我们将质点运动学的公式和刚体定轴转动的公式进行了类比,见表 3-2.

表 3-2 质点运动与刚体定轴转动常见公式对照表

质点运动	刚体定轴转动
速度 $\boldsymbol{v}=\dfrac{\mathrm{d}\boldsymbol{r}}{\mathrm{d}t}$	角速度 $\omega=\dfrac{\mathrm{d}\theta}{\mathrm{d}t}$
加速度 $\boldsymbol{a}=\dfrac{\mathrm{d}\boldsymbol{v}}{\mathrm{d}t}$	角加速度 $\alpha=\dfrac{\mathrm{d}\omega}{\mathrm{d}t}$
力 $\boldsymbol{F}$	力矩 M
质量 m	转动惯量 $J=\int r^2\mathrm{d}m$
动量 $\boldsymbol{p}=m\boldsymbol{v}$	角动量 $L=J\omega$
牛顿第二定律 $\boldsymbol{F}=m\boldsymbol{a}$ $\boldsymbol{F}=\dfrac{\mathrm{d}\boldsymbol{p}}{\mathrm{d}t}$	转动定律 $M=J\alpha$ $M=\dfrac{\mathrm{d}L}{\mathrm{d}t}$
动量定理 $\int\boldsymbol{F}\mathrm{d}t=m\boldsymbol{v}_2-m\boldsymbol{v}_1$	角动量定理 $\int M\mathrm{d}t=J\omega_2-J\omega_1$
动量守恒定律 $\boldsymbol{F}=\boldsymbol{0}$,$m\boldsymbol{v}=$常矢量	角动量守恒定律 $M=0$,$J\omega=$常量
动能 $\dfrac{1}{2}mv^2$	转动动能 $\dfrac{1}{2}J\omega^2$
功 $A=\int\boldsymbol{F}\cdot\mathrm{d}\boldsymbol{r}$	力矩的功 $A=\int M\mathrm{d}\theta$
动能定理 $A=\dfrac{1}{2}mv_2^2-\dfrac{1}{2}mv_1^2$	转动动能定理 $A=\dfrac{1}{2}J\omega_2^2-\dfrac{1}{2}J\omega_1^2$

3-5 刚体的平面平行运动

一般刚体的运动可看成平动、转动或二者的合成.刚体可看成由无相对位移的质点组成的质点系,其运动可看成质心的平动和刚体绕质心的转动.若质心被限制在一平面上运动，则这种刚体的运动称为刚体的平面平行运动.如火车车轮在直轨道上的滚动，就属于刚体的平面平行运动.

从图 3-18 可以看出，当车轮向前运动时，经一段时间 t，质心 O 和车轮与轨道的接触点都移动了一段距离 s，车轮绕车轮质心轴转过的角位移为 θ，车轮的半径为 R，有

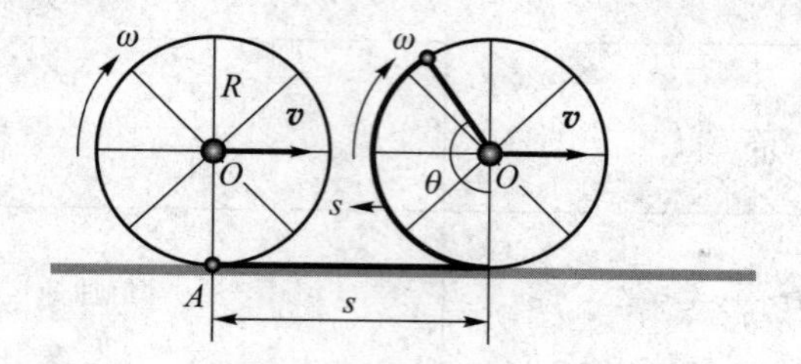

图 3-18　火车车轮在直轨道上作平行平面运动

$$s=R\theta \tag{3-34}$$

将上式两边对时间求导，得到质心平动的速度和车轮转动的角速度的关系：

$$v_C=R\omega \tag{3-35}$$

v_C 为质心的速度，ω 为车轮转动的角速度.该式可看成作平面平行运动的刚体的质心速度和刚体转动的角速度的关系.

在刚体受到外力 $\boldsymbol{F}$ 作用时，由质心运动定理知，刚体质心的运动方程为

$$\boldsymbol{F}=m\boldsymbol{a}_C=m\frac{\mathrm{d}\boldsymbol{v}_C}{\mathrm{d}t} \tag{3-36}$$

式中，$\boldsymbol{F}$ 为作用在刚体上的合外力，$\boldsymbol{v}_C$ 和 $\boldsymbol{a}_C$ 分别为质心的速度和加速度，m 为刚体的质量.

若刚体绕通过质心的轴转动，则其遵守转动定律，即

$$M_{Cz}=J_C\alpha=J_C\frac{\mathrm{d}\omega}{\mathrm{d}t} \tag{3-37}$$

式中，M_{Cz}为对通过质心且垂直于运动平面的轴 z 的合外力矩，J_C 和 α 为对通过质心且垂直于运动平面的轴 z 的转动惯量和角加速度.

当刚体绕轴转动时，刚体将具有动能，那么如何求解作平面平行运动刚体的动能呢？这里仍以图 3-18 为例，在滚动时，刚体可看成绕通过 A 点并垂直于运动平面的轴转动，则其动能为

$$E_\mathrm{k}=\frac{1}{2}J_A\omega^2 \tag{3-38}$$

式中 J_A 为对通过 A 点且垂直于运动平面的轴的转动惯量.根据平行轴定理可得

$$J_A=J_C+mR^2 \tag{3-39}$$

则作平面平行运动的刚体的动能为

$$E_\mathrm{k}=\frac{1}{2}mv_C^2+\frac{1}{2}J_C\omega^2 \tag{3-40}$$

式中，$\frac{1}{2}mv_C^2$ 为质心的平动动能，$\frac{1}{2}J_C\omega^2$ 为刚体绕质心的转动动能.可见，当刚体作平面平

行运动时，其动能可看成由质心的平动动能和刚体绕质心的转动动能组成.

利用上面的公式可以求解刚体的平面平行运动问题.

例题 3-6

一质量为 m、半径为 R 的匀质实心圆柱体在倾角为 θ 的斜面上作纯滚动的质心加速度大小为多少？圆柱体从静止开始沿斜面滚下，其质心下降的竖直距离为 h 时，质心的速度有多大？（设 $h \gg R$.）

解 取如图 3-19 所示坐标系，圆柱体受支持力 $\boldsymbol{F}_N$、摩擦力 $\boldsymbol{F}_f$ 和重力 $\boldsymbol{P}$ 作用，由质心运动定理可得圆柱体的质心 C 在斜面方向的动力学方程：

$$mg\sin\theta - F_f = ma_C \tag{1}$$

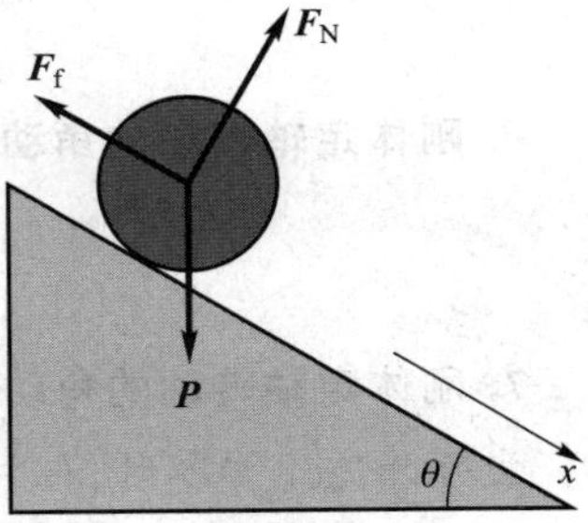

在斜面对圆柱体的摩擦力矩作用下，圆柱体绕其中心轴转动，根据转动定律，有

$$F_f R = J\alpha \tag{2}$$

在纯滚动时，有 $v_C = R\omega$，因此

$$a_C = R\alpha \tag{3}$$

图 3-19

由式(1)、式(2)、式(3)和 $J=\dfrac{1}{2}mR^2$ 可得

$$a_C = \frac{2}{3}g\sin\theta \tag{4}$$

圆柱体质心下降 h 时，质心速度大小为

$$v_C^2 = 2a_C x = 2a_C \frac{h}{\sin\theta} = \frac{4}{3}gh$$

$$v_C = \sqrt{\frac{4}{3}gh}$$

本题也可用机械能守恒定律求解.圆柱体在斜面上作纯滚动下落时，所受到的斜面的摩擦力和支持力都不做功，只有重力做功，由机械能守恒定律可得

$$mgh = \frac{1}{2}mv_C^2 + \frac{1}{2}J\omega^2$$

因 $v_C = R\omega$，故

$$v_C = \sqrt{\frac{2gh}{1+\dfrac{J}{mR^2}}} = \sqrt{\frac{4}{3}gh}$$

拓展阅读：中国式摔跤与力学的关系

本 章 提 要

1. 刚体的运动

刚体最简单的运动形式是平动和转动.

2. 力矩

$$\boldsymbol{M}=\boldsymbol{r}\times\boldsymbol{F}$$

3. 转动定律

$$M=J\alpha$$

4. 转动惯量

$$J=\int r^2\mathrm{d}m$$

5. 刚体定轴转动的角动量

$$L=J\omega$$

6. 刚体定轴转动的角动量定理

$$M=\frac{\mathrm{d}}{\mathrm{d}t}(J\omega)=\frac{\mathrm{d}L}{\mathrm{d}t}$$

7. 刚体定轴转动的角动量守恒定律

当合外力矩为零时,$J\omega=$常量.

8. 力矩的功

$$A=\int M\mathrm{d}\theta$$

9. 转动动能

$$E_{\mathrm{k}}=\frac{1}{2}J\omega^2$$

10. 刚体绕定轴转动的动能定理

$$A=\frac{1}{2}J\omega_2^2-\frac{1}{2}J\omega_1^2$$

11. 刚体的平面平行运动方程

$$F=ma_C=m\frac{\mathrm{d}v_C}{\mathrm{d}t}$$

思　考　题

第3章思考题参考答案

3-1　什么是刚体的平面平行运动? 它有什么特点?

3-2　火车轮子在铁轨上的运动是不是平面平行运动?

3-3　如果一个刚体所受的合外力为零,那么其合外力矩是否一定为零? 试举例说明.

3-4　刚体的转动惯量与哪些因素有关?

3-5　应用角动量守恒定律说明两极冰山融化、地球自转角速度变化的原因.

3-6　质点和刚体定轴转动的角动量守恒条件是什么?

习 题

一、单选题

3-1 如图所示,质量分别为 $5m$、$4m$、$3m$、$2m$ 和 m 的 5 个质点等间距附于刚性轻细杆上,各质点间距均为 l,系统对 OO'轴的转动惯量为(　　).

(A) $150ml^2$　　(B) $140ml^2$

(C) $130ml^2$　　(D) $120ml^2$

3-2 一根长为 l、质量为 m_0 的均匀棒自由悬挂在通过其上端的光滑水平轴上,如图所示.现有一质量为 m 的子弹以水平速度 $\boldsymbol{v}_0$射向棒的中心,并以 $\boldsymbol{v}_0/2$ 的水平速度穿出棒,此后棒的最大偏转角恰为 90°,则 $\boldsymbol{v}_0$的大小为(　　).

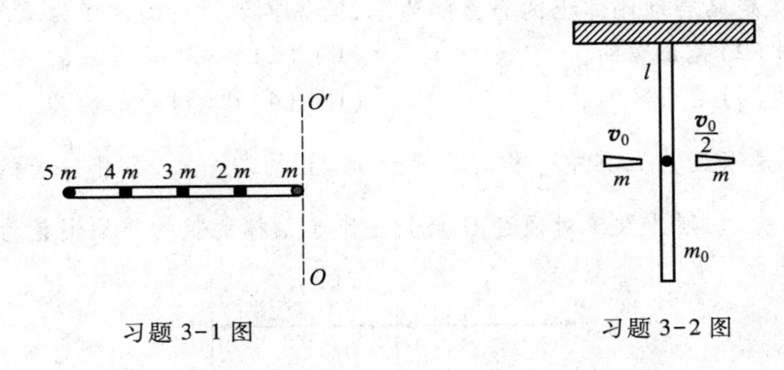

习题 3-1 图　　习题 3-2 图

(A) $\dfrac{4m_0}{m}\sqrt{\dfrac{gl}{3}}$　　(B) $\sqrt{\dfrac{gl}{2}}$

(C) $\dfrac{2m_0}{m}\sqrt{gl}$　　(D) $\dfrac{16m_0^2gl}{3m^2}$

3-3 质量相等的均匀薄圆盘 A 和细圆环 B,密度相等,半径相同.如它们对通过圆心且垂直于圆面的轴的转动惯量分别为 J_A 和 J_B,则(　　).

(A) $J_A>J_B$　　(B) $J_B>J_A$

(C) $J_A=J_B$　　(D) 不能确定

3-4 关于力矩有以下几种说法:

(1) 内力矩不会改变刚体对某个定轴的角动量;

(2) 作用力和反作用力对同一轴的力矩之和为零;

(3) 大小相等、方向相反的两个力对同一轴的力矩之和一定为零;

(4) 质量相等、形状和大小不同的刚体在相同力矩作用下,它们的角加速度一定相等.

在上述说法中(　　).

(A) 只有(2)是正确的　　(B) (1)(2)(3)是正确的

(C) (1)(2)是正确的　　(D) (3)(4)是正确的

3-5 一半径为 R、质量为 m 的圆形平板在粗糙的水平桌面上绕垂直于平板的 OO'轴转动,摩擦力对 OO'轴的力矩为(　　).

(A) $\frac{2}{3}\mu mg$　　(B) μmg　　(C) $\frac{1}{2}\mu mg$　　(D) 0

3-6　关于刚体对轴的转动惯量,下列说法中正确的是(　　).

(A) 只取决于刚体的质量,与质量的空间分布和轴的位置无关

(B) 取决于刚体的质量和质量的空间分布,与轴的位置无关

(C) 取决于刚体的质量、质量的空间分布和轴的位置

(D) 只取决于轴的位置,与刚体的质量和质量的空间分布无关

3-7　下列说法中哪个或哪些是正确的?(　　).

(1) 作用在定轴转动刚体上的力越大,刚体转动的角加速度越大;

(2) 作用在定轴转动刚体上的合力矩越大,刚体转动的角速度越大;

(3) 作用在定轴转动刚体上的合力矩为零,刚体转动的角速度为零;

(4) 作用在定轴转动刚体上的合力矩越大,刚体转动的角加速度越大;

(5) 作用在定轴转动刚体上的合力矩为零,刚体转动的角加速度为零.

(A) (1)和(2)是正确的　　(B) (2)和(3)是正确的

(C) (3)和(4)是正确的　　(D) (4)和(5)是正确的

3-8　细棒总长度为 l,其中$\frac{l}{2}$长的质量为 m_1 且均匀分布,另外$\frac{l}{2}$长的质量为 m_2 且均匀分布,如图所示,则此细棒对通过 O 点且垂直于细棒的轴的转动惯量为(　　).

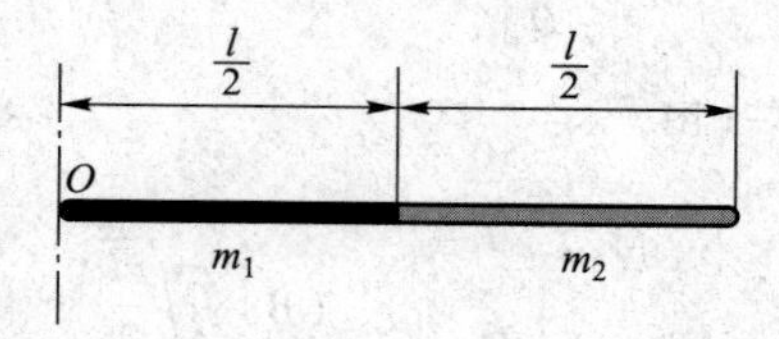

习题 3-8 图

(A) $\frac{1}{3}(m_1+m_2)l^2$　　(B) $\frac{1}{12}(m_1+m_2)l^2$

(C) $\frac{1}{12}m_1l^2+\frac{1}{3}m_2l^2$　　(D) $\frac{1}{12}m_1l^2+\frac{7}{12}m_2l^2$

3-9　一轻绳跨过一具有水平光滑轴、质量为 m_0 的定滑轮,绳的两端分别挂有质量为 m_1和 m_2的物体($m_1<m_2$),如图所示.绳与滑轮之间无相对滑动.若某时刻滑轮沿逆时针方向转动,则绳中的张力(　　).

(A) 处处相等　　(B) 左边大于右边

(C) 右边大于左边　　(D) 哪边大无法判断

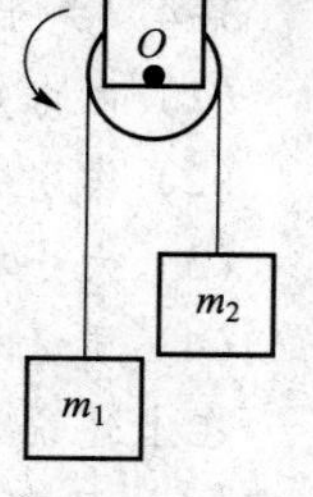

习题 3-9 图

3-10　将细绳绕在一个具有水平光滑轴的飞轮边缘上,现在在绳端挂一质量为 m 的重物,飞轮的角加速度为 β.如果以拉力 $2mg$ 代替重物拉绳,则飞轮的角加速度将(　　).

(A) 小于 β　　(B) 大于 β,小于 2β

(C) 大于 2β　　(D) 等于 2β

3-11　几个力同时作用在一个具有光滑固定转轴的刚体上,如果这几个力的矢量和

为零,则此刚体(　　).

(A) 必然不会转动　　(B) 转速必然不变

(C) 转速必然改变　　(D) 转速可能不变,也可能改变

3-12　一质点作匀速率圆周运动时(　　).

(A) 它的动量不变,对圆心的角动量也不变

(B) 它的动量不变,对圆心的角动量不断改变

(C) 它的动量不断改变,对圆心的角动量不变

(D) 它的动量不断改变,对圆心的角动量也不断改变

3-13　一人造地球卫星绕地球作椭圆轨道运动,地球在椭圆轨道上的一个焦点上,则该卫星(　　).

(A) 动量守恒,动能守恒

(B) 动量守恒,动能不守恒

(C) 对地球中心的角动量守恒,动能不守恒

(D) 对地球中心的角动量不守恒,动能守恒

3-14　一质量为 m 的小孩站在半径为 R 的水平平台边缘处.平台可以绕通过其中心的竖直光滑固定轴自由转动,转动惯量为 J.平台和小孩开始时均静止.当小孩突然以相对于地面为 v 的速率在平台边缘沿逆时针方向走动时,此平台相对于地面旋转的角速度和旋转方向分别为(　　).

(A) $\omega=\dfrac{mR^2}{J}\left(\dfrac{v}{R}\right)$,顺时针　　(B) $\omega=\dfrac{mR^2}{J}\left(\dfrac{v}{R}\right)$,逆时针

(C) $\omega=\dfrac{mR^2}{J+mR^2}\left(\dfrac{v}{R}\right)$,顺时针　　(D) $\omega=\dfrac{mR^2}{J+mR^2}\left(\dfrac{v}{R}\right)$,逆时针

3-15　体重相同的甲乙两人,分别用双手握住跨过无摩擦滑轮的绳的两端,当他们由同一高度向上爬时,相对于绳子,甲的速率是乙的两倍,则到达顶点的情况是(　　).

(A) 甲先到达　　(B) 乙先到达

(C) 同时到达　　(D) 不能确定谁先到达

3-16　如图所示,一光滑细杆可绕其上端作任意角度的锥面运动,有一小珠套在杆的上端近轴处.开始时杆沿顶角为 2θ 的锥面作角速度为 ω 的锥面运动,小珠也同时沿杆下滑,在小球下滑过程中,由小球、杆和地球组成的系统(　　).

(A) 机械能守恒,角动量守恒

(B) 机械能守恒,角动量不守恒

(C) 机械能不守恒,角动量守恒

(D) 机械能、角动量都不守恒

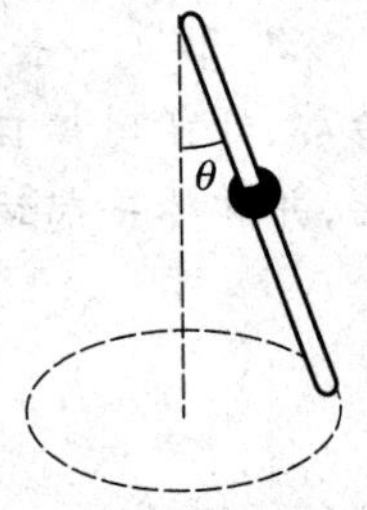

习题 3-16 图

3-17　一花样滑冰运动员,开始自转时,其动能为 $E_0=\dfrac{1}{2}J\omega_0^2$,将手臂收回后,其转动惯量减少为原来的$\dfrac{1}{3}$,此时的角速度变为 ω,动能变为 E,则有关系(　　).

(A) $\omega=3\omega_0, E=E_0$　　(B) $\omega=\frac{1}{3}\omega_0, E=3E_0$

(C) $\omega=\sqrt{3}\omega_0, E=E_0$　　(D) $\omega=3\omega_0, E=3E_0$

3-18　一长为 l、质量为 m 的均匀细棒，绕一端点在水平面内作匀速率转动，已知细棒中心点的线速率为 v，则细棒的转动动能为(　　).

(A) $\frac{1}{2}mv^2$　　(B) $\frac{2}{3}mv^2$　　(C) $\frac{1}{6}mv^2$　　(D) $\frac{1}{24}mv^2$

3-19　一转动惯量为 J 的圆盘绕一固定轴转动，初角速度为 ω_0. 设它所受阻力矩与转动角速度成正比，$M=-k\omega$ (k 为正常量).

(1) 它的角速度从 ω_0 变为 $\omega_0/2$ 所需的时间是(　　).

(A) $J/2$　　(B) J/k　　(C) $(J/k)\ln 2$　　(D) $J/(2k)$

(2) 在上述过程中阻力矩所做的功为(　　).

(A) $J\omega_0^2/4$　　(B) $-3J\omega_0^2/8$　　(C) $-J\omega_0^2/4$　　(D) $-J\omega_0^2/8$

二、计算题

3-20　用角量表示的某转轮的运动方程为 $\theta=4.0t+2.0t^3-t^4$，式中 θ 的单位为 rad，t 的单位为 s，转轮半径为 1.0 m，求 $t=1.0$ s 时转轮的角速度、角加速度及轮缘上一点的加速度.

3-21　求阿特伍德机滑轮的转动惯量. 设轻绳与滑轮间无滑动和摩擦，轴承也无摩擦，绳不可伸长，绳两端悬挂重物的质量分别为 $m_1=0.4$ kg 和 $m_2=0.5$ kg，滑轮半径为 0.05 m. 自静止开始，释放重物后测得 2 s 内重物 m_2 下降了 0.2 m.

3-22　如图所示，在质量为 m_0、半径为 R 的均匀圆盘上挖出半径为 r 的一个圆孔，圆孔中心在半径 R 的中点，求剩余部分对过大圆盘中心且与盘面垂直的轴的转动惯量.

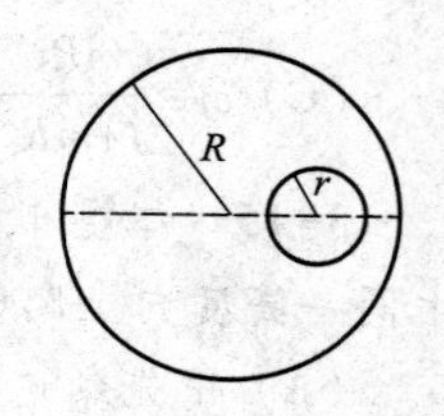

习题 3-22 图

3-23　如图所示，滑轮的转动惯量为 $J=0.5\ \text{kg}\cdot\text{m}^2$，半径为 $r=30$ cm，弹簧的弹性系数为 $k=0.2$ N/m，物体的质量为 $m=2.0$ kg. 该系统从静止开始启动，开始时弹簧没有伸长. 如摩擦可忽略，则当物体沿斜面滑下 1.00 m 时，它的速率有多大?

3-24　一长为 $l=0.40$ m、质量为 $m_0=1.00$ kg 的均匀棒，可绕水平轴 O 在竖直平面内转动，开始时棒自然悬垂，现有一质量为 $m=8$ g 的子弹以 $v=200$ m/s 的速率嵌入棒的下端，并和棒一起运动，如图所示.

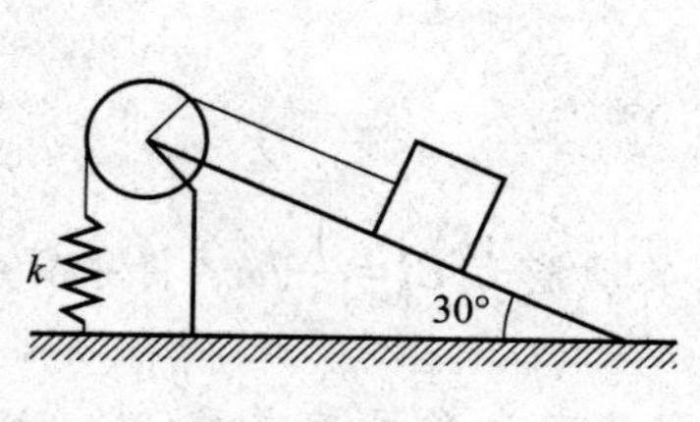

习题 3-23 图

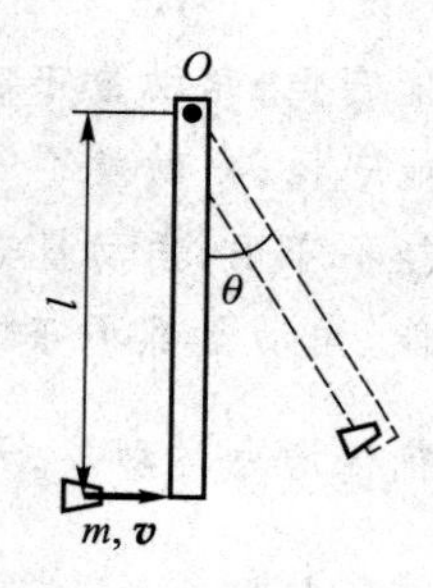

习题 3-24 图

(1) 求子弹相对于轴 O 的角动量大小;

(2) 棒对轴 O 的转动惯量为$\frac{m_0 l^2}{3}$,求子弹嵌入棒后二者共同角速度的大小(嵌入前后角动量守恒);

(3) 求棒的最大偏转角.

3-25 一定轴转动刚体的转动惯量为 50 kg·m^2.(1) 由静止开始,在 $M(t)=t^2$(SI 单位)外力矩作用下,求刚体在 $t=3$ s 时的角速度;(2) 在 $M(\theta)=\theta^2$(SI 单位)外力矩作用下,求刚体转过 $\theta=3$ rad 时的角速度.

第 3 章习题参考答案

3-26 一 10 m 长的均匀细棒竖直放置在地面上,因放置不妥,细棒倒在地面上,将细棒看成绕与地面接触点转动,接触点位置不变,求细棒上端到达地面时的线速度.

第 4 章测试题

第 4 章　狭义相对论

当我们处在一个陌生的环境中时,我们常用北斗卫星导航系统进行定位,那么为什么卫星能与地球上的时间、位置进行精准同步呢?一颗普通原子弹的爆炸威力相当于几万吨普通军用炸药的爆炸威力,那么为什么原子弹爆炸会产生如此巨大的能量呢?通过学习本章的内容,大家就会找到这些问题的解答.

相对论包括狭义相对论与广义相对论,是由伟大的物理学家爱因斯坦提出的.1905 年,爱因斯坦发表了论文《论动体的电动力学》,第一次全面地论述了狭义相对论,解决了从 19 世纪中期开始,许多物理学家都未能解决的有关电动力学以及力学和电动力学结合的问题.1915 年,爱因斯坦完成了长篇论文《广义相对论的基础》.在这篇论文中,爱因斯坦首先将适用于惯性系的相对论称为狭义相对论,将只对于惯性系物理规律成立的原理称为狭义相对性原理,并进一步表述了广义相对性原理:物理学的定律必须对于无论哪种方式运动着的参考系都成立.自相对论建立以来,已有百余年历史,人们至今没有发现与其相违背的实验结果,相对论已经发展成为现代物理学不可或缺的理论基础.本章主要介绍狭义相对论的一些基础知识,着重阐述狭义相对论的两条基本原理,以及与之相对应的爱因斯坦的相对时空观;在满足相对时空观的基础上推导洛伦兹坐标变换与速度变换关系,并进一步改进牛顿力学中关于质量、动量、能量等物理量的表达式,使其适用于所有物体的运动.

【学习目标】

(1) 掌握狭义相对论中同时的相对性,以及长度收缩和时间延缓的概念.

(2) 理解爱因斯坦狭义相对论的两条基本原理.

(3) 理解洛伦兹坐标变换,能应用此变换关系计算一些简单的时间、空间问题.

(4) 理解狭义相对论中质量和速度的关系、质量和能量的关系,并能用这些关系分析、计算有关的简单问题.

4-1　伽利略变换和经典力学时空观

一、伽利略坐标变换和牛顿的绝对时空观

在研究实际问题时,相同的时间段我们看到的同样一个事件往往在不同的参考系中表现的结果不同.如小船匀速在水中划动时,船上一人竖直向上扔出一小球,船上的人看到小球作竖直上抛运动,而站在地面上的人看到小球作抛物线运动.在这个例子中,小船与地面可看成两个不同的参考系,小船相对于地面作匀速直线运动,因此这是两个**惯性系**.那么针对小球运动这样一个事件,在不同的参考系下坐标的表示结果不同.现建立两个坐标系:S 系(地面参考系)、S′系(相对于地面运动的参考系).二者对应

的坐标轴各自平行，并且 x 轴与 x' 轴重合在一起. S′系相对于 S 系沿 x 轴以速度 $\boldsymbol{u}$ 作匀速直线运动，如图 4-1 所示.

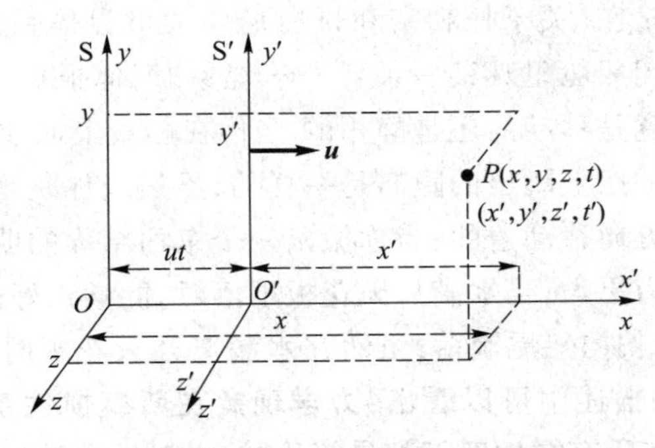

图 4-1 伽利略变换

事件 P 在两组坐标系中的时空坐标分别为 (x,y,z,t) 和 (x',y',z',t'). 设在时刻 $t=t'=0$，两坐标系的原点 O 与 O' 重合在一起，则在之后任意时刻，这一事件 P 在两个惯性系中的坐标满足的关系为

$$\begin{cases} x'=x-ut \\ y'=y \\ z'=z \\ t'=t \end{cases} \quad 及 \quad \begin{cases} x=x'+ut' \\ y=y' \\ z=z' \\ t=t' \end{cases} \tag{4-1}$$

式(4-1)称为**伽利略坐标变换式**. 从中可以看出，时间与参考系以及观察者的运动状态是没有关系的，即在所有惯性系中**时间都是绝对相等的**. 既然时间的测量是绝对的，那么发生在不同时刻两个事件的时间间隔

$$\Delta t=t_2-t_1=t_2'-t_1'=\Delta t' \tag{4-2}$$

在所有惯性系中也是绝对相等的.

同样，在空间中任意位置放置一直尺，该直尺在 S 系中两个端点的距离为

$$\Delta L=\sqrt{(x_2-x_1)^2+(y_2-y_1)^2+(z_2-z_1)^2} \tag{4-3}$$

在相同时刻，在 S′系中这两个端点的距离为

$$\Delta L'=\sqrt{(x_2'-x_1')^2+(y_2'-y_1')^2+(z_2'-z_1')^2} \tag{4-4}$$

根据伽利略坐标变换式可得

$$\Delta L'=\Delta L \tag{4-5}$$

由该结果也可以得出，空间的测量与参考系以及观察者的运动无关，即空间的测量也是绝对不变的. 这些结论与经典力学的绝对时空观相对应. **牛顿认为，"绝对时间，就其本质而言，永远均匀地流逝着，与任何外界事物无关""绝对空间，就其本质而言，也是与任何外界事物无关、永远不动、永远不变的"，这就是经典力学时空观，也称为绝对时空观**.

因为经典力学主要描述的是**常见的宏观物体的运动**，而这些物体的运动与我们的日常生活息息相关，所以经典力学描述的内容被人们认为是理所当然的，并且一度成为一种根深蒂固的时空观，统治了人类对自然界的认识.

二、经典力学相对性原理

早在 1632 年，伽利略在《关于托勒密和哥白尼两大世界体系的对话》中就写道："当你在匀速直线运动的封闭船舱里观察一系列力学现象时，你根据看到的所有现象都不能准确地判断出这只船究竟是移动的还是静止的.当你在船板上向船尾方向跳跃时，你跳出的距离和你在一条静止的船上跳出的距离是一样的，虽然当你跳到空中时，在你下面的船板是向着和你跳跃的反方向移动着的；当你抛出一个东西给你的朋友时，你所费的力并不比站在船尾的朋友费的力更大；当水滴从天花板下落时，能够正好落在水滴正下方的花瓶中，并且没有任何一滴水偏向船尾滴落，虽然在水滴离开天花板时，船已经行驶了一段距离……"从上述伽利略的描述中可以看出：**力学现象在所有惯性系中都具有相同的表达形式**.或者说，**力学规律在所有惯性系下都是等价的**.这就是**力学相对性原理**，也称为**伽利略相对性原理**或**经典力学相对性原理**.

把伽利略坐标变换式对时间进行求导，可得到**伽利略速度变换式**.因为

$$t=t'$$

所以

$$\mathrm{d}t=\mathrm{d}t'$$

则

$$\begin{cases} v'_x=v_x-u \\ v'_y=v_y \\ v'_z=v_z \end{cases} \quad 及 \quad \begin{cases} v_x=v'_x+u \\ v_y=v'_y \\ v_z=v'_z \end{cases} \tag{4-6}$$

把各个方向上的速度分量进行合成，可得速度变换式：

$$\boldsymbol{v}'=\boldsymbol{v}-\boldsymbol{u} \tag{4-7}$$

把式(4-6)再对时间进行求导，可得加速度变换式：

$$\begin{cases} a'_x=a_x \\ a'_y=a_y \\ a'_z=a_z \end{cases} \tag{4-8}$$

即

$$\boldsymbol{a}'=\boldsymbol{a} \tag{4-9}$$

式(4-9)说明在所有的惯性系中，物体的加速度是一个不变量.在牛顿运动定律中，物体的质量与它的运动以及参考系的变化没有关系，因此称为**惯性质量**，即 $m=m'$.**于是牛顿第二定律在所有惯性系中都具有相同的数学表达形式，即在 S 系中有 $\boldsymbol{F}=m\boldsymbol{a}$，在 S′系中同样有 $\boldsymbol{F}'=m'\boldsymbol{a}'$.**

因为牛顿第二定律满足经典力学相对性原理，所以由它衍生出来的动量守恒定律、角动量守恒定律以及机械能守恒定律也都应该满足力学相对性原理，即**所有的力学定律在惯性系下都应该具有相同的形式**.

对人类日常能够直观接触到的环境而言，经典力学的时空观以及相对性原理似乎是理所当然的.但是在 19 世纪末，随着经典电磁理论的发展，人们发现**当物体的运动速度接近光速时，绝对时间与绝对空间将不再成立**.

三、狭义相对论产生的实验基础 迈克耳孙-莫雷实验

在19世纪后期，麦克斯韦建立了描述电磁运动普遍规律的麦克斯韦方程组，在此基础上，预言了电磁波的存在，并断言光波是特定波长的电磁波.既然光波是一种波动，它为什么在无弹性介质的真空环境中也能够传输呢？为什么光波传输的现象不能用伽利略速度变换式来解释呢？这些疑问促使以太学说在19世纪末再度变得非常盛行.以太是由古希腊哲学家亚里士多德首先提出来的，亚里士多德认为天体间一定充满着某种介质，真正的“虚空”是不存在的.笛卡儿在此基础上提出：“整个宇宙充满着一种特殊的易动物质——以太，因为太阳周围以太出现漩涡，所以使得卫星围绕太阳运动.”随着以太学说的发展，人们认为整个宇宙中到处都弥漫着这种看不到摸不着的以太，这种神秘的介质相对于绝对空间是静止的，因此它是一个绝对优越的惯性系.因为以太绝对静止，所以光波在以太中传输时，沿各个方向的速率都应该为 c.那么在相对于以太运动的惯性系中，沿各个方向测量出的光速应该是不一样的.这个结论非常重要，因为一旦我们可以测量出光速在惯性系中的变化，就可以验证以太的存在.如果可以找到这种绝对静止的空间，就相当于找到了牛顿的绝对空间.因此，物理学家设计了各种实验来验证以太的存在.其中，迈克耳孙和莫雷的实验在当时的精度最高，因此最具有代表性.

该实验所用的装置为迈克耳孙干涉仪，其光路原理图如图4-2所示.实验原理为：设以太为S系（相对于太阳静止），因为地球绕太阳公转的速度为 $\boldsymbol{u}$，所以可认为实验室为S′系.当把干涉仪放在实验室中时，相当于有一股速率为 u 的以太风吹过实验装置.实验时，干涉仪的一臂（RM_1）与地球公转运动方向平行，另一臂（RM_2）与地球公转运动方向垂直，并且 $|RM_1|=|RM_2|$.当光在这两条相互垂直的光路中来回运动时，因为以太风吹过，它们相对于镜R的速率都发生了变化，当两列光会聚到一起时，光程差不为零，所以应该有干涉条纹出现.当把整个实验装置缓慢转动90°时，条纹应该发生移动.通过条纹移动的条数，可推算出地球相对于以太的运动速度 $\boldsymbol{u}$，从而可验证以太的存在.

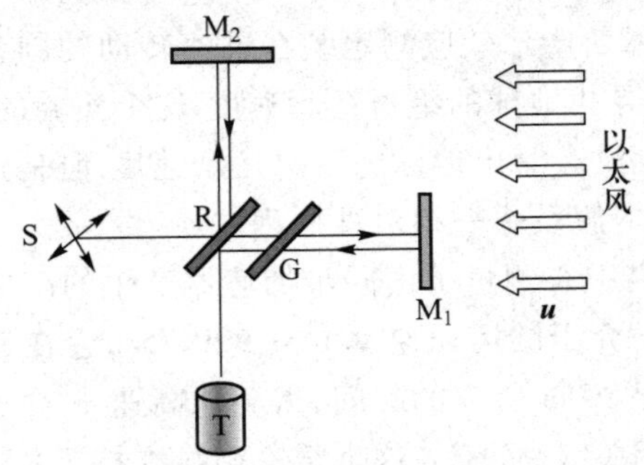

图4-2 迈克耳孙-莫雷实验光路原理图

拓展阅读：迈克耳孙-莫雷实验

但是他们整整辛苦了一年也没有观察到条纹的移动，因此无法证明以太的存在.当他们把实验结果向世界公布以后，物理学家无不感到震惊和沮丧.这样的结果就意味着以太学说、绝对空间乃至整个经典力学的时空观都存在问题，也意味着物理学大厦的根基被动摇了.因此，一些物理学家曾提出各种想法去解释这个实验结果，从而想要保持经典物理学的正确性，但是都未能成功.因此，开尔文在演讲中提到，迈克耳孙-莫雷实验的零结果是物理学晴朗天空中的一朵令人不安的乌云.

4-2　爱因斯坦提出的两条基本原理

爱因斯坦在提出两条基本原理之前很长一段时间内，一直在思考一个令人感到非常费解的问题.他坚信麦克斯韦电磁理论是正确的，即光速与参考系以及观察者的运动无关，是一个常量.但是为什么它不满足伽利略变换呢？而伽利略变换公式在当时已经被大量的事实验证是成立的.这似乎是不可能被解决的难题.后来在 1905 年，爱因斯坦认为物理学的发展不应该拘泥在牛顿的经典力学的时空观中停滞不前，他勇于创新，推翻了经典力学时空观，引入一种新的时空观，认为这种时空观应该把麦克斯韦的电磁运动以及经典力学的运动规律都包含在内，并且光速在所有参考系中都应该是不变的.爱因斯坦发表了关于狭义相对论的奠基性论文《论动体的电动力学》.这篇论文提出的关于物体普遍运动规律的两条基本假设是以相对性原理和光速不变原理为依据的，这两条假设的内容如下：

（1）相对性原理.

物理学定律在所有惯性系中都具有相同的数学形式，也就是说，无论是力学的还是电磁学的物理规律，它们在一切惯性系中都具有相同的形式，或者说所有惯性系都是平权的，在它们之中所有物理规律都一样.

（2）光速不变原理.

在所有惯性系中，真空中的光速在任意方向上都恒为 c，与光源的运动无关.也就是说，不管光是由静止的物体还是由运动的物体发射出来的，在任一惯性系中的观察者所观测的真空中的光速都相等.

在这两条假设提出以后，物理学家就对它们进行了许多实验验证.其中下面两个实验由于精度较高，比较具有代表性.

1970 年，伊萨克利用穆斯堡尔效应测定装在迅速转动的圆盘直径两端的放射源与吸收剂之间的 γ 射线频谱来寻找地球的绝对运动速度.这个实验的精度超过了迈克耳孙-莫雷实验精度 300 倍，最终也没有测出地球的绝对运动速度.但是这个结果反而有力地支持了狭义相对论的第一条基本假设——相对性原理.

1964 年，欧洲核子研究中心测量了由同步加速器产生的高速运动 π^0 介子衰变时产生的光子的速率.该实验中 π^0 介子的运动速率为 $0.999\ 75c$，它在运动过程中衰变从而发射出光子，通过测量光子飞行 80 m 所需的时间，得到从高速 π^0 介子辐射出的光子速度的大小与 π^0 介子的运动速率无关，仍等于 c.这个结论明显支持了狭义相对论的第二条基本假设——光速不变原理.

虽然说上述两个观点是爱因斯坦提出的两条假设，但是大量的实验已经证实，这两条假设是完全符合物体运动的基本规律的，因此后来人们把这两条假设改写成两条基本原理.狭义相对论就是建立在这两条基本原理上的.

狭义相对论批判地继承并创造性地发展了牛顿和麦克斯韦的理论，不仅能统一解释已有的实验结果而不产生新的矛盾，而且能导出一系列新的普遍性结果，预言一系列新的事实，这些事实已经被实验所证实.**相对论的一切结果，在 $v \ll c$ 或在形式上 $c \to \infty$ 时，**

都与牛顿时空理论的结果相同,这体现了物理学发展过程中新旧理论之间的互通与发展关系.

4-3 狭义相对论的时空观

根据爱因斯坦的两条基本原理,不管两个惯性系的相对速度如何变化,光的传播速度都是不变的,很显然它的运动不满足伽利略变换关系.因此,从两条基本原理出发,时间与空间的测量都不再是绝对不变的,换而言之,时间与空间的测量都是相对的.

一、同时的相对性

语音录课:同时的相对性

“**同时性**”的事件可以说在我们日常生活中时刻都在发生.例如,“飞机 9 点准时起飞”,这也就是说飞机起飞与我们的手表指示 9 点是同一时刻发生的两个事件.在经典力学时空观中,因为在所有惯性系中,时间都是绝对不变的,所以无须强调“同时性”这样的概念.但在狭义相对论中,当以“**光速不变原理**”作为基本出发点时,在一个惯性系中同时发生的两个事件,在另外一个惯性系中不一定是同时发生的,因此“同时性”应该满足某些条件.

下面我们来举例说明在什么样的情况下两个事件“同时”发生.

如图 4-3 所示,有一节车厢(S′系)在一条直轨道上匀速前进,此车厢相对于轨道(S系)的运动速度为 $\boldsymbol{u}$.在车厢的正中央 O 点处有一信号灯,并且在该车厢的前后壁分别放置信号接收器 A、B.车厢前壁接收信号与后壁接收信号可看成两个不同的事件.

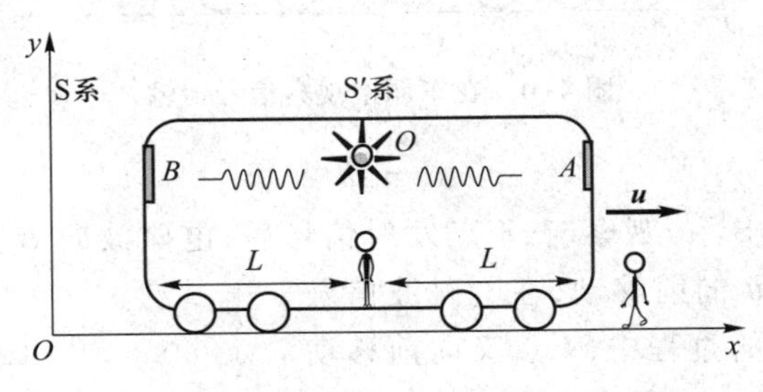

图 4-3 同时的相对性

当信号灯发射信号时,因为光的传播速度与光源运动无关,所以光沿各个方向的速度大小都相同.此时站在车厢里的人(S′系)看到光向前壁走过的距离与向后壁走过的距离是相同的,即 $OA=OB=L$,因此 $t_1'=t_2'=\dfrac{L}{c}$,此人会看到前后壁同时接收到光信号,即**这两个事件在 S′系中是同时发生的**.但是对于地面上的人而言,光在空中传输的过程中车厢也在运动,因此光向前壁走过的路程($d_1=L+ut_1=ct_1$)要比向后壁走过的路程($d_2=L-ut_2=ct_2$)更长,所以此人先看到后壁接收到光信号,然后看到前壁接收到光信号,即**在 S 系中这两个事件不是同时发生的**.同样,如果把信号灯以及两个接收器分别固定在地面上,并且仍然保持 $OA=OB=L$,那么此时站在地面上的人会看到两接收器同时接收到光信号.但相对于运动的车厢而言,地面是向后移动的,因此车上的人会看到 A 端先接收到光信号.从这个例子可看出，**同样的两个事件，在一个惯性系中如果是同时发生的，那么在另一个惯性系中往往表现出“不同时性”，并且总是前一个惯性系后方的事件先发生.**

大量的实验已经证实，**对于在一个惯性系中不同地点同时发生的两个事件，从另一个惯性系中看，它们不是同时发生的；只有在一个惯性系中同时同地发生的两个事件，在其他所有惯性系中才会表现出同时性.**

语音录课：时间延缓——动钟变慢

二、时间延缓——动钟变慢

既然两个事件发生时，在不同惯性系中“同时性”表现出相对性，那么在两个相对运动的惯性系中测量出的两个事件发生的时间间隔也应该是相对的.下面我们仍然以车厢运动的例子来说明时间间隔的相对性.

如图 4-4 所示，在车厢（S′系）上的一固定点 A 处放置信号发生器与信号接收器，并且在 A 点的正上方 B 点处安装一反射镜，二者之间的距离为 d.那么 A 点发射信号与信号经 B 点反射后被 A 点接收可以看成两个事件.对于车厢上的人而言，电磁波是在竖直方向上来回运动的，因此信号实际走过的路程为 $2d$，那么发射信号与接收信号这两个事件的时间间隔为

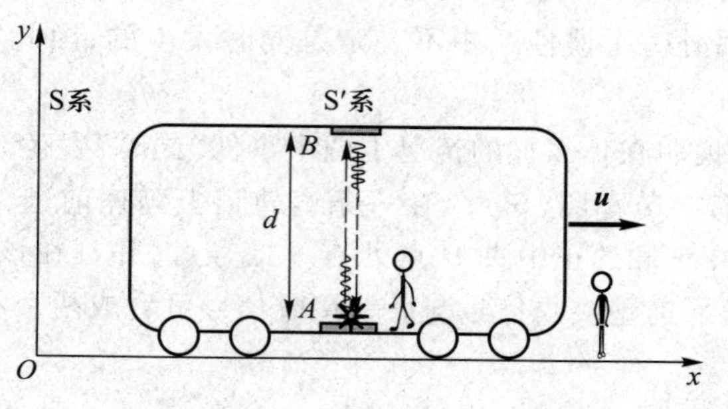

图 4-4　在车厢中观察信号传输

$$\Delta t' = 2d/c \tag{4-10a}$$

当人站在地面上（S 系）观察时，A 点发射信号后，电磁波向 B 点传播的过程中，A、B 两点均与车厢以速度 $\boldsymbol{u}$ 向前移动，在电磁波信号打到镜面后经其反射的过程中，A 点又向前移动了一段距离.因此，在整个过程中电磁波走过的路径并不是按原来的直线方向，而是沿折线方向，如图 4-5 所示，它走过的路程应该为 $2l$.根据图中的几何关系，可计算出

图 4-5　在地面上观察信号传输

$$l = \sqrt{d^2 + \left(\frac{u\Delta t}{2}\right)^2}$$

因为光速不变，所以有

$$\Delta t = \frac{2l}{c} = \frac{2}{c}\sqrt{d^2 + \left(\frac{u\Delta t}{2}\right)^2}$$

由此式解得

$$\Delta t=\frac{2d}{c}\frac{1}{\sqrt{1-\frac{u^2}{c^2}}} \tag{4-10b}$$

于是在两个惯性系中测量的这两个事件发生的时间间隔的关系为

$$\Delta t=\frac{\Delta t'}{\sqrt{1-\frac{u^2}{c^2}}}=\frac{\Delta t'}{\sqrt{1-\beta^2}}=\gamma\Delta t' \tag{4-11}$$

式中，$\beta=\frac{u}{c},\gamma=\frac{1}{\sqrt{1-\beta^2}}$. $\sqrt{1-\beta^2}$ 称为洛伦兹收缩因子.

也就是说，**发射信号与接收信号这两个事件的时间间隔在不同的惯性系中的测量结果是不同的**.其中，$\Delta t'$是在 S′系中同一个地点用同一只时钟测量出来的时间间隔，称为**固有时间**，简称**固有时**.而 Δt 是在 S 系中的两个不同地点用两个时钟测量出来的，称为**运动时间**，简称**运动时**.

因为 $u<c$，所以 $\gamma>1$，即

$$\Delta t>\Delta t' \tag{4-12}$$

因此在惯性系 S 中，**运动时间比固有时间要长**，这种效应称为**时间延缓效应**.反之，如果把测试信号的这一套装置固定在地面上，那么此时发射信号与接收信号这两个事件是在地面上同一地点发生的，因此地面上的时间间隔为固有时间，且

$$\Delta t=2d/c$$

而对于车厢参考系而言，地面向后以速度 $\boldsymbol{u}$ 运动，车上的人会看到 A、B 两点也随着地面一起向后移动，因此在车厢上会看到发射信号与接收信号是在不同地点进行的，此时 $\Delta t'$为运动时间，有

$$\Delta t'=\gamma\Delta t \tag{4-13}$$

从上述分析结果中可发现，不论对于哪个惯性系，**固有时都是最短的**，或者说“动钟变慢”“时间延缓”.固有时在物理研究中是一个很基本的物理量，因为对于许多现象，如粒子的衰变、生命的流逝等而言，静止的参考系只有一个，而运动的参考系往往有无数多个.在每个参考系中测量的时间间隔都是不一样的.还应该强调的是，这里的时间延缓是真实发生的，所有运动的过程都变慢了。

拓展阅读：李生子佯谬

另外，根据爱因斯坦的相对性原理，物理定律在所有的惯性系中都具有相同的表达式，所以相对论应该“向下兼容”牛顿力学中的所有物理规律与定律.考虑到当 $u\ll c$ 时，$\gamma\approx1$，两个事件的时间间隔在所有惯性系中都相等，即

$$\Delta t'\approx\Delta t \tag{4-14}$$

拓展阅读：时间相对效应在生活中的应用

此时物体的运动又回归到了经典力学的时空观中，所以牛顿的绝对时空观仅仅是相对论时空观在物体运动速度非常小情况下的一个近似结果.

例题 4-1

设甲乘坐宇宙飞船前往半人马座 α 星旅游.此恒星距离地球约 4.3×10^{16} m.若该飞船自地球往返半人马座 α 星之间的速率一直保持在 $0.6c$，则当飞船脱离地面时，站在地面上的乙开始计时，乙计算出飞船往返一次需要的时间是多少？若甲与乙同时开始计时，则

甲计算出的飞船往返一次需要的时间又是多少？

解　站在地面上的乙计算的飞船往返需要的时间为

$$\Delta t=\frac{2\times4.3\times10^{16}}{0.6\times3\times10^{8}}\ \mathrm{s}\approx4.78\times10^{8}\ \mathrm{s}\approx15\ \mathrm{a}$$

对于甲而言，计时始终是在飞船的同一地点进行的，因此他测试出来的时间 $\Delta t'$ 应该为固有时间，根据时间延缓效应，可得

$$\Delta t=\frac{\Delta t'}{\sqrt{1-\frac{u^2}{c^2}}}$$

则

$$\Delta t'=\Delta t\sqrt{1-\frac{u^2}{c^2}}=15\times\sqrt{1-\frac{(0.6c)^2}{c^2}}\ \mathrm{a}=15\times0.8\ \mathrm{a}=12\ \mathrm{a}$$

语音录课：空间测量的相对性——长度收缩

三、空间测量的相对性——长度收缩

长度的测量与同时性概念是紧密联系在一起的.既然同时是相对的，那么长度的测量也应该是相对的.在我们的日常生活中，对于物体长度的测量一般不会考虑到时间的关系，这是因为我们经常会把物体放置在一个相对其静止的参考系中，物体两个端点之间的距离相对于观察者来说不会发生变化，从而我们不需考虑时间的影响.但是如果我们把物体放置在一个运动的参考系中，比如说放置在高速运动的列车上，那么站在地面上的测量者该如何测量这两点之间的距离呢？一个合理的办法就是站在地面上的测量者同时测量出该物体两个端点的位置，进而得到两点之间的距离，否则，在测量出其中一个端点的位置后，在之后的任意时刻，因为该物体随列车一起运动，另一个端点的位置相对于刚开始测量时的位置随时间会发生变化，所以测量结果就是不准确的.因此，这就需要强调“同时”的重要性，既然在不同的惯性系下时间测量的结果是不同的，那么在这两个惯性系中测量出的长度也应该是不同的，即空间测量也具有相对性.

下面我们来定量描述长度测量的相对性.仍然取车厢与地面参考系为两个惯性系，现在车厢上沿其相对地面运动的方向放置一根木棒，如图4-6所示，因为此木棒相对于车厢静止，所以在车厢中测量出的木棒长度 L' 为固有长度，且有

$$L'=x_1'-x_2' \tag{4-15a}$$

那么在相对于车厢沿 x' 轴反方向运动的地面上测量出的木棒的长度为多少呢？

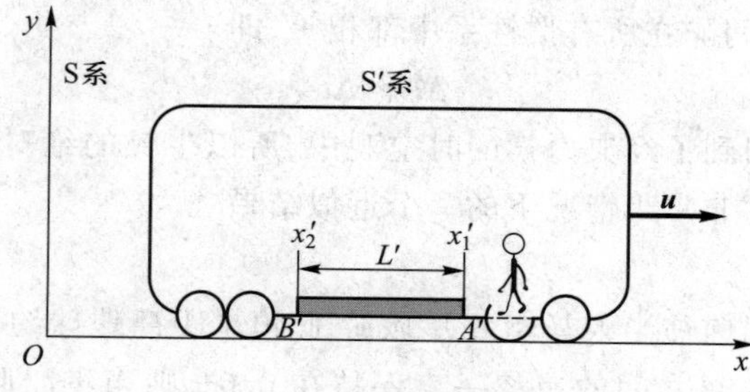

图4-6　车厢中测量木棒长度

因为木棒相对于地面是运动的物体,所以为了测量出木棒相对于地面观察者的长度,我们需要定义两个事件:事件 1——S′系中木棒位于 x_1'的右端 A'点经过 S 系中 x_2 点的时刻 t_1;事件 2——S′系中木棒位于 x_2'的左端 B'点经过 S 系中 x_2 点的时刻 t_2,此时在 S 系中木棒的右端 A'点所处的位置为

$$x_1=x_2+u(t_2-t_1)=x_2+u\Delta t$$

所以,在 S 系中测量出的木棒的长度为

$$L=x_1-x_2=u\Delta t, \quad \Delta t=\frac{L}{u} \tag{4-15b}$$

从分析中可看出,Δt 是在 S 系中同一地点(x_2 点)用同一时钟测量出的两个事件的时间间隔,所以 Δt 应该为固有时间.

而从 S′系中看来,木棒是静止的,地面是以速度 $-\boldsymbol{u}$ 向左移动的,所以在 S′系中也应该有两个事件:事件 1——S′系中木棒位于 x_1'的右端 A'点经过 S 系中 x_2 点的时刻 t_1';事件 2——S′系中木棒位于 x_2'的左端 B'点经过 S 系中 x_2 点的时刻 t_2'.

因此在 S′系中应该有

$$\Delta t'=t_2'-t_1'=\frac{L'}{u} \tag{4-15c}$$

$\Delta t'$是在 S′系中两个不同地点测量出的时间间隔,是需要两个时钟进行测量的,所以它应该为运动时间.

根据时间延缓效应,应该有

$$\Delta t=\Delta t'\sqrt{1-\frac{u^2}{c^2}}=\frac{L'}{u}\sqrt{1-\beta^2} \tag{4-16}$$

而

$$\Delta t=\frac{L}{u}$$

则

$$L=L'\sqrt{1-\beta^2} \tag{4-17}$$

所以有

$$L<L' \tag{4-18}$$

从上面分析过程中可以发现,木棒相对于车厢是静止的,所以在此参考系中测量出来的长度为**固有长度**.因此,在所有的惯性系中,**固有长度是最长的,沿着运动方向,长度变短**,也就是存在长度收缩效应.

我们仍然需要考虑 $u\ll c$ 时的情况.根据公式(4-17)可得,当 $u\ll c$ 时,$\sqrt{1-\beta^2}\approx 1$,此时

$$L\approx L' \tag{4-19}$$

也就是说,当参考系的相对运动速度远小于光速时,相对论的相对空间又转化为经典力学的绝对空间,即长度的测量与参考系无关.从这个结论我们也可以得到:经典力学的绝对时空观是相对论的时空观在物体相对运动速度很小时的一个近似.

通过以上对时间以及空间测量的描述,我们可以总结出**爱因斯坦的相对论时空观,它与牛顿的绝对时空观不同,爱因斯坦认为时间与空间的测量都是相对的,它们的变化与参**

考系以及物体的运动有关.既然测量结果与参考系的运动有关,那么伽利略的一系列变换公式都将会失去意义,因此,为了形成一套完整的狭义相对论,我们需要新的理论公式来研究时间与空间的关系.

例题 4-2

有一米尺静止放置在列车中,此列车相对于地面的运动速率为$\frac{\sqrt{6}}{3}c$.甲在列车上测量出米尺与列车运动方向的夹角为 30°.试问:

(1) 站在地面上的乙测量出的米尺与列车运动方向的夹角为多少?

(2) 乙在地面上测量出的米尺的长度为多少?

解　(1) 根据题意可知,米尺在列车中测量出的长度为固有长度,在地面上测量出的长度为运动长度.在沿着列车运动方向上存在长度收缩效应,而在与列车运动垂直的其他方向长度是不变的(图 4-7).

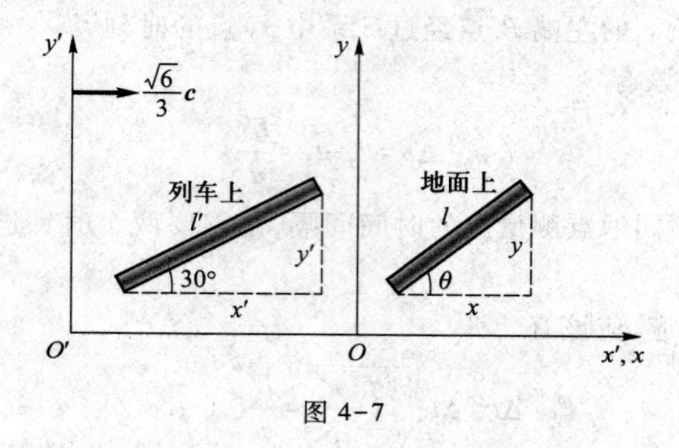

图 4-7

因此,在 x 轴方向上有

$$x=x'\sqrt{1-\frac{u^2}{c^2}}=x'\sqrt{1-\left(\frac{\sqrt{6}}{3}\right)^2}=\frac{\sqrt{3}}{3}x'$$

在 y 轴方向上有

$$y'=y=x'\tan 30°=x\tan\theta$$

$$\frac{\sqrt{3}}{3}x'=\frac{\sqrt{3}}{3}x'\tan\theta$$

$$\tan\theta=1$$

因此乙测量出的米尺与列车运动方向的夹角为

$$\theta=45°$$

(2) 根据图 4-7 中的几何关系可得

$$x'=l'\cos 30°=1\times\frac{\sqrt{3}}{2}\ \text{m}\approx 0.87\ \text{m}$$

$$x=\frac{\sqrt{3}}{3}\times 0.87\ \text{m}=l\cos 45°$$

可得

$$l\approx 0.71\ \text{m}$$

例题 4-3

一列火车长为 400 m,相对站台以速率 u 匀速行驶.已知站台总长为 300 m,在火车行驶过程中,站台上的人看到当火车车头驶出站台出口时,车尾恰好进入站台.试问火车行驶的速率为多少?车上的乘客测量出的站台的长度为多少?

解 根据题意可知,火车的长度为固有长度,对于站台上的人而言,火车运动时的长度为运动长度,因此有

$$l'=l_0\sqrt{1-\frac{u^2}{c^2}}$$

$$300=400\sqrt{1-\frac{u^2}{c^2}}$$

$$u=\frac{\sqrt{7}}{4}c$$

对于车上的乘客而言,火车是静止的,而站台向着反方向运动,因此乘客测量出的站台的长度应该是收缩的,因此有

$$l''=l'\sqrt{1-\frac{u^2}{c^2}}=(300\ \text{m})\sqrt{1-\frac{u^2}{c^2}}=225\ \text{m}$$

4-4 洛伦兹坐标变换和速度变换

一、洛伦兹坐标变换

在经典力学中,伽利略变换是通过研究一个事件在不同坐标系中的时空坐标变换来表示该事件在不同惯性系中的绝对时空关系的.**在相对论中,我们利用洛伦兹变换来表示相对论的时空关系**.洛伦兹坐标变换是洛伦兹(H.A.Lorentz)在 1904 年提出的,该坐标变换关系在当时是为了解释迈克耳孙-莫雷实验的零结果而引入的.洛伦兹认为伽利略坐标变换是绝对正确的,在此基础上提出了“收缩假设”的观点,也就是说物体沿着其相对运动的方向上长度会收缩,并且收缩因子为$\sqrt{1-\beta^2}$,从而解释了实验中干涉条纹没有发生移动的原因.而现在我们已经验证了伽利略变换的局限性,但是洛伦兹变换在相对论中仍然是适用的.

如图 4-8 所示,设有两个相对运动的参考系 S 与 S′,其中 S′系相对于 S 系以速度 $\boldsymbol{u}$ 沿 x 轴正方向移动.当 $t=t'=0$ 时,两个坐标系的原点重合在一起.设有一事件 P 在两个参考系中分别表示为(x,y,z,t)和(x',y',z',t').考虑到时间与空间测量的相对性,事件 P 在 S′系中的坐标 x'在 S 系中的测量值为 $x'\sqrt{1-\frac{u^2}{c^2}}$,即在 S 系中测量 x'时,

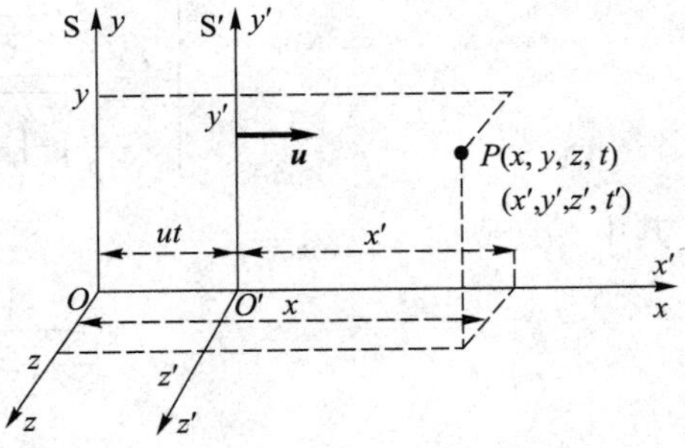

图 4-8 洛伦兹坐标变换

应该存在长度收缩.于是对比伽利略坐标变换公式应该有

$$x=x'\sqrt{1-\frac{u^2}{c^2}}+ut \tag{4-20a}$$

可得

$$x'=\frac{x-ut}{\sqrt{1-\frac{u^2}{c^2}}} \tag{4-20b}$$

反之,在S′系中测量 x 值时也应该存在长度收缩,且此时S系相对于S′系以速度 $-\boldsymbol{u}$ 向相反方向运动,因此在S′系中,有

$$x'=x\sqrt{1-\frac{u^2}{c^2}}-ut' \tag{4-21a}$$

由上式可得

$$x=\frac{x'+ut'}{\sqrt{1-\frac{u^2}{c^2}}} \tag{4-21b}$$

将式(4-20b)代入式(4-21b)并消去 x',可得时间转换关系:

$$t'=\left(t-\frac{u}{c^2}x\right)\Bigg/\sqrt{1-\frac{u^2}{c^2}} \tag{4-22a}$$

将式(4-21b)代入式(4-20b)并消去 x,可得

$$t=\left(t'+\frac{u}{c^2}x'\right)\Bigg/\sqrt{1-\frac{u^2}{c^2}} \tag{4-22b}$$

因为物体在垂直于相对运动的方向上不存在长度收缩效应,所以在 y 轴与 z 轴上,有

$$y=y',\quad z=z' \quad 或 \quad y'=y,\quad z'=z \tag{4-23}$$

所以**洛伦兹坐标正变换关系**可表示为

$$\begin{cases} x'=\dfrac{x-ut}{\sqrt{1-\left(\dfrac{u}{c}\right)^2}}=\dfrac{x-ut}{\sqrt{1-\beta^2}}=\gamma(x-ut) \\ y'=y \\ z'=z \\ t'=\dfrac{t-\dfrac{u}{c^2}x}{\sqrt{1-\left(\dfrac{u}{c}\right)^2}}=\dfrac{t-\dfrac{u}{c^2}x}{\sqrt{1-\beta^2}}=\gamma\left(t-\dfrac{u}{c^2}x\right) \end{cases} \tag{4-24a}$$

其中,

$$\gamma=\frac{1}{\sqrt{1-\beta^2}}=\frac{1}{\sqrt{1-\frac{u^2}{c^2}}},\quad \beta=\frac{u}{c}$$

逆变换为

$$\begin{cases} x=\dfrac{x'+ut'}{\sqrt{1-\left(\dfrac{u}{c}\right)^2}}=\dfrac{x'+ut'}{\sqrt{1-\beta^2}}=\gamma(x'+ut') \\ y=y' \\ z=z' \\ t=\dfrac{t'+\dfrac{u}{c^2}x'}{\sqrt{1-\left(\dfrac{u}{c}\right)^2}}=\dfrac{t'+\dfrac{u}{c^2}x'}{\sqrt{1-\beta^2}}=\gamma\left(t'+\dfrac{u}{c^2}x'\right) \end{cases} \tag{4-24b}$$

从公式中可以看出，当 $u \ll c$ 时，$\dfrac{u^2}{c^2}\to 0$，此时洛伦兹坐标变换式就转化为伽利略变换式了.这表明伽利略变换是洛伦兹变换在惯性系下物体作低速相对运动时的近似结果，因此洛伦兹坐标变换更具有普适性.另外，洛伦兹坐标变换是用来描述同一个事件在不同惯性系下的时空关系的，因此公式中的所有物理量都应该具有实际意义，这就要求 $\sqrt{1-\beta^2}$ 必须大于零，所以应有 $u<c$，即**所有的惯性系间的相对运动速度都应该小于光速**.根据狭义相对论的基本原理，可得**所有物体的运动速度都不能超过真空里的光速，从而给出了物体运动的极限速度**.

洛伦兹变换是爱因斯坦两个基本原理的数学表达式，在狭义相对论中，占据中心地位；洛伦兹变换是同一事件在不同惯性系中时空坐标之间的变换方程，各个惯性系中的时间、空间量度的基准必须一致；相对论将时间和空间及它们与物质的运动不可分割地联系起来.

由洛伦兹变换式很容易得到两个事件在不同惯性系中的时间间隔和空间间隔之间的关系.设有任意两事件 1 和 2，事件 1 在惯性系 S 和 S′中的时空坐标分别为(x_1,y_1,z_1,t_1)和(x_1',y_1',z_1',t_1')，事件 2 的时空坐标分别为(x_2,y_2,z_2,t_2)和(x_2',y_2',z_2',t_2')，则这两个事件在 S 系和 S′系中的时间间隔和空间间隔之间的变换关系为

$$\begin{cases} \Delta x'=\dfrac{\Delta x-u\Delta t}{\sqrt{1-\beta^2}} \\ \Delta t'=\dfrac{\Delta t-\dfrac{u}{c^2}\Delta x}{\sqrt{1-\beta^2}} \end{cases} \tag{4-25a}$$

和

$$\begin{cases} \Delta x=\dfrac{\Delta x'+u\Delta t'}{\sqrt{1-\beta^2}} \\ \Delta t=\dfrac{\Delta t'+\dfrac{u}{c^2}\Delta x'}{\sqrt{1-\beta^2}} \end{cases} \tag{4-25b}$$

式中 $\Delta x=x_2-x_1$，$\Delta x'=x_2'-x_1'$，$\Delta t=t_2-t_1$，$\Delta t'=t_2'-t_1'$.公式(4-25)表明，事件发生时的空间间隔将影响不同惯性系中的观测者对时间间隔的测量，反之亦然，即空间间隔和时间间隔是紧密联系在一起的.**从上述公式中也可以推导出同时的相对性、时间延缓以及长**

拓展阅读：两个事件发生的先后顺序(即因果关系)

度收缩效应.也就是说，当 $\Delta t=0$ 且 $\Delta x=0$ 时，$\Delta t'=0$，即在一个惯性系中，只有同时同地发生的两个事件.在其他所有惯性系中是同时的；当 $\Delta t=0$ 时，$\Delta x'>\Delta x$，即长度收缩；当 $\Delta x=0$ 时，$\Delta t'>\Delta t$，即时间延缓.

例题 4-4

甲乙两人各乘坐一飞行器相向运动，甲测量出两个事件的时空坐标为 $x_1=5\times10^5$ m，$t_1=1.5\times10^{-3}$ s；$x_2=11\times10^5$ m，$t_2=3\times10^{-3}$ s.而乙测量出两个事件同时发生在 t'时刻.试问：

(1) 乙乘坐的飞行器相对于甲的速度是多少？

(2) 乙测量出的两个事件的空间间隔为多少？

解　(1) 设乙相对于甲的速度为 u，则通过洛伦兹时间变换关系，有

$$\Delta t'=\frac{\Delta t-\dfrac{u}{c^2}\Delta x}{\sqrt{1-\beta^2}},$$

根据题意，$\Delta t'=0$，$\Delta t=1.5\times10^{-3}$ s，$\Delta x=6\times10^5$ m，可解得 $u=\dfrac{3}{4}c$.

(2) 由洛伦兹坐标变换关系可知

$$\Delta x'=\frac{\Delta x-u\Delta t}{\sqrt{1-\beta^2}}=\frac{\Delta x-u\Delta t}{\sqrt{1-\left(\dfrac{u}{c}\right)^2}}$$

将已知参量代入该公式，可得

$$\Delta x'\approx3.97\times10^5\ \text{m}$$

从结果中可以发现，在甲乙两个不同的惯性系中，$\Delta x\neq\Delta x'$，$\Delta t\neq\Delta t'$.在乙参考系中同时发生的两个事件，在甲参考系中不是同时发生的.只有在乙参考系中同一时间同一地点发生的两个事件在甲参考系中才是同时发生的.

例题 4-5

A、B 两地相距 1 000 km，一辆汽车从 A 地匀速率行驶到 B 地花费 10 h.那么在速度为 0.8c、平行于道路飞行的飞船中的观察者看来，该汽车行驶了多长时间和多远距离？速度为多少？

解　由洛伦兹变换公式可得

$$\Delta x'=\frac{\Delta x-u\Delta t}{\sqrt{1-\beta^2}}=\frac{\Delta x-u\Delta t}{\sqrt{1-\left(\dfrac{u}{c}\right)^2}}$$

$$=\frac{10^6-0.8\times3\times10^8\times10\times3\ 600}{\sqrt{1-0.8^2}}\ \text{m}$$

$$\approx-1.44\times10^{13}\ \text{m}$$

$$\Delta t'=\frac{\Delta t-\dfrac{u}{c^2}\Delta x}{\sqrt{1-\beta^2}}$$

$$=\frac{10\times3\ 600-\dfrac{0.8}{3\times10^8}\times10^6}{\sqrt{1-0.8^2}}\ \text{s}$$

$$\approx 6\times10^{4}\ \mathrm{s}$$

$$v=\frac{\Delta x'}{\Delta t'}=\frac{-1.44\times10^{13}}{6\times10^{4}}\ \mathrm{m/s}=-2.4\times10^{8}\ \mathrm{m/s}$$

因此在飞船上测量出汽车的速度为-2.4×10^{8} m/s,负号代表速度方向与飞船运动方向相反.

从结果中可以看出,在不同的惯性系中,长度的测量是相对的,时间的测量也是相对的,并且在所有惯性系中,固有长度最长,固有时间最短.

二、洛伦兹速度变换

类比伽利略速度变换关系,由洛伦兹坐标变换公式也可以推导出相对论中的速度关系.但是因为在相对论中时间间隔的测量在不同惯性系下结果是不同的,所以 $\mathrm{d}t\neq\mathrm{d}t'$.因此在不同坐标系中,需严格按照在该坐标系中的空间与时间坐标来求解速度,即

$$\text{S 系:}\begin{cases}v_x=\dfrac{\mathrm{d}x}{\mathrm{d}t}\\ v_y=\dfrac{\mathrm{d}y}{\mathrm{d}t}\\ v_z=\dfrac{\mathrm{d}z}{\mathrm{d}t}\end{cases}\quad \text{S}'\text{系:}\begin{cases}v_x'=\dfrac{\mathrm{d}x'}{\mathrm{d}t'}\\ v_y'=\dfrac{\mathrm{d}y'}{\mathrm{d}t'}\\ v_z'=\dfrac{\mathrm{d}z'}{\mathrm{d}t'}\end{cases}\tag{4-26a}$$

将公式(4-24a)两边同时取微分,可得

$$\begin{cases}\mathrm{d}x'=\gamma(\mathrm{d}x-u\mathrm{d}t)\\ \mathrm{d}y'=\mathrm{d}y\\ \mathrm{d}z'=\mathrm{d}z\\ \mathrm{d}t'=\gamma\left(\mathrm{d}t-\dfrac{u}{c^2}\mathrm{d}x\right)\end{cases}\tag{4-26b}$$

那么

$$\begin{cases}v_x'=\dfrac{v_x-u}{1-\dfrac{u}{c^2}v_x}\\ v_y'=\dfrac{v_y}{\gamma\left(1-\dfrac{u}{c^2}v_x\right)}\\ v_z'=\dfrac{v_z}{\gamma\left(1-\dfrac{u}{c^2}v_x\right)}\end{cases}\tag{4-27a}$$

根据式(4-27a),我们可以很容易得到它的逆变换.因为参考系之间的运动是相对的,所以如果S′系相对于S系以速度 $\boldsymbol{u}$ 向 x 轴正方向移动,那么反过来S系相对于S′系以速度

$-\boldsymbol{u}$ 向 x 轴负方向移动.因为我们研究的是同一个物体在两个相对运动的参考系下的运动,所以速度变换逆公式直接将(4-27a)中的 u 换成 $-u$ 即可得到.

$$\begin{cases} v_x = \dfrac{v'_x+u}{1+\dfrac{u}{c^2}v'_x} \\ v_y = \dfrac{v'_y}{\gamma\left(1+\dfrac{u}{c^2}v'_x\right)} \\ v_z = \dfrac{v'_z}{\gamma\left(1+\dfrac{u}{c^2}v'_x\right)} \end{cases} \tag{4-27b}$$

当 $u \ll c$、$v \ll c$ 且 $u/c \ll 1$ 时,$\gamma \to 1$,可得

$$\begin{cases} v'_x = v_x - u \\ v'_y = v_y \\ v'_z = v_z \end{cases} \quad 及 \quad \begin{cases} v_x = v'_x + u \\ v_y = v'_y \\ v_z = v'_z \end{cases} \tag{4-28}$$

此时洛伦兹速度变换又转化为伽利略速度变换.

在得到洛伦兹速度变换公式之后,还需要验证该公式是否满足爱因斯坦的基本原理.假设物体在 S 系中沿 x 轴的运动速度为 c,即 $v_x = c$,则根据洛伦兹速度变换公式,可计算出该物体在 S′系中的速度:

$$v'_x = \frac{c-u}{1-\dfrac{u}{c^2}c} = \frac{c-u}{1-\dfrac{u}{c}} = c \tag{4-29}$$

从结果中可看出,无论惯性系怎样运动,光速的大小都和惯性系的运动无关.

4-5　狭义相对论动力学基础

以上介绍的所有内容都是关于物体的运动学问题.下面我们来具体讨论狭义相对论动力学的一些基本内容.相对论的基本原理告诉我们,所有的物理定律在惯性系中都应该具有相同的形式.众所周知,整个经典力学的基本内容都是建立在牛顿运动定律的基础上的,但是我们已经确认经典力学不满足洛伦兹变换以及相对性原理,这就说明,要想使牛顿运动定律满足狭义相对论的基本原理,必须要对其进行改造或修正.这就要求经典力学中的一些基本概念,如质量、动量、能量等在相对论中重新定义,并且要求这些物理量在描述宏观低速运动的物体时仍然是成立的.

一、相对论的质量和动量

在经典力学中,牛顿第二定律是质点动力学的基本方程,其他的物理定律,如动量守恒定律、角动量守恒定律以及机械能守恒定律都是建立在它的基础上的.因此我们应该从牛顿第二定律出发,重新定义一些物理量.

语音录课：相对论的质量和动量

牛顿第二定律的基本内容是质点的加速度与其受到的合外力成正比，与其质量成反比，表达式为

$$\boldsymbol{a}=\frac{\boldsymbol{F}}{m} \tag{4-30}$$

式中，质量是一个常量，与参考系以及物体的运动无关.因此，从公式中不难看出，当物体受到的合外力不为零时，该物体就会产生加速度，在任意时刻，它的速度应该为 $\boldsymbol{v}=\vec{\boldsymbol{v}}_0\boldsymbol{a}t$. 如果该物体在力的作用下作加速运动，那么理论上它的速度能达到无穷大，显然这个结果与相对论的基本原理是矛盾的.

人们曾经做过这样一个实验，把电子放在一个直线加速器中，该加速器全长为 3.2 km，若给加速器施加一个 7×10^6 V 的电压，则电子就会被加速，并且它在运动中获得的动能为 $eU=\frac{1}{2}mv^2$，因此理论上电子的速度可达 $v=1.57\times10^9$ m/s>c.但是实际结果却是

$$v=0.999\ 999\ 999\ 7c<c$$

显然电子的速度并没有超过光速，所以在高速运动的物体上，牛顿运动定律不再成立.

类似的实验结果有很多，这告诉我们，当物体的速度接近光速时，速度的大小很难再发生变化，然而动量并没有呈现出与速度相同的变化趋势，而是还在剧烈增加.原因是当物体的运动速度接近光速时，物体的质量随着速度的增加在急剧增大，因此动量的增量中不仅有速度的增加，还有质量的增大，并且质量在物体高速运动的过程中增加的幅度更大，如图 4-9 所示.

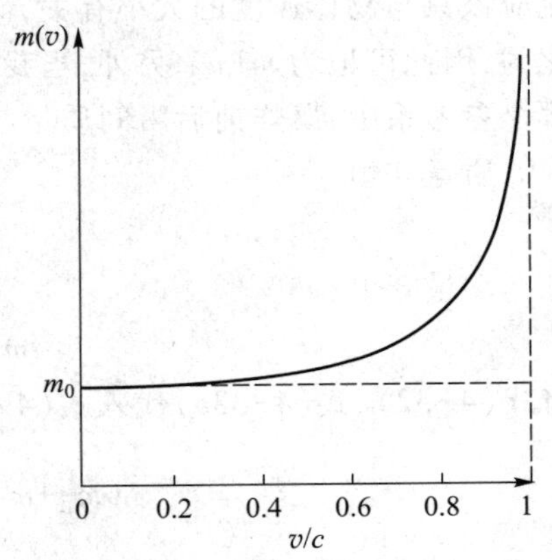

图 4-9　质量与物体运动速度之间的关系

从以上分析中，我们发现牛顿第二定律的基本表达式也不满足相对论基本原理，它是需要修正的. 从力的定义出发，在经典力学中，力被定义为动量随时间的变化率，即

$$\boldsymbol{F}=\frac{\mathrm{d}(m\boldsymbol{v})}{\mathrm{d}t} \tag{4-31a}$$

对于高速运动的物体，它的质量会随该物体的运动发生变化，则有

$$\boldsymbol{F}=\frac{\mathrm{d}(m\boldsymbol{v})}{\mathrm{d}t}=m\frac{\mathrm{d}\boldsymbol{v}}{\mathrm{d}t}+\boldsymbol{v}\frac{\mathrm{d}m}{\mathrm{d}t} \tag{4-31b}$$

当 $v\ll c$ 时，物体的质量转化为惯性质量，此时可近似认为物体的质量与物体的运动无关，则力的表达式又回到了经典力学的牛顿第二定律表达式.

下面我们具体讨论相对论中的质量与物体运动之间的关系.

设有两个参考系 S 与 S′，并且 S′系相对于 S 系沿着 x 轴以速度 $\boldsymbol{u}$ 匀速运动.如图 4-10 所示，在 S 系中放置一个质量为 m 的粒子 A，某时刻该粒子在内力的作用下炸裂成质量相同的两部分 B 与 C.因为该粒子在爆炸过程中只受到内力的作用，所以爆炸前后动量守恒，炸裂后的两部分向相反的方向分别以速度 $\boldsymbol{u}$ 与 $-\boldsymbol{u}$ 沿 x 轴方向运动.

通过同一物体在 x 轴上的洛伦兹速度变换公式(4-27a)，可以计算出在 S′系中，爆炸之后的 B 和 C 的速度大小应该分别为

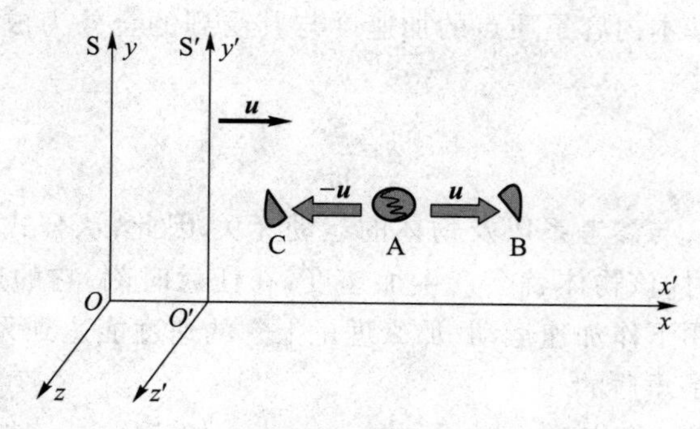

图 4-10

$$v_{\mathrm{B}}'=\frac{v_{\mathrm{B}}-u}{1-\frac{u}{c^2}v_{\mathrm{B}}}=0 \tag{4-32a}$$

$$v_{\mathrm{C}}'=\frac{v_{\mathrm{C}}-u}{1-\frac{u}{c^2}v_{\mathrm{C}}}=\frac{-2u}{1+\frac{u^2}{c^2}} \tag{4-32b}$$

从 S′系中来看，粒子 A 在爆炸前以速度$-\boldsymbol{u}$沿 x 轴负方向移动，空间是各向同性的，m 的变化应该只与物体速度的大小有关，而与其运动方向无关，即它的质量沿各个方向是均匀变化的，因此可记为 $m(u)$.另外，当我们不考虑爆炸过程中质量损失的问题时，粒子不论在哪个参考系中，爆炸前后瞬间质量与动量都应该是守恒的，所以在 S′系中，应该有

质量守恒：

$$m=m_{\mathrm{B}}+m_{\mathrm{C}} \tag{4-33a}$$

动量守恒：

$$m\cdot(-u)=m_{\mathrm{B}}v_{\mathrm{B}}'+m_{\mathrm{C}}v_{\mathrm{C}}' \tag{4-33b}$$

将式(4-32)、式(4-33a)代入式(4-33b)，有

$$(m_{\mathrm{B}}+m_{\mathrm{C}})\cdot(-u)=0+m_{\mathrm{C}}\left(\frac{-2u}{1+\frac{u^2}{c^2}}\right)$$

化简后为

$$m_{\mathrm{B}}+m_{\mathrm{C}}=\frac{2m_{\mathrm{C}}}{1+\frac{u^2}{c^2}}$$

即

$$m_{\mathrm{B}}=m_{\mathrm{C}}\frac{1-\frac{u^2}{c^2}}{1+\frac{u^2}{c^2}} \tag{4-33c}$$

另外，因为我们要观察的是粒子 B 与 C 在 S′系中的质量与运动的关系，所以我们应该用二者在该参考系中的速度之间的关系来得到质量的表达式.将式(4-32b)变形为

$$v_{\mathrm{C}}'\left(1+\frac{u^2}{c^2}\right)+2u=0$$

$$\frac{v_{\mathrm{C}}'}{c^2}u^2+2u+v_{\mathrm{C}}'=0$$

解得

$$u=\frac{c^2}{v_{\mathrm{C}}'}\left(\sqrt{1-\frac{v_{\mathrm{C}}'^2}{c^2}}-1\right) \tag{4-34}$$

将式(4-34)代入式(4-33c),得

$$m_{\mathrm{C}}=\frac{m_{\mathrm{B}}}{\sqrt{1-\frac{v_{\mathrm{C}}'^2}{c^2}}} \tag{4-35}$$

其中,粒子 A 在炸裂后,B 相对于 S′系是静止的,所以此时 B 的质量称为**静止质量** m_0,简称**静质量**.而 C 以速率 v_{C}'在 S′系中运动,它的质量称为**运动质量**,记为 $m(v_{\mathrm{C}}')$.

因此,式(4-35)可写成

$$m(v_{\mathrm{C}}')=\frac{m_0}{\sqrt{1-\frac{v_{\mathrm{C}}'^2}{c^2}}}$$

如果把 C 相对于 S′系的速度改为 u,可得

$$m(u)=\frac{m_0}{\sqrt{1-\frac{u^2}{c^2}}}=\gamma m_0 \tag{4-36}$$

上式称为**相对论的质速关系**.由此可见,**对于高速运动的物体,其质量不再是一个常量,而是随着物体运动速度的增加而不断增大,运动质量为静止质量的 γ 倍**.当物体的运动速率 $u\ll c$ 时,$\gamma\to1$,此时相对论的质量可转化为惯性质量;当物体的运动速率 $u\to c$ 时,$m\to\infty$,此时质量的变化不能被忽略.相对论基本原理告诉我们,一切物体运动的极限速度为光速,因此若 $u>c$,质量公式就会失去意义.而对于光波、电磁波而言,它们的速度皆为光速 c,此时$\sqrt{1-u^2/c^2}=0$,因此公式要想有意义,就要求**光子的静质量为零**.光子的相对论质量为 $m=h\nu/c^2$,这个内容将在本章的最后讲到.

在相对论中,**物体的动量**可写成

$$\boldsymbol{p}=m\boldsymbol{u}=\frac{m_0\boldsymbol{u}}{\sqrt{1-\frac{u^2}{c^2}}} \tag{4-37}$$

与相对论的质速关系类似,当 $u\ll c$ 时,动量表达式又重新回归到经典力学中的动量表达式了.

二、相对论的能量

从相对论动量的表达式中可以看出,物体的质量是其速度的函数,而物体的速度又是时间的函数,所以由相对论动量表达式推导出的力的表达式将会与经典力学中力的表达

语音录课：相对论的能量

式差异很大.在经典力学中,质点的功能关系是由力对位移进行积分直接推导出来的,所以在相对论中,物体的功能关系也需要进行进一步修正.

根据动能定理,动能的大小等于外力让该物体从静止达到运动状态时对其所做的功.如果仅考虑该物体沿其相对运动方向上动能的大小,则有

$$E_k=\int F_x\mathrm{d}x=\int\frac{\mathrm{d}p}{\mathrm{d}t}\mathrm{d}x=\int_0^u u\mathrm{d}p$$

$$=\int_0^u u\mathrm{d}\left(\frac{m_0u}{\sqrt{1-\frac{u^2}{c^2}}}\right)$$

由于

$$\mathrm{d}(pu)=p\mathrm{d}u+u\mathrm{d}p$$

所以

$$E_k=\int_0^u\mathrm{d}\left(\frac{m_0u}{\sqrt{1-\frac{u^2}{c^2}}}u\right)-\int_0^u\frac{m_0u}{\sqrt{1-\frac{u^2}{c^2}}}\mathrm{d}u$$

$$=\frac{m_0c^2}{\sqrt{1-\frac{u^2}{c^2}}}-m_0c^2=mc^2-m_0c^2$$

即

$$E_k=mc^2-m_0c^2\tag{4-38}$$

此公式即**相对论的动能关系**.

当 $u\ll c$ 时,可把相对论动能公式进行泰勒展开,因为当 $x\ll 1$ 时,有 $\frac{1}{\sqrt{1-x}}\approx 1+\frac{x}{2}+\frac{3}{8}x^2+\cdots$,忽略高阶小量,所以有

$$E_k=\frac{m_0c^2}{\sqrt{1-\frac{u^2}{c^2}}}-m_0c^2=m_0c^2\left(\frac{1}{\sqrt{1-\frac{u^2}{c^2}}}-1\right)$$

$$\approx\frac{1}{2}m_0u^2$$

最后,相对论的动能表达式又变回了经典力学中动能的表达式.

式(4-38)又可以写成

$$mc^2=E_k+m_0c^2\tag{4-39}$$

式中 m_0 **为物体的静质量**, m **为物体的动质量**.因此爱因斯坦称 m_0c^2 为**静能量**,它包含组成该物质的微观动能、分子势能、原子的电磁能、质子中子的结合能,用 E_0 表示. mc^2 为物体的动能与静能量之和,因此定义为物体的**总能量**,用 E 表示.式(4-39)又可写为

$$E=E_k+E_0 \tag{4-40}$$

其中，

$$E=mc^2 \tag{4-41}$$

此式就是著名的**爱因斯坦质能关系，或称相对论质能关系（简称质能关系）**.

质能关系表明，当粒子质量增加或减少时，必然伴随着能量的增加或损失，因此质量与能量的地位是相当的，是可以进行相互转化的.这里说的相互转化是指质量守恒与能量守恒是一个统一的整体，是不可分割的一个定律，它们都是物质属性的量度.对于一个孤立体系而言，如果只考虑体系内部粒子之间的相互作用力，那么它们的总能量应该是守恒的，即$\sum m_i c^2=C_1$，因为公式中 c^2 是一个常量，所以，粒子反应前后质量也应该是守恒的，即$\sum m_i=C_2$，反之亦然.这也就是说，**粒子的静质量与动质量可以进行相互转换，静能量与动能之间也可以进行相互转化，但是不管经历怎样的变化，它们的总质量与总能量是保持不变的.因此质量守恒定律与能量守恒定律被统一定义为新的质能守恒定律，也就是能量守恒定律**.这点与经典力学是不同的，在经典力学中质量守恒定律与能量守恒定律分别是独立的定律，二者之间没有必然关系.

在粒子碰撞反应过程中，反应后的质量小于反应前的质量，我们把反应前后质量的减少量 Δm 称为**质量亏损**，根据能量守恒定律，在粒子质量亏损的过程中必然会释放出能量 ΔE，且满足

$$\Delta E=\Delta mc^2 \tag{4-42}$$

从上式可以看出，因为光速平方的数值非常大，所以即使粒子反应过程中质量亏损极小，释放出的能量也是巨大的.核能利用的就是原子核反应前后的质量亏损所释放出的能量，这部分能量就是原子核的结合能，俗称原子能.这个能量是非常巨大的，我们所熟知的太阳、原子弹、氢弹、核电站的能量来源都是核反应.所以说爱因斯坦建立的质能关系具有划时代意义，它的出现使人类进入原子能时代.

例题 4-6

把一个电子（静止质量为 $m_0=9.11\times10^{-31}$ kg）放置在直线加速器中加速，若在该加速器上施加电压 2×10^6 V，试求电子被加速后的质量与速度.

解 首先需计算电子的静能：

$$E_0=m_0c^2=9.11\times10^{-31}\times9\times10^{16}\ \text{J}=8.20\times10^{-14}\ \text{J}$$

电子被加速后，动能为

$$E_k=eU=2\times10^6\ \text{eV}=3.20\times10^{-13}\ \text{J}$$

因此电子被加速后，总能量为

$$E=E_0+E_k=(8.20\times10^{-14}+3.20\times10^{-13})\ \text{J}=40.2\times10^{-14}\ \text{J}$$

又因为相对论质量与能量满足 $E=mc^2$，所以电子被加速后的质量为

$$m=\frac{E}{c^2}=\frac{40.2\times10^{-14}}{9\times10^{16}}\ \text{kg}\approx4.47\times10^{-30}\ \text{kg}$$

另外，通过相对论的质速关系

$$m=\frac{m_0}{\sqrt{1-\frac{u^2}{c^2}}}$$

可得

$$u=c\sqrt{1-\left(\frac{m_0}{m}\right)^2}=3\times10^8\times\sqrt{1-\left(\frac{9.11\times10^{-31}}{4.47\times10^{-30}}\right)^2}\ \text{m/s}\approx2.94\times10^8\ \text{m/s}$$

三、质能关系在原子核裂变和聚变中的应用

1. 核裂变

“核裂变反应”最初是在用中子束轰击铀的场合下发现的，而这种反应不仅在同位素铀上能够实现，在靠近元素周期表末尾的其他重金属元素上也能够实现.由于这些重原子核的不稳定性，尽管中子的撞击只能提供很小的刺激，但这足以使它们分裂.当重核分裂时，它们会以辐射和快速运动粒子的形式发射能量.在被发射出的粒子当中，有一些是中子.中子具有一定的初动能，能够进一步引起邻近原子核的裂变，从而导致更多中子的发射，产生更多次的裂变，这就是所谓的链式反应.事实上，这可能演变成一种爆炸性的反应，在几微秒时间内就把贮藏在那些原子核里的能量统统释放出来，如图 4-11 所示，这就是第一

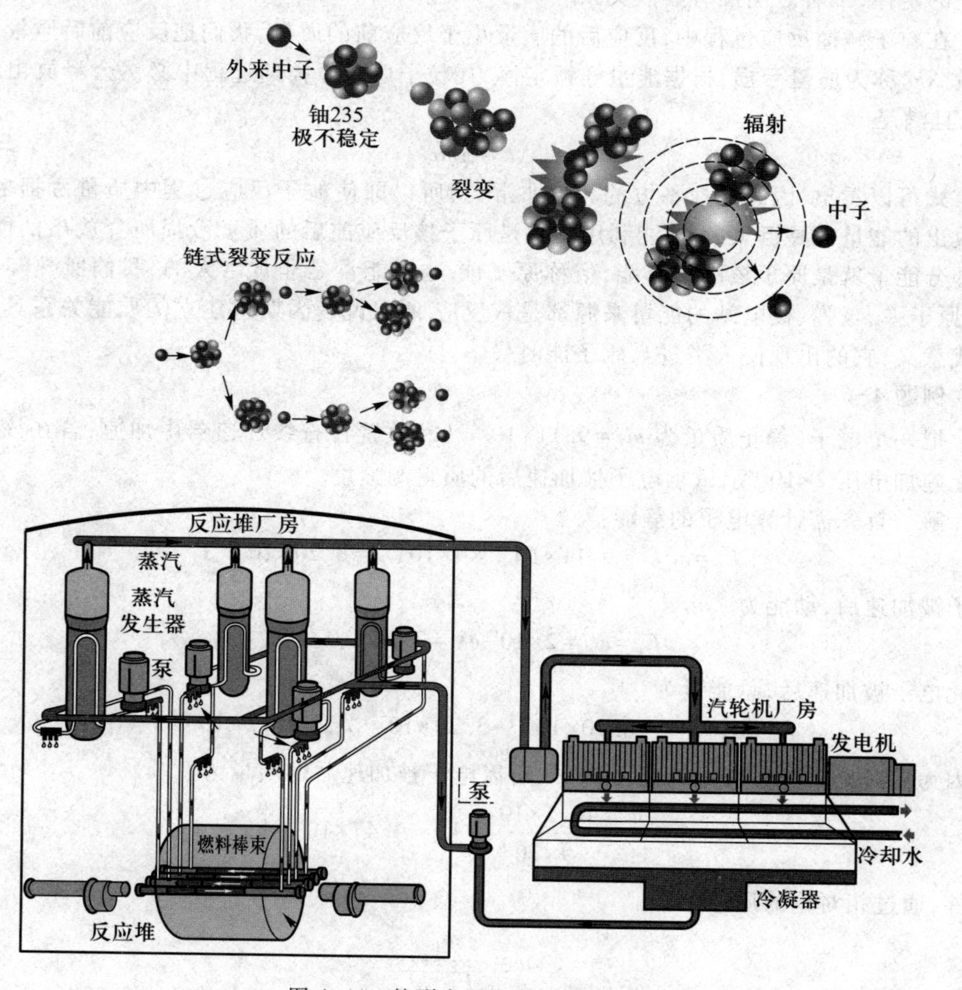

图 4-11　核裂变反应原理及核电站

颗原子弹所依据的原理.但是,链式反应并不一定会导致一场爆炸.在严格控制的条件下,这种过程也可以有节制地持续进行下去,同时稳定地释放出一定数量的能量,这正是核电站里发生的情形.

在原子核反应过程中,发生的变化为

$$^{235}_{92}\mathrm{U}+^{1}_{0}\mathrm{n} \longrightarrow ^{139}_{54}\mathrm{Xe}+^{95}_{38}\mathrm{Sr}+2^{1}_{0}\mathrm{n}$$

因为铀原子与中子在撞击前后质量出现了亏损,所以在这个过程中会释放出能量.由质能关系可计算出 1 个铀原子与中子反应前后释放出的能量大约为 196 MeV.因此,1 kg $^{235}_{92}\mathrm{U}$ 所释放出的能量为

$$Q'=(1\times10^{3}\times6.02\times10^{23}/235)\times Q\approx8.03\times10^{13}\ \mathrm{J}$$

这个反应产生的能量是 1 kg 炸药爆炸释放的能量(4.19×10^{6} J)的约 2 000 万倍,而且核反应过程非常迅速,因此原子弹在微秒级的时间内即可实现爆炸.由于时间极短,在核武器爆炸周围不大的范围内会产生极高的温度,这会加热并压缩周围空气使之急速膨胀,从而产生高压冲击波.核武器爆炸时,会在其周围空气中形成巨大的火球,产生极强的光辐射、强脉冲射线以及放射性物质碎片,这些辐射与周围物质相互作用,造成电流增长或消失,从而又会产生强烈的电磁脉冲.这些特征使核武器具备特有的强冲击波、光辐射、早期核辐射、放射性沾染和核电磁脉冲等杀伤破坏作用.因此核武器的出现,对现代战争的战略战术产生了重大影响.

1964 年 10 月 16 日,我国第一颗原子弹爆炸成功.中国人依靠自己的力量掌握了原子弹技术,打破了超级大国的核垄断.

2. 核聚变

像铀这类重元素的核裂变,并不是开发原子核能的唯一途径,在利用原子核能方面,还有一种完全不同的办法,就是把比较轻的元素(如氢)合成为比较重的元素,这种过程称为“核聚变反应”.当两个轻原子核相接触时,它们会像小盘上的两滴小水银一样聚合在一起.因为产生聚变反应的轻原子核都带有正电荷,所以只有当它们的速度达到很高时才能克服正电荷间的静电斥力,发生显著的聚变反应.因为轻核中氢的同位素氘和氚原子核间的斥力最小,所以它们常常被选为氢弹的装料.而当热核装料的温度很高时,组成装料的原子核就具备了很高的速度(因此获得很高的动能).

氢弹是利用原子弹爆炸的能量点燃氢的同位素氘、氚等质量较轻的原子的原子核,使之发生核聚变反应(热核反应)并瞬时释放出巨大能量的核武器,又称聚变弹、热核弹、热核武器.就其原理来说,现在大多数氢弹并不是“纯净”的聚变核武器,确切地说,它们应该叫“三相弹”,裂变引发聚变,聚变释放出的中子诱发更剧烈的裂变,即所谓的“裂变-聚变-裂变”.在氢弹爆炸时,氢同位素通过包括聚变在内的一些反应转变成氦,如图 4-12 所示,释放出的能量非常巨大,比靠裂变造出的第一代核武器大得多.因此要想和平使用核聚变的能量,其困难也要大得多,或者说在建成利用聚变能量的核电站以前,还有很长的路要走.不过,太阳却毫无疑问地做到了这一点,因为太阳的主要能源就是氢不断地转变成氦产生的能量.过去,太阳已经成功地以稳定的速率把这种反应维持了约 50 亿年,将来,预计它还会再维持约 50 亿年.

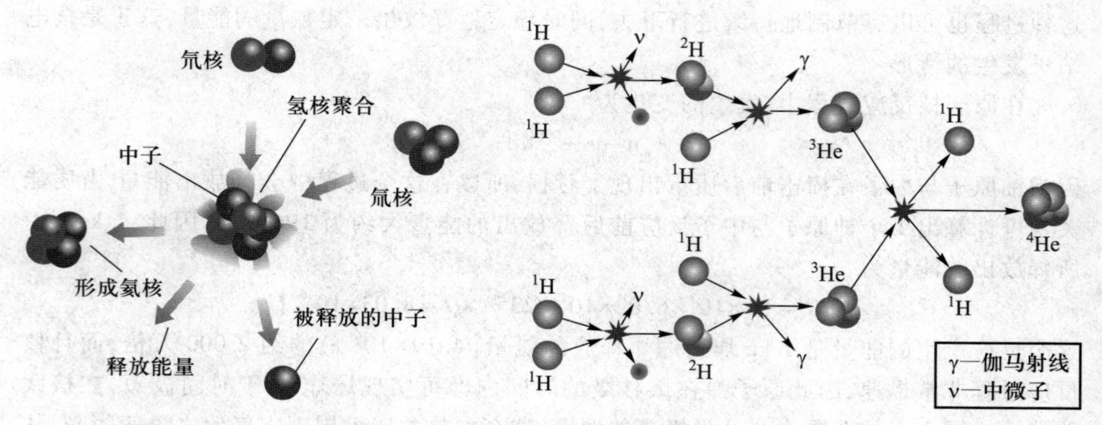

图 4-12　核聚变反应原理

氢核聚变的反应机理以及对应释放的能量分别为

$$ {}_1^2\mathrm{H}+{}_1^2\mathrm{H}\longrightarrow{}_2^3\mathrm{He}+{}_0^1\mathrm{n}\quad(3.27\ \mathrm{MeV}) $$

$$ {}_2^3\mathrm{He}+{}_1^2\mathrm{H}\longrightarrow{}_2^4\mathrm{He}+{}_1^1\mathrm{p}\quad(18.34\ \mathrm{MeV}) $$

$$ {}_1^2\mathrm{H}+{}_1^2\mathrm{H}\longrightarrow{}_1^3\mathrm{H}+{}_1^1\mathrm{p}\quad(4.04\ \mathrm{MeV}) $$

$$ {}_1^3\mathrm{H}+{}_1^2\mathrm{H}\longrightarrow{}_2^4\mathrm{He}+{}_0^1\mathrm{n}\quad(17.58\ \mathrm{MeV}) $$

从反应结果中可看出,6 个氘核聚变总共释放的能量为 43.23 MeV,1 kg 氘核聚变产生的能量约为 1 kg 铀核裂变释放能量的 4 倍,氢弹的威力比原子弹大得多.

1967 年 6 月 17 日,我国第一颗氢弹爆炸成功.从第一颗原子弹试验成功到第一颗氢弹试验成功,我国只用了两年 8 个月,发展速度之快,在世界上引起了巨大反响.

4-6　动量和能量的关系

在经典力学中,质点的动量与动能之间的关系为

$$ E_{\mathrm{k}}=\frac{p^2}{2m} \tag{4-43} $$

而在相对论中,能量与动量都和物体的质量有关,并且物体的质量又是速度的函数:

$$ m=\frac{m_0}{\sqrt{1-\frac{u^2}{c^2}}} $$

将公式两端同时取平方,再乘以 c^2,移项得

$$ m^2c^4-m^2u^2c^2=m_0^2c^4 \tag{4-44} $$

根据 $p=mu$, $E=mc^2$, $E_0=m_0c^2$,可得

$$ E^2=(pc)^2+E_0^2 \tag{4-45} $$

上式称为**相对论的动量和能量关系**.当粒子的速度 $u\ll c$ 时,考虑到粒子的总能量 $E=E_{\mathrm{k}}+$

m_0c^2，将其代入上式，有

$$E_k^2+m_0^2c^4+2E_km_0c^2=p^2c^2+m_0^2c^4$$

此时，粒子的动能对比静能可忽略不计，因此有

$$E_k=\frac{p^2}{2m_0}$$

此时又回到了经典力学的动能关系.

很显然，对于光子而言，它的静质量为零，因此光子的总能量与动量之间的关系为

$$E=pc \tag{4-46a}$$

又因为光子的能量满足量子化条件：

$$E=h\nu,\quad \nu=\frac{c}{\lambda} \tag{4-46b}$$

所以光子的动量又可写成

$$p=\frac{E}{c}=\frac{h\nu}{c}=\frac{h}{\lambda} \tag{4-46c}$$

本 章 提 要

1. 爱因斯坦的两条基本原理

(1) 相对性原理：

物理学定律在所有惯性系中都具有相同的数学形式，这就是相对性原理.

(2) 光速不变原理：

在所有惯性系中，真空中的光速在任意方向上都恒为 c，与光源的运动无关.

2. 狭义相对论的时空观

(1) 同时的相对性：

同样的两个事件，如果在一个惯性系中是同时发生的，那么在另一个惯性系中往往表现出“不同时性”，并且总是前一个惯性系后方的事件先发生. 在一个惯性系中不同地点同时发生的两个事件，在另一个惯性系中看，它们不是同时发生的；只有在一个惯性系中同时同地发生的两个事件，在另外一个惯性系中才会表现出同时性.

(2) 时间延缓——动钟变慢：

$$\Delta t=\frac{\Delta t'}{\sqrt{1-\frac{u^2}{c^2}}}=\frac{\Delta t'}{\sqrt{1-\beta^2}}=\gamma\Delta t'$$

其中，$\Delta t'$是在 S′系中同一个地点用同一只时钟测量出来的时间间隔，称为固有时间. 而 Δt 是在 S 系中的两个不同地点用两个时钟才能测量出来的，称为运动时间. 在惯性系中，运动时间比固有时间长，这种效应称为时间延缓.

(3) 空间测量的相对性：

因为在不同的惯性系中时间测量的结果是不同的，所以在这两个惯性系中测量出的

长度也应该是不同的，即空间测量也具有相对性.我们把相对于参考系静止时测量出的物体的长度称为固有长度，而把相对于参考系运动时测量出的物体的长度称为运动长度.在所有的惯性系中，固有长度最长，在物体运动的方向上，长度是收缩的.在垂直于相对运动的方向上，不存在长度测量的相对性效应.

（4）长度收缩——运动长度变短：

$$L=L'\sqrt{1-\frac{u^2}{c^2}}=L'\sqrt{1-\beta^2}$$

其中，L'为固有长度，L为运动长度.

3. 洛伦兹时空变换和速度关系

（1）洛伦兹坐标变换：

$$\text{正变换：}\begin{cases} x'=\dfrac{x-ut}{\sqrt{1-\left(\dfrac{u}{c}\right)^2}}=\dfrac{x-ut}{\sqrt{1-\beta^2}}=\gamma(x-ut) \\ y'=y \\ z'=z \\ t'=\dfrac{t-\dfrac{u}{c^2}x}{\sqrt{1-\left(\dfrac{u}{c}\right)^2}}=\dfrac{t-\dfrac{u}{c^2}x}{\sqrt{1-\beta^2}}=\gamma\left(t-\dfrac{u}{c^2}x\right) \end{cases}$$

$$\text{逆变换：}\begin{cases} x=\dfrac{x'+ut'}{\sqrt{1-\left(\dfrac{u}{c}\right)^2}}=\dfrac{x'+ut'}{\sqrt{1-\beta^2}}=\gamma(x'+ut') \\ y=y' \\ z=z' \\ t=\dfrac{t'+\dfrac{u}{c^2}x'}{\sqrt{1-\left(\dfrac{u}{c}\right)^2}}=\dfrac{t'+\dfrac{u}{c^2}x'}{\sqrt{1-\beta^2}}=\gamma\left(t'+\dfrac{u}{c^2}x'\right) \end{cases}$$

（2）时间与空间的相对性：

任意两事件1和2在S系和S′系中的时间间隔和空间间隔之间的变换关系为

$$\Delta x'=\frac{\Delta x-u\Delta t}{\sqrt{1-\beta^2}},\quad \Delta t'=\frac{\Delta t-\dfrac{u}{c^2}\Delta x}{\sqrt{1-\beta^2}}$$

式中，$\Delta x=x_2-x_1$，$\Delta x'=x_2'-x_1'$，$\Delta t=t_2-t_1$，$\Delta t'=t_2'-t_1'$.

(3) 洛伦兹速度变换：

$$\text{正变换：}\begin{cases} v_x' = \dfrac{v_x - u}{1 - \dfrac{u}{c^2}v_x} \\ v_y' = \dfrac{v_y}{\gamma\left(1 - \dfrac{u}{c^2}v_x\right)} \\ v_z' = \dfrac{v_z}{\gamma\left(1 - \dfrac{u}{c^2}v_x\right)} \end{cases} \qquad \text{逆变换：}\begin{cases} v_x = \dfrac{v_x' + u}{1 + \dfrac{u}{c^2}v_x'} \\ v_y = \dfrac{v_y'}{\gamma\left(1 + \dfrac{u}{c^2}v_x'\right)} \\ v_z = \dfrac{v_z'}{\gamma\left(1 + \dfrac{u}{c^2}v_x'\right)} \end{cases}$$

4. 狭义相对论动力学基础

(1) 相对论的质量和动量：

$$m(u) = \frac{m_0}{\sqrt{1 - \dfrac{u^2}{c^2}}} = \gamma m_0$$

上式称为相对论的质速关系，物体的运动质量为其静止质量的 γ 倍.

在相对论中，物体的动量可写成

$$\boldsymbol{p} = m\boldsymbol{u} = \frac{m_0\boldsymbol{u}}{\sqrt{1 - \dfrac{u^2}{c^2}}}$$

(2) 相对论的能量：

$$E_k = mc^2 - m_0c^2$$

上式即相对论的动能关系.公式中 m_0 为物体的静质量，m 为物体的动质量.m_0c^2 为静能量，用 E_0 表示.mc^2 为物体的动能与静能量之和，因此定义为物体的总能量，用 E 来表示.

$$E = mc^2$$

上式就是著名的爱因斯坦质能关系（简称质能关系）.质能关系表明，当粒子质量增加或减少时，必然伴随着能量的增加或损失，因此质量与能量的地位是相当的，是可以进行相互转化的.根据能量守恒定律，在粒子质量亏损的过程中必然会释放出能量 ΔE，且满足关系式：

$$\Delta E = \Delta mc^2$$

5. 动量和能量的关系

$$E^2 = (pc)^2 + E_0^2$$

上式称为相对论的动量和能量的关系.对于光子而言，它的静质量为零，因此光子的总能量与动量之间的关系为

$$E = pc$$

思考题

4-1 洛伦兹变换与伽利略变换的本质区别是什么？如何理解伽利略变换与洛伦兹

变换的物理意义？

4-2　按照伽利略的相对性原理与爱因斯坦的相对性原理，以下哪些物理量是相对的（即对不同的观察者得到的结果是不同的）？时间、空间位置、速度、惯性质量、光速.

4-3　如果在S系中的观察者A相对于S′系的观察者B以四分之三的光速匀速运动，在S系和S′系中各放置一盆花，它们相隔一定的时间间隔后都会开放.在S系和S′系中的两个观察者看来，究竟是哪一盆花先开放？

4-4　相对论中运动物体长度收缩与物体的热胀冷缩是否可用同一原理解释？

4-5　在S系中的观察者A相对于S′系中的观察者B以五分之三的光速运动.

(1) 如果在S系中发生的两个事件的时间间隔为Δt，那么在S′系中的观察者B看来，这两个事件发生的时间间隔发生了什么变化？

(2) 如果在S′系中发生的两个事件的时间间隔为Δt，那么在S系中的观察者A看来，这两个事件发生的时间间隔又发生了什么变化？

第4章思考题参考答案

(3) 如果观察者A和B一起以五分之三的光速相对于地面运动，那么上述第(1)问中的观察者B和第(2)问中的观察者A所观察到的时间间隔又是怎样的？

4-6　在核聚变反应过程中，一个中子和一个质子合成氘核，在这个过程中会发射出γ射线，并产生3.52×10^{-13} J的能量.试用爱因斯坦质能关系推导这个结果.

习　题

一、单选题

4-1　某宇航员以$0.8c$（c为真空中光速）的速度离开地球，若在地球上测得他发出的两个信号的时间间隔为10 s，则宇航员测出的相应的时间间隔为（　　）.

(A) 5 s　　(B) (10/3) s　　(C) 6 s　　(D) 10 s

4-2　宇宙飞船相对于地面以速度v作匀速直线飞行，某一时刻飞船头部的宇航员向飞船尾部发出一个光信号，经过Δt（飞船上的钟）时间后，光信号被尾部的接收器收到，则由此可知飞船的固有长度为（　　）.

(A) $c\Delta t$　　(B) $v\Delta t$　　(C) $\dfrac{c\Delta t}{\sqrt{1-\left(\dfrac{v}{c}\right)^2}}$　　(D) $c\Delta t\sqrt{1-\left(\dfrac{v}{c}\right)^2}$

4-3　一宇航员要到离地球5 l.y.的星球旅行，若希望把这段路程缩短为3 l.y.，则宇航员所乘坐的火箭相对于地球的速度应该是（　　）.

(A) $v=0.8c$　　(B) $v=0.6c$　　(C) $v=0.9c$　　(D) $v=0.5c$

4-4　K系与K′系是坐标轴相互平行的两个惯性系，K′系相对于K系沿x轴正方向匀速运动.一根刚性尺静止在K′系中，与x'轴成30°角.今在K系中测得该尺与x轴成45°角，则K′系相对于K系的速度是（　　）.

(A) $\dfrac{2}{3}c$　　(B) $\dfrac{1}{3}c$　　(C) $\left(\dfrac{2}{3}\right)^{\frac{1}{2}}c$　　(D) $\left(\dfrac{1}{3}\right)^{\frac{1}{2}}c$

4-5 在某个惯性系中同地、不同时发生两个事件,在其他惯性系中观测它们,(　　).

(A) 一定同地　　(B) 可能同地

(C) 不可能同地,但可能同时　　(D) 不可能同地,也不可能同时

4-6 设S′系相对于S系以速度$u=0.8c$沿x轴正方向运动,在S′系中测得两个事件的空间间隔为300 m,时间间隔为10^{-6} s.下面选项哪个是正确的?(　　).

(A) $\Delta x=0, \Delta t=10^{-6}$ s　　(B) $\Delta x=300$ m$, \Delta t=10^{-6}$ s

(C) $\Delta x'=300$ m$, \Delta t'=10^{-6}$ s　　(D) $\Delta x'=0, \Delta t'=10^{-6}$ s

4-7 在狭义相对论中,下列说法正确的是(　　).

(1) 一切运动物体相对于观察者的速度都不能大于真空中的光速;

(2) 质量、长度、时间的测量结果都是随物体与观察者的相对运动状态而改变的;

(3) 在一惯性系中发生于同一时刻、不同地点的两事件在其他一切惯性系中也是同时发生的;

(4) 惯性系中的观察者在观察一个与他作匀速相对运动的时钟时,会看到这时钟比与他相对静止的相同的时钟走得慢些.

(A) (1)(3)(4)　　(B) (1)(2)(4)

(C) (1)(2)(3)　　(D) (2)(3)(4)

4-8 有一静止质量为m_0的粒子,具有初速度0.4c.若使粒子的末动量等于初动量的10倍,则其末速度应为初速度的几倍?(　　).

(A) 3倍　　(B) 10倍　　(C) 约4倍　　(D) 2.4倍

4-9 把一静止质量为m_0的粒子由静止加速到0.1c所需做的功为多少?(　　).

(A) $0.5m_0c^2$　　(B) $0.005m_0c^2$　　(C) $5m_0c^2$　　(D) $4.9m_0c^2$

4-10 设某微观粒子的总能量是它静能量的K倍,则其动量应为(　　).

(A) $m_0c\sqrt{1-1/K^2}$　　(B) $m_0c\sqrt{K^2-1}$

(C) m_0cK　　(D) m_0c/K

二、填空题

4-11 如图所示,静止于地面参考系中的一个光源沿x轴方向发出光,光速是c;宇航员甲在沿x轴正方向飞行的火箭中,火箭相对于地面的速度为$v_1=0.3c$,宇航员甲测得该光源发出的光的速度为$u_1=$________.宇航员乙在沿x轴负方向飞行的火箭中,火箭相对于地面的速度为$v_2=0.2c$,宇航员乙测得该光源发出的光的速度为$u_2=$________.

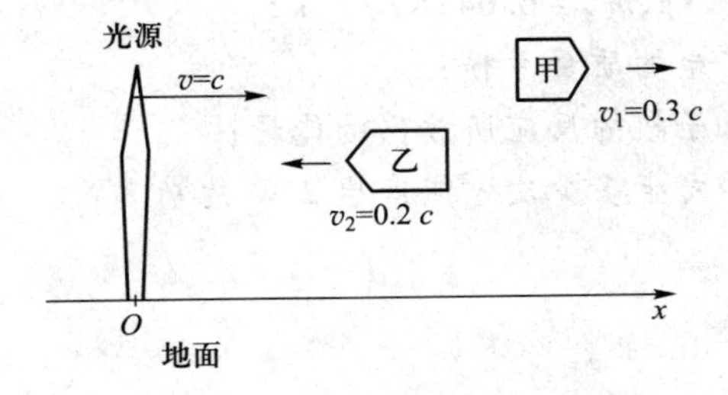

习题4-11图

4-12 一个门的宽度为a,一固有长度为$L_0(L_0>a)$的水平细杆,在门外与门贴近的平面内沿杆长度方向匀速运动.若站在门外的观察者认为此杆的两端可同时被拉进此门,

则该杆相对于门的运动速率 u 至少应为__________.

4-13 (1) 在速度为 $v=$__________的情况下,粒子的动量等于其非相对论动量的两倍;

(2) 在速度为 $v=$__________的情况下,粒子的动能等于其静止能量.

4-14 两个静止质量均为 m_0 的粒子,以大小相等、方向相反的速度 u 相撞后合成一个复合粒子,则该复合粒子的动量为________,静止质量为________.

三、计算题

4-15 一宇宙飞船相对于地面以速度 $0.6c$ 飞行,在某一时刻位于飞船头部的发射器向船尾方向发射一个光信号,这个信号经过 5 s 的时间被尾部的接收器接收到.问飞船的固有长度为多少?地面上的人测出的飞船的长度为多少?

4-16 π^+ 介子是一种不稳定的粒子,它在跃迁的过程中容易产生衰变,已知它在某能级的平均寿命为 2.5×10^{-8} s,若它相对于实验室的运动速度为 $0.6c$,问:

(1) 在实验室中测量出的 π^+ 介子的平均寿命为多少?

(2) 在实验室中观察,π^+ 介子在衰变前能够运动多长距离?

4-17 有一飞行器相对于地球匀速直线飞行,飞行速度为 $0.75c$.在地球上相距 10 000 m 的两个地点连续发生了两次爆炸,时间间隔为 5×10^{-5} s.求此飞行器接收到的两次爆炸的时间间隔与空间间隔.

4-18 有两个参考系(S 系与 S′系)相向作匀速直线运动,在 S 系中不同的两个地方同时发生了两个事件,间隔为 5 m,这两个事件在 S′系中的空间距离为 10 m,问这两个事件在 S′系中的空间距离为多少?

4-19 一高速运动的粒子 A,其静质量为 m_A,速度为 u,在其运动的过程中与静止的粒子 B 发生了碰撞,B 的静质量为 m_B.二者碰撞后组成复合粒子,假设碰撞前后无能量损失,求复合粒子的质量与速度.

4-20 把一静质量为 0.005 g 的粒子放在直线加速器中加速.问:将该粒子从静止加速到 $0.5c$ 需做多少功?将该粒子从 $0.89c$ 加速到 $0.99c$ 需做多少功?

4-21 对一电子进行加速,加速后它的总能量是静能量的 2 倍,求该电子被加速后的速度以及动量的大小.

4-22 已知原子核在聚变过程中会形成新的原子核,现通过某种手段使得两个质子与两个中子集聚到一起产生了一个氦原子核.这三种元素的静质量分别为 $m_{质}=1.673\times10^{-27}$ kg,$m_{中}=1.675\times10^{-27}$ kg,$m_{氦}=6.643\times10^{-27}$ kg.

第4章习题参考答案

(1) 求形成新核后产生的质量亏损;

(2) 求形成一个氦原子核的反应所放出的能量;

(3) 问这种反应每秒发生多少次才能产生 2 W 的功率?

第5章 振动和波动

第5章测试题

编钟是中国古代的一种打击乐器,用青铜铸成,由大小不同的扁圆钟按照音调高低的次序排列起来,悬挂在一个巨大的钟架上.用丁字形的木槌和长形的棒分别敲打钟,能发出不同的乐音,因为每个钟的音调不同,所以按照音谱敲打,可以演奏出美妙的乐曲.编钟的历史可以追溯到新石器时代的晚期,当时的编钟多为陶制;商代以后的编钟多为铜制.编钟属于变音打击乐器族,发音类似钟声,清脆悦耳、延音持久,具有东方色彩,适合于演奏五声音阶的音乐.编钟在中国古代音乐中占有极其重要的地位.编钟是如何发出美妙的音乐的呢?声波又是如何描述的呢?学完本章的内容大家就会了解.

振动是一种生活、生产中常见的物体运动形式,**即物体在某一位置附近作的往复运动**.如树叶随风的摇摆、钟摆的摆动、心脏的跳动、气缸活塞的往复运动等,这些运动方式均称为振动.这些振动的共同特点是在运动的过程中物体位置随时间变化,故称之为**机械振动**.

机械振动是一种运动形式,描述机械运动的物理量(如坐标)表现出振动的特征.广泛地说,任意一个物理量在某一个定值附近的反复变化,都可以称为振动.例如交流电中电压和电流的反复变化,电磁波中磁场和电场的反复变化等,都属于振动的范畴.因为振动都表现出相似的规律,所以可通过对机械振动现象的分析来了解振动的一般规律.

振动状态向四周的传播即波动,简称波.波动是物质运动和能量传播的一种很普遍的形式.产生波动的振动系统称为**波源**,日常生活中有许多波动的例子.如声波、水波,它们都是依靠弹性介质中质点的振动而产生且传播的,因此称为机械波.机械波是靠介质传播的,然而不是所有的波动都靠介质传播.除了机械波,还有光波、X射线、γ射线、无线电波等也属于波动,这些波是依靠交变电磁场在空间的传播形成的,统称电磁波.电磁波与机械波在本质上虽然不同,但都具有波的共同特征.例如,电磁波和机械波都具有一定的传播速度,且都伴随着能量的传播,都能产生反射、折射、干涉和衍射等现象,同时还有相似的数学表达式.

本章内容分为两个部分:第一部分是机械振动,包括简谐振动的特征、描述和规律,简谐振动的合成;第二部分是机械波,涉及机械波的产生,波函数和波的能量,惠更斯原理及其在波的干涉和衍射方面的应用,驻波,多普勒效应等.

【学习目标】

(1) 掌握描述简谐振动和简谐波动的各物理量(特别是相位)的物理意义.

(2) 掌握旋转矢量法,并能用以分析有关问题.

(3) 理解两个同方向、同频率简谐振动的合成规律.

(4) 掌握平面简谐波的波动方程,理解波形曲线.

(5) 了解波的能量传播特征及能流、能流密度等概念.

(6) 理解惠更斯原理和波的叠加原理,掌握波的相干条件,能应用相位差或波程差分析和确定相干波叠加后振幅加强和减弱的条件.

(7) 了解驻波及多普勒效应.

5-1 简谐振动

振动的形式多种多样,大多数情况非常复杂,这里将介绍一种最简单、最基本的振动形式,即简谐振动.**作简谐振动的物体称为谐振子**.任何复杂的振动都可看成若干个简谐振动的合成.下面以水平放置的弹簧振子为例,介绍简谐振动的运动规律.

一、简谐振动

在一个光滑的水平面上,有一端被固定的轻质弹簧,其另一端系着一个质量为 m 的物体,如图 5-1 所示.当弹簧处于原长 l_0时,物体在 x 轴方向不受力的作用,此时物体位于点 O,该点称为平衡位置.若将物体沿 x 轴正方向移开 O 点,则弹簧被拉长,这时物体受到来自弹簧的指向点 O 的弹性力 $\boldsymbol{F}$ 的作用.将物体释放后,物体就在弹性力 $\boldsymbol{F}$ 的作用下左右往返振动起来.因为没有摩擦力,所以物体将永远振动下去.

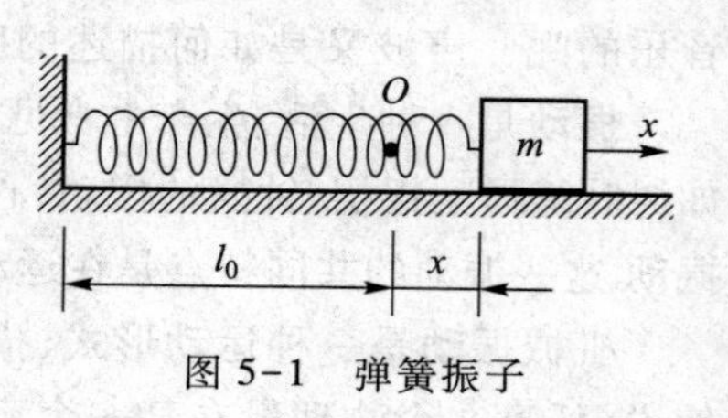

图 5-1 弹簧振子

选取平衡位置 O 为坐标原点,水平向右作为 x 轴正方向,由胡克定律可知,对于物体所受的弹性力 $\boldsymbol{F}$,其大小与物体相对于平衡位置的位移 x 成正比,弹性力的方向与位移方向相反,始终指向平衡位置,故此弹性力称为线性回复力,其表达式为

$$F=-kx \tag{5-1}$$

式中 k 为弹簧的弹性系数.根据牛顿第二定律,物体的运动方程可以表示为

$$F=ma=m\frac{\mathrm{d}^2x}{\mathrm{d}t^2} \tag{5-2}$$

将式(5-1)代入式(5-2),得

$$m\frac{\mathrm{d}^2x}{\mathrm{d}t^2}=-kx$$

如果令

$$\omega^2=\frac{k}{m} \tag{5-3}$$

那么上式可进一步写成

$$\frac{\mathrm{d}^2x}{\mathrm{d}t^2}+\omega^2x=0 \tag{5-4}$$

式(5-4)为简谐振子的运动微分方程,这一方程的解为

$$x=A\cos(\omega t+\varphi) \tag{5-5}$$

或

$$x=A\sin(\omega t+\varphi) \tag{5-6}$$

式中 A 和 φ 都是积分常量,它们都有明确的物理意义,其物理意义及它们的值将在后面介绍.由三角函数公式可知,式(5-5)和式(5-6)在物理上具有相同的意义,以后我们只取

式(5-5)的形式,这个式子常称为简谐振动的运动方程.**物体相对于平衡位置的位移按余弦(或正弦)函数关系变化的运动称为简谐振动**.

在不考虑摩擦力的情况下,上面讨论了弹簧振子的振动,由弹簧振子的振动可知,物体在线性回复力的作用下作的一定是简谐振动,其偏离平衡位置的位移必定满足运动方程式(5-4),这种形式的运动微分方程是简谐振动的特征式.该方程的解是时间的余弦(或正弦)函数.

需要注意的是,在上述弹簧振子的例子中,如果振动幅度过大(超出弹簧的弹性限度),回复力就不再满足胡克定律,回复力与位移就不再有简单的线性正比关系,因此,此时弹簧振子的运动将是非线性振动.物体在非线性回复力作用下所作的振动为非线性振动.一般来说,日常生活和工程技术中的振动属于非线性振动,仅在一定条件下才可近似当成线性振动.

二、描述简谐振动的物理量

振幅 A、周期 T(或频率 ν)和相位是描述简谐振动的三个重要物理量,由式(5-5)给出的简谐振动的表达式可以看出,若知道了某一简谐振动的 A、ω、φ,这个简谐振动就完全确定了,故这三个量也称为描述简谐振动的三个特征量.

1. 振幅 A

在简谐振动表达式中,因余弦函数的绝对值不可能大于 1,所以物体的振动位移范围在 $+A$ 和 $-A$ 之间,我们把作简谐振动的物体偏离平衡位置的最大位移的绝对值 A 称为振幅.在后面的讨论中可以知道,振幅决定了系统的能量.

2. 周期 T 和频率 ν

运动具有周期性是振动的特征之一,我们把**完成一次全振动所经历的时间称为周期**,周期用 T 来表示.每经一个周期,物体的振动状态就完全重复一次,即

$$x=A\cos[\omega(t+T)+\varphi]=A\cos(\omega t+\varphi)$$

满足上述方程的周期的最小值为

$$T=\frac{2\pi}{\omega} \tag{5-7}$$

单位时间内物体所作的全振动的次数称为振动频率,用 ν 表示,它的单位是 Hz(赫兹).显然,频率与周期的关系为

$$\nu=\frac{1}{T}=\frac{\omega}{2\pi} \tag{5-8}$$

或

$$\omega=2\pi\nu$$

因此,ω 表示物体在 2π s **内所作的全振动的次数**,称为振动的**圆频率**或**角频率**,它的单位是 rad/s.

对于弹簧振子,有 $\omega=\sqrt{\frac{k}{m}}$,因此弹簧振子的周期和频率可表示为

$$T=2\pi\sqrt{\frac{m}{k}}$$

$$\nu=\frac{1}{2\pi}\sqrt{\frac{k}{m}}$$

因为弹簧振子的质量 m 和弹性系数 k 是其本身固有的性质,所以周期和频率完全由振动系统本身的物理性质决定,因此常称之为振动的固有周期和固有频率.

利用周期 T、频率 ν 和角频率 ω 之间的关系,简谐振动的运动方程可以改写为

$$x=A\cos\left(\frac{2\pi}{T}t+\varphi\right)$$

$$x=A\cos(2\pi\nu t+\varphi)$$

3. 相位

在力学中,物体在某一时刻的运动状态可用位矢、速度和加速度来描述.将式(5-5)两边对时间求一阶导数和二阶导数,可以得到振动物体的速度和加速度:

$$v=\frac{\mathrm{d}x}{\mathrm{d}t}=-A\omega\sin(\omega t+\varphi) \tag{5-9a}$$

$$a=\frac{\mathrm{d}v}{\mathrm{d}t}=-A\omega^2\cos(\omega t+\varphi) \tag{5-9b}$$

由式(5-5)和式(5-9)可以看出,在振幅 A 和角频率 ω 确定的情况下,振动物体的位置、速度及加速度完全取决于 $\omega t+\varphi$. $\omega t+\varphi$ 称为简谐振动的相位,其单位是 rad(弧度).

$t=0$ 时的相位 φ 称为初相位.在振幅 A 和角频率 ω 确定的情况下,振动物体在初始时刻的振动状态完全取决于初相位 φ.在式(5-5)和式(5-9a)中令 $t=0$,可得

$$\begin{cases}x_0=A\cos\varphi\\ v_0=-A\omega\sin\varphi\end{cases} \tag{5-10}$$

式中 x_0 和 v_0 分别是物体在初始时刻的位移和速度,这两个量描述了物体在初始时刻的振动状态,也就是振动的初始条件.

振幅 A 和初相位 φ,在数学上它们是求解微分方程(5-4)时引入的两个积分常量,而在物理上,它们是由振动系统的初始状态所决定的两个描述简谐振动的特征量,由初始条件式(5-10)可以求得

$$\begin{cases}A=\sqrt{x_0^2+\dfrac{v_0^2}{\omega^2}}\\ \varphi=\arctan\left(-\dfrac{v_0}{\omega x_0}\right)\end{cases} \tag{5-11}$$

总之,对于一定的振动系统,周期(或频率)由振动系统本身决定,而振幅和初相位则由振动的初始状态决定.

相位是振动中非常重要的概念,利用相位可以比较两个同频率的振动在步调上的差异.设有两个角频率均为 ω 的简谐振动,其运动方程分别为

$$x_1=A_1\cos(\omega t+\varphi_1)$$

$$x_2=A_2\cos(\omega t+\varphi_2)$$

这两个振动的相位差可以表示为

$$\Delta\varphi=(\omega t+\varphi_2)-(\omega t+\varphi_1)=\varphi_2-\varphi_1$$

由此可见，任意时刻两个同频率振动的相位差都等于它们的初相位差. 当 $\Delta\varphi$ 等于 0 或 2π 的整数倍时，两振动物体同时到达各自同方向的最大位移处，同时通过平衡位置且沿相同方向运动，它们的步调完全相同，通常把这样的两个振动称为同相振动. 当 $\Delta\varphi$ 等于 π 或 π 的奇数倍时，若一个物体达到正的最大位移处，则另一个物体在负的最大位移处，它们同时通过平衡位置但向相反方向运动，即两个振动的步调完全相反，通常称这样的两个振动为反相振动.

当 $\Delta\varphi$ 等于其他值时，若 $\Delta\varphi>0$（即 $\varphi_2>\varphi_1$），则称第二个振动超前于第一个振动 $\Delta\varphi$，或者说第一个振动落后于第二个振动 $\Delta\varphi$，如图 5-2 所示.

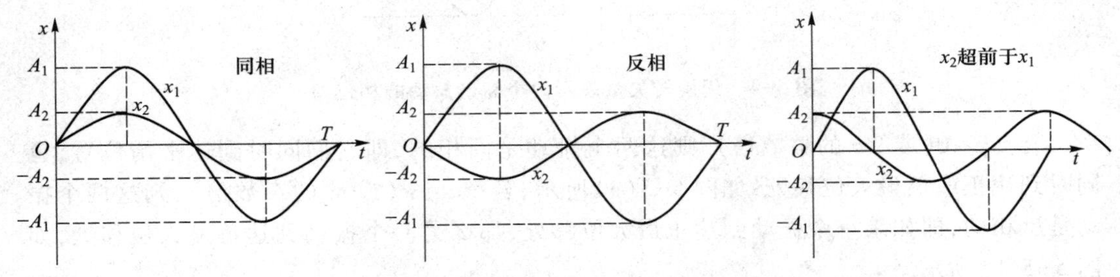

图 5-2 两个同频率简谐振动的相位关系

三、简谐振动的旋转矢量表示法

语音录课：简谐振动的旋转矢量表示法

为了直观地领会简谐振动表达式中 A、φ 和 ω 三个物理量的意义，下面介绍简谐振动的旋转矢量表示法，这种表示法利用的是匀速率圆周运动的周期特征.

如图 5-3 所示，在平面内画坐标轴 x，由原点 O 作一个矢量 $\boldsymbol{A}$，矢量的大小是 A，矢量以角频率 ω 在平面内作逆时针匀速率圆周运动，这个矢量称为振幅矢量. 假设在 $t=0$ 时，矢量 $\boldsymbol{A}$ 与 x 轴之间的夹角为 φ，φ 即简谐振动的初相位. 经过时间 t，矢量 $\boldsymbol{A}$ 转过角度 ωt，此时，矢量 $\boldsymbol{A}$ 与 x 轴之间的夹角变为 $\omega t+\varphi$，$\omega t+\varphi$ 等于简谐振动在 t 时刻的相位. 这时矢量 $\boldsymbol{A}$ 的末端在 x 轴上的投影点的位置为

$$x=A\cos(\omega t+\varphi)$$

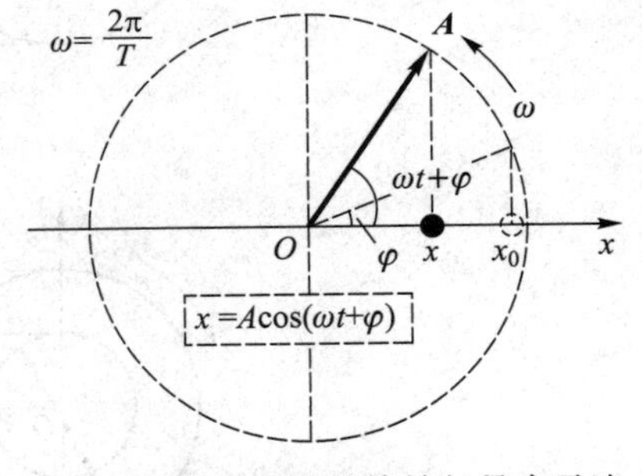

图 5-3 简谐振动的旋转矢量表示法

这就是简谐振动的表达式. 由此可知，沿逆时针方向作匀速率转动的矢量 $\boldsymbol{A}$，其端点在 x 轴上投影的运动是简谐振动. 矢量 $\boldsymbol{A}$ 旋转一周所需的时间就是简谐振动的周期.

可见，简谐振动的旋转矢量表示法可将简谐振动的三个特征量非常直观地表示出来：矢量的长度即振动的振幅，矢量旋转的角速度即振动的角频率，矢量与 x 轴的夹角即振动的相位，而 $t=0$ 时矢量与 x 轴的夹角为初相位.

利用旋转矢量表示法，还可以容易地比较两个具有相同频率的简谐振动的“步调”情况. 设有下列两个简谐振动：

$$x_1=A_1\cos(\omega t+\varphi_1)$$
$$x_2=A_2\cos(\omega t+\varphi_2)$$

$$\Delta\varphi=(\omega t+\varphi_2)-(\omega t+\varphi_1)=\varphi_2-\varphi_1$$

如图 5-4 所示，如果 $\Delta\varphi=\varphi_2-\varphi_1>0$，那么我们说 x_2 振动超前于 x_1 振动 $\Delta\varphi$，或者说 x_1 振动落后于 x_2 振动 $\Delta\varphi$.

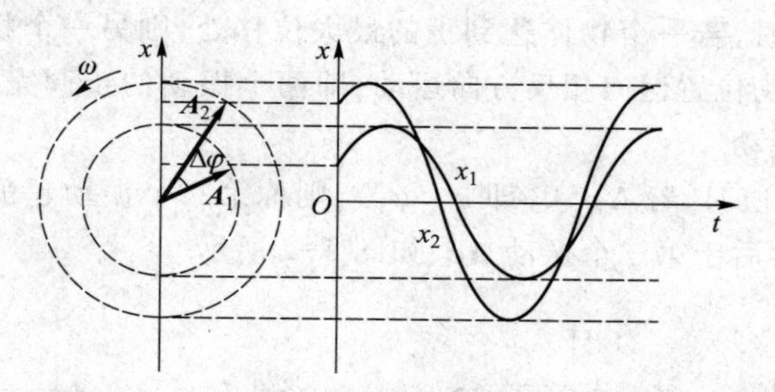

图 5-4　用旋转矢量表示两个简谐振动的相位差

若 $\Delta\varphi=0$（或 2π 的整数倍），则这两个振动是同相的，即它们同时到达平衡位置，也同时到达正或负最大位移处，如图 5-5(a) 所示；若 $\Delta\varphi=\pi$（或 π 的奇数倍），则这两个振动是反相的，即如果一个振动到达正最大位移处，那么另一个振动到达负最大位移处，如图 5-5(b) 所示.

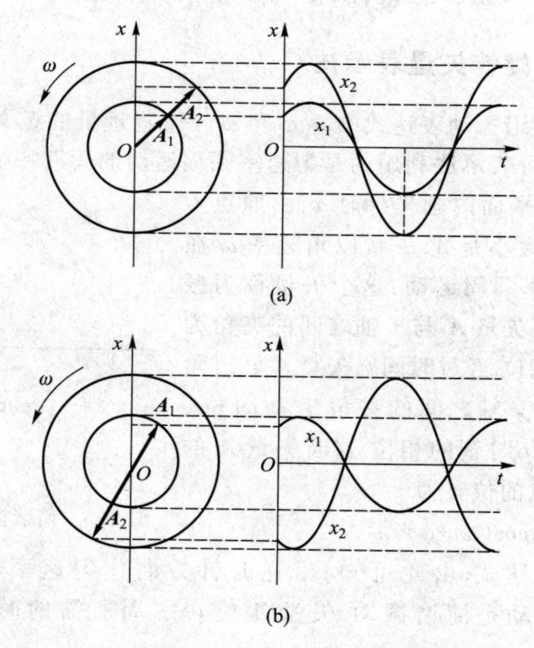

图 5-5　用旋转矢量表示同相和反相振动

例题 5-1

一物体沿 x 轴作简谐振动，振幅为 $A=0.12$ m，周期为 $T=2$ s. 当 $t=0$ 时，物体的位移为 $x_0=0.06$ m，物体沿着 x 轴正方向运动. 求：

(1) $t=0.5$ s 时物体的位置、速度和加速度；

(2) 物体从 $x=-0.06$ m 处沿着 x 轴负方向运动时，回到平衡位置所需的最短时间.

解　(1) 设这一简谐振动的表达式为

$$x=A\cos(\omega t+\varphi)$$

有 $A=0.12\ \text{m}, T=2\ \text{s}, \omega=\frac{2\pi}{T}=\pi\ \text{rad/s}$.由初始条件:$t=0$ 时,$x_0=0.06\ \text{m}$,可得

$$0.06=0.12\cos\varphi\ (\text{SI 单位})$$

即

$$\cos\varphi=\frac{1}{2},\quad \varphi=\pm\frac{\pi}{3}$$

由初始速度 $v_0=-\omega A\sin\varphi$,且 $t=0$ 时,物体沿着 x 轴正方向运动,可知 $v_0>0$,所以

$$\varphi=-\frac{\pi}{3}$$

则此简谐振动的表达式为

$$x=0.12\cos\left(\pi t-\frac{\pi}{3}\right)\ (\text{SI 单位})$$

由简谐振动表达式得

$$v=\frac{dx}{dt}=-0.12\pi\sin\left(\pi t-\frac{\pi}{3}\right)\ (\text{SI 单位})$$

$$a=\frac{dv}{dt}=-0.12\pi^2\cos\left(\pi t-\frac{\pi}{3}\right)\ (\text{SI 单位})$$

在 $t=0.5\ \text{s}$ 时,从上列各式求得

$$x=0.12\times\cos\left(\pi\times0.5-\frac{\pi}{3}\right)\ \text{m}=6\sqrt{3}\times10^{-2}\ \text{m}\approx0.104\ \text{m}$$

$$v=-0.12\times\pi\times\sin\left(\pi\times0.5-\frac{\pi}{3}\right)\ \text{m/s}=-0.06\pi\ \text{m/s}\approx-0.188\ \text{m/s}$$

$$a=-0.12\times\pi^2\times\cos\left(\pi\times0.5-\frac{\pi}{3}\right)\ \text{m/s}^2=-6\sqrt{3}\pi^2\times10^{-2}\ \text{m/s}^2\approx-1.03\ \text{m/s}^2$$

(2) 当 $x=-0.06\ \text{m}$ 时,设该时刻为 t_1,有

$$-0.06=0.12\cos\left(\pi t_1-\frac{\pi}{3}\right)\ (\text{SI 单位})$$

$$\cos\left(\pi t_1-\frac{\pi}{3}\right)=-\frac{1}{2}\ (\text{SI 单位})$$

$$\pi t_1-\frac{\pi}{3}=\frac{2\pi}{3}$$

因为物体沿着 x 轴负方向运动,$v<0$,所以取$\frac{2\pi}{3}$,求得

$$t_1=1\ \text{s}$$

因为简谐振动为周期性运动,所以物体第一次回到平衡位置所需时间为最短时间.设该时刻为 t_2,根据物体向 x 轴正方向运动,所以此时物体在平衡位置时简谐振动的相位为$\frac{3\pi}{2}$,则由

$$\pi t_2-\frac{\pi}{3}=\frac{3\pi}{2}\ (\text{SI 单位})$$

求得

$$t_2=\frac{11}{6}\ \text{s}$$

因此,从 $x=-0.06$ m 处回到平衡位置所需最短时间为

$$\Delta t=t_2-t_1=\left(\frac{11}{6}-1\right)\ \text{s}=\frac{5}{6}\ \text{s}\approx 0.83\ \text{s}$$

也可用旋转矢量法来确定所需时间,由图 5-6 可知,旋转矢量转过的角度为

$$\Delta\varphi=\frac{3\pi}{2}-\frac{2\pi}{3}=\frac{5\pi}{6}$$

所需时间为

$$\Delta t=\frac{\Delta\varphi}{\omega}\approx 0.83\ \text{s}$$

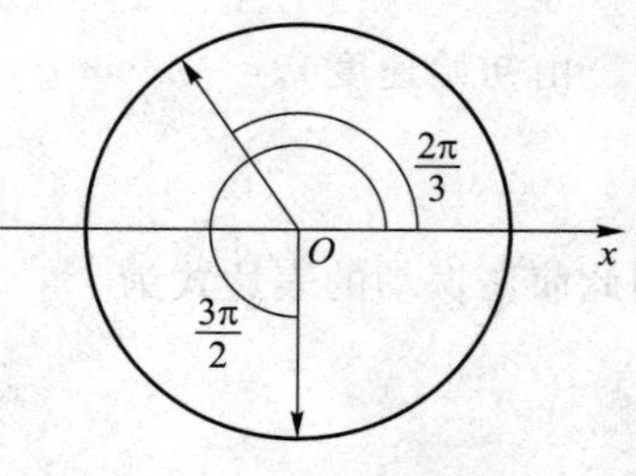

图 5-6 旋转矢量法

四、简谐振动的能量

从机械运动的观点看,在振动过程中,若振动系统不受外力和非保守内力的作用,则其机械能是守恒的.现在以弹簧振子为例来讨论简谐振动系统的能量问题.此系统机械能包括动能和弹性势能.

弹簧振子的位移和速度分别可表示为

$$x=A\cos(\omega t+\varphi)$$
$$v=-A\omega\sin(\omega t+\varphi)$$

则系统的动能为

$$E_k=\frac{1}{2}mv^2=\frac{1}{2}m\omega^2A^2\sin^2(\omega t+\varphi) \tag{5-12}$$

系统的弹性势能可表示为

$$E_p=\frac{1}{2}kx^2=\frac{1}{2}kA^2\cos^2(\omega t+\varphi) \tag{5-13}$$

式(5-12)和式(5-13)说明当物体作简谐振动时,弹簧振子的动能和势能都随时间 t 作周期性变化.在平衡位置时,系统的弹性势能为零,而速度为最大值,因此系统的动能为最大值 $\frac{1}{2}m\omega^2A^2$;当位移最大时,速度为零,系统的动能也为零,而系统的弹性势能为最大值 $\frac{1}{2}kA^2$.

弹簧振子的总机械能为

$$E=E_k+E_p=\frac{1}{2}m\omega^2A^2\sin^2(\omega t+\varphi)+\frac{1}{2}kA^2\cos^2(\omega t+\varphi)$$

因为 $\omega^2=k/m$,所以上式可化为

$$E=\frac{1}{2}m\omega^2A^2=\frac{1}{2}kA^2 \tag{5-14}$$

由上式可见,尽管在振动中弹簧振子的动能和势能都是随时间作周期性变化的,但**系统**

的总机械能是恒定不变的,并与振幅的平方成正比.这一结论适用于任意作简谐振动的系统.

图 5-7 给出了简谐振动的动能、势能随时间变化的曲线(图中设 $\varphi=0$),为了便于将这个变化与位移随时间变化相比较,在下面也画了 $x-t$ 和 $v-t$ 的曲线,由图可知,**动能和势能的周期是振幅的一半,系统总能量保持不变**.

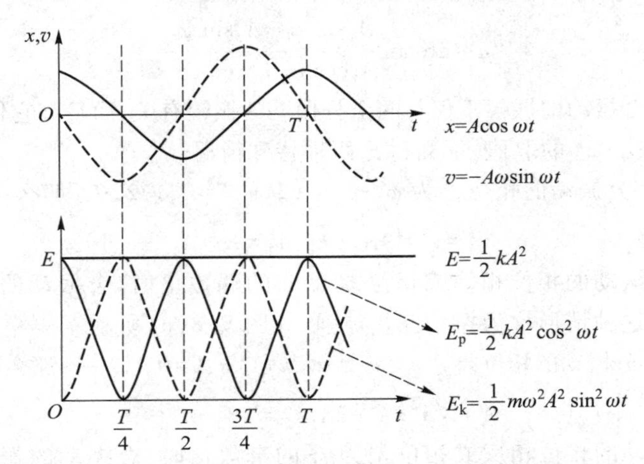

图 5-7 简谐振动位移、速度、动能、势能和总机械能随时间变化的曲线

五、一维简谐振动的合成

在很多实际问题中,我们经常遇到一个质点同时参与多个振动的情况,比如两个声波同时传播到了空间某点,则该点处的空气就同时参与了两种振动.振动合成的基本知识在声学、光学、交流电及无线电技术等方面都有广泛的应用.一般来说,振动合成问题是比较复杂的,我们在这里只讨论简谐振动合成的几种简单情况.

1. 同方向同频率简谐振动的合成

设一个物体同时参与了在同一直线(如 x 轴)上的两个相同频率的简谐振动,且这两个简谐振动分别表示为

$$x_1=A_1\cos(\omega t+\varphi_1)$$

$$x_2=A_2\cos(\omega t+\varphi_2)$$

因为这两个简谐振动在同一条直线上,所以这两个振动的合振动一定也处于这条直线上,且合位移 x 应等于两个分位移 x_1 和 x_2 的代数和,即

$$\begin{aligned}x&=x_1+x_2=A_1\cos(\omega t+\varphi_1)+A_2\cos(\omega t+\varphi_2)\\&=(A_1\cos\varphi_1+A_2\cos\varphi_2)\cos\omega t\\&\quad-(A_1\sin\varphi_1+A_2\sin\varphi_2)\sin\omega t\end{aligned}\tag{5-15}$$

两个括号内的代数式分别为常量,为将 x 改写为简谐振动表达式的形式,现引入两个新常量 A、φ,令其满足

$$A_1\cos\varphi_1+A_2\cos\varphi_2=A\cos\varphi$$

$$A_1\sin\varphi_1+A_2\sin\varphi_2=A\sin\varphi$$

将这两式代入式(5-15),得

$$x=A\cos\varphi\cos\omega t-A\sin\varphi\sin\omega t$$
$$=A\cos(\omega t+\varphi) \tag{5-16}$$

由此可见,两个同方向同频率简谐振动的合振动仍为简谐振动,合振动的频率与原来的简谐振动的频率相同,合振动的振幅为 A,初相位为 φ,且有

$$A=\sqrt{A_1^2+A_2^2+2A_1A_2\cos(\varphi_2-\varphi_1)} \tag{5-17}$$

$$\varphi=\arctan\frac{A_1\sin\varphi_1+A_2\sin\varphi_2}{A_1\cos\varphi_1+A_2\cos\varphi_2} \tag{5-18}$$

由式(5-17)可见,合振动的振幅不仅与两个分振动的振幅有关,而且与它们的相位差 $\varphi_2-\varphi_1$ 有关.关于相位差 $\varphi_2-\varphi_1$ 的取值,下面讨论两种特殊情况.

(1) 如果两个分振动的相位差为 $\varphi_2-\varphi_1=\pm2k\pi, k=0,1,2,\cdots$,那么由式(5-17)可得

$$A=\sqrt{A_1^2+A_2^2+2A_1A_2}=A_1+A_2 \tag{5-19}$$

这表示,当两个分振动的相位相等或相位差为 π 的偶数倍时,合振动的振幅等于两个分振动的振幅之和,这种情形称为振动互相加强,如图5-8(a)所示.

(2) 如果两个分振动的相位差为 $\varphi_2-\varphi_1=\pm(2k+1)\pi, k=0,1,2,\cdots$,那么由式(5-17)可得

$$A=\sqrt{A_1^2+A_2^2-2A_1A_2}=|A_1-A_2| \tag{5-20}$$

这表示,两个分振动的相位相反或相位差为 π 的奇数倍时,合振动的振幅等于两个分振动振幅之差的绝对值,这种情形称为振动互相减弱,如图5-8(b)所示.

在一般情况下,相位差 $\varphi_2-\varphi_1$ 不一定是 π 的整数倍,合振动的振幅 A 则为 A_1+A_2 和 $|A_1-A_2|$ 之间的某一定值.

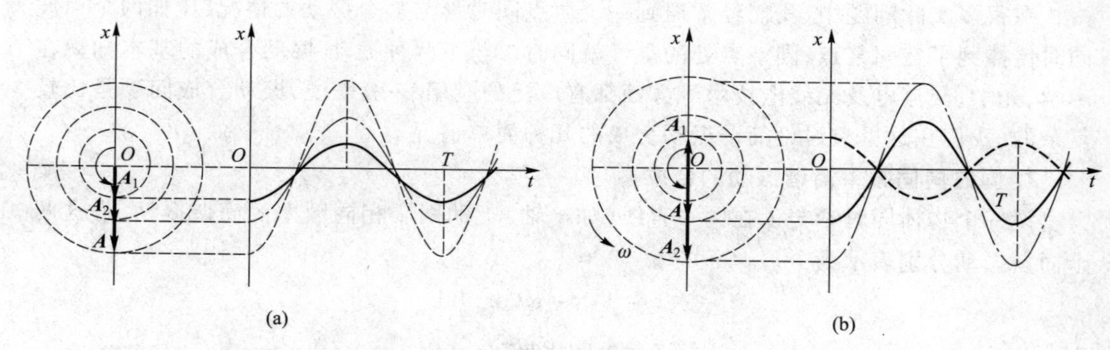

图5-8　同一直线上同相、反相的两个简谐振动的合成

现在我们利用简谐振动的旋转矢量表示法解决同方向同频率的简谐振动合成问题.上述两个分振动的旋转矢量分别为 $\boldsymbol{A}_1$ 和 $\boldsymbol{A}_2$,如图5-9所示.在 $t=0$ 时,这两个矢量与 x 轴的夹角分别为 φ_1 和 φ_2,它们在 x 轴上的投影分别为 x_1 和 x_2.这两个分振动的合成反映在旋转矢量图上应该是两个矢量的合成.所以,根据矢量合成的平行四边形法则,可得合矢量 $\boldsymbol{A}=\boldsymbol{A}_1+\boldsymbol{A}_2$,因为矢量 $\boldsymbol{A}_1$ 和 $\boldsymbol{A}_2$ 都以角速度 ω 绕点 O 作逆时针方向旋转,它们保持相对静止,所以

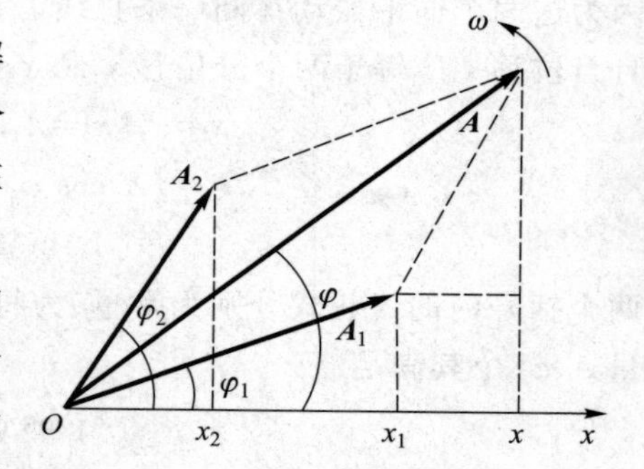

图5-9　同一直线上两个同频率简谐振动合成的旋转矢量图

它们的夹角是不变的，始终等于初相位差 $\varphi_2-\varphi_1$，因此在分矢量旋转过程中，合矢量 $\boldsymbol{A}$ 的长度也是恒定的，并以同样的角速度 ω 绕点 O 作逆时针方向旋转. 矢量 $\boldsymbol{A}$ 在 x 轴上的投影可以表示为

$$x=A\cos(\omega t+\varphi)$$

这就是物体所参与的合振动的位移. 上式表示，在同一条直线上两个频率相同的简谐振动的合振动，是一个同频率的简谐振动. 由图 5-9 可以得到合振动的振幅和初相位. 合振动的振幅为

$$A=\sqrt{A_1^2+A_2^2+2A_1A_2\cos(\varphi_2-\varphi_1)}$$

合振动的初相位为

$$\varphi=\arctan\frac{A_1\sin\varphi_1+A_2\sin\varphi_2}{A_1\cos\varphi_1+A_2\cos\varphi_2}$$

2. 同方向不同频率简谐振动的合成

设某物体同时参与了在同一直线（x 轴）上但频率不同的简谐振动，并且这两个简谐振动分别为

$$x_1=A_1\cos(\omega_1 t+\varphi_1)$$

$$x_2=A_2\cos(\omega_2 t+\varphi_2)$$

为简单起见，假定 $\omega_2>\omega_1$，且这两个简谐振动的初相位皆为零（这一假设并不影响结果的普遍适用性），与上一种情况相同，物体所参与的合振动必然在同一直线上，合位移 x 应等于两个分位移 x_1 和 x_2 的代数和，即

$$x=A_1\cos\omega_1 t+A_2\cos\omega_2 t \tag{5-21}$$

但是与上述情况不同的是，这时的合振动不再是简谐振动了，而是一种复杂的振动.

首先，我们利用简谐振动的旋转矢量表示法看一下这种振动的大致情况. 两个分振动分别对应于旋转矢量 $\boldsymbol{A}_1$ 和 $\boldsymbol{A}_2$. 因为这两个旋转矢量绕点 O 转动的角速度不同，所以它们之间的夹角 $(\omega_2-\omega_1)t$ 是随时间变化的，见图 5-10. 这样，旋转矢量 $\boldsymbol{A}_1$ 和 $\boldsymbol{A}_2$ 的合矢量 $\boldsymbol{A}$ 的大小也是随时间变化的，且以匀角速度旋转. 由合矢量所对应的合振动的振幅自然也随时间变化. 由此我们能够断定，这个合振动是振幅随时间变化的振动.

在 t 时刻，旋转矢量 $\boldsymbol{A}_1$ 和 $\boldsymbol{A}_2$ 之间的夹角为 $(\omega_2-\omega_1)t$，合矢量 $\boldsymbol{A}$ 的长度即合振动的振幅，可以表示为

$$A=\sqrt{A_1^2+A_2^2+2A_1A_2\cos(\omega_2-\omega_1)t} \tag{5-22}$$

由上式可见，合振动的振幅随时间在最大值 A_1+A_2 和最小值 $|A_1-A_2|$ 之间变化，见图 5-11，这种现象叫振幅调制.

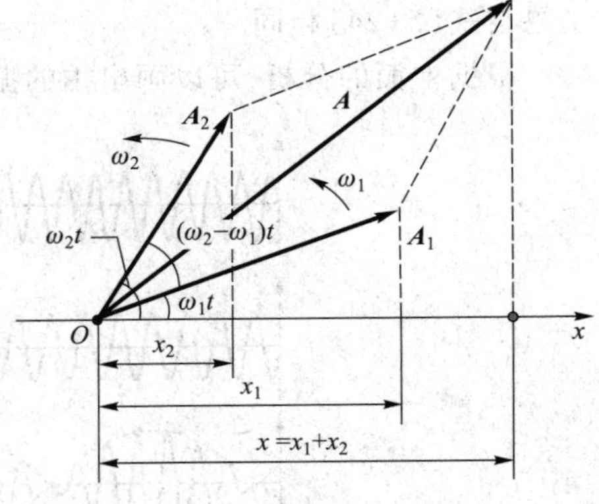

图 5-10　同一直线上不同频率的简谐振动合成的旋转矢量图

合振幅由一次极大到相邻的极大所经历的时间 T 称为周期，显然有

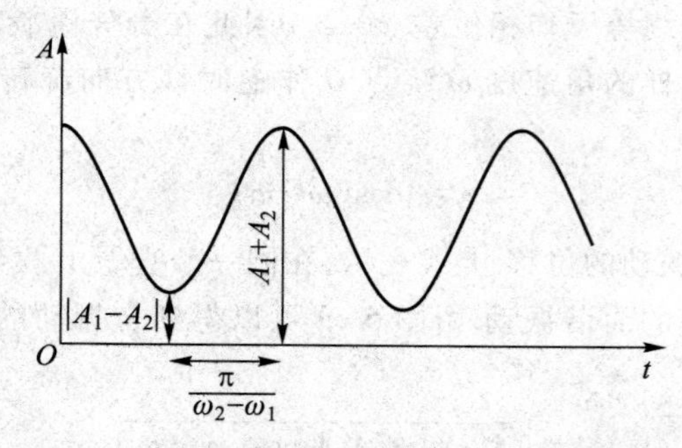

图 5-11　同一直线上不同频率的简谐振动的合振动的振幅随时间变化图

$$T=\frac{2\pi}{\omega_2-\omega_1} \tag{5-23}$$

合振动在 1 s 内加强或减弱的次数称为拍频.显然拍频为

$$\nu=\frac{\omega_2-\omega_1}{2\pi}=\nu_2-\nu_1 \tag{5-24}$$

另外,我们还可以利用三角函数公式求出拍频.为简便起见,假定两个简谐振动的振幅相同,都为 A,则式(5-21)可化为

$$x=2A\cos\left(\frac{\omega_2-\omega_1}{2}t\right)\cos\left(\frac{\omega_2+\omega_1}{2}t\right) \tag{5-25}$$

在上式中,当 ω_1 和 ω_2 相差很小时,$\omega_2-\omega_1$ 比 $\omega_2+\omega_1$ 小得多,因而 $2A\cos[(\omega_2-\omega_1)t/2]$ 是随时间缓慢变化的量,这样可以把它的绝对值看成合振动的振幅,因此,式(5-25)就是此合振动的数学表达式.由此可见,合振动的振幅是时间的周期性函数.因为余弦函数的绝对值是以 π 为周期的,所以振幅 $2A\cos[(\omega_2-\omega_1)t/2]$ 的周期是

$$T=\frac{2\pi}{\omega_2-\omega_1}$$

故拍频为

$$\nu=\frac{1}{T}=\frac{\omega_2-\omega_1}{2\pi}=\nu_2-\nu_1$$

结果与式(5-24)相同.

根据上面的分析,可以画出拍的振动曲线,如图 5-12 所示.

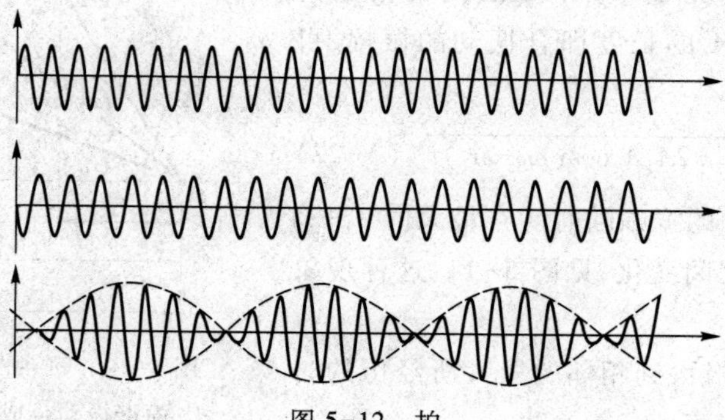

图 5-12　拍

拍现象有着广泛的应用,在声学方面,拍现象可以用来校准乐器,还能够测定超声波的频率;在无线电技术中,拍现象可以测量无线电波的频率等.

3. 两个相互垂直的同频率的简谐振动的合成

设有两个相互垂直的同频率的简谐振动分别沿着 x 轴、y 轴振动,其振动表达式分别为

$$x=A_1\cos(\omega t+\varphi_1)$$
$$y=A_2\cos(\omega t+\varphi_2)$$

式中 ω 为两个简谐振动的角频率,A_1、A_2和 φ_1、φ_2分别为两个简谐振动的振幅和初相位.在任意时刻 t,物体的位置是(x,y),当 t 变化时,(x,y)也随之改变,因此上面两个方程都是以 t 为参量表示物体运动的参量方程.消去参量 t,就得到物体运动的轨道方程:

$$\frac{x^2}{A_1^2}+\frac{y^2}{A_2^2}-2\frac{xy}{A_1A_2}\cos(\varphi_2-\varphi_1)=\sin^2(\varphi_2-\varphi_1) \tag{5-26}$$

一般来说,上面的轨道方程是椭圆方程,此物体运动的轨道与初相位差 $\Delta\varphi=\varphi_2-\varphi_1$ 有关.下面分析几种特殊情形.

(1) $\Delta\varphi=0$ 或 π.

当 $\Delta\varphi=0$,即两简谐振动同相时,式(5-26)变为

$$y=\frac{A_2}{A_1}x$$

这时合振动的轨道是一条通过坐标原点的直线,其斜率为这两个分振动振幅之比,此时的斜率为正[图 5-13(a)].在任一时刻,物体相对于坐标原点的位移为

$$r=\sqrt{x^2+y^2}=\sqrt{A_1^2+A_2^2}\cos(\omega t+\varphi)$$

因此,物体沿轨道的运动仍是简谐振动,振动频率与两分振动的频率相同,振幅为$\sqrt{A_1^2+A_2^2}$.

同理,当 $\Delta\varphi=\pi$,即两简谐振动反相时,轨道方程为

$$y=-\frac{A_2}{A_1}x$$

这也是通过坐标原点的直线,但其斜率为负,如图 5-13(b)所示.物体沿轨道的运动仍为振幅等于$\sqrt{A_1^2+A_2^2}$、频率与原来两简谐振动相同的简谐振动.

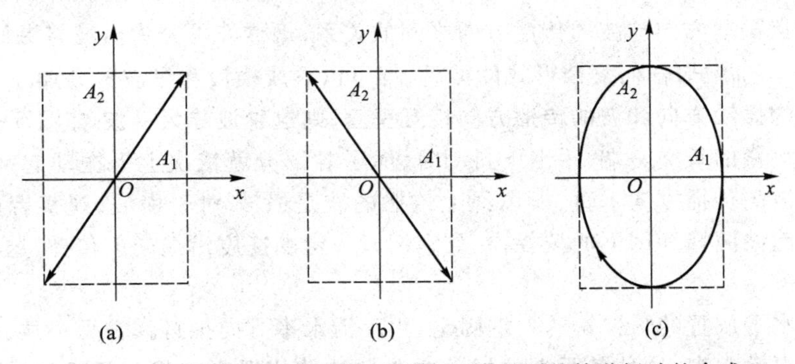

图 5-13 两个相互垂直的振幅不同、频率相同的简谐振动的合成

(2) $\Delta\varphi=\frac{\pi}{2}$或$\frac{3\pi}{2}$.

在这两种情形下,轨道方程均为

$$\frac{x^2}{A_1^2}+\frac{y^2}{A_2^2}=1$$

即合成运动的轨道为一椭圆,但两种情形下物体沿轨道运动的方向是不同的.当 $\Delta\varphi=\frac{\pi}{2}$时,物体沿轨道的运动方向为逆时针方向;当 $\Delta\varphi=\frac{3\pi}{2}$时,物体沿轨道的运动方向为顺时针方向,如图 5-13(c)所示.当 $\Delta\varphi$ 不等于上述特殊值时,物体的运动轨道是斜椭圆.

以上讨论也说明,沿直线的简谐振动、匀速圆周运动和某些椭圆运动都可以分解为相互垂直的两个简谐振动.对这些例子的讨论,可使我们对运动叠加原理有更加深刻的认识.

5-2 简谐波

一、机械波的产生和传播

无限多的质点通过弹性回复力连接在一起的连续介质叫弹性介质.弹性介质可以是固体、液体或气体.当弹性介质中某一质点因受外界的影响而离开平衡位置时,弹性介质就产生了形变.于是,一方面近邻质点将对该质点施加弹性回复力,使其回到平衡位置,同时在惯性作用下使其在平衡位置附近振动起来;另一方面根据牛顿第三定律,这个质点也将对近邻质点施加弹性力,迫使近邻质点也在各自的平衡位置附近振动起来.这样,当弹性介质中的一部分出现振动时,各部分之间的弹性相互作用,使振动由近及远地传播开,形成了波动.例如向水中投一石子,与石子撞击的那部分水先振动起来,成为波源,带动邻近的水由近及远地相继振动起来,形成水波.由此可见,要形成机械波,首先要有作机械振动的质点,即波源;其次还要有能够传播机械振动的弹性介质.**波源和弹性介质是产生机械波的两个必备条件**.

1. 横波与纵波

按照质点振动方向与波的传播方向之间的关系,机械波可分为横波与纵波,这是波动的两种最基本的形式.任何复杂形式的波动,都可以看成横波和纵波的叠加.

若质点的振动方向和波的传播方向相互垂直,则这种波称为横波.如图 5-14 所示,用手握住一根绷紧的长绳一端,手上下抖动时,绳子各部分就依次上下振动起来,这时质点振动方向与波的传播方向垂直,所以绳上传播的波是横波.对于横波,观察者可看到绳上交替出现凸起的波峰和凹下的波谷,并且它们以一定的速度沿绳向前传播,这就是横波的外形特征.

把一根水平放置的长弹簧的一端固定,用手沿水平方向拍打弹簧另一端,弹簧各部分就依次左右振动起来,这种**各质点的振动方向和波的传播方向相互平行的波,称为纵波**.

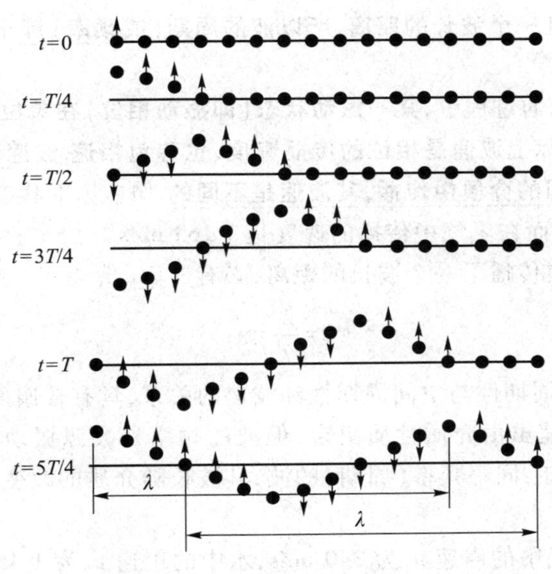

图 5-14　绳子上的横波

在空气中传播的声波就是纵波.纵波的外形特征是出现交替的稀疏和稠密区域,并且这两种区域以一定的速度传播出去.

无论是横波还是纵波,它们都只是振动状态(即振动相位)的传播,在弹性介质中各质点仅在它们各自的平衡位置附近振动,并没有随着振动的传播而远离,这说明波动只是振动状态或波的外形特征的传播.也有一些波既不是纯粹的横波,也不是纯粹的纵波,如水波.在水面上,当波通过时,水的质元运动既有上下运动,又有前后运动,因此水波是横波和纵波的结合,每个质元的运动形成椭圆轨道或圆形轨道.

进一步说,在弹性介质中形成横波时,必定是一层介质相对于另一层介质发生横向的平移,即发生切变.因为只有固体会产生切变,所以横波只能在固体中传播.而在弹性介质中形成纵波时,介质会发生压缩或拉伸,即发生体变(也称容变),固体、液体和气体都会发生体变,因此,纵波可以在固体、液体和气体中传播.

2. 波长　周期　频率　波速

上面讨论了机械波的产生和分类,下面介绍几个描述波动的重要物理量.

(1) 波长.波传播时,**在波传播方向上两个相邻的相位差为 2π 的振动质点之间的距离,称为波长**,如图 5-15 所示,用 λ 表示.显然横波上相邻两个波峰之间或相邻两个波谷之间的距离,都是一个波长;纵波上相邻两个密部或相邻两个疏部对应质点之间的距离,也是一个波长.当波源完成了一次全振动时,波前进的距离就是一个波长,波长反映了波的空间周期性.

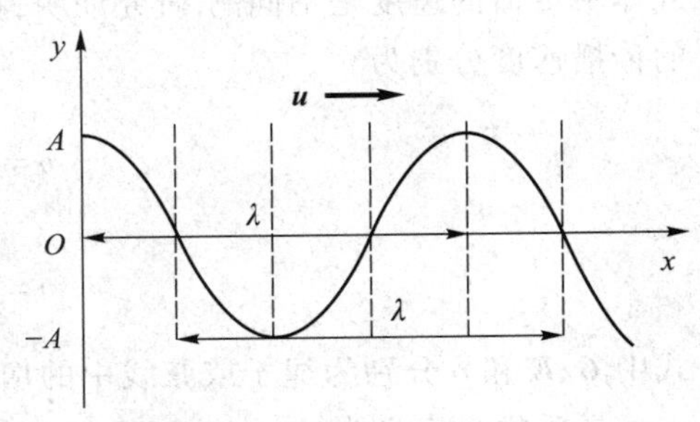

图 5-15　横波的波长

(2) 周期.波动还具有时间周期性.**在波传播时,波前进一个波长的距离所经历的时间称为周期,用 T 表示.周期的倒数称为波的频率**,用 ν 表示,即 $\nu=1/T$,频率等于单位时间内波动所传播的完整波的数目.**当波源静止时,波源作一次**

全振动，波就向前推进一个波长的距离，所以波的周期（或频率）等于波源的振动周期（或频率），与介质无关.

（3）波速. 在波动的过程中，某一振动状态（即振动相位）在单位时间内所传播的距离叫波速，用 u 表示. 实际上波速是相位的传播速度，也称为相速. 波速的大小由介质的性质决定，同一种波在不同的介质中传播，其波速是不同的. 如在标准状态下，声波在空气中传播的速度是 331 m/s，而在氢气中传播的速度是 1 263 m/s.

在一个周期内，波传播了一个波长的距离，必有

$$u=\frac{\lambda}{T}=\lambda\nu \tag{5-27}$$

上式给出了波的时间周期性与空间周期性和波速的关系，具有普遍的意义，对各类波都适用. 应当指出的是，波速虽由介质性质决定，但波的频率是波源振动的频率，与介质无关. 因此，由式（5-27）可知，同一频率（周期）的波，其波长随介质的改变而改变.

例题 5-2

室温下，已知空气中的声速 u_1 为 340 m/s，水中的声速 u_2 为 1 450 m/s，求频率为 100 Hz 和 1 000 Hz 的声波在空气和水中的波长.

解　由式（5-27）可得

$$\lambda=\frac{u}{\nu}$$

频率为 100 Hz 及 1 000 Hz 的声波在空气中的波长分别为

$$\lambda_1=\frac{u_1}{\nu_1}=\frac{340\ \text{m/s}}{100\ \text{Hz}}=3.4\ \text{m}$$

$$\lambda_2=\frac{u_1}{\nu_2}=\frac{340\ \text{m/s}}{1\ 000\ \text{Hz}}=0.34\ \text{m}$$

它们在水中的波长分别为

$$\lambda_1'=\frac{u_2}{\nu_1}=\frac{1\ 450\ \text{m/s}}{100\ \text{Hz}}=14.5\ \text{m}$$

$$\lambda_2'=\frac{u_2}{\nu_2}=\frac{1\ 450\ \text{m/s}}{1\ 000\ \text{Hz}}=1.45\ \text{m}$$

可见，同一频率的声波，在水中的波长比在空气中的波长要长得多.

机械波的速度与介质的力学性质有关，因此会受到许多因素影响. 波在固体、液体和气体中传播的速度是不同的. 研究证明，在拉紧的绳子或弦线中横波和在均匀细棒中纵波的传播速度分别为

$$u=\sqrt{\frac{G}{\rho}}\ (\text{横波})$$

$$u=\sqrt{\frac{E}{\rho}}\ (\text{纵波})$$

式中 G、E 和 ρ 分别为绳子或弦线中的切变模量、棒的杨氏模量和密度.

杨氏模量定义为

$$E=\frac{\dfrac{F}{S}}{\dfrac{\Delta L}{L}}$$

F/S 是细棒中的应力，$\Delta L/L$ 是细棒的应变.其中，S 为细棒的截面积，L 为棒长，ΔL 是细棒在力 F 作用下的伸长量.

在液体和气体中，纵波的传播速度为

$$u=\sqrt{\frac{K}{\rho}}\ (\text{纵波})$$

式中 K 为气体或液体的体积模量.$K=-V\dfrac{\partial p}{\partial V}$，其中，$p$ 为压强.

以上式子说明，机械波的波速由介质的性质决定，而与振源无关.表 5-1 给出了一些常见介质中的声速.

表 5-1　一些常见介质中的声速

介　质	温度/℃	声速/(m·s⁻¹)
空气(1.013×10^5 Pa)	0	331
空气(1.013×10^5 Pa)	20	343
氢(1.013×10^5 Pa)	0	1 270
玻璃	0	5 500
花岗岩	0	3 950
冰	0	5 100
水	20	1 460
铝	20	5 100
黄铜	20	3 500

总体而言，气体中的声速小，固体中的声速大.

3. 波线　波面　波前

波源在弹性介质中振动时，振动将向周围传播，于是形成波动.为了便于定量地讨论波的传播情况，包括波的传播方向及各质点的振动相位，下面引入波线、波面和波前三个概念.

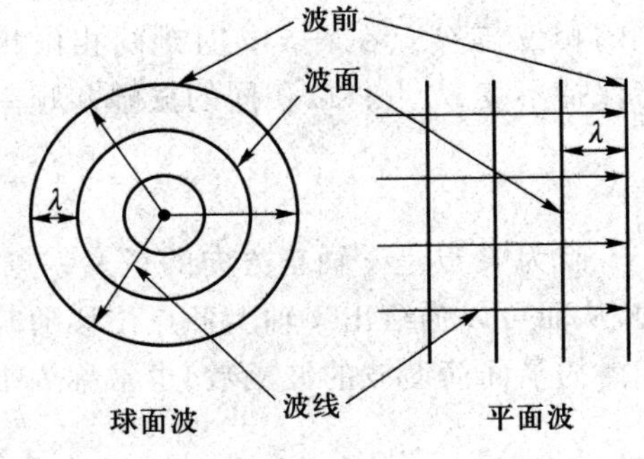

图 5-16　波面

沿着波的传播方向画一些带有箭头的线，称之为波线.介质中各质点都在平衡位置附近振动，不同波线上相位相同的点连成的曲面，称为波阵面或波面.在任意时刻，波面可以有任意多个，如图 5-16 所示.在某一时刻，由波源最初振动状态传到的各点所连成的曲面称为波前.显然，波前是波面的特例，是传到最前面的那个波面，因此，在任意时刻，波只有一个波前.波面是球面的波称为球面波，波面是平面的波称为平面波.在各向同性的介质中，波线与波面互相垂直.

语音录课：平面简谐波的波函数

二、平面简谐波的波函数

1. 平面简谐波的波函数

机械波是机械振动在弹性介质内的传播，它是弹性介质内大量质点参与的一种集体运动形式.如果一列横波沿 x 轴方向传播，那么要定量描述它的传播行为，就应该知道坐标为 x 的质点在任意时刻 t 的位移 y，也就是说，应该知道函数 $y(x,t)$.我们把这种描述波传播的函数 $y(x,t)$ 称为波函数.

一般来说，波函数的表达式是比较复杂的.现在我们只研究一种最简单最基本的波，即在均匀、无吸收的介质中，当波源作简谐振动时，在介质中所形成的波，这种波称为简谐波.可以证明，任何非简谐的复杂波，都可看成由若干个频率不同的简谐波叠加而成.因此，研究简谐波具有特别重要的意义.

若简谐波的波面为平面，则这样的简谐波称为平面简谐波.平面简谐波传播时，在任意时刻处在同一波面上的各质点都具有相同的振动状态.因此，只要知道与波面垂直的任意波线上波的传播规律，就可以知道整个平面波的传播规律.先来讨论沿 x 轴正方向传播的平面简谐波.如图 5-17 所示，在原点 O 处有一质点作简谐振动，故其运动方程为

$$y_O(t)=A\cos(\omega t+\varphi)$$

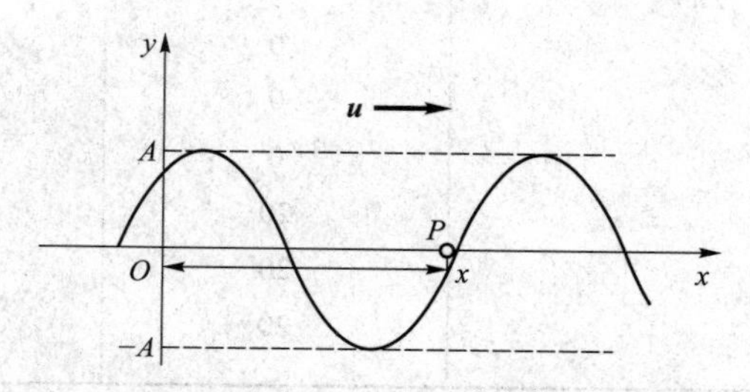

图 5-17　沿 x 轴正方向传播的平面简谐波

式中 y_O 是 O 点处质点在任意时刻 t 相对于平衡位置的位移，A 是振幅，ω 是角频率，φ 是初相位.为了找出平衡位置在 x 轴上的所有质点在任意时刻的位移，我们可以在 x 轴正方向上任取一质点 P，P 点距 O 点的距离是 x.显然，O 点振动状态传播到 P 点经历了时间 $\Delta t=x/u$（u 为波速），t 时刻 P 点要重复 O 点在 $t-\Delta t(=t-x/u)$ 时刻的振动，即 P 点在 t 时刻的相位与 O 点在 $t-x/u$ 时刻的相位相同.假定介质是均匀、无吸收的，那么各点的振幅将保持不变，P 点将以相同的振幅和频率重复 O 点的振动.于是 P 点在时刻 t 的位移为

$$y_P(x,t)=y_O\left(t-\frac{x}{u}\right)=A\cos\left[\omega\left(t-\frac{x}{u}\right)+\varphi\right]$$

因为 P 点是 x 轴正方向的任意一点，所以此式显然适用于表述 x 轴上所有质点的振动，从而可以描绘出 x 轴上各点位移随时间变化的整体图像，因此，上式即沿 x 轴正方向传播的平面简谐波的波函数，也常称为平面简谐波的波动方程.

$$y(x,t)=A\cos\left[\omega\left(t-\frac{x}{u}\right)+\varphi\right] \tag{5-28}$$

若波沿 x 轴负方向传播，如图 5-18 所示. 则 P 点先于 O 点振动，也就是说 P 点的相位比 O 点的相位超前 $\omega x/u$，即当 O 点的相位是 $\omega t+\varphi$ 时，P 点的相位已是 $\omega(t+x/u)+\varphi$. 因此 P 点在任意时刻的位移为

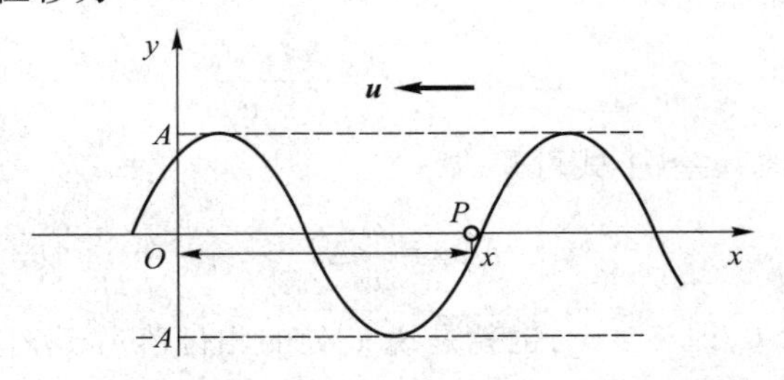

图 5-18 沿 x 轴负方向传播的平面简谐波

$$y(x,t)=A\cos\left[\omega\left(t+\frac{x}{u}\right)+\varphi\right] \tag{5-29}$$

这就是沿 x 轴负方向传播的平面简谐波的波函数. 数学上也可以看成把式(5-28)中的 u 改为 $-u$.

2. 波函数的物理含义

为了更好地理解波函数的物理含义，不妨以式(5-28)为例作一番研讨.

(1) 波的时间周期性. 当 $x=x_0$ 时，波函数仅为时间 t 的函数. 此时式(5-28)表示的是距原点 O 为 x_0 处的质点在不同时刻的位移，即某一确定的质点 P 作简谐振动的情况. 可将式(5-28)写为

$$y(x,t)=A\cos\left(\omega t-\omega\frac{x_0}{u}+\varphi\right)$$

式中的 $\omega x_0/u$ 是质点 P 落后于 O 点的相位. 如果以 y 为纵坐标，t 为横坐标，就得到一条位移-时间余弦曲线[图 5-19(a)]，这说明质点在作简谐振动.

根据图 5-19(a)可见，经过一个周期 T，质点的振动状态将重复出现，即满足

$$y(x,t)=y(x,t+T)$$

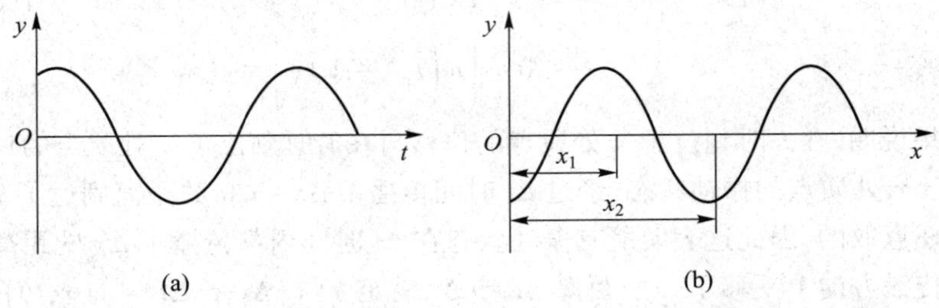

图 5-19 波的时间周期性和空间周期性

这体现了波的时间周期性.

(2) 波的空间周期性. 当 $t=t_0$ 时，位移 y 仅为 x 的函数. 因为不同的 x 代表不同的质点，所以此时式(5-28)表示了给定时刻各质点偏离平衡位置的情况. 以 y 为纵坐标，x 为横坐标，可得如图 5-19(b)所示给定时刻的 y-x 曲线，该曲线也叫 t 时刻的波形图. 由波形图可以看出，在同一时刻，距离波源 O 分别为 x_1 和 x_2 的两质点的相位是不同的. 由式(5-28)可得两质点的相位：

$$\varphi_1=\omega\left(t-\frac{x_1}{u}\right)+\varphi,\quad \varphi_2=\omega\left(t-\frac{x_2}{u}\right)+\varphi$$

其相位差为

$$\Delta\varphi_{12}=\varphi_1-\varphi_2=\omega\frac{x_2-x_1}{u}$$

式中 $x_2-x_1=\Delta x_{21}$ 称为波程差，上式可写成

$$\Delta\varphi_{12}=\frac{\omega}{u}\Delta x_{21} \tag{5-30}$$

若 $x_2>x_1$，则 $\Delta\varphi_{12}>0$，即 $\varphi_1>\varphi_2$，也就是说 x_2 处的相位落后于 x_1 处的相位. 通常在不需要明确谁的相位超前或落后时，式(5-30)可以简单写成

$$\Delta\varphi=\frac{2\pi}{\lambda}\Delta x \tag{5-31}$$

当 $\Delta x=\lambda$ 时，由式(5-31)可知 $\Delta\varphi=2\pi$，即

$$y(x,t)=y(x+\lambda,t)$$

<u>这表明波具有空间周期性</u>.

当 x 和 t 都变化时，波函数就表达了在任意时刻质点偏离平衡位置的情况. 以 y 为纵坐标，x 为横坐标，画出不同时刻的波形图，将可以看出波传播的物理图像.

设 t_1 时刻位于 x_1 处质点的位移为

$$y(x_1,t_1)=A\cos\left[\omega\left(t_1-\frac{x_1}{u}\right)+\varphi\right]$$

$t_2=t_1+\Delta t$ 时刻，位于 $x_2=x_1+\Delta x$ 处质点的位移为

$$y(x_1+\Delta x,t_1+\Delta t)=A\cos\left[\omega\left(t_1+\Delta t-\frac{x_1+\Delta x}{u}\right)+\varphi\right]$$

波的传播速度为 u，满足 $\Delta x=u\Delta t$，则

$$\begin{aligned}y(x_1+\Delta x,t_1+\Delta t)&=A\cos\left[\omega\left(t_1+\Delta t-\frac{x_1+u\Delta t}{u}\right)+\varphi\right]\\&=A\cos\left[\omega\left(t_1-\frac{x_1}{u}\right)+\varphi\right]=y(x_1,t_1)\end{aligned}$$

这一结果说明，在 t_2 时刻位于 x_2 处质点的位移与在 t_1 时刻位于 x_1 处质点的位移相等，即在 t_1 时刻位于 x_1 处质点的振动状态，经过 Δt 时间传播了 $\Delta x=u\Delta t$ 的距离到达了 x_2 处. 上述的振动状态是任意取的，因此这表明所有振动状态在 Δt 时间内都传播了 Δx 的距离，也就是说整个波形在传播方向上平移了一段距离 $\Delta x=u\Delta t$. 满足 $y(x+\Delta x,t+\Delta t)=y(x,t)$ 的波称为行波. 图 5-20 分别画出了 t_1 时刻和 $t_1+\Delta t$ 时刻的两个波形图.

利用关系式 $\omega=\frac{2\pi}{T}=2\pi\nu$，$uT=\lambda$，可将平面简谐波函数改写成如下多种形式：

$$y=A\cos\left[2\pi\left(\frac{t}{T}\mp\frac{x}{\lambda}\right)+\varphi\right]$$

$$y=A\cos\left[2\pi\left(\nu t\mp\frac{x}{\lambda}\right)+\varphi\right]$$

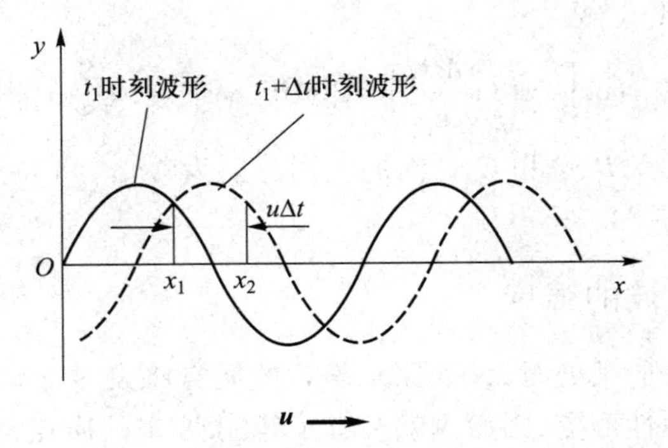

图 5-20 波形的传播

$$y=A\cos(\omega t\mp kx+\varphi)$$

式中 $k=\dfrac{2\pi}{\lambda}$ 称为波数，表示单位长度波的相位变化，数值等于 2π 内所包含的完整波的数目，负号和正号分别代表波沿着 x 轴正方向和负方向传播.

例题 5-3

一平面简谐波以速度 $u=20\ \mathrm{m/s}$ 沿直线向右传播. 如图 5-21 所示，已知在传播路径上某点 A 的简谐振动方程为 $y=3\times10^{-2}\cos 4\pi t$，式中 y 的单位为 m，t 的单位为 s.

(1) 以 A 点为坐标原点，写出波动方程；

(2) 以距 A 点 5 m 处的 B 点为坐标原点，写出波动方程；

(3) 写出传播方向上 C 点、D 点的简谐振动方程；

(4) 分别求出 B、C 和 C、D 间的相位差.

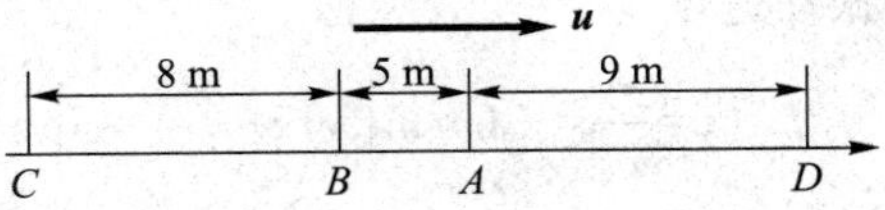

u
8 m　5 m　9 m
C　B　A　D

图 5-21

解　由 A 点的简谐振动方程可知

$$\nu=\frac{\omega}{2\pi}=\frac{4\pi}{2\pi}\ \mathrm{s^{-1}}=2\ \mathrm{s^{-1}}$$

$$\lambda=\frac{u}{\nu}=\frac{20\ \mathrm{m/s}}{2\ \mathrm{s^{-1}}}=10\ \mathrm{m}$$

(1) 以 A 为原点的波动方程为

$$y_{AW}=3\times10^{-2}\cos\left[4\pi\left(t-\frac{x}{u}\right)\right]=3\times10^{-2}\cos\left[4\pi\left(t-\frac{x}{20}\right)\right]=3\times10^{-2}\cos\left(4\pi t-\frac{\pi}{5}x\right)\ (\text{SI 单位})$$

(2) 由于波由左向右传播，故 B 点的相位比 A 点超前，其简谐振动方程为

$$y_{BV}=3\times10^{-2}\cos\left[4\pi\left(t+\frac{5}{20}\right)\right]=3\times10^{-2}\cos(4\pi t+\pi)\ (\text{SI 单位})$$

以 B 为原点的波动方程为

$$y_{BW}=3\times10^{-2}\cos\left[4\pi\left(t-\frac{x}{u}\right)+\pi\right]=3\times10^{-2}\cos\left(4\pi t-\frac{\pi}{5}x+\pi\right)\ (\text{SI 单位})$$

(3) 由于 C 点的相位比 A 点超前，故

$$y_{CV}=3\times10^{-2}\cos\left[4\pi\left(t+\frac{AC}{u}\right)\right]=3\times10^{-2}\cos\left(4\pi t+\frac{13}{5}\pi\right)\ (\text{SI 单位})$$

而 D 点的相位落后于 A 点，故

$$y_{DV}=3\times10^{-2}\cos\left[4\pi\left(t-\frac{AD}{u}\right)\right]=3\times10^{-2}\cos\left(4\pi t-\frac{9}{5}\pi\right)\ (\text{SI 单位})$$

（4）如图 5-21 所示，B、C 和 C、D 间的距离分别为 $\Delta x_{BC}=8\ \text{m}$，$\Delta x_{CD}=22\ \text{m}$.可得它们的相位差分别为 1.6π 和 4.4π.

三、波的能量　波的强度

当波传播到介质中的某处时，该处原来静止的质点将发生振动，因而具有了动能；同时由于该处介质发生弹性形变，因而也就具有了势能.原来的质点，其动能和势能都为零，由于波的到来，质点发生振动，具有了一定的能量.下面将证明，波的传播伴随着能量的传播，这是波动的重要特征.

1. 波的能量公式的推导

我们以图 5-22 所示棒中的纵波为例推导波的能量表达式.设波速为 u 的平面简谐波沿棒传播，取波的传播方向为 x 轴正方向，则平面简谐波的波函数为

$$y(x,t)=A\cos\left[\omega\left(t-\frac{x}{u}\right)+\varphi\right]$$

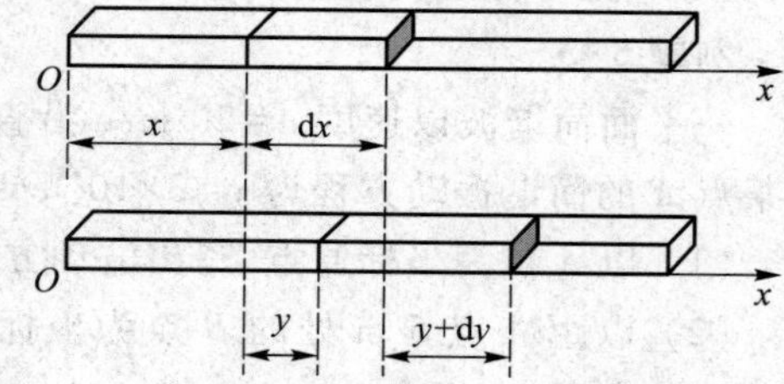

图 5-22　棒中的纵波

则振动速度为

$$v=\frac{\partial y}{\partial t}=-A\omega\sin\left[\omega\left(t-\frac{x}{u}\right)+\varphi\right]$$

在棒上取一质元，其长为 $\mathrm{d}x$，其截面积为 S，则其质量为 $\rho S\mathrm{d}x$，它的动能为

$$\mathrm{d}E_{\mathrm{k}}=\frac{1}{2}\rho(S\mathrm{d}x)\left(\frac{\partial y}{\partial t}\right)^2=\frac{1}{2}\rho A^2\omega^2(S\mathrm{d}x)\sin^2\left[\omega\left(t-\frac{x}{u}\right)+\varphi\right]\tag{5-32}$$

同时，体积元因形变而具有弹性势能 $\mathrm{d}E_{\mathrm{p}}=k(\mathrm{d}y)^2/2$，此处 k 为棒的弹性系数，而 k 与弹性模量 E 的关系为 $k=SE/\mathrm{d}x$，于是弹性势能为

$$\mathrm{d}E_{\mathrm{p}}=\frac{1}{2}k(\mathrm{d}y)^2=\frac{1}{2}ES\mathrm{d}x\left(\frac{\mathrm{d}y}{\mathrm{d}x}\right)^2$$

式中 $S\mathrm{d}x$ 为体积元的体积 $\mathrm{d}V$，再利用纵波的速度公式 $u=\sqrt{\dfrac{E}{\rho}}$，上式可改写为

$$\mathrm{d}E_{\mathrm{p}}=\frac{1}{2}\rho u^2\mathrm{d}V\left(\frac{\mathrm{d}y}{\mathrm{d}x}\right)^2$$

由于 y 是 x 和 t 的函数，故上式中 $\mathrm{d}y/\mathrm{d}x$ 应是 y 对 x 的偏导数，于是有

$$\mathrm{d}E_{\mathrm{p}}=\frac{1}{2}\rho u^2\mathrm{d}V\left(\frac{\partial y}{\partial x}\right)^2\tag{5-33}$$

而根据式(5-28)有

$$\frac{\partial y}{\partial t}=A\ \frac{\omega}{u}\sin\left[\omega\left(t-\frac{x}{u}\right)+\varphi\right]$$

因此，式(5-33)可写为

$$dE_p=\frac{1}{2}\rho A^2\omega^2 dV\sin^2\left[\omega\left(t-\frac{x}{u}\right)+\varphi\right] \tag{5-34}$$

当波传到某处的质元时，该质元的总机械能为

$$dE=dE_k+dE_p=\rho A^2\omega^2 dV\sin^2\left[\omega\left(t-\frac{x}{u}\right)+\varphi\right] \tag{5-35}$$

2. 波的能量

为精确描述波的能量分布，可引入波的能量密度的概念，即单位体积内介质中波的能量，用 w 表示，有

$$w=\frac{dE}{dV}=\frac{dE}{Sdx}=\rho A^2\omega^2\ \sin^2\left[\omega\left(t-\frac{x}{u}\right)+\varphi\right] \tag{5-36}$$

由上式可以看出，波的能量密度是随时间作周期性变化的，通常取其在一个周期内的平均值，这个平均值称为平均能量密度 $\bar{w}$. 因为正弦函数的平方在一个周期内的平均值是 1/2，所以波的平均能量密度可以表示为

$$\bar{w}=\frac{1}{2}\rho A^2\omega^2 \tag{5-37}$$

上式表示，波的平均能量密度与振幅的平方、频率的平方和介质密度的乘积成正比，与时间无关. 从以上对波的能量的计算可以看出：

(1) 由式(5-32)和式(5-34)可以看出，质元的动能和势能具有相同的相位. 在平衡位置处，其动能和势能都达到最大值，而在最大位移处均为零. 这与单个质点的简谐振动完全不同. 在简谐振动过程中，质点动能最大时势能最小，势能最大时动能最小. 造成这样的差别在于波动中与势能有关的是质元的相对位移($\Delta y/\Delta x$). 借助波形图(图 5-23)不难看出，在 b 点，质元速度为零，动能为零，相对位移也为零，所以弹性势能为零. 在 a 点，质元速度最大，动能最大，同时波形比较陡峭，相对位移有最大值，所以势能最大. 因此，质元的动能和势能随时间同步变化.

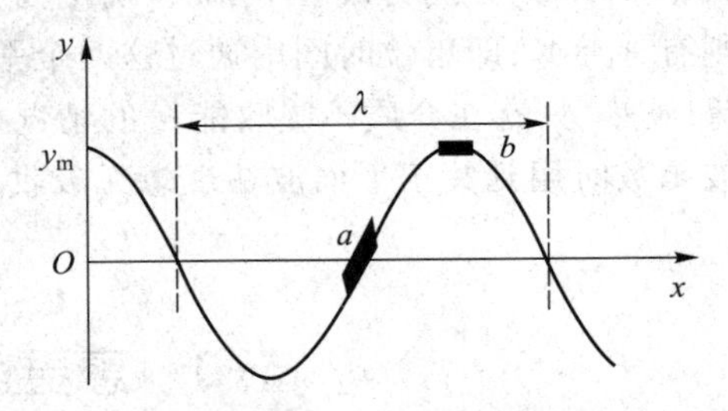

图 5-23　波传播时体积元的形变

(2) 由式(5-35)可以看出，质元的机械能是不守恒的，能量通过波动实现在介质中的传播，也就是说，波动是传递能量的一种方式. 尽管质元的能量不守恒，但式(5-37)表明，能量密度在一个周期内的平均值却是常量. **即波在无介质吸收的材料中传播，一个振动的质元不断地从别的质元获得能量，又不断地将能量传给其他质元，因此，平均来说，介质中无能量积累.**

3. 波的能流和能流密度

能量随着波的传播在介质中流动，为了描述波动能量的这一特性，人们引入能流的概念. 单位时间内通过介质中某面积的能量，称为通过该面积的能流，用 P 表示. 如图 5-24 所示，在介质中取垂直于波线的面积 S，则在 dt 时间内通过 S 面的能量等于体积 $uSdt$ 内的能量，于是有

$$P=wuS \tag{5-38}$$

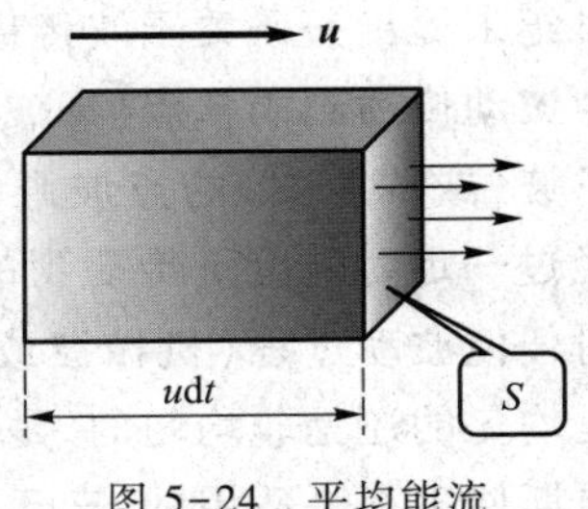

图 5-24　平均能流

显然，通过 S 面的能流是随时间作周期性变化的，通常也取其在一定周期内的平均值，这个平均值称为通过 S 面的平均能流，表示为

$$\overline{P}=\overline{w}uS=\frac{1}{2}\rho A^2\omega^2 uS \tag{5-39}$$

能流的单位是 W（瓦）.单位时间内通过垂直于波线的单位面积的平均能流，称为平均能流密度，也称波的强度（简称波强），它的单位是 W/m^2，由下式表示：

$$I=\frac{\overline{P}}{S}=\overline{w}u=\frac{1}{2}\rho A^2\omega^2 u \tag{5-40}$$

显然能流密度越大，单位时间内垂直通过单位面积的能量就越多.

设一平面简谐波在均匀介质中传播，波速为 u，如图 5-25 所示，在垂直于波的传播方向上取两个面积相等的平行平面（$S_1=S_2=S$），要求通过第一个平面的波也通过第二个平面.由式（5-40）可知，单位时间内通过这两个面的能量分别为

$$W_1=I_1S_1=\overline{w_1}uS=\frac{1}{2}\rho A_1^2\omega^2 uS$$

$$W_2=I_2S_2=\overline{w_2}uS=\frac{1}{2}\rho A_2^2\omega^2 uS$$

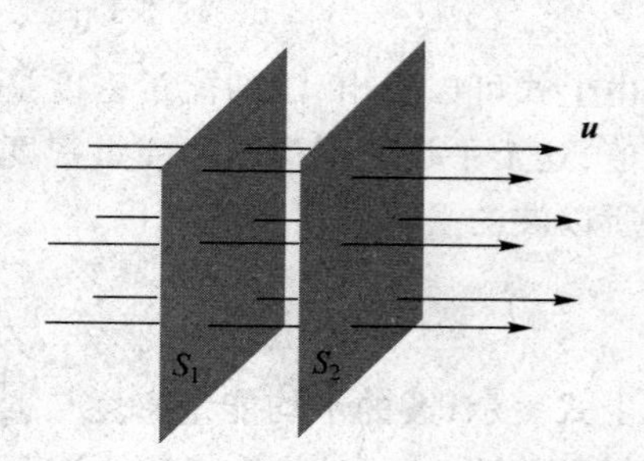

图 5-25　无吸收、均匀介质中的平面波

式中 A_1 和 A_2 分别为波在 S_1 和 S_2 两平面处的振幅.从这两个式子可以看出，如果 $W_1=W_2$，则有 $A_1=A_2$，即单位时间内通过这两个平面的能量相等时，波在这两个平面处的振幅也相等.显然，只有在介质不吸收能量的情况下上述条件才能满足.这就是推导平面简谐波的波函数时用到关于平面波在理想无吸收、均匀介质中传播条件的原因.

5-3　惠更斯原理　波的衍射

一、惠更斯原理

水波在传播时，如果遇到一障碍物小孔，当障碍物小孔的大小与波长相差不多时，就可以看到穿过小孔的波形分布是以小孔为圆心的一系列圆弧形，波好像是从小孔发出来的，与原来波的形状无关，如图 5-26 所示.

在总结这类现象的基础上，荷兰物理学家惠更斯于 17 世纪末提出一条关于波传播特性的重要原理，内容是：**介质中波动传播到的各点（即波面上的点）都可以看成发射球面子波（或称次波）的点波源，这些子波的包络面就是原波面经过一定时间后所传播到的新的波前，这就是惠更斯原理.** 对任何波动过程（机械波或电磁波），不论传播波动的介质是均匀的还是非均匀的，是各向同性的还是各向异性的，惠更斯原理都是适用的.若已知某一时刻的波面，就可以根据

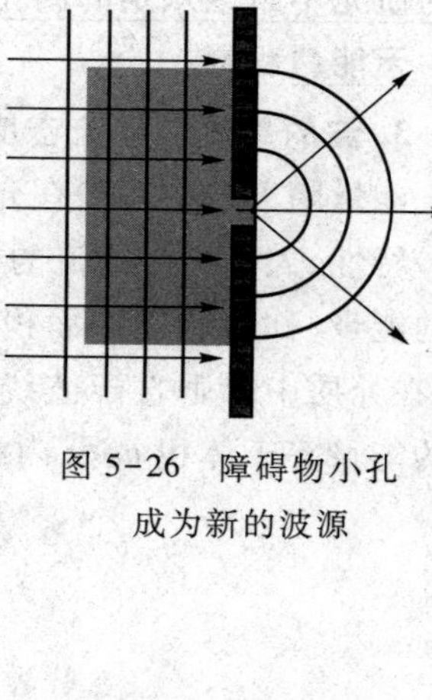

图 5-26　障碍物小孔成为新的波源

这一原理,用几何作图的方法,确定以后任一时刻波面的位置,从而确定波传播的方向.

下面以球面波为例说明惠更斯原理的应用.如图 5-27(a)所示,以 O 为中心的球面波以波速 u 在介质中传播,在时刻 t 的波前是半径为 R_1 的球面 S_1,根据惠更斯原理,S_1 的各点都可以看成点波源.以 $r=u\Delta t$ 为半径画出许多球形子波,那么,这些子波的包络面 S_2 即 $t+\Delta t$ 时刻的波前.显然,S_2 是以 O 为中心,以 $R_2=R_1+u\Delta t$ 为半径的球面.半径很大的球面波的一部分波前,可以近似看成平面波的波前.例如,由太阳发射的球面波到达地面时的一部分波前,即可看成平面波,用惠更斯原理同样可求得其波前,如图 5-27(b)所示.

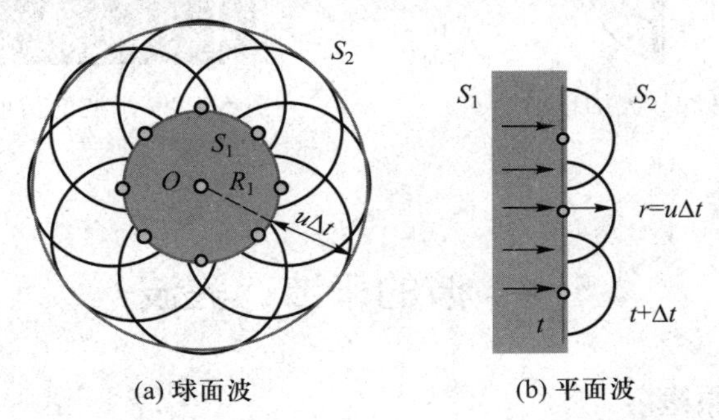

(a) 球面波 (b) 平面波

图 5-27 惠更斯原理示意图

惠更斯原理不但能说明波在介质中的传播问题,而且能说明波的衍射现象和波在两种介质分界面上发生的反射和折射现象.下面我们将会讨论衍射现象.可以根据惠更斯原理用作图法证明波的折射和反射定律,对此本书不再讨论.

应该指出的是,惠更斯原理并没有说明各个子波在传播过程中对某一点振动相位和振幅的贡献,不能讨论不同方向传播的波的强度分布,后来菲涅耳对惠更斯原理作了补充,提出了新的原理,这将在光学部分介绍.

二、波的衍射

波在传播过程中遇到障碍物时,其传播方向发生改变,并能绕过障碍物的边缘继续传播,这种现象称为波的衍射.机械波和电磁波都会产生衍射现象,衍射现象是波动的重要特征之一.

用惠更斯原理能够定性地说明衍射现象.如图 5-28 所示,平面波到达一宽度与波长相近的缝时,缝上各点都可看成子波的波源.作出这些子波的包络面,就得出新的波前.很明显,此时波前已不再是原来那样的平面了,在靠近边缘处,波前发生弯曲,也就是波的传播方向发生改变,即波绕过了障碍物而继续传播.图 5-29 展示了水波通过狭缝时所发生的衍射现象.

衍射现象的显著程度,是和障碍物(缝、遮板等)的大小与波长之比有关的.若障碍物的宽度远大于波长,则衍射现象不明显.例如,虽然光是一种电磁波,也能够发生衍射现象,但在日常生活中人们很少能看到光波的衍射现象,这是因为与人们日常接触到的物体的尺度相比,光的波长很小.若障碍物的宽度与波长差不多,衍射现象就比较明显;若障碍物的宽度小于波长,则衍射现象更加明显.在声学中,由于声波的波长与所碰到的障碍物的大小差不多,故声波的衍射效果较显著,如人们在屋内能够听到室外的声音,就是声波能够绕过窗(或门)缝的缘故.

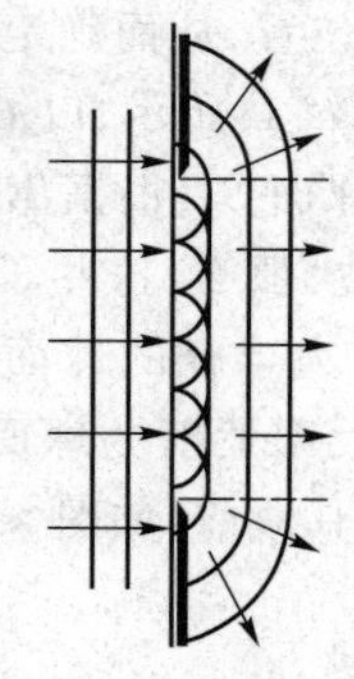

图 5-28　波的衍射

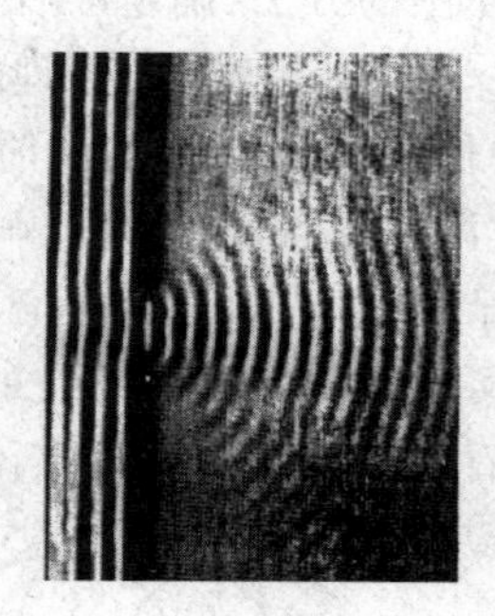

图 5-29　水波的衍射

5-4　波的干涉　驻波

一、波的叠加原理

下面讨论几列波同时在介质中传播而在某一区域相遇的情况.在日常生活中,如在听乐队演奏或几个人同时讲话时,我们仍能辨别出每种乐器或每个人的声音,这表明某种乐器或某个人发出的声波,并不受其他乐器或其他人同时发出的声波影响.可见,波的传播是独立进行的.通过对这些现象的观察和研究,可总结出如下的规律:

(1) 几列波相遇后再分开,仍然保持它们各自原有的特征(频率、波长、振幅、振动的方向等)不变,并按照原来的方向继续前进,就像彼此没有相遇一样,即各波互不干扰,这称为波传播的独立性.

(2) 在相遇区域内,任一点的振动为各波单独存在时所引起的振动的合振动.即在任意时刻,该点处质点的位移为各列波单独存在时在该点引起的振动位移的矢量和.这一规律称为波的叠加原理.

应当指出的是,波的叠加原理是几列波同时在介质中传播并相遇时可能出现干涉现象的理论基础,但其成立是有条件的.对波的强度很大的情形或波在非线性介质中传播时,该原理一般不成立,例如强烈的爆炸形成的声波,就不遵守波的叠加原理.也就是说,叠加原理只适用于小振幅波动的线性叠加,而这正是人们通常遇到的情形,本书只限于讨论叠加原理成立的情形.

二、波的干涉

在一般情况下,几列波在空间相遇而产生的叠加问题是很复杂的,这里仅讨论一种最简单也是最重要的情形,即频率相同、振动方向相同、相位相同或相位差恒定的两列波相遇时,使某些地方振动始终加强,而使另一些地方振动始终减弱的现象,我们把这种现象称为干涉现象.满足上述三个条件的波称为相干波,**产生相干波的波源叫相干波源**.干涉现象是波动的又一重要特征,它和衍射现象都是判别某种运动是否具有波动性的主要依据.

下面我们从波的叠加原理出发,应用同方向、同频率简谐振动合成的结论,来分析干涉现象的产生并确定干涉加强和减弱的条件.

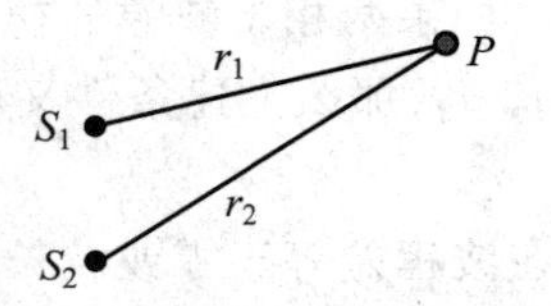

图 5-30 两相干波源发出的平面简谐波在空中相遇

如图 5-30 所示,设有两相干波源 S_1、S_2,它们的简谐振动方程分别为

$$y_1=A_1\cos(\omega t+\varphi_1)$$
$$y_2=A_2\cos(\omega t+\varphi_2)$$

式中 ω 为两波源的角频率,A_1、A_2分别为它们的振幅,φ_1、φ_2分别为两波源的初相位.由这两个波源发出的简谐波满足相干条件,即频率相同、振动方向相同、相位差恒定,当它们在同一介质中相遇时,就会产生干涉现象.若这两个波源发出的波在同一介质中传播,它们的波长均为 λ,且不考虑介质对波的能量的吸收,则两列波的振幅亦分别为 A_1和 A_2.设两列波分别经过 r_1和 r_2的距离后在 P 点相遇,于是可以分别写出它们在 P 点的振动方程:

$$y_1=A_1\cos\left(\omega t+\varphi_1-\frac{2\pi r_1}{\lambda}\right)$$
$$y_2=A_2\cos\left(\omega t+\varphi_2-\frac{2\pi r_2}{\lambda}\right)$$

以上两式表明,P 点同时参与两个同方向、同频率的简谐振动,其合振动亦应为简谐振动,设合振动的运动方程为

$$y=y_1+y_2=A\cos(\omega t+\varphi)$$

式中 φ 为合振动的初相位,由式(5-18)可知

$$\tan\varphi=\frac{A_1\sin\left(\varphi_1-\frac{2\pi r_1}{\lambda}\right)+A_2\sin\left(\varphi_2-\frac{2\pi r_2}{\lambda}\right)}{A_1\cos\left(\varphi_1-\frac{2\pi r_1}{\lambda}\right)+A_2\cos\left(\varphi_2-\frac{2\pi r_2}{\lambda}\right)}$$

而 A 为合振动的振幅,由式(5-17)可知

$$A=\sqrt{A_1^2+A_2^2+2A_1A_2\cos\Delta\varphi} \tag{5-41}$$

式中,

$$\Delta\varphi=\left(\varphi_2-\frac{2\pi r_2}{\lambda}\right)-\left(\varphi_1-\frac{2\pi r_1}{\lambda}\right)=\varphi_2-\varphi_1-2\pi\frac{r_2-r_1}{\lambda} \tag{5-42}$$

$\varphi_2-\varphi_1$ 是两个相干波源的初相位差,$2\pi\frac{r_2-r}{\lambda}$是由于两波由波源到 P 点的传播路程(称为波程)不同而产生的相位差.对于给定空间位置的 P 点,两波的相位差 $\Delta\varphi$ 是个常量.由式(5-41)和式(5-42)可以看出,对于空间不同点将有不同的恒定振幅.在满足

$$\Delta\varphi=\pm2k\pi,\quad k=0,1,2,\cdots \tag{5-43a}$$

的空间各点,合振幅最大,其值为 $A=A_1+A_2$;而在满足

$$\Delta\varphi=\pm(2k+1)\pi,\quad k=0,1,2,\cdots \tag{5-43b}$$

的空间各点,合振幅最小,其值为 $A=|A_1-A_2|$.这样,干涉的结果使空间某些点的振动始终加强,而另一些点的振动始终减弱.式(5-43a)和式(5-43b)分别称为相干波的干涉加强和减弱条件.

如果两相干波源的初相位相同，即 $\varphi_2=\varphi_1$，并取 δ 为两相干波源到 P 点的波程差，即 $\delta=r_2-r_1$，那么上述条件又可简化为

$$\delta=r_2-r_1=\pm k\lambda,\quad k=0,1,2,\cdots \tag{5-44a}$$

即在波程差等于零或波长的整数倍的空间各点，合振幅最大.

$$\delta=r_2-r_1=\pm(2k+1)\frac{\lambda}{2},\quad k=0,1,2,\cdots \tag{5-44b}$$

即在波程差等于半波长的奇数倍的空间各点，合振幅最小.

在其他情况下，合振幅的数值则在最大值 A_1+A_2 和最小值 $|A_1-A_2|$ 之间.由以上讨论可知，两相干波在空间任一点相遇时，其干涉加强和减弱的条件，除两波源的初相位差之外，只取决于该点至两相干波源的波程差.

我们能够观察到水波的干涉现象.把两个小球装在同一支架上，使小球的下端紧靠水面.当支架沿竖直方向以一定的频率振动时，两小球和水面的接触点就成了两个相干波源，各自发出一列圆形的水面波.在它们相遇的水面上，呈现出如图 5-31(a)所示的现象.由该图可以看出，有些地方振动始终加强，而有些地方振动始终减弱.在这两波相遇的区域内，振动的强弱是按一定的规律分布的.

应用干涉相长和干涉相消条件，可以分析出哪些地方振动始终加强，哪些地方振动始终减弱.图 5-31(b)是只用单一波源干涉的一种方法.在波源 S 附近放置一个开有两个小孔 S_1 和 S_2 的障碍物，根据惠更斯原理，S_1 和 S_2 发出的波具有频率相同、振动方向相同、相位相同或相位差恒定的特性，因此也能产生干涉现象.从图 5-31(b)可见，由 S_1 和 S_2 发出一系列的球形波阵面，两相邻波峰或波谷间的距离为一个波长 λ.当两波在空间相遇时，若它们的波峰与波峰或波谷与波谷重合，则振动始终加强，合振幅最大；若两波的波峰与波谷重合，则振动始终减弱，合振幅最小.在图 5-31(b)上标有“加强”线上的点，因两分振动相位始终相同，故合振幅始终最大，振动始终加强；图上标有“减弱”线上的点，因两分振动相位始终相反，故合振幅始终最小，振动始终减弱.

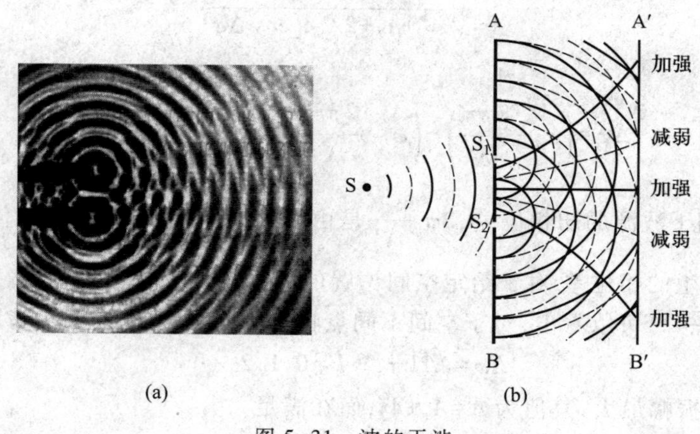

图 5-31　波的干涉

例题 5-4

如图 5-32 所示，A、B 为同一介质中两相干波源，其振幅皆为 5 cm，频率皆为 100 Hz，但当 A 点位于波峰时，B 点恰为波谷.设波速为 10 m/s，试写出由 A、B 发出的两列波传到

P 点时干涉的结果.

解　由图 5-32 可知,$AP=15$ m,$AB=20$ m,故

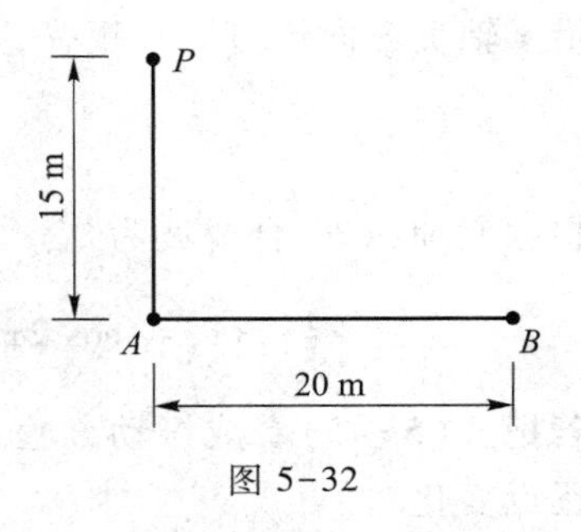

图 5-32

$$BP=\sqrt{AP^2+AB^2}=\sqrt{(20\ \mathrm{m})^2+(15\ \mathrm{m})^2}=25\ \mathrm{m}$$

又已知 $\nu=100$ Hz,$u=10$ m/s,因此

$$\lambda=\frac{u}{\nu}=\frac{10\ \mathrm{m/s}}{100\ \mathrm{Hz}}=0.10\ \mathrm{m}$$

设 A 的相位较 B 超前,则 $\varphi_A-\varphi_B=\pi$,根据相位差和波程差的关系,有

$$\Delta\varphi=\varphi_B-\varphi_A-2\pi\frac{BP-AP}{\lambda}=-\pi-2\pi\times\frac{25\ \mathrm{m}-15\ \mathrm{m}}{0.10\ \mathrm{m}}=-201\pi$$

这样的 $\Delta\varphi$ 值符合式(5-43b)所指出的合振幅最小的条件.若介质不吸收波的能量,则两列波振幅相同,因而合振幅为 $A=0$.故在 P 点处,因两波干涉相消而不发生振动.

三、驻波

演示实验:驻波

我们可以在一根拉紧的弦线上观察到驻波.如图 5-33 所示,将弦线的一端系于电动音叉的一臂上,弦线的另一端系一砝码,砝码通过定滑轮对弦线提供一定的张力,尖劈 B 的位置可以调节.当音叉振动,且尖劈 B 处于合适位置时,可以看到 AB 之间的弦线上有些点静止不动,有些点振动最强,弦线 AB 将分段振动,这就是驻波.驻波是如何产生的呢?当音叉带动 A 端振动所引起的波向右传到 B 点时,产生的反射波沿弦线向左传播.这样自左向右传播的入射波和自右向左传播的反射波是两列振幅、振动方向和频率相同,而传播方向相反的相干波,二者相干叠加形成驻波.当驻波出现时,弦线上有些点始终静止不动,这些点称为波节;有些点的振幅始终最大,这些点称为波腹.

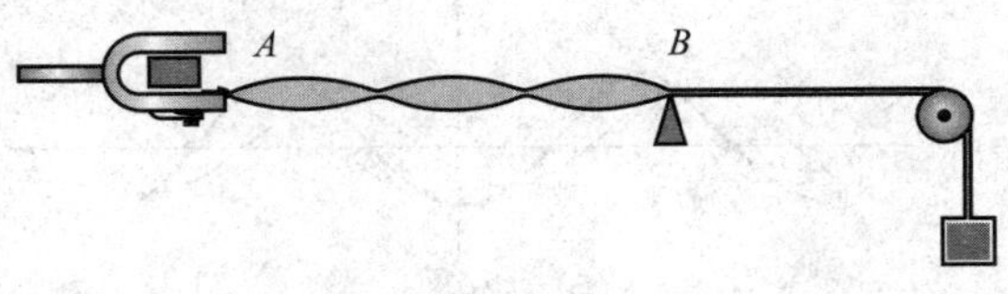

图 5-33

从上面的定义可以看出,驻波实际上是波的干涉的一种特殊情况.图 5-34 表示两列同频率、同振幅的简谐波分别沿 x 轴正方向和沿 x 轴负方向传播,在不同时刻的波形以及它们的合成波,即驻波.由该图可见,波节是始终不动的,整个合成波被波节分成若干段,每一段的中央是波腹.波节两边各点同时沿相反方向通过平衡位置,又同时沿相反方向达到各自位移的最大值;而在两波节之间的每一段上各点则沿相同方向通过平衡位置,又沿相同方向到各自的最大值.也就是说,波节两边的各点相位相反;在两波节间各点相位相同.两波节间的点虽以相同的相位振动,但振幅不同,波腹的振幅最大.由图 5-34 还可以看到,形成驻波以后,没有振动状态或相位的逐点传播,只有段与段之间的相位突变,这与行波完全不同.

取坐标系 Oxy,如图 5-34 所示,则沿 x 轴正方向传播的波可以表示为

$$y_1=A\cos 2\pi\left(\nu t-\frac{x}{\lambda}\right)$$

沿 x 轴负方向传播的同频率、同振幅的波可以表示为

$$y_2 = A\cos\, 2\pi\left(\nu t + \frac{x}{\lambda}\right)$$

根据叠加原理,合成波为

$$y = y_1 + y_2 = A\cos\, 2\pi\left(\nu t - \frac{x}{\lambda}\right) + A\cos\, 2\pi\left(\nu t + \frac{x}{\lambda}\right) = \left(2A\cos\frac{2\pi x}{\lambda}\right)\cos\,\omega t \tag{5-45}$$

若把式(5-45)看成振动方程,则括号内的项取绝对值就是该振动的振幅,且振幅沿波线逐点变化.

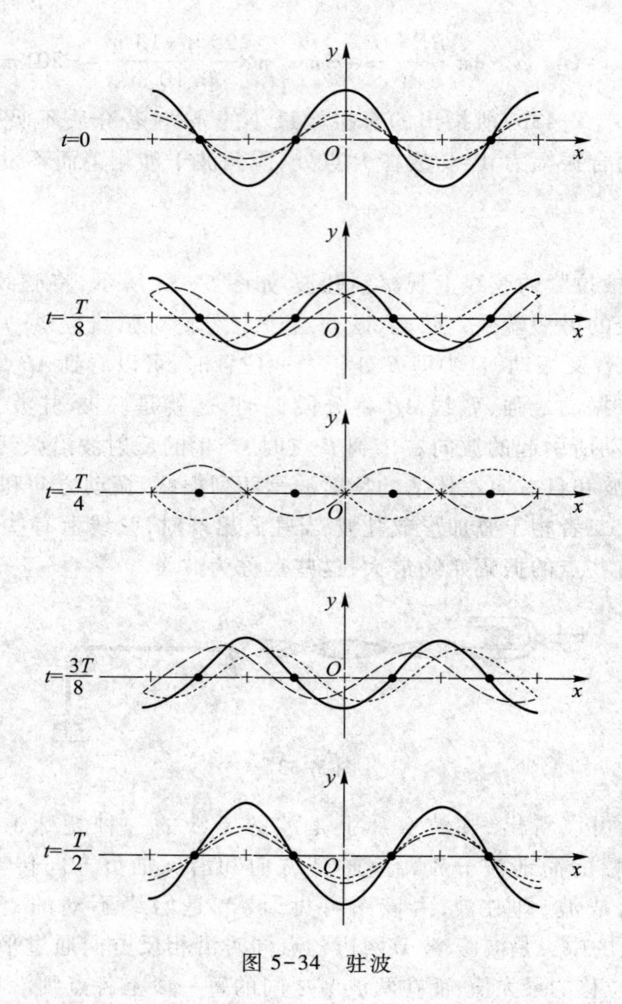

图 5-34　驻波

用式(5-45)可以讨论波腹和波节的位置.波腹是振幅最大的位置,应满足下面的关系:

$$\left|\cos\frac{2\pi x}{\lambda}\right| = 1,\quad \frac{2\pi x}{\lambda} = \pm 2k\,\frac{\pi}{2},\quad k = 0,1,2,\cdots$$

因此,波腹的位置为

$$x = \pm 2k\,\frac{\lambda}{4},\quad k = 0,1,2,\cdots \tag{5-46}$$

波节是静止不动的位置，振幅为零，应满足下面的关系：

$$\cos\frac{2\pi x}{\lambda}=0,\quad \frac{2\pi x}{\lambda}=\pm(2k+1)\frac{\pi}{2},\quad k=0,1,2,\cdots$$

因此，波节的位置为

$$x=\pm(2k+1)\frac{\lambda}{4},\quad k=0,1,2,\cdots \tag{5-47}$$

由式(5-46)和式(5-47)可见，相邻波腹或相邻波节的距离都是半波长．对于不满足式(5-46)和式(5-47)的各点，其振幅在 0 与 $2A$ 之间．由此可知，只要从实验中测得波节间的距离，就可以确定驻波的波长．

让我们看一下驻波的能量．当介质中的质点达到各自的最大位移时，各质点的振动速度为零，即动能为零，而介质各处却出现了不同程度的形变，且越靠近波节处形变量越大．所以在此状态下，驻波的能量以弹性势能的形式集中于波节附近．当介质中的质点通过平衡位置时，各处的形变都随之消失，弹性势能为零，而各质点的振动速度都达到了最大值，以波腹处为最大．因此在这种状态下，驻波的能量以动能的形式集中于波腹附近．在其他时刻，动能和势能同时存在．由此可见，当驻波形成时，由于波节不动，波腹附近的动能与波节附近的势能之间不断进行着互相转化，却没有能量的定向传播．换言之，驻波不传播能量．这是驻波与行波的重要区别之一．

四、半波损失

在图 5-33 所示的实验中，反射点 B 是固定不动的，此处必然是驻波的波节．该实验还表明，如果波在自由端反射，则反射处一定为波腹．当反射点形成波节时，说明反射波与入射波在 B 点的相位是相反的．也就是说，入射波在此转变为反射波，产生了 π 的相位跃变，相当于再传播半个波长后再反射．通常把固定点 B 所产生的 π 的相位跃变，称为半波损失．假如反射点 B 是自由的，此点将成为驻波的波腹，则反射波与入射波在此处是同相位的，因而不存在半波损失．

那么反射点在什么情况下形成波节，在什么情况下形成波腹呢？定量研究表明，这是由一个称为波阻的量决定的．介质的波阻 Z 定义为介质的密度 ρ 与该介质中的波速 u 的乘积，即

$$Z=\rho u \tag{5-48}$$

可见，波阻是反映介质性质的物理量．波阻较大的介质称为波密介质，波阻较小的介质称为波疏介质．**波从波疏介质垂直入射波密介质，被反射回波疏介质时，反射波存在半波损失，反射点形成波节；反之，反射波没有半波损失，反射点形成波腹**．

5-5　多普勒效应

到目前为止，我们所讨论的是波源和观察者都相对于介质静止的情况，因此观察者所观测到的波的频率与波源的振动频率是相同的．当波源和观察者其中之一，或两者以不同速度同时相对于介质运动时，观察者所观测到的波的频率将高于或低于波源的振动频率，这种现象称为多普勒效应．多普勒效应在我们日常生活中经常可以遇到．例如，当火车由

远处开来时，我们所听到的汽笛声高而尖，即频率变大；当火车远去时，汽笛声又变得低沉了，即频率变小，这就是声波的多普勒效应.下面我们就来分析波源和观察者相对于介质运动时，发生在两者连线上的多普勒效应.

一、波源不动，观察者相对于介质以 v_o 运动

观察者所观测到的频率取决于观察者在单位时间内所观测到的全振动的次数或完整波的数目，即

$$\nu=\frac{u}{\lambda}$$

式中 u 是该介质中的波速，λ 是波长.

现在假设波源相对于介质静止，观察者以速率 v_o 向着波源运动，如图 5-35 所示.这时观察者在单位时间内所观测到的完整波的数目要比静止时多.在单位时间内观察者除观测到由于波以波速 u 传播而通过他的 u/λ 个波以外，还观测到由于他自身以速率 v_o 运动而接收的 v_o/λ 个波.因此，观测者在单位时间内所观测到的完整波的数目为

$$\nu'=\frac{u}{\lambda}+\frac{v_o}{\lambda}=\frac{u+v_o}{\frac{u}{\nu}}=\nu\frac{u+v_o}{u} \tag{5-49}$$

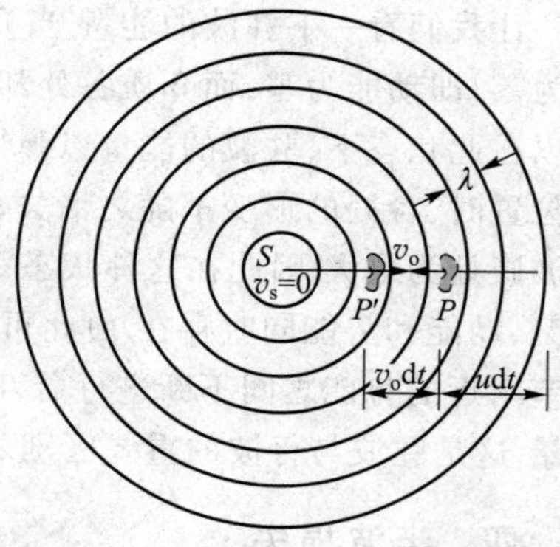

图 5-35　观察者运动时的多普勒效应

显然，当观察者以速率 v_o 离开静止的波源而运动时，在单位时间内他所观测到的完整波的数目要比静止时少 v_o/λ.因此，他所观测到的完整波的数目为

$$\nu'=\nu\frac{u-v_o}{u} \tag{5-50}$$

二、观察者静止，波源相对于介质以 v_s 运动

现在假设观察者相对于介质静止，而波源以速率 v_s 向着观察者运动.这时在波源的运动方向上，向着观察者一侧波长缩短了，而背离观察者一侧波长伸长了，如图 5-36 所示.在图 5-37 中，O 表示观察者，S 表示波源.在向着观察者一侧，波长比波源静止时缩短了 v_s/ν；在背离观察者一侧，波长比波源静止时伸长了 v_s/ν.因此到达观察者处的波长不再是 $\lambda=u/\nu$，而是 $\lambda'=u/\nu-v_s/\nu$.这样，观察者所观测到的波的频率为

$$\nu'=\frac{u}{\lambda'}=\frac{u}{\frac{u-v_s}{\nu}}=\nu\frac{u}{u-v_s} \tag{5-51}$$

显然，当波源以速率 v_s 离开观察者运动时，观察者所观测到的波的频率应为

$$\nu'=\frac{u}{\lambda'}=\frac{u}{\frac{u+v_s}{\nu}}=\nu\frac{u}{u+v_s} \tag{5-52}$$

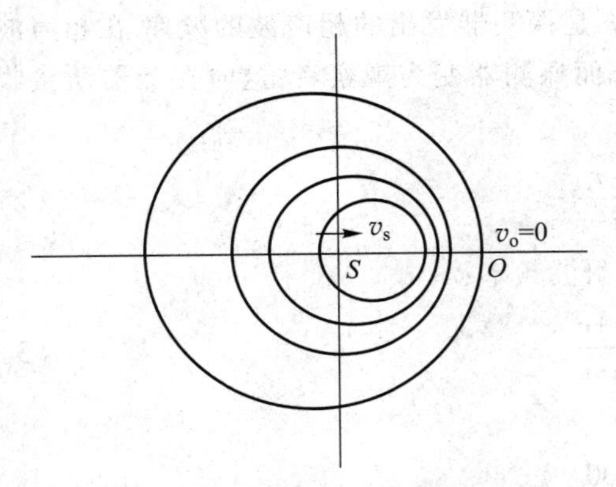

图 5-36 波源运动而观察者不动

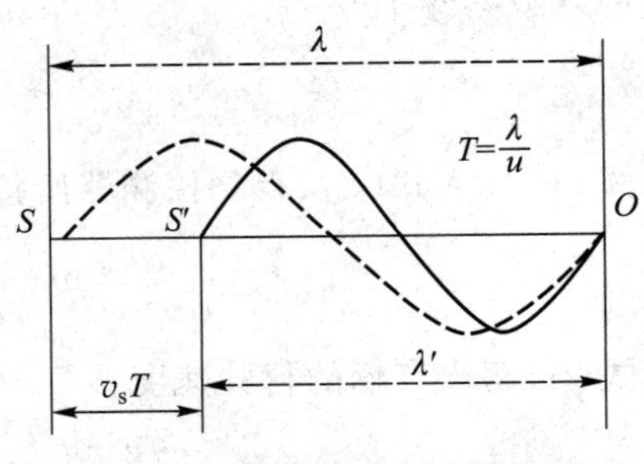

图 5-37 波源运动的方向波长变短

三、波源与观察者同时相对于介质运动

把以上假设的两种情况综合起来，即观察者以速率 v_o、波源以速率 v_s 同时相对于介质运动，则观察者所观测到的频率可以表示为

$$\nu'=\nu\frac{u\pm v_o}{u\mp v_s} \tag{5-53}$$

式中的正负号是这样选择的：分子取正号、分母取负号对应于波源和观察者沿其连线相向运动；分子取负号、分母取正号对应于波源和观察者沿其连线相背运动.综上所述，不论是波源运动还是观察者运动，或者两者同时运动，定性地说，**只要两者靠近，接收到的频率就高于原来波源的频率；两者互相远离，接收到的频率就低于原来波源的频率**.值得注意的是，无论观察者运动还是波源运动，虽然都能引起观察者所观测到的波的频率改变，但频率改变的原因却不同.在观察者运动的情况下，频率的改变是由于观察者观测到的波数增加或减少；在波源运动的情况下，频率的改变是由于波长的缩短或伸长.

以上关于弹性波多普勒效应的频率改变公式，都是在波源和观察者的运动发生在沿两者连线的方向（即纵向）上得到的.如果运动方向不沿两者的连线，则在上述公式中的波源和观察者的速度是沿两者连线方向的速度分量，这是因为弹性波不存在横向多普勒效应.

多普勒效应有很多实际的应用，本章的拓展阅读材料介绍了它在医学诊断方面的应用.

例题 5-5

一静止不动的超声波探测器能够发射频率为 100 kHz 的超声波.有一辆车迎面驶来，探测器所接收到的从车辆反射回来的超声波频率为 112 kHz.如果空气中的声速为 340 m/s，试求车辆的行驶速度.

解 当超声波从探测器传向车辆时，车辆是观察者，根据式（5-49），车辆接收到的超声波的频率为

$$\nu'=\nu\frac{u+v}{u} \tag{1}$$

式中 u 是空气中的声速，v 是车辆的行驶速度，ν 是探测器发出的超声波的频率. 在超声波被车辆反射回探测器的过程中，车辆变为波源，而探测器变为观察者，这时探测器所接收到的反射波频率为

$$\nu''=\nu'\frac{u}{u-v} \tag{2}$$

阅读材料：声波、超声波和次声波

将式(1)代入式(2)，得到探测器所接收到的反射波频率：

$$\nu''=\nu\frac{u+v}{u-v} \tag{3}$$

由式(3)解出车辆的行驶速度：

$$v=u\frac{\nu''-\nu}{\nu''+\nu}=340\times\frac{112-100}{112+100}\ \text{m/s}\approx 19.2\ \text{m/s}$$

拓展阅读：多普勒效应的应用——超声多普勒诊断仪

本章提要

1. 掌握描述简谐振动和简谐波动的各物理量(特别是相位)的物理意义.

$$x=A\cos(\omega t+\varphi)$$

2. 掌握旋转矢量法，并能用以分析有关问题.

3. 理解两个同方向、同频率简谐振动的合成规律.

$$x_1=A_1\cos(\omega t+\varphi_1)$$

$$x_2=A_2\cos(\omega t+\varphi_2)$$

二者合成后仍是一个同方向的简谐振动：

$$x=x_1+x_2=A\cos(\omega t+\varphi)$$

合振动的振幅 A 和初相位 φ 由下式给出：

$$A=\sqrt{A_1^2+A_2^2+2A_1A_2\cos(\varphi_2-\varphi_1)}$$

$$\varphi=\arctan\frac{A_1\sin\varphi_1+A_2\sin\varphi_2}{A_1\cos\varphi_1+A_2\cos\varphi_2}$$

(1) 如果两个分振动的相位差为 $\varphi_2-\varphi_1=\pm 2k\pi, k=0,1,2,\cdots$，那么

$$A=A_1+A_2$$

(2) 如果两个分振动的相位差为 $\varphi_2-\varphi_1=\pm(2k+1)\pi, k=0,1,2,\cdots$，那么

$$A=|A_1-A_2|$$

4. 掌握平面简谐波的波动方程，理解波形曲线.

$$y(x,t)=A\cos\left[\omega\left(t-\frac{x}{u}\right)+\varphi\right]$$

(1) 波的时间周期性：

$$y(x,t)=y(x,t+T)$$

(2) 波的空间周期性:

$$y(x,t)=y(x+\lambda,t)$$

5. 了解波的能量传播特征及能流、能流密度等概念.

$$I=\frac{\overline{P}}{S}=\overline{w}u=\frac{1}{2}\rho A^2\omega^2 u$$

6. 理解惠更斯原理和波的叠加原理,掌握波的相干条件,能应用相位差或波程差概念分析和确定相干波叠加后振幅加强和减弱的条件.

若两相干波源的初相位相同,并取 δ 为两相干波源到 P 点的波程差,即 $\delta=r_2-r_1$,则当

$$\delta=r_2-r_1=\pm k\lambda,\quad k=0,1,2,\cdots$$

时,合振幅最大;

当

$$\delta=r_2-r_1=\pm(2k+1)\frac{\lambda}{2},\quad k=0,1,2,\cdots$$

时,合振幅最小.

7. 了解驻波及多普勒效应.

思考题

5-1 符合什么规律的运动是简谐振动?说明下列运动是否为简谐振动:

(1) 完全弹性的小球在地面上跳动;

(2) 小球在半径很大的光滑凹球面底部作小幅度摆动;

(3) 小磁针在地磁场的南北方向附近摆动.

5-2 同一弹簧振子,在光滑水平面上作一维简谐振动与在竖直悬挂情况下作简谐振动,两者的频率是否相同?如果把它放在光滑斜面上,它是否作简谐振动?振动频率是否改变?

5-3 指出作一维简谐振动的物体处在下列位置时的位移、速度、加速度和所受弹性力的数值和方向:

(1) 正最大位移处;

(2) 平衡位置且向负方向运动;

(3) 平衡位置且向正方向运动;

(4) 负最大位移处.

5-4 有三个完全相同的单摆,问在下列三种情况下,它们的周期是否相同?如果不同,哪个大,哪个小?

(1) 第一个在静止的车厢里,第二个在匀速前进的火车上,第三个在匀加速运动的车辆里(水平方向);

(2) 第一个在匀速上升的升降机中,第二个在匀加速上升的升降机中,第三个在匀减速上升的升降机中;

（3）第一个在地球上，第二个在绕地球的同步卫星上，第三个在月球上.

5-5　什么是波动？振动与波动有什么区别和联系？

5-6　对于机械波的波长、频率、周期和波速四个量，

（1）在同一种介质中，哪些量是不变的？

（2）当波从一种介质进入另一种介质时，哪些量是不变的？

第 5 章思考题参考答案

5-7　波的能量与哪些量有关？比较波的能量和简谐振动的能量.

5-8　若两列波不是相干波，则相遇时，它们相互穿过且互不影响；若它们为相干波则相互影响，这句话对不对？为什么？同时请分析并说明叠加原理成立的条件.

5-9　驻波是否传播能量？为什么？

习　题

一、选择题

5-1　一个质点作简谐振动，振幅为 A，在起始时刻质点的位移为 $-\frac{A}{2}$，且向 x 轴正方向运动，代表此简谐振动的旋转矢量为（　　）.

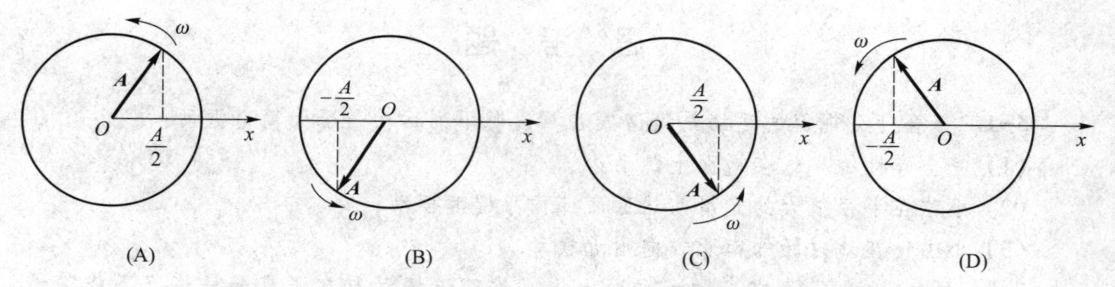

5-2　一质点作周期为 T 的简谐振动，质点由平衡位置正方向运动到最大位移一半处所需的最短时间为（　　）.

（A）$T/2$　　（B）$T/4$　　（C）$T/8$　　（D）$T/12$

5-3　当质点以频率 ν 作简谐振动时，它的动能的变化频率为（　　）.

（A）ν　　（B）2ν　　（C）4ν　　（D）$\nu/2$

5-4　一平面简谐波的传播速度是 100 m/s，频率是 50 Hz，在波线上相距 0.5 m 的两点之间的相位差是（　　）.

（A）$\pi/2$　　（B）$\pi/3$　　（C）$\pi/4$　　（D）$\pi/6$

5-5　一平面余弦波在 $t=0$ 时刻的波形曲线如图所示，则 O 点的振动初相位为（　　）.

（A）0　　（B）$\frac{1}{2}\pi$

（C）π　　（D）$\frac{3}{2}\pi\left(或-\frac{1}{2}\pi\right)$

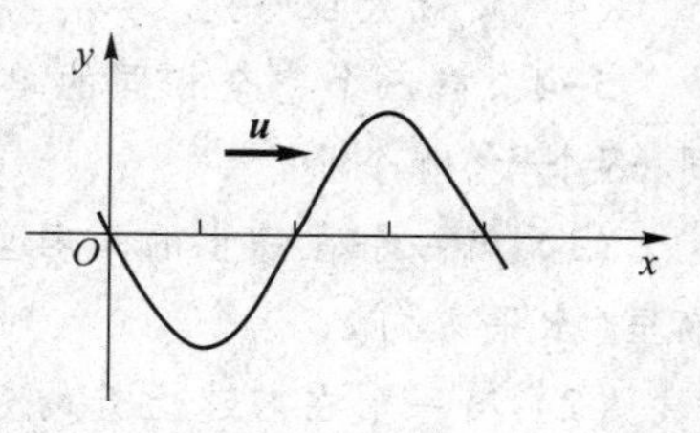

习题 5-5 图

二、填空题

5-6　有一弹簧振子，弹簧的弹性系数为 0.32 N/m，重物的质量为 0.02 kg，则这个系统的固有频率为________，相应的振动周期为________.

5-7　若弹簧振子简谐运动方程为 $x=0.10\cos\left(20\pi t+\dfrac{\pi}{4}\right)$，式中 x 的单位为 m，t 的单位为 s，则振幅为 $A=$________，频率为 $\nu=$________，角频率为 $\omega=$________，周期为 $T=$________，初相位为 $\varphi=$________.

5-8　两个同方向、同频率的简谐振动，其振动表达式分别为

$$x_1=6\times10^{-2}\cos\left(5t+\frac{1}{2}\pi\right)\ (\text{SI 单位}),\quad x_2=2\times10^{-2}\sin(\pi-5t)\ (\text{SI 单位})$$

它们的合振动的振幅为__________，初相位为__________.

5-9　已知波源在坐标原点（$x=0$）的平面简谐波的波函数为 $y=A\cos[c(t-dx)]$，其中 A、c、d 为正值常量，则此波的周期为__________，波速为__________.

5-10　已知一平面简谐波的波长为 $\lambda=1$ m，振幅为 $A=0.1$ m，周期为 $T=0.5$ s. 选波的传播方向为 x 轴正方向，并以振动初相位为零的点为 x 轴原点，则波动表达式为 $y=$__________________（SI 单位）.

三、计算题

5-11　一物体沿 x 轴作简谐振动，振幅为 20.0 cm，周期为 2.0 s，在 $t=0$ 时，物体坐标为 10.0 cm，且向 x 轴负方向运动. 求在 $x=-12.0$ cm 处，向 x 轴负方向运动时，物体的速度和加速度以及它从这个位置回到平衡位置的时间.

5-12　原长为 0.50 m 的弹簧，上端固定，下端挂一质量为 0.1 kg 的物体. 当物体静止时，弹簧的长度为 0.60 m，若将物体向上推，使弹簧恢复到原长，然后放手，则物体作上下振动.

(1) 证明物体的上下运动为简谐振动；

(2) 求此简谐振动的振幅和频率；

(3) 若从放手时开始计时，求此简谐振动表达式（取向下为正方向）.

5-13　一物块悬于弹簧下端并作简谐振动，当物块位移为振幅的一半时，问这个振动系统的动能和势能各占总能量的多大比例？当位移多大时，动能和势能彼此相等？

5-14　两个相干波的波源位于同一介质中的两点处，如图所示，二者振幅相等、频率皆为 100 Hz，B 比 A 的相位超前 π。若 A、B 相距 30 m，波速为 400 m/s，试求 A、B 连线上因干涉而静止的各点位置。

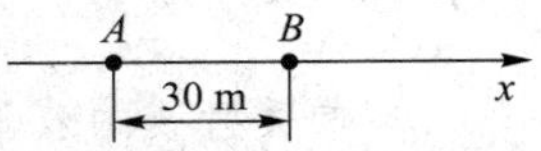

A　B　30 m　x

习题 5-14 图

5-15　一质量为 10 g 的物体作简谐振动，其振幅为 24 cm，周期为 4.0 s. 当 $t=0$ 时，位移为 24 cm. 试求：

(1) $t=0.5$ s 时，物体所在的位置；

(2) $t=0.5$ s 时，物体所受的力的大小和方向；

(3) 物体由起始位置运动到 $x=12$ cm 处所需要的最短时间；

(4) 在 $x=12$ cm 处，物体的速度、动能、势能和总能量.

5-16　已知一波的波函数为 $y=10.0\sin(20\pi t-0.6x)$，式中 t 的单位为 s，x 和 y 的单位为 cm.

(1) 求波长、频率、波速和周期；

(2) 说明 $x=0$ 时波函数的意义.

5-17　一平面简谐波在介质中以波速 $u=20$ m/s 自左向右传播，已知在传播路径上的某点 A 的振动表达式为 $y=3\times10^{-2}\cos(4\pi t-\pi)$（SI 单位），$D$ 点在 A 点右方 9 m 处.

(1) 若取 x 轴正方向向左，并以 A 点为坐标原点，如图(a)所示，试写出此波的波函数，并求出 D 点的振动表达式；

(2) 若取 x 轴正方向向右，以 A 点左方 5 m 处的 O 点为坐标原点，如图(b)所示，重新写出波函数及 D 点的振动表达式.

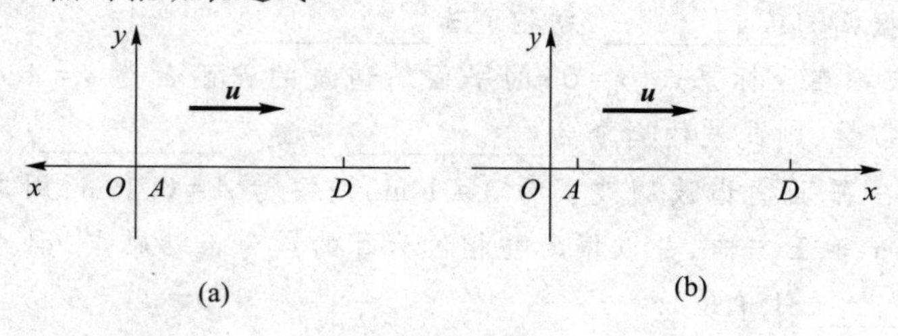

习题 5-17 图

5-18　A、B 为两个同振幅、同相位的相干波源，它们在同一介质中相距 $\frac{3\lambda}{2}$，P 为 A、B 连线的延长线上的任意点，如图所示. 求：

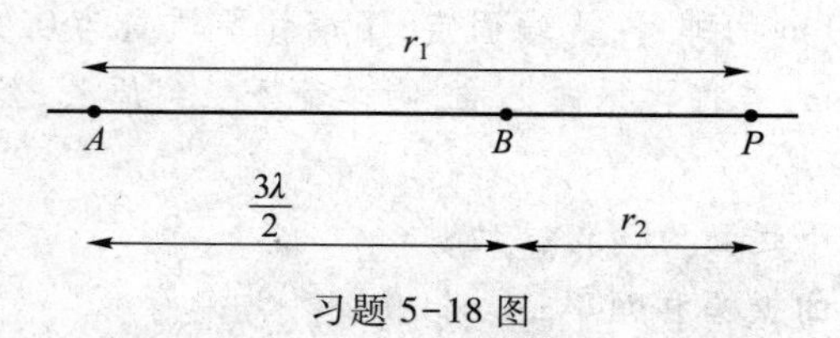

习题 5-18 图

(1) 自 A、B 两波源发出的波引起的两个振动的相位差；

(2) P 点合振动的振幅.

5-19　一入射波的波函数为 $y_1=A\cos\left(t+\frac{x}{c}\right)$，在 $x=0$ 处发生反射，反射点为一波节.

(1) 求反射波的波函数；

(2) 求合成波的波函数；

(3) 确定波腹和波节的位置.

第5章习题参考答案

5-20　一汽笛发出频率为 1 000 Hz 的声波，汽笛以 10 m/s 的速率离开你而向悬崖运动，试问：

(1) 你听到的直接从汽笛传来的声波的频率为多大？

(2) 你听到的从悬崖反射回来的声波的频率为多大？（设空气中的声速为 330 m/s.）

第6章　气体动理论

第6章测试题

热学是研究物质热现象和热运动规律的学科，其研究对象是由大量微观粒子所组成的热力学系统.由于研究的角度和所采用的方法不同，热学又分为热力学和统计物理学.**热力学**通过直接观察和实验测量总结出来的有关热现象的宏观规律，从能量观点出发，研究在物质状态变化过程中有关热功转化的关系和条件.**统计物理学**从物质的微观结构出发，依据微观粒子的运动所遵循的力学规律，运用统计的方法，把宏观性质看成由微观粒子热运动的统计平均值所决定，揭露物质宏观热现象的本质.热力学和统计物理学分别利用宏观描述和微观描述的方法研究物质的热运动，彼此密切联系、相辅相成.**气体动理论**是统计物理学中关于气体热运动的基础理论.

热气球能够在空中升降的原理是什么？把磨得很光的两块不同金属紧压在一起，经过足够长时间后，可以看到它们相互渗入，为什么会出现这样的现象？而两块金属在太空中接触，就会很容易地熔接在一起，这又是为什么呢？在航天技术中，为了防止金属熔接在一起，会采取怎样的措施？

气体动理论是在物质结构的分子学说的基础上，为说明气体的物理性质和气态现象而发展起来的.气体动理论研究的对象是由大量分子组成的气态物质，气体动理论着重研究处于热平衡状态下的理想气体.与温度有关的物理性质的变化称为**热现象**，从微观角度看，热现象是组成物质的大量分子、原子热运动的集体表现.分子、原子都有大小、质量、能量等，这些用来描述单个分子特征的物理量称为**微观量**，微观量难以用实验直接测定.通过实验可以直接测得的量，例如气体的温度、压强、体积等表征大量分子宏观特征的物理量称为**宏观量**.单个分子的运动是偶然的、随机的，这就是分子热运动的无序性，但大量分子运动的集体表现却是有规律可循的，这种大量的偶然事件在宏观上所显示出的规律性称为**统计规律性**.气体动理论从构成气体的大量分子作无规则热运动的微观模型出发，运用力学规律和统计规律，讨论气体分子热运动的基本特征，重点在于建立宏观量和微观量统计平均值之间的关系，进而揭示气体宏观热现象的微观本质.

本章引入状态参量和热力学平衡态的概念，由表示平衡态的三个状态参量之间存在的关系引出理想气体物态方程；利用理想气体的微观模型，运用统计的方法推导出理想气体的压强公式，解释温度的微观本质；讨论能量按自由度均分定理及理想气体的内能；得出速率分布函数及麦克斯韦速率分布律；最后介绍分子的碰撞及气体的输运过程.

【学习目标】

(1) 能从宏观和统计意义上理解压强、温度、内能等概念，了解系统的宏观性质是微观运动的统计表现.

(2) 了解气体分子热运动的图像，掌握理想气体的压强公式和温度公式及其物理意义，了解从提出模型、进行统计平均、建立宏观量与微观量的联系到阐明宏观量微观本质的思想和方法.

(3) 了解麦克斯韦速率分布律及速率分布函数和速率分布曲线的物理意义，了解气体分子热运动的平均速率、方均根速率、最概然速率的求法和物理意义.

(4) 掌握能量按自由度均分定理,计算理想气体的内能.

(5) 了解气体分子平均碰撞频率及平均自由程.

6-1　平衡态　理想气体物态方程　热力学第零定律

一、气体的宏观状态参量

用来描述物体状态的物理量称为**状态参量**.例如,在力学中研究质点的机械运动时,我们用位置矢量和速度来描述质点的运动状态,位置矢量和速度就是两个力学状态参量.而在讨论大量作热运动的分子构成的气体的状态时,位置矢量和速度只能用来描述分子的微观状态,为了研究整个气体的宏观状态,仅用力学状态参量是不够的,还需引入一些新的物理量.气体是一种简单的热学系统,对于一定量的气体,其宏观状态可用气体的体积 V、压强 p 和温度 T 来描述.气体的体积、压强和温度这三个物理量称为**气体的宏观状态参量**.其中体积是几何参量,压强是力学参量,而温度是反映气体分子热运动剧烈程度的量,是气体冷热程度的量度,是热运动特有的一个基本量,属于热学量.

气体的**体积**是指气体分子热运动所能达到的空间,容器中气体的体积就是容器的容积,气体的体积并非气体分子本身体积的总和.在国际单位制中,体积的单位是立方米,符号是 m^3.气体的压强是气体对容器壁上单位面积所施加的正压力,即 $p=F/S$.在国际单位制中,压强的单位是帕斯卡,符号为 Pa,$1\ Pa=1\ N/m^2$.除国际单位制单位之外,常使用的压强单位还有**标准大气压**(atm),简称为大气压.通常,人们把纬度为45°海平面处测得的0 ℃时的大气压强称为标准大气压,$1\ atm=1.013\times10^5\ Pa$.**温度**是物体冷热程度的数值表示,并规定较热的物体有较高的温度.温度的数值标定方法叫**温标**.日常生活中常用的温标有两种,一种是**摄氏温标** t,单位是摄氏度,符号是℃;另一种是华氏温标 t_F,单位是华氏度,符号是°F;它们之间的数值关系为 $t_F=\frac{9}{5}t+32$.在物理学中还有一种基本的理论温标,也是一种理想的温标:**热力学温标** T,单位是开尔文,符号是K.摄氏温标和热力学温标之间的数值关系为 $T=273.15+t$.

为了详尽地描述物体的状态,有时还需要其他的参量.假设我们所研究的系统是混合气体,若要对系统的状态作详尽的描述,则除了上述的体积和压强外,还需要用到反映系统化学成分的参量,如物质的量或浓度等;当有电磁现象出现时,还必须加上一些电磁参量,如电场强度或磁场强度等.一般来说,我们常用几何参量、力学参量、化学参量和电磁参量等四类参量来描述系统的状态.究竟用哪几个参量来完全地描述系统的状态,是由系统本身的情况决定的.

二、平衡态

上面我们说明了气体的状态可以用体积、压强和温度等少数几个宏观状态参量来描述,其实这是有条件的,并不是在任何情况下都能做到的,这个条件就是系统必须处于所谓的平衡态.一定质量的气体在容器内具有一定的体积,不管气体内各部分的温度和压强如何,如果它与外界没有能量交换,内部没有任何形式的能量转换(例如没有发生化学变化或原子核的变化等),也没有外场作用,那么经过相当长时间后,气体内各部分终将达到相同的温度和压强,并不随时间变化.当整个气体温度均匀并且与环境的温度相同时,该气体就处于热平衡之中;若整个气体在外场不存在时处于均匀的压强之下,该气体就处于力学平衡之中;当整个气体化学成分处处均匀时,该气体就处于化学平衡之中.若某种气体处于热平衡、力学平衡与化学平衡之中,我们就说它处在热力学平衡状态之中.这种在没有外界(指与系统有关的周围环境)影响的条件下,系统各部分的宏观性质长时间不发生变化的状态称为**平衡态**.这里所说的没有外界影响,指的是系统与外界之间不通过做功或传热的方式交换能量.平衡态不要求系统不受外力作用,只要外力不做功,对系统的热力学状态就没有影响.为了对平衡态有更深刻的认识,需要注意以下几点.

(1) 不受外界影响和系统的各部分宏观性质不随时间变化,这是判别一个系统是否处于平衡态的两个必要条件,缺一不可.如果第一个条件不满足,那么即使系统所有宏观性质都不随时间变化,系统也不是处于平衡态的.例如,一根铁棒的两端分别与温度不同的两个恒温热源接触,经过一段时间后,棒上各点的温度将不再随时间变化,处于稳定状态,但由于系统(即铁棒)与外界有热交换,故铁棒不处于平衡态.

(2) 系统在不受外力的情况下达到平衡态,其内部的所有宏观性质处处相同,但在外力的作用不可忽略的情况下,系统达到平衡态时,其内部的某些宏观性质就不是均匀的.例如,重力场中的大气处于平衡态时,由于大气受重力作用,所以不同高度处大气的压强和密度不相同.

(3) 平衡态仅是系统的宏观性质不随时间变化,从它的微观状态来看,系统内的分子仍在作永不停息的热运动,只不过分子热运动的平均效果不随时间变化而已.也正是由于这种分子热运动的平均效果不随时间变化,系统在宏观上表现为处于平衡态.因此,热力学中的平衡实质上是一种动态平衡,通常称为**热动平衡**.

应当指出的是,容器中的气体总是不可避免地与外界发生不同程度的能量和物质的传递,因此平衡态是理想化的状态.然而,若气体状态的变化很微小,以致可以略去不计,就可以把气体的状态近似看成平衡态.本章所讨论的气体状态,除特别声明外,指的都是平衡态.

三、理想气体物态方程

当外界条件发生变化时,气体的平衡态会被破坏,气体从一个平衡态经历一个过程到达另一个平衡态,其状态参量 p、V、T 发生变化,但状态参量之间满足一定的关系,我们把反映气体的 p、V、T 之间的关系式称为**气体物态方程**.一般来说,物态方程的形式是很复杂的,它与气体的性质有关.这里我们只讨论理想气体物态方程,在本章后面再讨论实际气体物态方程.

实验表明,一般气体在压强不太大(与大气压相比)和温度不太低(与室温相比)的实验条件下,遵守玻意耳定律、盖吕萨克定律、查理定律.但严格服从上述三个实验定律的气体是没有的.我们将实际气体抽象化,提出理想气体的概念,可以设想有这样一种气体,它遵守上述三条实验定律,这种气体称为**理想气体**,故**理想气体是一种理想模型**.如上所述,一般气体在压强不太大、温度不太低时,都可近似当成理想气体.因此,研究理想气体各状态参量之间的关系仍有重要意义.理想气体的三个状态参量 p、V、T 之间的关系即**理想气体物态方程**,可从上述三条实验定律和阿伏伽德罗定律导出.当质量为 m、摩尔质量为 M、物质的量为 $\nu=m/M$ 的理想气体处于平衡态时,它的物态方程为

$$pV=\frac{m}{M}RT=\nu RT \tag{6-1}$$

上式也称为**克拉珀龙方程**.式中的 R 是**摩尔气体常量**,在国际单位制中,$R=8.314\ \mathrm{J/(mol\cdot K)}$.

理想气体物态方程是从一定条件下的实验定律推导出来的,实际气体并不完全符合这些实验条件,因此各种实际气体都只是近似遵守理想气体物态方程.温度越高,压强越小,近似的程度越高,仅在压强趋于零的极限条件下,各种实际气体才严格地遵守式(6-1),这是各种气体的共性,也是气体内在规律的表现.可以看出,对一定质量的气体,它的状态参量 p、V、T 中只有两个是独立的,因此任意给定两个参量,就确定了气体的一个平衡态.

处在平衡态的气体状态可以用状态参量 p、V、T 中的任意两个来表示,也可以用 $p-V$($p-T$ 或 $V-T$)图中的一个确定的点来表示,如图 6-1 中的点 $A(p_1,V_1,T_1)$ 或点 $B(p_2,V_2,T_2)$.

系统与外界有相互作用时,系统的状态将发生变化.当系统从一个状态不断变化到另一个状态时,系统经历的过程称为**热力学过程**.如果过程进行得十分缓慢,使所经历的一系列中间状态都无限接近平衡态,这个过程就称为**平衡过程**,或称准静态过程.显然,**平衡过程是个理想过程**,因为状态的变化,必须破坏系统原有的平衡态,经过一段时间之后系统才能达到新的平衡态,不可能使任何中间状态都是完全彻底的平衡态.因此,在实际变化过程中系统经历了一系列非平衡态,这样的过程就是一个非平衡过程.但在许多情况下,只要过程进行得足够缓慢,就可近似把实际过程看成平衡过程.对一个平衡过程来说,由于过程的中间状态都是平衡态,都有 $p-V$ 图上对应的状态点,故整个平衡过程对应 $p-V$ 图上的一条连续曲线,如图 6-1 所示,从 A 到 B 的曲线表示从初态 $A(p_1,V_1,T_1)$ 向末态 $B(p_2,V_2,T_2)$ 缓慢变化的一个平衡过程.

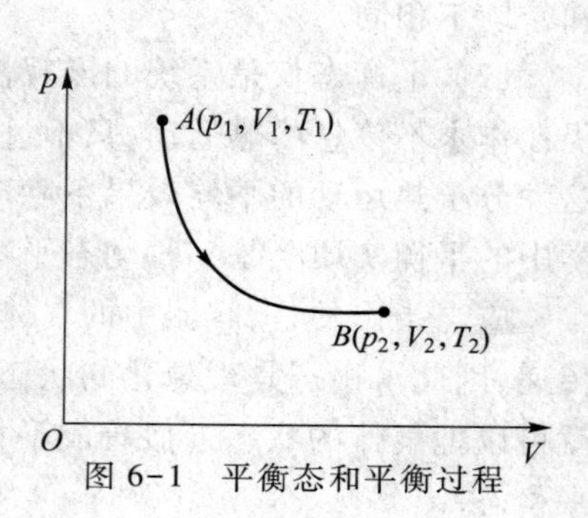

图 6-1　平衡态和平衡过程

例题 6-1

容器内装有氧气,其质量为 0.10 kg,压强为 10×10^5 Pa,温度为 47 ℃.因为容器漏气,所以经过一段时间后,压强降到原来的 5/8,温度降到 27 ℃.问:

(1) 容器的容积有多大?

(2) 漏去了多少氧气?(假设氧气可看成理想气体.)

解　(1) 根据理想气体物态方程,$pV=\frac{m}{M}RT$,求得容器的容积为

$$V=\frac{m}{Mp}RT=8.31\times10^{-3}\ \mathrm{m}^3$$

(2) 设漏气一段时间后,压强减少到 p',温度降到 T'.如果用 m' 表示容器中剩余的氧气的质量,则由理想气体物态方程,可求得

$$m'=\frac{Mp'V}{RT'}=6.67\times10^{-2}\ \text{kg}$$

所以漏去的氧气的质量为

$$\Delta m=m-m'=3.33\times10^{-2}\ \text{kg}$$

四、热力学第零定律

在不受外界影响的情况下,如果两个物体相互接触,有热量从一个物体传递给另一个物体,那么说明这两个物体之间存在温差,我们把这种接触称为**热接触**.当这两个物体之间停止传递热量时,它们就达到了热平衡.实验事实表明,如果处于确定状态的物体 A 同时和物体 B、物体 C 热接触并都达到热平衡,那么物体 B 和物体 C 也处于热平衡.这个结论称为**热力学第零定律**.**处于热平衡的所有物体都具有共同的宏观性质:温度相同,即冷热程度相同**.因此,温度是决定一个物体能否与其他物体处于热平衡的宏观性质.热力学第零定律不仅给出了温度的概念,也指出了判别温度是否相同的方法.

6-2 分子热运动 统计规律性

一、分子热运动的基本特征

1. 宏观物体由大量的分子或原子组成

气体、液体和固体这些宏观物质都具有内部结构,虽然人们用肉眼不能直接观察到,但已得到现代科学理论和实验的证实.借助于近代的实验仪器和实验方法,可知宏观物体是由大量的分子或原子组成的.实验证明,1 mol 任何物质所含的分子(或原子)的数目均相同,这个量称为**阿伏伽德罗常量**,用 N_A 表示,$N_A=6.02\times10^{23}\ \text{mol}^{-1}$.可见 N_A 的数值巨大,这足以证明宏观物体在微观上的复杂性.组成物体的分子之间存在一定的空隙,如气体很容易被压缩;水与酒精混合后的体积小于二者原来的体积之和;用两万个大气压压缩钢筒中的油,会发现油能透过筒壁渗出筒外.

目前用高分辨率的电子显微镜已能观察到原子结构的图像,这使宏观物体由大量分子或原子组成的概念得到了最有力的证明.图 6-2 是通过扫描隧穿显微镜(STM)拍摄的硅表面原子结构的图像.

2. 分子在作永不停息的无规则热运动

在图 6-3 所示的容器 A 和 B 中贮有两种不同的气体,例如 A 中贮有空气,B 中贮有褐色的溴蒸气.把活塞 C 打开后,可以看到褐色的溴蒸气将逐渐渗入容器 A 中,与空气混合.经过一段时间后,两种气体就在连通容器 A、B 中混合均匀.这种现象称为**扩散**.溴蒸气的比重比空气大得多,在重力作用下溴蒸气不可能向上流,这说明扩散是气体的内在运动,即分子热运

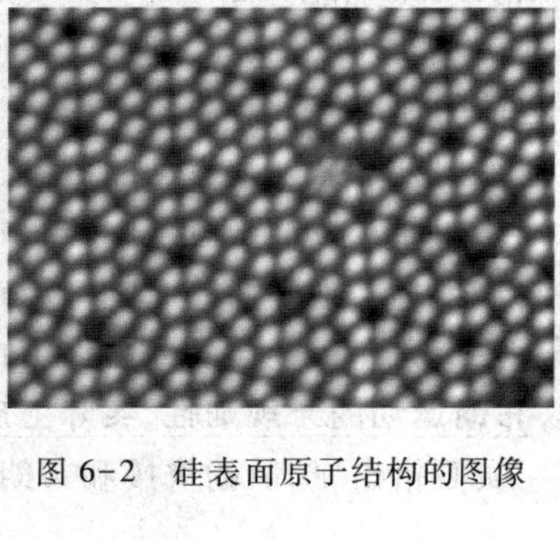

图 6-2 硅表面原子结构的图像

动的结果.

在液体和固体中同样会发生扩散现象,例如在清水中滴入几滴红墨水,经过一段时间后,全部清水都会染上红色.又如把煤块放在石板上,经过较长的时间,可发现石板表面层内有煤分子.

总之,扩散现象说明:**一切物体(气体、液体、固体)的分子都在不停地运动着**.

分子太小,人们很难直接看到它们的运动情况,但却可从一些实验观察中间接了解到它们的运动特点.在显微镜下观察悬浮在液体中的小颗粒(如悬浮在水中的花粉颗粒)时,可以看到这些颗粒都在不停地作无规则运动.如果把视线集中在任意一个颗粒上,就可以发现它好像不停地作短促的折线运动,方向不断改变,毫无规则.图 6-4 画出了 5 个颗粒每隔 20 秒的位置变化的情况,可以看出它们的运动的无规则性.这种悬浮颗粒的运动是由英国植物学家布朗在 1827 年发现的,因此称为**布朗运动**.

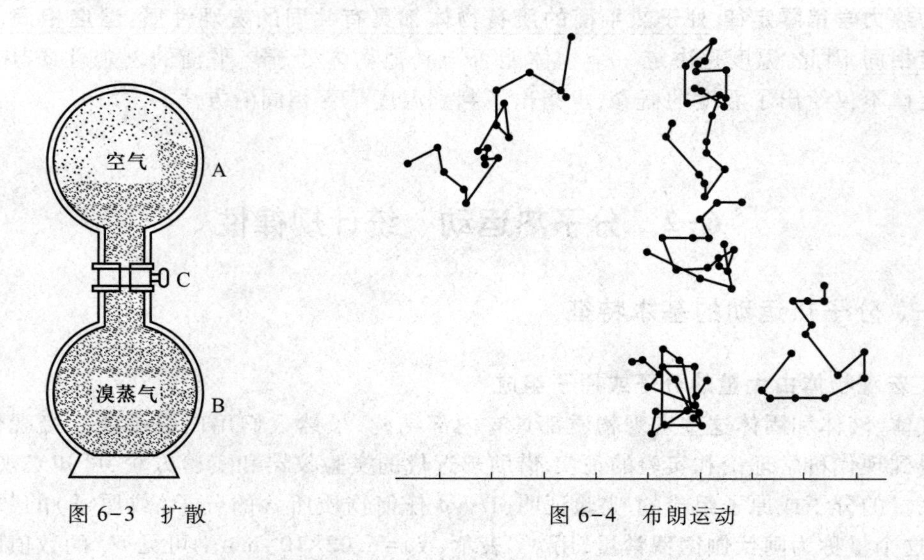

图 6-3　扩散　　　　图 6-4　布朗运动

布朗运动起初被认为是由于外界影响(如振动、液体的对流等)引起的,但是后来精确的实验指出,在尽量排除外界干扰的情况下,布朗运动仍然存在,并且只要悬浮颗粒足够小,在任何液体和气体中都会发生这种运动.此外,各个颗粒的运动情况互不相同,也说明布朗运动不可能是外界影响引起的.

悬浮颗粒为什么会作无规则运动呢?为了说明这个问题,可以假设液体分子的运动是无规则的.所谓“无规则”,指的是:由于分子之间的相互碰撞,每个分子的运动方向和速率都在不断地改变;任何时刻,在液体或气体内部,沿各个方向运动的分子都存在,而且分子运动的速率有大有小.

根据分子无规则运动的假设,不难对布朗运动作出解释.液体内无规则运动的分子不断地从四面八方冲击悬浮颗粒,当颗粒足够小时,在任一瞬间,分子从各个方向对颗粒的冲击作用是互不平衡的,这时颗粒就朝着冲击作用较弱的那个方向运动.在下一瞬间,分子从各个方向对颗粒的冲击作用在另一个方向较弱,于是颗粒的运动方向也就改变了.因此,**布朗运动的无规则性,实际上反映了液体内部分子运动的无规则性**.

实验指出,扩散的快慢和布朗运动剧烈与否都与温度的高低有显著的关系.随着温度的升高,扩散过程加快,悬浮颗粒的运动加剧.这实际上反映出分子无规则运动的剧烈程度与温度有关,温度越高,分子的无规则运动就越剧烈.这就是分子无规则运动的一种规律性.正是因为分子的无规则运动与物体的温度有关,所以我们通常把这种运动称为**分子的热运动**.

3. 分子间有相互作用力

既然物体的分子在不停地作无规则热运动,那么,为什么固体和液体的分子不会散开而能保持一定的体积,并且固体还能保持一定的形状呢？很显然,这是因为固体和液体的分子之间有相互吸引力.分子之间有相互吸引力的现象可以用一个简单的演示实验来说明.取一根直径约为 2 cm 的铅柱,用刀把它切成两段,然后把两个断面对上,在两头加不大的压力就能使两段铅柱重新接合起来.这时,即使在一头吊上几千克的重物,也不会把合上的两段铅柱拉开.

既然加不大的压力就能使两段铅柱接合起来,那么,为什么加很大的压力却不能使两片碎玻璃拼成一片呢？这是因为只有当分子比较接近时,它们之间才有相互吸引力作用.铅比较软,所以加不大的压力就能使两个断面密合得很好,使两边的分子接近到吸引力发生作用的距离.相反,玻璃较硬,即使加很大的压力也不能使接触面两侧的分子接近到吸引力发生作用的距离.但是,如果把玻璃加热使它变软,那么就可以使变软部分的分子接近到吸引力发生作用的距离,这样就能使两块玻璃连接起来了.

固体和液体是很难被压缩的,这说明分子之间除了有吸引力(简称引力),还有排斥力(简称斥力).只有当物体被压缩到使分子非常接近时,它们之间才有排斥力,所以排斥力发生作用的距离比吸引力发生作用的距离还要小.

分子间的引力和斥力统称为**分子力**.实验发现,物体内分子之间的分子力有一定的规律,当分子之间的距离 $r<r_0$(约10^{-10} m)时,分子力主要表现为斥力,而且力的大小随着 r 的减小而迅速增大;当 $r=r_0$ 时,分子力为零;当 $r>r_0$ 时,分子力主要表现为引力,而且力的大小随着 r 的增大先增大后减小;当 $r>10^{-9}$ m 时,分子间的作用力就可以忽略不计了.这就是说,**分子力的作用范围较小,属于短程力,在气体的分子数密度很低的情况下,其分子之间的作用力可以不考虑**.图 6-5 为分子力 F 与分子间的距离 r 的关系曲线.

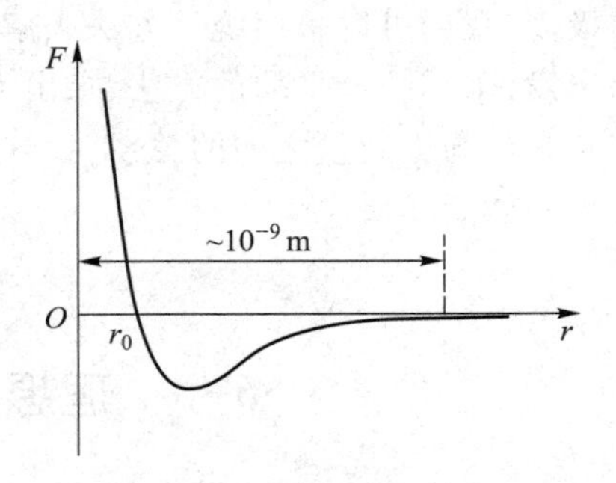

图 6-5　分子力与分子间距离的关系曲线

二、分子热运动的统计规律性

为了形象地说明统计规律性,先介绍伽尔顿板实验.如图 6-6 所示,在一块竖直放置的木板上部,有规则地钉上许多铁钉,把木板下部用竖直隔板隔成许多等宽的狭槽,然后用透明板封盖,在顶端装一个漏斗形入口.这种装置称为伽尔顿板.取一个小球,从入口投入,小球在下落过程中,先后多次与铁钉碰撞,最后落入某一狭槽.重复几次同样的实验可发现,单个小球最后落入哪个狭槽完全是随机、无法预测的.取少量小球,一起从入口投入,小球在下落过程中,除了与铁钉碰撞外,小球与小球之间也要相互碰撞,最后分别落入各个狭槽,形成一个小球按狭槽的分布.重复几次同样的实验可发现,少量小球按狭槽的分布也是完全不确定的，也带着明显的随机性.但是，如果把大量小球从入口处徐徐倒入，实验发现，落入中央狭槽的小球数占小球总数的百分比最大，落入中央狭槽两边离中央狭槽越远的狭槽内的小球数占小球总数的百分比越小.重复几次同样的实验，可以看到各次小球按狭槽的分布情况几乎相同.这说明大量小球按狭槽的分布服从确定的规律.

从以上实验可以看出，单个小球落入哪个狭槽，是一个无法预测的随机事件；少量小球按狭槽的分布，也带有明显的随机性；只有大量小球按狭槽的分布，才呈现出确定的规律性.这种大量随机事件的总体所具有的规律性，称为**统计规律性**.可见，**统计规律是大量随机事件的整体所服从的规律**.热现象是大量分子热运动的集体表现，热现象所服从的统计规律是大量分子热运动在统计平均中表现出来的.由于单个分子的微观运动状态总是带有明显的随机性，所以统计规律不像力学规律那样，可以由初始状态决定以后的运动状态，它只是指明在一定宏观条件下，系统处于某一宏观状态的概率.

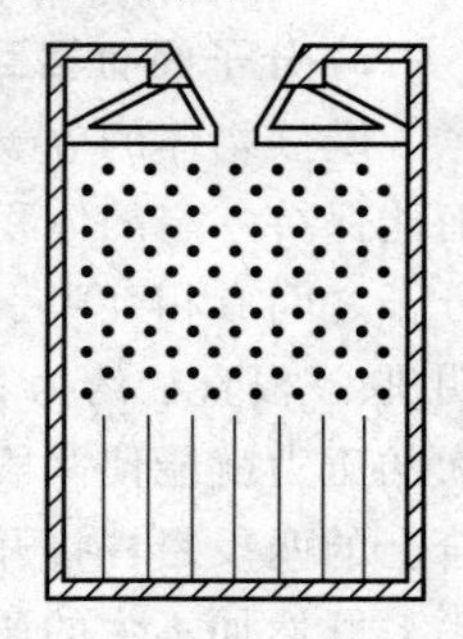

图6-6 伽尔顿板

统计规律在客观上要求我们用统计平均方法，用微观量去求宏观量，因而**统计规律所反映的总是与某宏观量相关的微观量的统计平均值**.由于系统的微观运动状态随时在变化，所以任一时刻宏观量的实际观测值不一定等于它的统计平均值，总是或多或少地存在偏差.这种相对于统计平均值出现偏离的现象，称为**涨落现象**.像布朗运动、电信号中出现的噪声等都是涨落现象的体现.统计规律的另一个特点就是永远伴随着涨落现象，统计规律与涨落现象是分不开的.

要从分子热运动的观点出发，说明宏观热现象，寻求它所遵守的统计规律，就必须找出描述物体宏观性质的宏观量与描述其中分子运动的微观量之间的内在联系.基于分子数极多，我们可以采用统计方法去解决这个问题.这就是说，我们将从分子运动的基本概念出发，采用统计平均的方法，求出大量分子的某些微观量的统计平均值，并且进一步确定宏观量与微观量之间的关系，找到分子热运动遵守的统计规律，从而解释和揭示宏观热现象的微观本质.

6-3 理想气体的压强和温度公式

本节以理想气体的压强和温度为例，从已有实验事实中获得的知识出发，建立研究对象，即理想气体的微观模型，提出一些统计假设，利用统计平均的方法求宏观量与微观量之间的联系，从而阐明宏观量的微观本质及其统计意义.

一、理想气体的微观模型

关于理想气体，前面已经给出了宏观上的定义，为了从微观上解释气体的压强和温度，需要从理想气体的分子结构及运动特征出发，对理想气体的微观模型作出一些假设，根据这种模型就能在一定程度上解释宏观实验的结果.理想气体的微观假设的基本内容可以分成两部分，一部分是关于分子个体的，另一部分是关于分子之间相互作用的.

理想气体分子模型假设：

(1) 气体分子本身的线度与气体分子间的距离相比较,可以忽略不计;

(2) 除碰撞的瞬间外,分子之间以及分子与器壁之间的相互作用可忽略不计,因此在两次碰撞之间,分子的运动可看成匀速直线运动;

(3) 分子之间或分子与器壁之间的碰撞可看成完全弹性碰撞,遵守能量和动量守恒定律.

以上这些假设可以概括为:**理想气体分子可看成一个个极小的、除碰撞瞬间外彼此间无相互作用的、遵从经典力学规律的弹性质点**.显然这是一个理想模型,它只是实际气体在压强较小时的近似模型.

二、理想气体分子的统计性假设

为了从微观层面解释热运动,还必须作出理想气体分子整体的**统计性假设**:

(1) 在平衡态下,若忽略重力的影响,则每个分子处在容器中空间任一点的概率均相等,即分子在空间均匀分布,分子数密度 n(单位体积内的分子数目)在空间处处一样,设总分子数为 N,容器体积为 V,则

$$n=\frac{\mathrm{d}N}{\mathrm{d}V}=\frac{N}{V} \tag{6-2}$$

(2) 在平衡态下,气体的性质与方向无关,在三维空间的运动中,分子向各个方向运动的概率均相等,应有$\overline{v_x}=\overline{v_y}=\overline{v_z}=0$,即沿某方向正向和负向的概率相等,分子速度按方向的分布是均匀的,所以对大量分子来说,三个速度分量平方的平均值必然相等,即

$$\overline{v_x^2}=\overline{v_y^2}=\overline{v_z^2} \tag{6-3}$$

对任一分子 i,速率 v_i 与速度的三个分量有如下关系:

$$v_i^2=v_{ix}^2+v_{iy}^2+v_{iz}^2$$

对所有分子求平均值,可得

$$\overline{v^2}=\overline{v_x^2}+\overline{v_y^2}+\overline{v_z^2}$$

结合式(6-3),可得

$$\overline{v_x^2}=\overline{v_y^2}=\overline{v_z^2}=\frac{1}{3}\overline{v^2} \tag{6-4}$$

分子整体的统计性假设,是大量分子无规则热运动的反映,只要气体包含的分子数目足够大,这些假设就总是合理的.即使对宏观上很小的体积元 $\mathrm{d}V$ 而言,其包含的分子也是足够多的,满足统计要求.上面的 n、$\overline{v_x^2}$、$\overline{v_y^2}$、$\overline{v_z^2}$、$\overline{v^2}$ 等都是统计量,只对大量分子才有意义.

下面我们从理想气体的微观模型出发,运用牛顿运动定律,采取求统计平均值的方法来导出理想气体的压强公式.

三、理想气体的压强公式

容器中气体在宏观上施于器壁的压强,从微观上看是大量气体分子对器壁不断碰撞的结果.无规则运动的气体分子不断地与器壁相碰,就某一个分子来说,它对器壁的碰撞是断续的,而且它每次给器壁多大的力,碰在什么地方都是随机的.但是对大量分子来说,每一时刻都有许多分子与器壁相碰,所以在宏观上就表现出一个恒定的、持续的压力.这和雨点打在雨伞上的情形很相似,一个个雨点打在雨伞上是断续的,大量密集的雨点打在

雨伞上就使人们感受到一个持续向下的压力.

设在任意形状的容器中贮有一定量的理想气体,气体的体积为 V,共含有 N 个分子,单位体积内的分子数为 $n=N/V$,每个分子的质量为 m_0.分子具有各种可能的速度,为了讨论的方便,可以把分子分成若干组,认为每组内的分子具有大小相等、方向一致的速度,即 $\boldsymbol{v}_1,\boldsymbol{v}_2,\cdots,\boldsymbol{v}_i,\cdots$,并假设在单位体积内各组的分子数分别是 $n_1,n_2,\cdots,n_i,\cdots$,则

$$n=\sum_i n_i$$

在平衡态下,器壁上各处的压强相等,所以我们可取直角坐标系,在垂直于 x 轴的器壁上任意取一小块面积元 $\mathrm{d}A$(图 6-7),来计算它所受到的压强.首先,考虑单个分子在一次碰撞中对 $\mathrm{d}A$ 的作用.设某一分子与 $\mathrm{d}A$ 相碰,其速度为 $\boldsymbol{v}_i$,速度的三个分量为 v_{ix}、v_{iy}、v_{iz}.由于碰撞是完全弹性的,所以碰撞前后分子在 y、z 两方向上的速度分量不变,在 x 方向上的速度分量由 v_{ix}变为$-v_{ix}$,即大小不变,方向反向.这样,分子在碰撞过程中的动量改变量为 $-m_0v_{ix}-(m_0v_{ix})=-2m_0v_{ix}$.按照动量定理,这就等于 $\mathrm{d}A$ 施于分子的冲量,而根据牛顿第三定律,分子施于 $\mathrm{d}A$ 的冲量则为 $2m_0v_{ix}$.

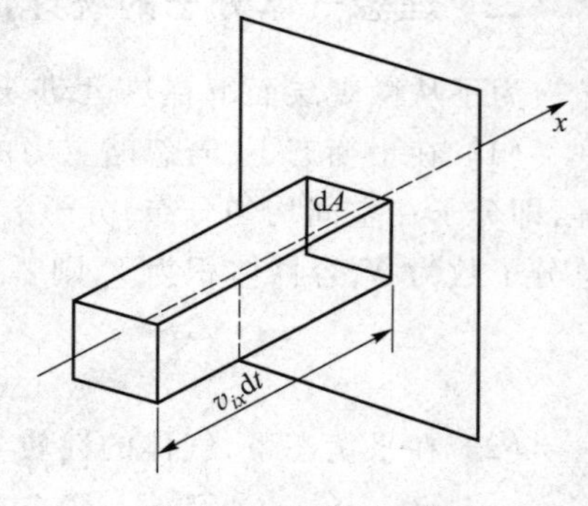

图 6-7　压强计算图

下面确定在一段时间 $\mathrm{d}t$ 内所有分子施于 $\mathrm{d}A$ 的总冲量.在全部速度为 $\boldsymbol{v}_i$ 的分子中,在时间 $\mathrm{d}t$ 内能与 $\mathrm{d}A$ 相碰的只是位于以 $\mathrm{d}A$ 为底、$v_{ix}\mathrm{d}t$ 为高,以 v_i 为轴线的斜形柱体内的分子.按上面所设,单位体积内速度为 $\boldsymbol{v}_i$ 的分子数为 n_i,所以在时间 $\mathrm{d}t$ 内,能与 $\mathrm{d}A$ 相碰的分子数为 $n_iv_{ix}\mathrm{d}t\mathrm{d}A$.因此,速度为 $\boldsymbol{v}_i$ 的一组分子在时间 $\mathrm{d}t$ 内施于 $\mathrm{d}A$ 的总冲量为

$$n_iv_{ix}\mathrm{d}t\mathrm{d}A(2m_0v_{ix})$$

考虑各种速度的分子与 $\mathrm{d}A$ 相碰撞,只要把上式对所有 $v_{ix}>0$ 的分子求和(因为 $v_{ix}<0$ 的分子不会撞向 $\mathrm{d}A$),可得 $\mathrm{d}t$ 时间内具有各种速度的分子对 $\mathrm{d}A$ 的总冲量:

$$\mathrm{d}I=\sum_{(v_{ix}>0)}2m_0n_iv_{ix}^2\mathrm{d}t\mathrm{d}A$$

容器中的气体作为整体来说并无运动,所以平均地讲,$v_{ix}>0$ 的分子数占总分子数的一半,而 $v_{ix}<0$ 的分子数也占总分子数的一半.如果求和时不受 $v_{ix}>0$ 这一条件的限制,则应在上式中除以 2,于是得到

$$\mathrm{d}I=\sum_i m_0n_iv_{ix}^2\mathrm{d}t\mathrm{d}A$$

这个冲量体现出气体分子在时间 $\mathrm{d}t$ 内对 $\mathrm{d}A$ 的持续作用,$\mathrm{d}I$ 和 $\mathrm{d}t$ 之比即气体施于器壁的宏观压力.因此,如果以 p 表示压强,则有

$$p=\frac{\mathrm{d}F}{\mathrm{d}A}=\frac{\mathrm{d}I}{\mathrm{d}t\mathrm{d}A}=\sum_i m_0n_iv_{ix}^2=m_0\sum_i n_iv_{ix}^2$$

因为

$$\overline{v_x^2}=\frac{\sum_i n_iv_{ix}^2}{n}$$

且

$$\overline{v_x^2}=\frac{1}{3}\overline{v^2}$$

所以

$$p=nm_0\overline{v_x^2}=\frac{1}{3}nm_0\overline{v^2}$$

上式也可写成

$$p=\frac{2}{3}n\left(\frac{1}{2}m_0\overline{v^2}\right)=\frac{2}{3}n\overline{\varepsilon}_k \tag{6-5}$$

其中

$$\overline{\varepsilon}_k=\frac{1}{2}m_0\overline{v^2}$$

$\overline{\varepsilon}_k$ 表示气体分子的**平均平动动能**,是大量分子的统计平均值.式(6-5)就是理想气体的**压强公式**,是气体动理论的基本公式之一,p 取决于单位体积内的分子数 n 和分子的平均平动动能$\overline{\varepsilon}_k$,n 和$\overline{\varepsilon}_k$ 越大,p 就越大.式(6-5)把宏观量 p 与统计平均值 n 和$\overline{\varepsilon}_k$ 联系了起来,表明了宏观量气体的压强具有统计意义,因此,式(6-5)表示三个统计平均值 p、n 和$\overline{\varepsilon}_k$ 之间的关系,是个统计规律,而不是力学规律.p 可以由实验测定,而$\overline{\varepsilon}_k$ 不能直接测定,所以压强公式无法直接通过实验验证.但是,由它导出的各种结论与实验是符合的,从而间接证明了该公式的正确性,也说明了理想气体的微观模型和分子的统计假设的合理性.

四、温度的微观本质

由理想气体物态方程和压强公式可以得到气体的温度与分子的平均平动动能之间的关系,从而阐明温度这一宏观量的微观本质.

设理想气体的一个分子的质量为 m_0,总分子数为 N,气体总质量为 m,则有 $m=Nm_0$;气体的摩尔质量为 M,阿伏伽德罗常量为 N_A,则有 $M=N_Am_0$,由理想气体物态方程,得

$$p=\frac{Nm_0}{N_Am_0}\frac{RT}{V}$$

式中 $N/V=n$,是分子数密度,R 与 N_A 都是常量,可用 k 表示它们的比值,k 称为**玻耳兹曼常量**,即

$$k=\frac{R}{N_A}=\frac{8.31}{6.02\times10^{23}}\ \text{J/K}=1.38\times10^{-23}\ \text{J/K}$$

因此,理想气体物态方程还可以写成

$$p=nkT \tag{6-6}$$

将式(6-6)和理想气体的压强公式(6-5)相比较,可得分子的平均平动动能:

$$\overline{\varepsilon}_k=\frac{1}{2}m_0\overline{v^2}=\frac{3}{2}kT \tag{6-7}$$

上式是宏观量温度与微观量$\overline{\varepsilon}_k$的关系式，是气体动理论的基本公式之一，说明气体分子的平均平动动能只与温度有关，并与热力学温度成正比.上式也说明了宏观量温度的微观意义，即**气体的温度是气体分子平均平动动能的量度**.气体的温度越高，分子的平均平动动能就越大，分子无规则热运动的程度就越剧烈.温度是表征大量分子无规则热运动剧烈程度的宏观物理量，是大量分子的热运动的集体表现，也是一个统计量.对于单个分子，说它有温度显然是没有意义的.

若有两种处于平衡态的气体，它们的温度相等，则根据式(6-7)，它们的分子平均平动动能一定也相等，这时将这两种气体相接触，两种气体之间没有宏观的能量传递，但可以互相扩散，它们的热平衡状态不发生变化.我们说温度相同的两种气体处于热平衡状态，也可以说温度是表征气体处于热平衡状态的物理量.

五、气体分子的方均根速率

由温度公式(6-7)，可计算出任何温度下理想气体分子的**方均根速率**，这是气体分子速率的一种统计平均值，是大量气体分子速率平方的平均值的平方根.气体分子运动速率有大有小，并且不断改变，方均根速率是对所有气体分子速率总体上的描述，能够使我们对气体分子的运动情况得到一些统计性的了解.由式(6-7)得方均根速率为

$$\sqrt{\overline{v^2}}=\sqrt{\frac{3kT}{m_0}}=\sqrt{\frac{3RT}{M}} \tag{6-8}$$

式(6-8)表明，如果两种气体分别处于各自的平衡态，并且温度相等，那么这两种气体分子的平均平动动能必然相等，但是方均根速率并不相等，分子质量大的气体分子的方均根速率较小.

例题 6-2

求在标准状态下，1 m^3 的体积内所包含的理想气体分子数目.

解 当温度和压强一定时，任何气体单位体积内所包含的分子数目都相等，根据 $p=nkT$，可得

$$n=\frac{p}{kT}=\frac{1.013\times10^5}{1.38\times10^{-23}\times273}\ \mathrm{m^{-3}}\approx2.69\times10^{25}\ \mathrm{m^{-3}}$$

此值通常称为**洛施密特常量**.

例题 6-3

试求氮气分子的平均平动动能和方均根速率.设(1) 在温度 $t=100$ ℃时；(2) 在温度 $t=-100$ ℃时.

解 (1) 在 $t=100$ ℃时，

$$\overline{\varepsilon}_k=\frac{3}{2}kT=\frac{3}{2}\times1.38\times10^{-23}\times(100+273)\ \mathrm{J}\approx7.72\times10^{-21}\ \mathrm{J}$$

$$\sqrt{\overline{v^2}}=\sqrt{\frac{3RT}{M}}=\sqrt{\frac{3\times8.31\times(100+273)}{28\times10^{-3}}}\ \mathrm{m/s}\approx576\ \mathrm{m/s}$$

(2) 在 $t=-100$ ℃时，

$$\overline{\varepsilon}_k=\frac{3}{2}kT=\frac{3}{2}\times1.38\times10^{-23}\times(-100+273)\ \mathrm{J}\approx3.58\times10^{-21}\ \mathrm{J}$$

$$\sqrt{\overline{v^2}}=\sqrt{\frac{3RT}{M}}=\sqrt{\frac{3\times8.31\times(-100+273)}{28\times10^{-3}}}\ \mathrm{m/s}\approx392\ \mathrm{m/s}$$

6-4 能量均分定理 理想气体的内能

一、自由度

前面在研究大量气体分子的无规则热运动时,只考虑了每个分子的平动.实际上,气体分子具有一定的大小和比较复杂的结构,不能看成质点.此时研究对象仍然是理想气体,可见模型的建立与所研究的问题相关.因此,除单原子分子外,一般分子的运动不仅有平动,还有转动与分子内原子间的振动.分子热运动的能量应将这些运动的能量都包括在内.为了讨论这一问题,我们需要借助力学中自由度的概念.

确定一个物体在空间的位置所需要的独立坐标数,称为该物体的**自由度**,自由度用 i 表示.

如果一个质点在空间作自由运动,那么其位置需要用三个独立坐标,如 x、y、z 来确定,因此,自由质点的自由度为3.如果一个质点被限制在一个平面或曲面上运动,那么其自由度将减少,此时只需两个独立坐标就能决定它的位置,因此它有两个自由度.如果一个质点被限制在一条直线或曲线上运动,那么其自由度又将减少,这时只需一个坐标就能确定它的位置,所以其自由度为1.

对于刚体,其运动可以分解为质心的平动和绕质心的转动.质心的位置需要用三个独立坐标,如 x、y、z 来确定;描述绕质心的转动需要确定通过质心轴线的方位角和绕该轴转过的角度,对于轴线的方位角,如 α、β、γ 是轴线与直角坐标系的三个坐标轴的夹角,它们满足 $\cos^2\alpha+\cos^2\beta+\cos^2\gamma=1$,因此,三个方位角中只有两个是独立的.此外,还有确定绕轴转动的一个独立坐标 φ.因此,自由运动的刚体的自由度为6,其中3个是平动自由度,3个是转动自由度.当刚体的运动受到限制时,其自由度就会减少,如定轴转动的刚体只有1个自由度.

对于气体分子来说,按照分子的结构,气体分子有单原子的(如 He、Ne)、双原子的(如 H_2、O_2、CO)、三原子的(如 CO_2、H_2O)或多原子的(如 NH_3).单原子气体分子可以看成自由运动的质点,所以单原子气体分子有3个自由度;在双原子分子中,如果原子间的相对位置保持不变,那么这个分子就可看成距离确定的两个质点,我们称之为刚性双原子分子,确定质心的位置需用3个独立坐标,确定两质点连线的方位需用2个独立坐标,而以两质点连线为轴的转动是不存在的,因此,刚性双原子气体分子共有5个自由度,其中有3个平动自由度和2个转动自由度,比一般自由刚体少1个自由度;在三个及三个以上原子的多原子分子中,如果这些原子之间的相对位置不变,那么整个分子就是一个自由刚体,它共有6个自由度,其中有3个平动自由度和3个转动自由度.事实上,双原子或多原子的气体分子一般不是完全刚性的,原子间的距离在原子间的相互作用下,要发生变化,分子内部还会出现振动,因此,除平动自由度和转动自由度外,还有振动自由度.但在常温下，大多数分子的振动自由度可以不予考虑，即分子可以看成刚性分子.几种气体分子的自由度如表6-1所示.

表6-1　气体分子的自由度

分子种类	平动自由度 t	转动自由度 r	总自由度 $i(i=t+r)$
单原子分子	3	0	3
刚性双原子分子	3	2	5
刚性多原子分子	3	3	6

二、能量均分定理

由式(6-7)，已知理想气体分子的平均平动动能与温度的关系为

$$\overline{\varepsilon}_k=\frac{1}{2}m_0\overline{v^2}=\frac{3}{2}kT$$

理想气体分子有3个平动自由度，分子的平均平动动能就可写成

$$\overline{\varepsilon}_k=\frac{1}{2}m_0\overline{v^2}=\frac{1}{2}m_0\overline{v_x^2}+\frac{1}{2}m_0\overline{v_y^2}+\frac{1}{2}m_0\overline{v_z^2}=\frac{3}{2}kT$$

语音录课：能量均分定理

已知在平衡态下，分子沿各个方向运动的概率相等，将$\overline{v_x^2}=\overline{v_y^2}=\overline{v_z^2}=\frac{1}{3}\overline{v^2}$代入上式，得

$$\frac{1}{2}m_0\overline{v_x^2}=\frac{1}{2}m_0\overline{v_y^2}=\frac{1}{2}m_0\overline{v_z^2}=\frac{1}{2}kT$$

即分子在每一个自由度上都具有相同的平均动能，其大小等于$kT/2$，也就是说，分子的平均平动动能$3kT/2$均匀地分配在每一个平动自由度上了.

可以把这个结论推广到分子的转动和振动.对于刚性分子，分子除了平动还有转动的情况，这种能量的分配应该扩及转动自由度，也就是说，在分子的无规则碰撞过程中，平动自由度和转动自由度之间以及各转动自由度之间也可以交换能量，而且就能量来说，这些自由度中没有哪个更特殊.因此，我们可以得出更为一般的结论：在温度为T的平衡态下，气体分子的每一个自由度都具有相同的平均动能，其大小都等于$kT/2$.这就是**能量按自由度均分定理**(简称能量均分定理).根据这个定理，如果气体分子共有i个自由度，那么每个分子的平均总动能为$ikT/2$.

如果气体分子不是刚性的，那么除了上述平动和转动自由度外，还存在振动自由度.对于振动来说，分子除了动能外还有势能，对应于每一个振动自由度，分子除了有$kT/2$的平均动能外，还具有$kT/2$的平均势能，因此，每一振动自由度将分配到kT的平均能量.

能量均分定理反映了分子无规则热运动能量的统计规律，是大量分子统计平均所得的结果.该定理不仅适用于气体，对于液体和固体也同样适用，它是经典统计物理的一个重要结论.

三、理想气体的内能

分子的能量包括各种形式的动能和分子内部原子间的振动势能.此外，由于气体分子之间存在相互作用力，所以分子还具有与这种力相关的势能.气体分子的各种形式的动能

和势能的总和,称为气体的**内能**.

对于理想气体来说,因为不计分子间的相互作用,所以分子间相互作用的势能也就忽略不计.理想气体的内能就是分子各种形式的动能和分子内部原子间振动势能的总和.下面我们只考虑刚性分子.应该注意的是,内能与力学中的机械能有着明显的区别,静止在地球表面上的物体的机械能可以等于零,但物体内部的分子仍然在运动和相互作用着,因此内能永远不会等于零.

已知 1 mol 理想气体的分子数为 N_A,若理想气体分子的自由度为 i,每个分子的平均总动能为 $ikT/2$,则 1 mol 理想气体分子的平均能量,即 1 mol 理想气体的内能是

$$E_0 = N_A \frac{i}{2}kT = \frac{i}{2}RT \tag{6-9}$$

质量为 m、摩尔质量为 M、物质的量为 ν 的理想气体的内能是

$$E = \frac{m}{M}\frac{i}{2}RT = \nu \frac{i}{2}RT \tag{6-10}$$

可以看出,一定质量的理想气体的内能完全取决于分子的自由度 i 和气体的热力学温度 T.对于给定的气体,i 是确定的,因此内能只与气体的温度有关,与气体的体积和压强无关,这与宏观的实验结果是一致的.一定质量的理想气体在不同的状态变化过程中,只要温度的变化量相等,那么它的内能的变化量就相等,与过程无关.即**理想气体的内能仅是温度的单值函数**,$E=E(T)$,这是理想气体的一个重要性质.当气体的温度改变 $\mathrm{d}T$ 时,其内能也相应变化 $\mathrm{d}E$,有

$$\mathrm{d}E = \nu \frac{i}{2}R\mathrm{d}T \tag{6-11}$$

6-5 麦克斯韦气体分子速率分布律

气体分子之间由于频繁的碰撞,每个分子速度的大小和方向都时刻不停地发生变化,分子的速率可以取从零到无穷大之间的任何可能的值.因此,要想在某一特定的时刻去考察某一特定分子的速度具有怎样的大小和方向,这是不可能的.然而从大量分子的整体来看,在平衡态下,它们的速度分布却遵从着一定的统计规律.在本节中,我们给出平衡态下气体分子按速率分布的统计定律.这条定律是 1859 年由麦克斯韦在概率理论的基础上首先导出的,后来由玻耳兹曼从经典统计力学中导出.1920 年,施特恩从实验中证实了麦克斯韦分子按速率分布的统计规律.在此之后,人们又发展了各种不同的实验方法或采用不同的金属蒸气分子,从实验中证实了这条规律.我国物理学家葛正权在 1934 年也从实验中验证了这条规律.限于数学上的难度,我们不给出麦克斯韦的数学推导,直接给出麦克斯韦速率分布律及其简单的应用.

一、测定气体分子速率分布的实验

图 6-8 所示是一种用来产生分子射线并可观测射线中分子速率分布的实验装置,全部装置放在高真空的容器里.图中 A 是产生金属蒸气分子的气源,里面放置金属铊(Tl),

当温度升高到870 K时,铊的蒸气通过狭缝S后形成一条很窄的分子射线,B和C是两个相距l的共轴圆盘,盘上各开一个很窄的狭缝,两狭缝略微错开,成一个很小的夹角θ,约为2°(为了便于观看,图上此角夸张放大画出),D是一个接收分子的显示屏.

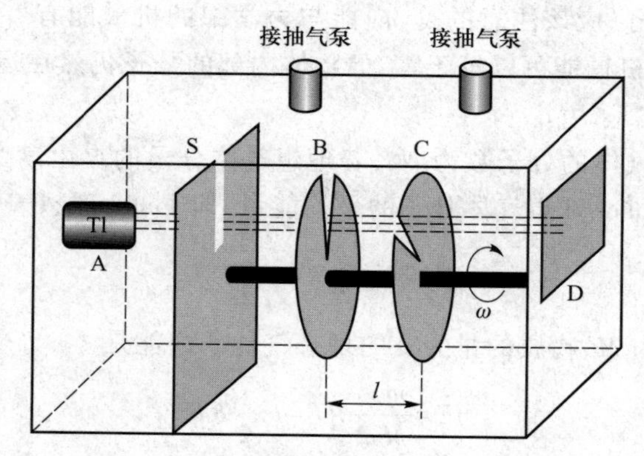

图6-8　测定气体分子速率的实验装置

当圆盘以角速度ω转动时,圆盘每转一周,分子射线通过B的狭缝一次.由于分子射线中分子的速率不同,分子由B到C所需的时间也不同,所以并非所有通过B盘狭缝的分子都能通过C盘狭缝而射到屏D上.设分子的速率为v,分子从B到C所需的时间为t,则只有满足$l=vt$和$\theta=\omega t$关系的分子才能通过C的狭缝射到屏D上,因为

$$t=\frac{l}{v}=\frac{\theta}{\omega}$$

所以

$$v=l\frac{\omega}{\theta}$$

可见,B和C起着速度选择器的作用,当改变角速度ω(或l、θ)时,可以使速率不同的分子通过.由于B和C的狭缝都具有一定的宽度,所以实际上当ω一定时,能射到D上的分子的速率并不严格相同,而是分布在一个区间$v \sim v+\Delta v$内.

实验时,令圆盘先后以不同的角速度$\omega_1,\omega_2,\cdots$转动,用光度学的方法测量各次在D上沉积的金属层的厚度,各次沉积的厚度对应于不同速率区间内的分子数,比较这些厚度的比例,就可以知道在分子射线中不同速率区间内的分子数ΔN与总分子数N之比,即分子数的相对比值$\Delta N/N$,这个比值也就是气体分子处于不同速率区间内的概率.

实验结果表明:分布在不同速率区间内的分子数是不同的,但在实验条件(如分子射线的强度、温度等)不变的情况下,分布在各个速率区间内分子数的相对比值却是完全确定的.尽管个别分子的速率是多少具有偶然性,但就大量分子整体来说,其速率的分布却遵从一定的规律,这个规律称为**分子速率的分布规律**.

二、速率分布函数

为了描述气体分子按速率的分布情况,需要引入速率分布函数的概念.从实验结果中可得出,分布在不同的速率v附近相等的速率区间Δv内的分子数是不同的,即$\Delta N/N$与v有关,是速率v的函数.当Δv足够小时,Δv用$\mathrm{d}v$表示,相应的ΔN用$\mathrm{d}N$表示.在给定的速

率 v 附近,所取的区间 $\mathrm{d}v$ 越大,分布在这个区间内的分子数就越多,$\mathrm{d}N/N$ 也就越大,当 $\mathrm{d}v$ 足够小时,总可以认为 $\mathrm{d}N/N$ 与 $\mathrm{d}v$ 成正比,因而有

$$\frac{\mathrm{d}N}{N}=f(v)\,\mathrm{d}v \tag{6-12}$$

或

$$f(v)=\frac{\mathrm{d}N}{N\mathrm{d}v}$$

式中函数 $f(v)$ 称为**气体分子的速率分布函数**,表示分布在速率 v 附近单位速率区间内的分子数占总分子数的比例,对于处在一定温度下的气体,它只是速率 v 的函数.

如果确定了速率分布函数 $f(v)$,就可以通过积分求出分布在任一有限速率区间 $v_1\sim v_2$ 内的分子数占总分子数的比例:

$$\frac{\Delta N}{N}=\int_{v_1}^{v_2}f(v)\,\mathrm{d}v$$

如果对从 0 到 ∞ 的所有可能的速率积分,则应有

$$\int_0^{\infty}f(v)\,\mathrm{d}v=1 \tag{6-13}$$

即全部分子百分之百地分布在 0 到 ∞ 整个速率区间内.上式就是所有速率分布函数都必须满足的条件,称为**归一化条件**.

例题 6-4

有一个由 N 个粒子组成的系统,平衡态下粒子的速率分布曲线如图 6-9 所示.试求:

(1) 速率分布函数;

(2) 速率在 $0\sim v_0/2$ 范围内的粒子数.

解 (1) 根据图 6-9 所示的速率分布曲线,应有

$$f(v)=\begin{cases}av & (v\leqslant v_0)\\ 0 & (v>v_0)\end{cases}$$

a 为 $0\sim v_0$ 之间直线段的斜率,由速率分布函数的归一化条件,可得

$$\int_0^{\infty}f(v)\,\mathrm{d}v=\int_0^{v_0}av\mathrm{d}v=\frac{1}{2}av_0^2=1$$

$$a=\frac{2}{v_0^2}$$

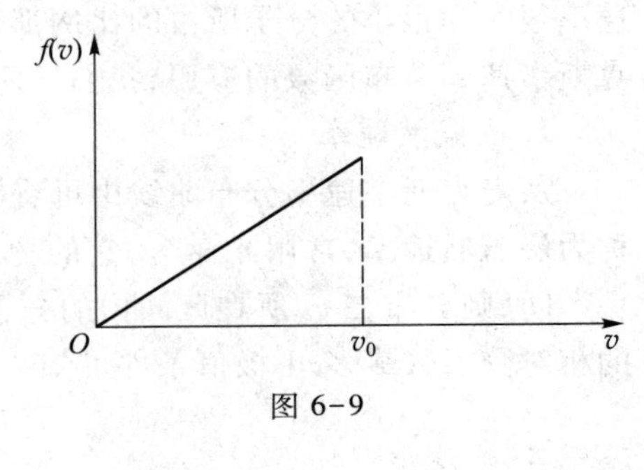

图 6-9

故速率分布函数为

$$f(v)=\begin{cases}\dfrac{2v}{v_0^2} & (v\leqslant v_0)\\ 0 & (v>v_0)\end{cases}$$

(2) 速率在 $0\sim v_0/2$ 范围内的粒子数为

$$\Delta N=\int_0^{\frac{v_0}{2}}Nf(v)\,\mathrm{d}v=\int_0^{\frac{v_0}{2}}N\frac{2v}{v_0^2}\mathrm{d}v=\frac{N}{4}$$

三、麦克斯韦速率分布律

1859年，麦克斯韦从理论上确定了理想气体分子按速率分布的统计规律，指出在平衡态下分子的速率分布函数的具体形式为

$$f(v)=4\pi\left(\frac{m_0}{2\pi kT}\right)^{3/2}\mathrm{e}^{-m_0v^2/(2kT)}v^2 \tag{6-14}$$

式中 T 是气体的热力学温度，m_0 为每个分子的质量，k 为玻耳兹曼常量，$f(v)$ 称为**麦克斯韦速率分布函数**.结合式(6-12)，可得气体分子分布在 $v\sim v+\mathrm{d}v$ 速率区间内的分子数占总分子数的比例，即

$$\frac{\mathrm{d}N}{N}=f(v)\,\mathrm{d}v=4\pi\left(\frac{m_0}{2\pi kT}\right)^{3/2}\mathrm{e}^{-m_0v^2/(2kT)}v^2\mathrm{d}v$$

以 v 为横坐标、$f(v)$ 为纵坐标，根据式(6-14)画出的曲线如图6-10所示，表示 $f(v)$ 与 v 的函数关系，称为**麦克斯韦速率分布曲线**.它能形象地描述气体分子按速率分布的情况，图中任一区间 $v\sim v+\mathrm{d}v$ 内曲线下的窄条面积表示速率分布在这个区间内的分子数占总分子数的比例 $\mathrm{d}N/N$，而任一有限速率区间 $v_1\sim v_2$ 内曲线下的面积表示速率分布在这个区间内的分子数占总分子数的比例 $\Delta N/N$.

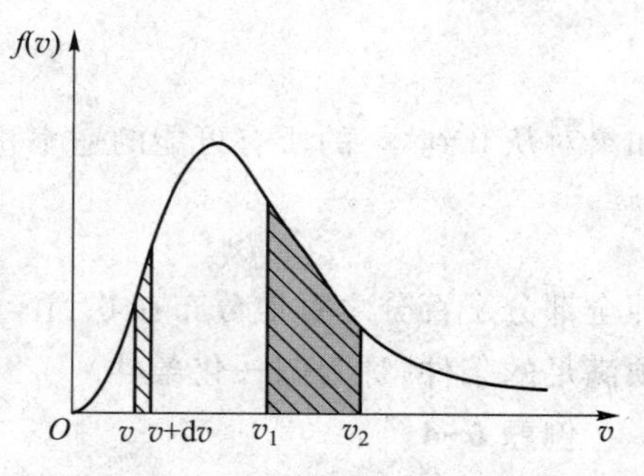

图6-10　麦克斯韦速率分布曲线

四、三种统计速率

从麦克斯韦速率分布曲线图可以看出，气体分子的速率可以取从0到∞的任何数值，速率很大和很小的分子所占的比例都很小，而中等速率的分子所占的比例却很大.作为麦克斯韦速率分布函数的应用，我们下面来计算速率的三种统计值.

1. 最概然速率 v_{p}

从麦克斯韦速率分布曲线中可看出，$f(v)$ 有一极大值，与 $f(v)$ 的极大值相对应的速率称为**最概然速率**，常用 v_{p} 表示.它的物理意义是：如把气体分子的速率分成许多相等的速率区间，则分布在 v_{p} 所在区间内的分子比例最大，或者说分布在 v_{p} 附近单位速率区间内的相对分子数最多.由极值条件可知

$$\left.\frac{\mathrm{d}f(v)}{\mathrm{d}v}\right|_{v=v_{\mathrm{p}}}=0$$

将式(6-14)代入上式，可求得最概然速率：

$$v_{\mathrm{p}}=\sqrt{\frac{2kT}{m_0}}=\sqrt{\frac{2RT}{M}}\approx 1.41\sqrt{\frac{RT}{M}} \tag{6-15}$$

即温度越高，v_{p} 越大；分子的质量越大，v_{p} 越小.图6-11给出了某种气体(即质量 m_0 一定)在两个不同温度下的速率分布曲线，由此图可以看出温度对速率分布的影响，温度越高，v_{p} 越大.由于曲线下的面积恒等于1，所以温度升高时曲线变得平坦些，并向高速率区域扩展，也就是说，温度越高，速率越大的分子数越多，这就是通常所说的温度越高，分子运动越剧烈的真正含义.

图 6-11 中曲线也可以理解为在同一温度下（即 T 一定），两种气体的速率分布曲线. 分子的质量越大，v_p 越小.因此，从图中可判断出实线对应分子质量较大的气体，而虚线对应分子质量较小的气体.

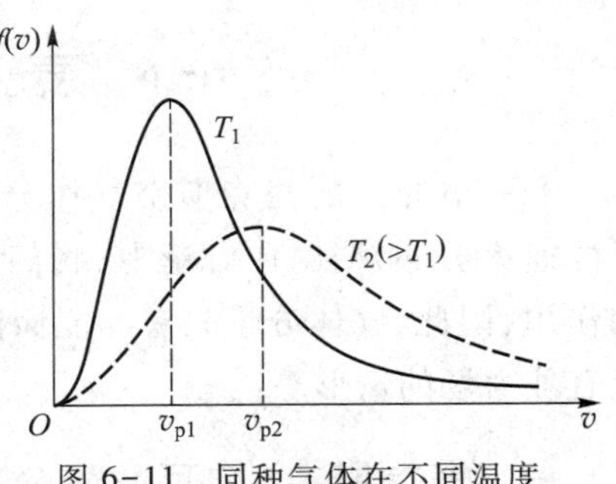

图 6-11　同种气体在不同温度下的速率分布曲线

2. 平均速率 $\overline{v}$

大量分子速率的算术平均值称为**平均速率**，用 $\overline{v}$ 表示.若把所有分子分成无穷多组，并认为每组内的分子都具有相同的速率，设速率为 $v_1, v_2, \cdots, v_i, \cdots$ 的分子数分别为 $\mathrm{d}N_1, \mathrm{d}N_2, \cdots, \mathrm{d}N_i, \cdots$，则总分子数为 $N=\mathrm{d}N_1+\mathrm{d}N_2+\cdots+\mathrm{d}N_i+\cdots$.

因此，平均速率可表示为

$$\overline{v}=\frac{v_1\mathrm{d}N_1+v_2\mathrm{d}N_2+\cdots+v_i\mathrm{d}N_i+\cdots}{N}$$

由于分子速率可以在 0 到∞之间取值，故平均速率可通过积分计算得到，为

$$\overline{v}=\frac{\int_0^N v\mathrm{d}N}{N}=\frac{\int_0^\infty vNf(v)\mathrm{d}v}{N}=\int_0^\infty vf(v)\mathrm{d}v \tag{6-16}$$

将式（6-14）代入上式，可求得平均速率：

$$\overline{v}=\sqrt{\frac{8kT}{\pi m_0}}=\sqrt{\frac{8RT}{\pi M}}\approx 1.60\sqrt{\frac{RT}{M}} \tag{6-17}$$

3. 方均根速率 $\sqrt{\overline{v^2}}$

与平均速率类似，分子速率平方的平均值为

$$\overline{v^2}=\frac{\int_0^N v^2\mathrm{d}N}{N}=\frac{\int_0^\infty v^2Nf(v)\mathrm{d}v}{N}=\int_0^\infty v^2f(v)\mathrm{d}v$$

将式（6-14）代入上式，可求得速率平方的平均值：

$$\overline{v^2}=\frac{3kT}{m_0}$$

由此可得分子的方均根速率为

$$\sqrt{\overline{v^2}}=\sqrt{\frac{3kT}{m_0}}=\sqrt{\frac{3RT}{M}}\approx 1.73\sqrt{\frac{RT}{M}} \tag{6-18}$$

此式与由平均平动动能与温度关系式所得出的方均根速率公式（6-8）是完全一致的.

由这三种统计速率的结果可知，在同一种气体分子的三种速率中，$v_p<\overline{v}<\sqrt{\overline{v^2}}$，且它们都与 $\sqrt{T}$ 成正比，与 $\sqrt{m_0}$ 或 $\sqrt{M}$ 成反比.这三种速率有各自不同的应用，在讨论速率分布时，要用到最概然速率；在计算分子运动的平均距离时，要用到平均速率；在计算分子平均平动动能时，要用到方均根速率.

*6-6 麦克斯韦-玻耳兹曼分布律

上一节介绍的麦克斯韦气体分子速率分布律是忽略外力场且气体处于平衡态时分子的速率分布规律.在讨论中,我们没有考虑外力场(如重力场、电场、磁场等)对分子的作用,因此,气体分子只有动能而没有势能,并且在空间各处密度相同.这一节我们将讨论有外力场的情形.

一、麦克斯韦-玻耳兹曼分布律

玻耳兹曼把麦克斯韦速率分布律推广到气体分子在任意力场中的情形,为简单起见,我们仅考虑在保守力场(如重力场)中的情况,在麦克斯韦速率分布律中,指数项只包含分子的动能:

$$\varepsilon_{\mathrm{k}}=\frac{1}{2}m_0v^2$$

当分子在保守力场中运动时,玻耳兹曼认为应以总能量 $\varepsilon=\varepsilon_{\mathrm{k}}+\varepsilon_{\mathrm{p}}$ 代替 ε_{k},这里 ε_{p} 是分子在保守力场中的势能.由于一般的势能依坐标而定,所以这里考虑的分子应是指这样的分子,不仅它们的速度限定在一定的速度区间内,而且它们的位置也限定在一定的坐标区间内.这样,用统计的方法得到气体在力场中处于平衡态时,位置坐标介于区间 $x\sim x+\mathrm{d}x,y\sim y+\mathrm{d}y,z\sim z+\mathrm{d}z$ 内,同时速度介于区间 $v_x\sim v_x+\mathrm{d}v_x,v_y\sim v_y+\mathrm{d}v_y,v_z\sim v_z+\mathrm{d}v_z$ 内的分子数为

$$\mathrm{d}N=n_0\left(\frac{m_0}{2\pi kT}\right)^{3/2}\mathrm{e}^{-(\varepsilon_{\mathrm{k}}+\varepsilon_{\mathrm{p}})/(kT)}\mathrm{d}x\mathrm{d}y\mathrm{d}z\mathrm{d}v_x\mathrm{d}v_y\mathrm{d}v_z \tag{6-19}$$

式中 n_0 为在 $\varepsilon_{\mathrm{p}}=0$ 处单位体积内具有各种速度的分子总数,即 $\varepsilon_{\mathrm{p}}=0$ 处的分子数密度.这个公式称为**麦克斯韦-玻耳兹曼分子按能量分布律**,简称 MB 分布律.式中 $\mathrm{e}^{-(\varepsilon_{\mathrm{k}}+\varepsilon_{\mathrm{p}})/(kT)}$ 就是著名的**玻耳兹曼因子**,它是决定分子数 $\mathrm{d}N$ 的重要因子,此定律表明,**在能量越大的状态区间内的粒子数越少,而且随能量的增大,大小相等的状态区间内的粒子数按指数规律迅速减少,即分子优先占据势能较低的状态**.若要计算在位置空间体积元 $\mathrm{d}x\mathrm{d}y\mathrm{d}z$ 中的总分子数,可以将式(6-19)对所有速度进行积分,并考虑到麦克斯韦分布函数应满足归一化条件,即

$$\iiint_{-\infty}^{\infty}\left(\frac{m_0}{2\pi kT}\right)^{3/2}\mathrm{e}^{-\varepsilon_{\mathrm{k}}/(kT)}\mathrm{d}v_x\mathrm{d}v_y\mathrm{d}v_z=1$$

则可将式(6-19)写成

$$\mathrm{d}N'=n_0\mathrm{e}^{-\varepsilon_{\mathrm{p}}/(kT)}\mathrm{d}x\mathrm{d}y\mathrm{d}z$$

$\mathrm{d}N'$表示分布在体积元 $\mathrm{d}x\mathrm{d}y\mathrm{d}z$ 中具有各种速度的分子数.再以 $\mathrm{d}x\mathrm{d}y\mathrm{d}z$ 除上式,得出分布在体积元 $\mathrm{d}x\mathrm{d}y\mathrm{d}z$ 中的分子数密度:

$$n=\frac{\mathrm{d}N'}{\mathrm{d}x\mathrm{d}y\mathrm{d}z}=n_0\mathrm{e}^{-\varepsilon_{\mathrm{p}}/(kT)} \tag{6-20}$$

这是 MB 分布律的一种常用形式,是**分子按势能的分布律**.

MB 分布律是个重要的规律,它对实物粒子(气体、液体和固体分子,布朗粒子等)在不同外力场中运动的情形都是成立的.

二、重力场中粒子按高度的分布

在重力场中,气体分子受到两种互相对立的作用,无规则的热运动将使气体分子均匀分布于它们所能到达的空间,而重力则要使气体分子尽可能地聚拢在地面上,当这两种作用达到平衡时,气体分子在空间内非均匀分布,分子数随高度增加而减小.

根据 MB 分布律,可以确定气体分子在重力场中按高度分布的规律.如果取坐标轴 z 竖直向上,并设在 $z=0$ 处势能为零,单位体积内的分子数为 n_0,则分布在高度 z 处的体积元 $\mathrm{d}x\mathrm{d}y\mathrm{d}z$ 中的分子数为

$$\mathrm{d}N'=n_0\mathrm{e}^{-m_0gz/(kT)}\mathrm{d}x\mathrm{d}y\mathrm{d}z$$

而分布在高度 z 处单位体积内的分子数为

$$n=n_0\mathrm{e}^{-m_0gz/(kT)}=n_0\mathrm{e}^{-Mgz/(RT)} \tag{6-21}$$

上式给出了重力场中分子数密度 n 随高度的变化规律,这个公式称为**重力场中气体分子数密度公式**,从该公式中可以看出,重力场中气体分子数密度随高度的增大按指数规律减小.分子的质量 m_0 越大,重力作用越显著,即 n 减小得越快;而气体的温度 T 越高,分子无规则热运动越剧烈,n 减小得越缓慢,图 6-12 是根据式(6-21)画出的分布曲线.

三、重力场中的等温气压公式

应用式(6-21),可以确定气体压强随高度变化的规律.假设大气为理想气体,并认为大气层中不同高度处的温度相同,重力加速度也是定值,则由理想气体的压强公式 $p=nkT$,可得出压强随高度的变化关系:

$$p=n_0kT\mathrm{e}^{-m_0gz/(kT)}=p_0\mathrm{e}^{-m_0gz/(kT)}=p_0\mathrm{e}^{-Mgz/(RT)} \tag{6-22}$$

式中 $p_0=n_0kT$ 表示在 $z=0$ 处的压强,式(6-22)称为**等温气压公式**.从该式子中可以看出,在温度均匀的情况下,大气压强随高度增加按指数规律减小.利用上式可以近似地估算不同高度处的大气压强.我们知道,大气温度和重力加速度是随高度变化的,因此,该公式计算结果与实际情况存在一定偏差,只有在高度相差不大的范围内计算结果才与实际情况符合.在登山运动、航空飞行及地质科考中,人们常用这个公式估算上升的高度,将上式取对数,可得

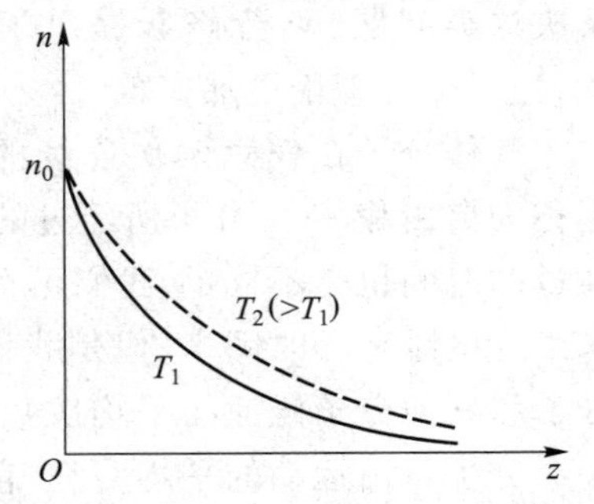

图 6-12 分子数密度随高度变化及与温度的关系

$$z=\frac{kT}{m_0g}\ln\frac{p_0}{p}=\frac{RT}{Mg}\ln\frac{p_0}{p} \tag{6-23}$$

因此,测出大气压强的减小量,就可以判断出上升的高度.

6-7　分子的碰撞　平均自由程

一、分子的碰撞

我们知道分子与器壁之间及分子与分子之间频繁地发生相互碰撞.分子间通过碰撞来实现动量、能量等的相互交换.气体由非平衡态达到平衡态的过程,就是通过分子间的碰撞来实现的,而达到平衡态后,分子间的碰撞仍在进行.在常温下,气体分子以几百米每秒的平均速率运动着,热运动速率很大.如此看来,气体中的一切过程,似乎应在瞬间完成,但实际情况并不如此,气体的混合(扩散过程)进行得相当缓慢.例如经验告诉我们,打开香水瓶后,香味要经过几秒或更长的时间才能传过几米的距离.历史上曾有人利用这一问题向物理学家克劳修斯发难,因为克劳修斯导出压强公式,并求得气体分子的方均根速率在常温下为数百米每秒.克劳修斯坚持自己的分子作无规则热运动的观点,认为如果气体分子不与其他分子碰撞,那么分子在一秒内就能通过几百米的直线距离,所以只要一开瓶塞,人立即就能嗅到香味.但是,气体分子数密度是如此巨大,气体中的分子在运动中必然十分频繁地与其他分子发生相互碰撞,从而使分子的运动路径变成复杂的折线.如图6-13所示,分子由一处 A 点移至另一处 B 点的过程中,将不断地与其他分子发生碰撞,分子速度的大小和方向都在发生变化,其路径是曲折的,分子由 A 到 B 要经历较长的时间,气体的扩散、热传导等过程进行的快慢都取决于分子相互碰撞的频繁程度.因此,尽管分子的平均速率很大,分子扩散的速率却很小.为解决这类问题,克劳修斯提出了碰撞频率和自由程的概念,使气体动理论更加完善.

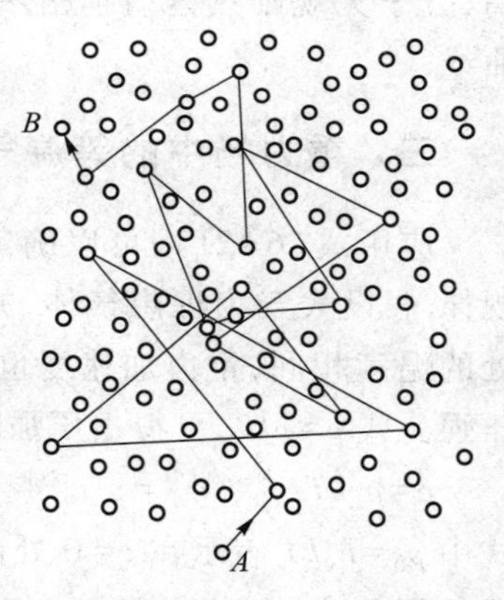

图6-13　气体分子的碰撞

气体分子在任意两次连续的碰撞之间自由通过的路程称为**自由程**.一个分子所经过的自由程的长短显然不同,经过的时间也是不同的.我们不可能也没有必要一个个地求出这些距离和时间来,但是我们可以求出在一秒内一个分子和其他分子碰撞的平均次数,以及每两次连续碰撞间一个分子自由运动的平均路程,前者称为**分子的平均碰撞频率**,用 $\overline{Z}$ 表示,后者称为**分子的平均自由程**,用 $\overline{\lambda}$ 表示.$\overline{Z}$ 和 $\overline{\lambda}$ 均能反映分子间碰撞的频繁程度,二者之间有如下关系:

$$\overline{\lambda}=\frac{\overline{v}}{\overline{Z}} \tag{6-24}$$

式中 $\overline{v}$ 是分子热运动的平均速率,在 $\overline{v}$ 一定的情况下,分子间的碰撞越频繁,$\overline{Z}$ 就越大,而 $\overline{\lambda}$ 就越小.

语音录课：平均碰撞频率和平均自由程

二、平均碰撞频率和平均自由程

我们从计算分子的平均碰撞频率 $\overline{Z}$ 入手，导出平均自由程的公式.为使计算简单，我们假定每个分子都是直径为 d 的刚性小球.对于碰撞来说，重要的是分子间的相对运动，因此，假定所有分子中只有一个分子 A 以平均相对速率 $\overline{u}$ 运动，其余分子均看成是静止不动的.这个假定与实际情况有很大差别，所以之后会考虑其他分子也在运动的情况.

在分子 A 的运动过程中，显然只有中心与 A 的中心之间相距小于或等于分子有效直径的那些分子才可能与 A 相碰.分子 A 与其他分子发生完全弹性碰撞，分子 A 的中心轨道是一条折线，可以设想以此折线为轴线，以分子的有效直径为半径作一个曲折的圆柱体（图 6-14）.这样，凡是中心在此圆柱体内的分子都会与 A 相碰.圆柱体的截面积为 $\sigma=\pi d^2$，称为**分子的碰撞面积**.

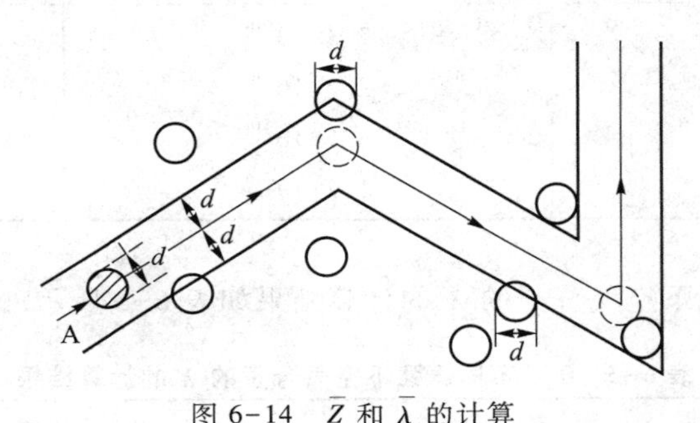

图 6-14 $\overline{Z}$ 和 $\overline{\lambda}$ 的计算

在时间 t 内，A 所通过的路程为 $\overline{u}t$，相应的圆柱体的体积为 $\sigma\overline{u}t$，该体积内的分子将与分子 A 相碰，若气体的分子数密度为 n，则在此圆柱体内的总分子数，亦即 A 与其他分子的碰撞次数为 $n\sigma\overline{u}t$，因此，分子的平均碰撞频率为

$$\overline{Z}=\frac{n\sigma\overline{u}t}{t}=n\sigma\overline{u}$$

根据麦克斯韦速率分布律，气体分子的平均速率为 $\overline{v}$，$\overline{u}=\sqrt{2}\,\overline{v}$，$\sqrt{2}$ 是考虑其他分子也在运动的修正因子，代入上式，得分子的平均碰撞频率：

$$\overline{Z}=\sqrt{2}\,\sigma\overline{v}n=\sqrt{2}\,\pi d^2\overline{v}n \qquad (6-25)$$

由式(6-24)，可得分子的平均自由程：

$$\overline{\lambda}=\frac{\overline{v}}{\overline{Z}}=\frac{1}{\sqrt{2}\,\pi d^2 n} \qquad (6-26)$$

由理想气体的压强公式 $p=nkT$，上式还可以写成

$$\overline{\lambda}=\frac{kT}{\sqrt{2}\,\pi d^2 p} \qquad (6-27)$$

可见，当温度一定时，$\overline{\lambda}$ 与压强成反比，即气体的压强越大（气体分子越密集），分子的平均自由程就越短；反之，气体的压强越小（气体分子越稀疏），分子的平均自由程就越长.应该指出的是，在前面的讨论中我们把气体分子看成直径为 d 的刚性小球，并把分子间的碰撞看成是完全弹性的，这只是实际情况的一个近似，因为分子并不是一个真正刚性

的球体，分子间的作用力也很复杂.分子间的碰撞实质上是分子相互接近后，在分子斥力的作用下改变运动方向而彼此分开的相互作用过程，所以用式(6-26)和式(6-27)计算出来的分子直径 d，称为**分子的有效直径**，是两个分子质心间最小距离的平均值.

在标准状态下，各种气体分子的平均碰撞频率 $\overline{Z}$ 的数量级为$10^9\ s^{-1}$，平均自由程 $\overline{\lambda}$ 的数量级为10^{-8}～10^{-7} m.也就是说，一个分子每秒平均要与其他分子碰撞约几十亿次，由于频繁的碰撞，使得平均自由程非常短.例如，空气分子的有效直径为 $d\approx3.5\times10^{-10}$ m，利用式(6-27)可以求出标准状态下空气分子的 $\overline{\lambda}\approx6.9\times10^{-8}$ m，此时 $\overline{Z}\approx6.5\times10^{9}\ s^{-1}$.

在标准状态下，几种气体的 d 和 $\overline{\lambda}$ 如表6-2所示.

表6-2　标准状态下几种气体的 d 和 $\overline{\lambda}$

气体	d/m	$\overline{\lambda}$/m
氢	2.3×10^{-10}	1.123×10^{-7}
氧	2.9×10^{-10}	0.648×10^{-7}
氮	3.1×10^{-10}	0.599×10^{-7}
氦	1.9×10^{-10}	1.793×10^{-7}

在0 ℃，不同压强下空气分子的 $\overline{\lambda}$ 的计算结果如表6-3所示.

表6-3　0 ℃不同压强下空气分子的 $\overline{\lambda}$ 的计算结果

p/Pa	$\overline{\lambda}$/m
1.01×10^{5}	7×10^{-8}
1.33×10^{2}	5×10^{-5}
1.33	5×10^{-3}
1.33×10^{-2}	0.5
1.33×10^{-4}	50

从表6-3可看出，当压强低于 1.33×10^{-2} Pa（相当于普通白炽灯泡内的空气压强）时，空气分子的平均自由程就比一般气体的容器（比如灯泡）线度大了，此时气体分子间很少碰撞，主要是不断地与器壁来回碰撞.

例题6-5

求在标准状态下，氢分子的平均碰撞频率.已知氢分子的有效直径为 2×10^{-10} m.

解　根据平均速率公式算得

$$\overline{v}=\sqrt{\frac{8RT}{\pi M}}\approx1.70\times10^{3}\ \text{m/s}$$

根据 $p=nkT$ 算得单位体积中的分子数：

$$n\approx2.69\times10^{25}\ \text{m}^{-3}$$

因此，

$$\overline{\lambda}=\frac{1}{\sqrt{2}\pi d^{2}n}\approx2.10\times10^{-7}\ \text{m}$$

$$\bar{Z}=\frac{\bar{v}}{\bar{\lambda}}\approx 8.10\times 10^{9}\ \mathrm{s}^{-1}$$

即在标准状态下,在 1 s 内一个氢分子的平均碰撞次数约有 80 亿次.

例题 6-6

试估计下列两种情况下空气分子的平均自由程:

(1) 273 K,1.013×10^{5} Pa 时;

(2) 273 K,1.333×10^{-3} Pa 时.

解 空气中的气体分子绝大部分是氧分子和氮分子,它们的有效直径 d 均约为 3.10×10^{-10} m.根据平均自由程公式 $\bar{\lambda}=\frac{kT}{\sqrt{2}\pi d^{2}p}$,可得

(1) $$\bar{\lambda}_1=\frac{1.38\times10^{-23}\times273}{\sqrt{2}\pi\times(3.10\times10^{-10})^{2}\times1.013\times10^{5}}\ \mathrm{m}\approx8.71\times10^{-8}\ \mathrm{m}$$

(2) $$\bar{\lambda}_2=\frac{1.38\times10^{-23}\times273}{\sqrt{2}\pi\times(3.10\times10^{-10})^{2}\times1.333\times10^{-3}}\ \mathrm{m}\approx6.62\ \mathrm{m}$$

6.62 m 这个值是很大的,因此在通常的容器中,在高真空的情况下,分子间发生碰撞的概率是很小的.

*6-8 气体内的输运过程

前面所讨论的都是气体在平衡态下的性质,实际上,许多问题都涉及气体在非平衡态下的变化过程.例如,当气体各处密度不均匀时发生的扩散过程、温度不均匀时发生的热传导过程及各层流速不同时发生的黏性现象,就是典型的由非平衡态向平衡态变化的过程.气体内部因密度、温度、流速不均匀等引起的由非平衡态向平衡态转变的过程,称为**气体内的输运过程**.在这些非平衡态的情况下,气体内的分子通过频繁碰撞导致质量、能量或动量从一部分向另一部分定向迁移,最后气体内各部分的物理性质将趋于均匀,气体状态将趋向平衡.气体内的输运过程是分子热运动和分子间频繁碰撞的结果.

一、黏性现象

对于流动中的气体来说,如果各气层的流速不相等,那么在相邻的两个气层之间的接触面上,将形成一对阻碍两气层相对运动的等值反向的摩擦力,这种情况与固体接触面间的摩擦力有些相似,称之为**黏性力**.它是气体内部各气层之间相互作用的力,是成对出现的,可使流动速度较慢的气层变快,流动速度较快的气层变慢.例如用管道输送气体,气体在管道中前进时,紧靠着管壁的气体分子附着于管壁,流速为零,稍远一些的气体分子才有流速,但不很大,在管道中心部分的气体流速最大.这正是从管壁到中心各层气体之间有黏性作用的表现.这种由于气体内各气层间存在相对流动速度,气体内部产生流动速度变化的现象,称为气体的**黏性现象**.

设气体平行于 Oxy 平面沿 y 轴正方向流动,流速 u 沿 z 轴正方向逐渐增大(图 6-15),

如在 $z=z_0$ 处垂直于 z 轴取一截面 dS 将气体分为 A、B 两部分，则 A 部分将施予 B 部分一个平行于 y 轴负方向的力，而 B 部分将施予 A 部分一个大小相等、方向相反的力.其效果是使原来流速快的 B 部分速度减慢，而原来流速慢的A 部分速度加快.

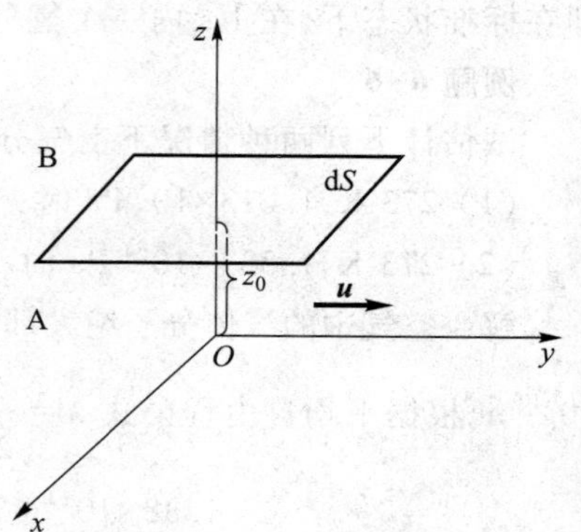

图 6-15　黏性现象

如以 F 表示 A、B 两部分相互作用的黏性力的大小，以 dS 表示所取截面的面积，以 $\left(\frac{du}{dz}\right)_{z_0}$ 表示截面所在处的**速度梯度**，实验结果表明，F 与 $\left(\frac{du}{dz}\right)_{z_0}$ 及 dS 满足关系式：

$$F=-\eta\left(\frac{du}{dz}\right)_{z_0}dS \tag{6-28}$$

上式称为**牛顿黏性定律**.式中的比例系数 η 称为气体的**黏性系数**，它与气体的性质和状态有关，可由实验方法确定，其单位是 $N\cdot s/m^2$.负号表示黏性力的方向和速度梯度的方向相反.

从气体动理论的观点来看，当气体流动时，气体分子除具有热运动的速度外，还具有定向运动速度，即气体的流动速度.也就是说，每个分子除具有热运动动量外，还有定向运动动量 m_0u.按照前面的假设，气体的流速 u 沿 z 轴正方向逐渐增大，所以截面 dS 以下 A 部分的分子的定向动量小，而截面 dS 以上 B 部分的分子的定向动量大.由于热运动，A、B 两部分的分子不断地交换，A 部分的分子带着较小的定向动量转移到 B 部分，B 部分的分子带着较大的定向动量转移到 A 部分.A 部分总的流动动量增大，而 B 部分的减小，其效果在宏观上就相当于 A、B 两部分互施黏性力.**黏性现象就是气体内定向动量输运的结果**.

二、热传导现象

如果气体内部的温度不均匀，就会有热量从温度较高处传递到温度较低处，这种现象称为**热传导现象**.设气体的温度沿 z 轴的正方向逐渐升高，在这个方向上气体温度的空间变化率为$\frac{dT}{dz}$，称为**温度梯度**，如图 6-16 所示.实验结果表明，在 dt 时间内沿 z 轴方向通过垂直于 z 轴的分界面的面积元 dS 的热量 dQ 满足关系式：

$$dQ=-\kappa\left(\frac{dT}{dz}\right)_{z_0}dSdt \tag{6-29}$$

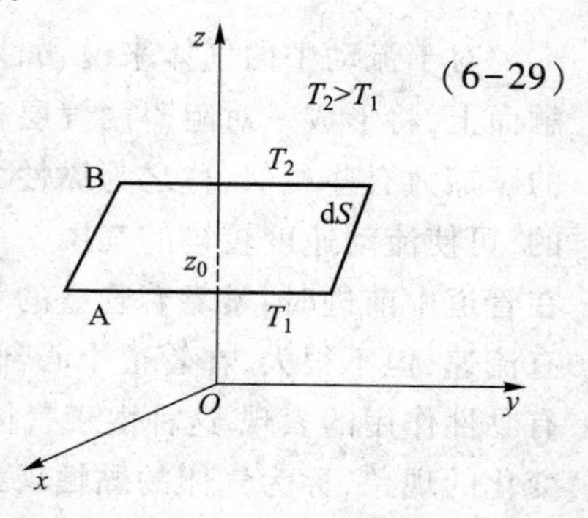

图 6-16　热传导现象

上式称为**傅里叶定律**.式中的比例系数 κ 称为**气体的导热系数**，它与气体的性质和状态有关，可由实验方法确定，其单位是 $W\cdot m^{-1}\cdot K^{-1}$.负号表示热量总是从温度较高的区域传到温度较低的区域，和温度梯度的方向相反.

从气体动理论的观点来看，温度不均匀意味着各处分子热运动的平均平动动能不同，而**热传导过程则是分子输运热运动能量的过程**.因为分子从温度较高的区域进入温度较低的区域时,带有较高的平均平动动能,而从较低温度区域进入较高温度区域时,带有较低的平均平动动能,两边分子交换的结果就产生了净能量输运.

三、扩散现象

当容器中各部分气体的种类不同或同一种气体内各部分的密度不同时,由于分子的热运动和相互碰撞,各部分气体成分和密度趋向均匀一致,这种现象称为**扩散现象**.在这种现象中会引起质量的宏观迁移,质量从密度大的地方向密度小的地方扩散,当密度趋于均匀时扩散就停止了.

扩散现象的基本规律在形式上与黏性现象和热传导现象相似.设气体的密度 ρ 沿 z 轴正方向逐渐增大,如在 $z=z_0$ 处垂直于 z 轴取一截面 $\mathrm{d}S$ 将气体分为 A、B 两部分,则气体将从 B 部分扩散到 A 部分,以 $\left(\dfrac{\mathrm{d}\rho}{\mathrm{d}z}\right)_{z_0}$ 表示截面所在处的**密度梯度**,如图 6-17 所示.实验结果表明,在 $\mathrm{d}t$ 时间内沿 z 轴方向通过 $\mathrm{d}S$ 的气体的质量 $\mathrm{d}m$ 为

$$\mathrm{d}m=-D\left(\frac{\mathrm{d}\rho}{\mathrm{d}z}\right)_{z_0}\mathrm{d}S\mathrm{d}t \tag{6-30}$$

上式称为**菲克定律**.式中的比例系数 D 称为气体的**扩散系数**,它与气体的性质和状态有关,可由实验方法确定,其单位是 $\mathrm{m^2/s}$.负号表示质量总是从密度高处向密度低处传递,与密度梯度方向相反.

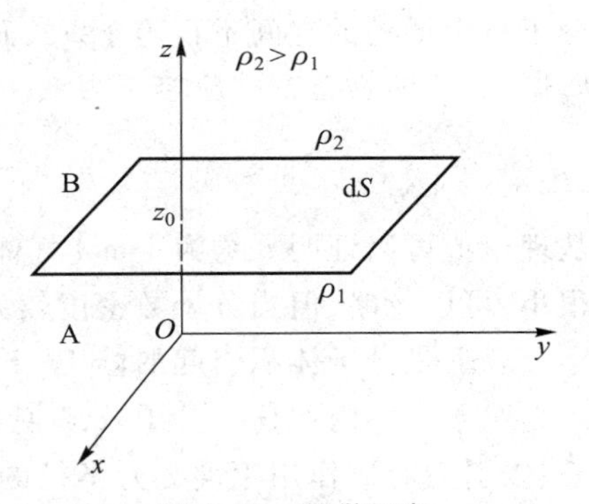

图 6-17 扩散现象

从气体动理论的观点来看,扩散现象是气体分子无规则热运动的结果.分子既有从较高密度气层运动到较低密度气层的,也有在相反方向上进行运动的.A 部分的密度小,单位体积内的分子少;B 部分的密度大,单位体积内的分子多.因此,在相同的时间内,由 A 部分转移到 B 部分的分子少,而由B 部分转移到 A 部分的分子多,这样,通过 $\mathrm{d}S$ 面就有了质量的净迁移,形成了宏观上物质的输运.因此,**气体内的扩散现象在微观上是分子在热运动中输运质量的过程**.

在气体动理论中,可以导出黏性系数 η、导热系数 κ 和扩散系数 D:

$$\left.\begin{aligned}\eta&=\frac{1}{3}\rho\overline{v}\,\overline{\lambda}\\ \kappa&=\frac{1}{3}\rho\overline{v}\,\overline{\lambda}\,\frac{C_{V,\mathrm{m}}}{M}\\ D&=\frac{1}{3}\overline{v}\,\overline{\lambda}\end{aligned}\right\} \tag{6-31}$$

式中 ρ 是气体的密度,$\overline{v}$ 是气体分子的平均速率,$\overline{\lambda}$ 是气体分子的平均自由程,$C_{V,\mathrm{m}}$是气体的摩尔定容热容(将在下一章介绍),M 是气体的摩尔质量.

*6-9　实际气体的物态方程

在近代工程技术和科学研究中,经常需要处理高压或低温条件下的气体问题,在这些情形下,理想气体物态方程就不适用了,因此,在应用理想气体物态方程时,必须考虑实际气体的特征而对其进行必要的修正.对于理想气体,我们近似认为理想气体分子可看成质点,即分子本身的体积忽略不计;另外,把理想气体中的分子看成除碰撞外没有其他相互作用.但实际的气体分子却不是这样的,它们不仅本身有体积,而且除了相互碰撞外,它们之间实际上总是存在相互作用力.荷兰物理学家范德瓦耳斯从这两方面对理想气体物态方程进行了修正,得到了实际气体近似遵守的范德瓦耳斯方程.

1 mol 理想气体的物态方程为

$$pV_m = RT$$

式中 V_m 是理想气体的摩尔体积.由于理想气体不考虑分子本身的体积,故 V_m 还可以理解为每个气体分子自由活动的空间.对真实气体来说,分子本身占有一定的体积,这时每个分子自由活动的空间不再等于 V_m,而应从 V_m 中减去一个与分子本身体积有关的修正量 b,据此,气体物态方程应修正为

$$p(V_m - b) = RT \quad 或 \quad p = \frac{RT}{V_m - b} \tag{6-32}$$

从理论上可以证明 b 约为 1 mol 气体分子体积的 4 倍.当分子数密度较小时,b 与 V_m 相比很小,可以忽略,但当分子数密度较大时,b 就不能被忽略.

以上是分子体积引起的修正,下面再考虑分子引力引起的修正.

对于气体内部任一分子 α 来说(图 6-18),对它有引力作用的是那些位于以 α 为中心、以引力有效作用距离 r 为半径的球形作用圈内的分子,这个球称为分子作用球.对于距离器壁较远的分子,由于作用球内的分子相对于 α 对称分布,所以它们对分子 α 的引力平均起来正好抵消.但对于靠近器壁且位于厚度为 r 的表面层内的任一分子 β 而言,情况就与分子 α 不同.因为以 β 为中心的引力作用圈一部分在气体里面,一部分在气体外面,也就是说,一边有气体吸引 β,另一边没有.因此,β 会受到一个指向气体内部的分子引力合力.当分子由气体内部飞向器壁而进入这一薄层区域时,将受到这个指向气体内部的合力,它将减小分子碰撞器壁的动量,因而分子施予器壁的冲量也减小,从而减小了气体施予器壁的压强.这一薄层区域气体分子受到的指向气体内部的合力的总效果,相当于存在一个指向气体内部的压强,称之为内压强,用 p_i 表示.考虑到分子间的引力,气体实际施予器壁的压强应减掉内压强 p_i,因此器壁所受到的压强,即气体的实际压强应为

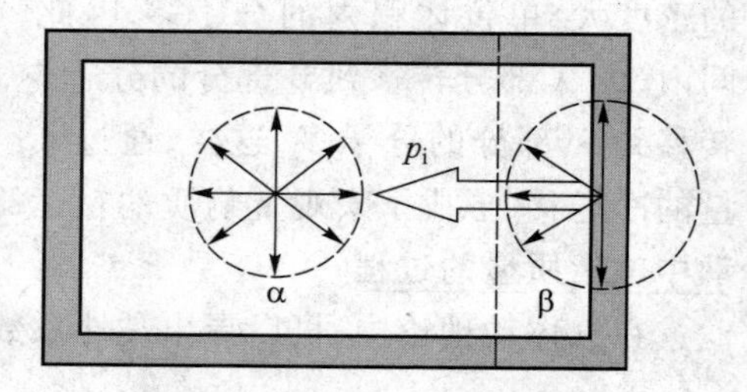

图 6-18　气体分子所受的力

$$p = \frac{RT}{V_m - b} - p_i \tag{6-33}$$

由于内压强 p_i 在数值上等于薄层区域内分子受到的内部分子的单位面积的作用力，这个力一方面应与被吸引的薄层区域内的分子数密度 n 成正比，另一方面还应与施加引力的那些内部区域的分子数密度 n 成正比，而这两个 n 的数值是一样的，所以 p_i 与 n^2 成正比，又由于 n 与 V_m 成反比，所以

$$p_i \propto n^2 \propto \frac{1}{V_m^2}$$

若比例系数是 a，则写成等式，有

$$p_i = \frac{a}{V_m^2} \tag{6-34}$$

a 是反映分子间引力的一个常量，由气体的性质决定，它表示 1 mol 气体在占有单位体积时，由于分子间相互吸引作用而引起的压强减小量.

将式(6-34)代入式(6-33)，可得到 1 mol 范德瓦耳斯气体的压强：

$$p = \frac{RT}{V_m - b} - \frac{a}{V_m^2}$$

由此可导出 1 mol 实际气体的范德瓦耳斯方程：

$$\left(p + \frac{a}{V_m^2}\right)(V_m - b) = RT \tag{6-35}$$

以上给出的是 1 mol **气体的范德瓦耳斯方程**，如果气体的质量为 m，摩尔质量为 M，那么在同温度、同压强的条件下，气体的体积 V 和摩尔体积 V_m 的关系是 $V = \frac{m}{M} V_m$，即 $V_m = \frac{M}{m} V$，把它代入式(6-35)，可得适用于气体质量为 m 的**实际气体的范德瓦耳斯方程**：

$$\left(p + \frac{m^2 a}{M^2 V^2}\right)\left(V - \frac{m}{M} b\right) = \frac{m}{M} RT \tag{6-36}$$

一般来说，范德瓦耳斯修正量 a 和 b 可由实验测定.表 6-4 给出了几种气体的 a、b 实验值.

表 6-4　范德瓦耳斯修正量 a 和 b 的实验值

气体	$a/(\text{atm} \cdot \text{L}^2 \cdot \text{mol}^{-2})$	$b/(\text{L} \cdot \text{mol}^{-1})$
氢	0.191	0.022
氦	0.034	0.024
氧	1.360	0.032
氮	1.390	0.039
氩	1.345	0.032
氖	0.211	0.017
氯	6.493	0.056
水蒸气	5.464	0.030
汞蒸气	8.093	0.017

应当指出的是，范德瓦耳斯方程虽然考虑了分子间的引力和分子本身的体积这两个因素，但实际上，分子的运动还要复杂得多.因此，范德瓦耳斯方程也只反映了实际气体的

一些特性,它只是对理想气体物态方程作了一些最简单的修正.此外,在气体的密度较低的情况下,范德瓦耳斯方程与理想气体物态方程还是十分接近的.

拓展阅读:保温瓶的保温原理

本章提要

1. 理解平衡态概念,掌握理想气体物态方程.

平衡态:在没有外界影响的条件下,系统各部分的宏观性质长时间不发生变化的状态.

理想气体物态方程:

$$pV=\frac{m}{M}RT=\nu RT$$

2. 掌握理想气体压强公式和分子的平均平动动能与温度的关系,理解压强和温度的微观实质.

理想气体压强公式:

$$p=\frac{2}{3}n\,\overline{\varepsilon}_{\mathrm{k}}$$

分子的平均平动动能与温度的关系:

$$\overline{\varepsilon}_{\mathrm{k}}=\frac{1}{2}m_0\,\overline{v^2}=\frac{3}{2}kT$$

3. 理解分子平均动能按自由度均分的统计规律,掌握理想气体内能的特点及其计算.

能量均分定理:在温度为 T 的平衡态下,气体分子的每一个自由度都具有相同的平均动能,大小都等于 $kT/2$.

理想气体的内能:

$$E=\frac{m}{M}\frac{i}{2}RT=\nu\frac{i}{2}RT$$

4. 理解速率分布函数概念,掌握运用麦克斯韦速率分布律计算与速率有关的量的平均值的方法.

速率分布函数:$f(v)=\dfrac{\mathrm{d}N}{N\mathrm{d}v}$,表示分布在速率 v 附近单位速率区间内的分子数占总分子数的比率.

最概然速率:

$$v_{\mathrm{p}}=\sqrt{\frac{2kT}{m_0}}=\sqrt{\frac{2RT}{M}}\approx1.41\sqrt{\frac{RT}{M}}$$

平均速率:

$$\overline{v}=\sqrt{\frac{8kT}{\pi m_0}}=\sqrt{\frac{8RT}{\pi M}}\approx1.60\sqrt{\frac{RT}{M}}$$

方均根速率:

$$\sqrt{\overline{v^2}}=\sqrt{\frac{3kT}{m_0}}=\sqrt{\frac{3RT}{M}}\approx1.73\sqrt{\frac{RT}{M}}$$

5. 理解平均碰撞频率和平均自由程概念.

平均碰撞频率:

$$\overline{Z}=\sqrt{2}\,\pi d^{2}\,\overline{v}\,n$$

平均自由程:

$$\overline{\lambda}=\frac{\overline{v}}{\overline{Z}}=\frac{1}{\sqrt{2}\,\pi d^{2}n}=\frac{kT}{\sqrt{2}\,\pi d^{2}p}$$

*6. 理解三种输运过程的宏观规律和微观解释.

黏性现象:由于气体内各气层间存在相对流动速度,气体内部产生流动速度变化的现象.

$$F=-\eta\left(\frac{\mathrm{d}u}{\mathrm{d}z}\right)_{z_0}\mathrm{d}S$$

热传导现象:由于气体内部的温度不均匀,热量从温度较高处传递到温度较低处的现象.

$$\mathrm{d}Q=-\kappa\left(\frac{\mathrm{d}T}{\mathrm{d}z}\right)_{z_0}\mathrm{d}S\mathrm{d}t$$

扩散现象:当容器中各部分气体的种类不同或同一种气体内各部分的密度不同时,由于分子的热运动和相互碰撞,各部分气体成分和密度趋向均匀一致的现象.

$$\mathrm{d}m=-D\left(\frac{\mathrm{d}\rho}{\mathrm{d}z}\right)_{z_0}\mathrm{d}S\mathrm{d}t$$

*7. 理解范德瓦耳斯方程.

1 mol 实际气体的范德瓦耳斯方程:

$$\left(p+\frac{a}{V_{\mathrm{m}}^{2}}\right)(V_{\mathrm{m}}-b)=RT$$

质量为 m 的实际气体的范德瓦耳斯方程:

$$\left(p+\frac{m^{2}a}{M^{2}V^{2}}\right)\left(V-\frac{m}{M}b\right)=\frac{m}{M}RT$$

思　考　题

6-1　取一金属杆,使其一端与沸水接触,另一端与冰接触,当沸水和冰的温度维持不变时,杆的各部分虽然温度不同,但各部分的温度都不随时间改变,这时金属杆是否处于平衡态? 为什么?

6-2　布朗运动是不是分子的运动? 为什么说布朗运动是分子热运动的反映?

6-3　统计规律有哪些重要特征?

6-4　什么是理想气体? 从微观结构上看,它与实际气体有何区别?

6-5　温度的实质是什么? 对于单个分子,能说它的温度有多高吗? 为什么?

6-6　什么是自由度? 单原子分子和双原子分子的自由度是多少? 它们是否随温度而变?

6-7　气体分子速率分布函数的物理意义是什么?

6-8　气体分子的最概然速率、平均速率和方均根速率各是怎样定义的? 它们的大

第6章思考题参考答案

小由哪些因素决定？它们各有什么用处？

6-9　容器内有一定量的气体，保持容积不变，使气体的温度升高，则分子的平均碰撞频率和平均自由程怎样变化？

习　题

一、选择题

6-1　关于温度的意义，下列说法中不正确的是(　　).

(A) 气体的温度是分子平均平动动能的量度

(B) 气体的温度是大量气体分子热运动的集体表现，具有统计意义

(C) 温度反映物质内部分子运动的剧烈程度

(D) 从微观上看，气体的温度表示每个气体分子的冷热程度

6-2　一个容器内贮有1 mol氧气和1 mol氦气，如果两种气体对器壁产生的压强分别为p_1和p_2，则两者的大小关系为(　　).

(A) $p_1>p_2$　　(B) $p_1<p_2$

(C) $p_1=p_2$　　(D) 不能确定

6-3　A、B两个容器的容积不同，A中装有双原子分子理想气体，B中装有单原子分子理想气体，若两种气体的压强相同，则这两种气体的单位体积的内能$(E/V)_A$和$(E/V)_B$的关系为(　　).

(A) $(E/V)_A<(E/V)_B$　　(B) $(E/V)_A>(E/V)_B$

(C) $(E/V)_A=(E/V)_B$　　(D) 不能确定

6-4　用N表示气体分子总数，T表示气体温度，m_0表示气体分子的质量，当分子速率v确定后，决定麦克斯韦速率分布函数$f(v)$的因素是(　　).

(A) m_0, T　　(B) N, m_0, T

(C) N, m_0　　(D) N, T

6-5　一定量的理想气体，在体积不变的条件下，当温度降低时，分子的平均碰撞频率$\overline{Z}$和平均自由程$\overline{\lambda}$的变化情况是(　　).

(A) $\overline{Z}$减小，但$\overline{\lambda}$不变　　(B) $\overline{Z}$不变，但$\overline{\lambda}$减小

(C) $\overline{Z}$和$\overline{\lambda}$都减小　　(D) $\overline{Z}$和$\overline{\lambda}$都不变

二、填空题

6-6　某理想气体温度为300 K、压强为1.0×10^{-2} atm，密度为11.3 g/m^3，则该气体的摩尔质量为$M=$________.

6-7　2 mol单原子分子理想气体，在1 atm的恒定压强下，从0 ℃加热到100 ℃，气体的内能改变了________ J.

6-8　有一瓶质量为m、摩尔质量为M的氮气(视为刚性分子的理想气体)，温度为T，则氮分子的平均平动动能为________，氮分子的平均动能为________，该瓶氮气的内能为________.

6-9　在相同温度下,氢分子与氧分子的平均平动动能的比为________;方均根速率的比为________.

6-10　一定量的理想气体,经等压过程从体积 V_0 膨胀到 $2V_0$,则描述分子运动的下列各量与原来的量值之比是:平均自由程 $\dfrac{\bar{\lambda}}{\bar{\lambda}_0}=$________;平均速率 $\dfrac{\bar{v}}{\bar{v}_0}=$________;平均动能 $\dfrac{\bar{\varepsilon}}{\bar{\varepsilon}_0}=$________.

三、计算题

6-11　氧气瓶的容积是 32 L,其中氧气的压强为 1.30×10^7 Pa,工厂规定氧气瓶压强降到 1.00×10^6 Pa 时,应重新充气,以免经常洗瓶.某小型车间,平均每天用去 400 L 压强为 1.01×10^5 Pa 的氧气,问一瓶氧气能用多少天?(使用过程中温度不变.)

6-12　在容积为 2.0 L 的容器中,有内能为 6.75×10^2 J 的刚性双原子分子的某种理想气体.

(1) 求气体的压强;

(2) 设分子总数为 5.4×10^{22} 个,求分子的平均平动动能及气体的温度.

6-13　一个容器中充有氮气 8.5 g,温度为 17 ℃.求:

(1) 一个氮分子(设为刚性分子)的热运动平均平动动能、平均转动动能和平均总动能;

(2) 容器内氮气的内能.

6-14　有 N 个粒子,其速率分布函数为

$$f(v)=\frac{\mathrm{d}N}{N\mathrm{d}v}=\begin{cases}C & (0\leqslant v\leqslant v_0)\\ 0 & (v>v_0)\end{cases}$$

(1) 作速率分布曲线;

(2) 由 v_0 求常量 C;

(3) 求粒子平均速率.

6-15　求温度为 300 K 的氢分子的平均速率、方均根速率和最概然速率.

6-16　如图所示,两条曲线分别表示氢气和氧气在同一温度下的麦克斯韦速率分布曲线,从图上数据求出氢气和氧气的最概然速率.

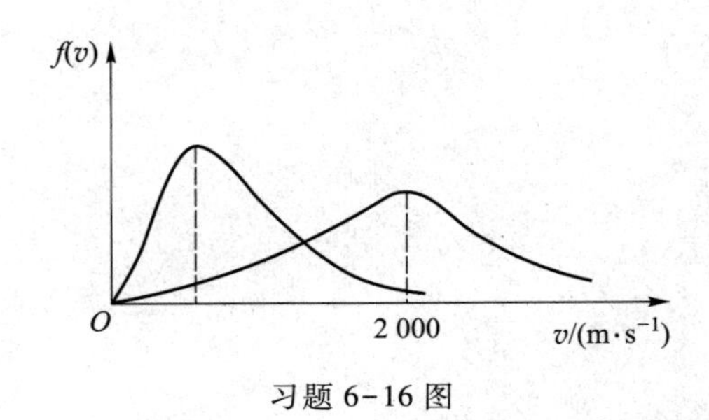

习题 6-16 图

*6-17　一飞机在地面时,机舱中的压强为 1.01×10^5 Pa,到高空后压强降为 8.11×10^4 Pa,设大气的温度为 27.0 ℃,问此时飞机距地面的高度是多少?(设空气的摩尔质量为 28.9×10^{-3} kg/mol.)

6-18　真空管的线度为10^{-2} m,其中真空度为1.33×10^{-3} Pa,设空气分子的有效直径为3×10^{-10} m,求27 ℃时单位体积内的空气分子数、平均自由程和平均碰撞频率.

*6-19　在标准状态下氦气的黏度为$\eta=1.89\times10^{-5}$ Pa·s,摩尔质量为$M=4$ g/mol,平均速率为$\bar{v}=1.20\times10^{3}$ m/s,求:

第6章习题参考答案

(1) 在标准状态下氦原子的平均自由程;

(2) 氦原子的直径.

*6-20　对于CO_2气体,有范德瓦耳斯修正量$a=0.37$ Pa·m^6/mol^2,$b=4.3\times10^{-5}$m^3/mol,0 ℃时其摩尔体积为6.0×10^{-4} m^3/mol.试求其压强.如果将其当成理想气体处理,结果又如何?

第7章　热力学基础

第7章测试题

用高压锅更容易将食物在短时间内煮熟的原因是什么？当热蒸汽从高压锅顶端的泄压口喷出时，为什么手感觉到的蒸汽是凉的，不会烫手？空调、冰箱中的压缩机，汽车中的内燃发动机，飞机、航天飞行器的喷气发动机……这些都用到了哪些热力学原理？

热力学是研究物质的热现象和热运动的宏观基本规律及其应用的一门学科.热力学以观察和实验为基础，从能量观点出发，分析研究热力学系统状态变化过程中热功转化、热量传递、内能变化等有关物理量的相互关系、过程进行的方向和条件.热力学的理论基础是热力学第一定律和热力学第二定律.热力学第一定律是包括热现象在内的能量转化与守恒定律，它阐明了热和功之间的转化规律，并说明第一类永动机是不可能造成的；热力学第二定律指明了热力学过程进行的方向和条件，同时说明第二类永动机是不可能造成的.这两条定律对气体、液体、固体等热力学系统均适用，本章讨论的热力学系统主要是理想气体.

本章首先给出准静态过程和功、热量、内能等基本概念，之后引入热力学第一定律及其在几个典型的热力学过程中的应用，以及循环过程及其效率；然后介绍热力学第二定律的两种表述，定义可逆过程和不可逆过程，指明热力学过程进行的方向性问题；最后给出热力学第二定律的统计意义及熵的概念和熵增加原理，从微观角度理解热力学过程方向性的由来.

【学习目标】

(1) 掌握功和热量的概念，理解准静态过程，掌握热力学第一定律，能用其熟练地分析、计算理想气体各等值准静态过程中的功、热量及内能的改变量.

(2) 理解循环过程和卡诺循环的特点，掌握循环效率的计算方法.

(3) 了解可逆过程和不可逆过程，理解热力学第二定律的两种表述.

(4) 了解热力学第二定律的统计意义，了解熵的概念.

7-1　准静态过程　功　热量　内能

一、准静态过程

热力学的研究对象是**热力学系统**.所研究的物体或物体组，可以是气体、液体、固体或者是它们的组合，简称系统.与热力学系统相互作用、系统以外的周围环境称为**外界**.与外界没有物质和能量交换的系统称为**孤立系统**；只有能量交换的系统称为**封闭系统**；既有能量交换又有物质交换的系统称为**开放系统**.

在外界影响下，一个热力学系统的状态将随时间变化，系统从一个状态变化到另一个状态的过程称为**热力学过程**，简称过程.由于热力学过程中每一时刻的中间状态不同，所以热力学过程又被分为非静态过程和准静态过程.假设一个系统从一个平衡态经历一系列状态变化到达另一个平衡态，在一般情况下，在始末两个平衡态之间经历的中间状态不可能都是平衡态，而是非平衡态，因此把中间状态为非平衡态的过程称为**非静态过程**.但是，如果系统在始末平衡态之间经历的过程是无限缓慢的，系统所经历的每一个中间状态都可近似看成平衡态，那么这个热力学过程称为**准静态过程**.实际上，无限缓慢的过程是理想化的过程，因此，准静态过程是一个理想过程，是实际过程的理想化和抽象化.有些实际过程（其中也有不是缓慢的过程）可近似看成准静态过程.例如，内燃机工作时，气缸内原来处于平衡态的气体被压缩后再达到新的平衡态时所需要的时间称为**弛豫时间**，约为 10^{-3} s或更小，而实际上内燃机气缸内气体经历一次压缩的时间约为 10^{-2} s，为上述弛豫时间的10倍，因此每一时刻气体都可近似看成处于平衡态，气体的状态变化过程可近似看成准静态过程.而对于类似爆炸的过程来说，由于过程进行得非常快，系统在新的平衡态达到之前又继续了下一步的变化，所以这样的过程就不能看成准静态过程了.在 $p-V$ 图上，可以用一条曲线来表示准静态过程.热力学的研究是以准静态过程的研究为基础的，在此研究基础之上，再对实际的非静态过程进行研究有着重要的指导意义.在本章中，如不特别指明，所讨论的过程均看成准静态过程.

二、功

下面讨论气体在准静态过程中由于其体积变化而对外界所做的功.以气缸体积膨胀为例，设气缸中气体的压强为 p，活塞的面积为 S，活塞与气缸壁间无摩擦，如图7-1所示，气体为研究的系统，气缸、活塞及大气均为外界，当系统作微小膨胀、活塞移动 $\mathrm{d}l$ 时，p 可视为处处均匀且不变，系统对外界所做的元功为

$$\mathrm{d}A=F\mathrm{d}l=pS\mathrm{d}l=p\mathrm{d}V \tag{7-1}$$

式中 $\mathrm{d}V$ 为系统体积的增量，在图7-2中可以用画有斜线的窄条面积表示元功 $\mathrm{d}A$ 的大小.如果系统从初态 a 经历一个准静态过程变化到末态 b，如图7-2实线所示，则**系统对外界做的总功**为

$$A=\int\mathrm{d}A=\int_{V_1}^{V_2}p\mathrm{d}V \tag{7-2}$$

式中，V_1 和 V_2 分别是系统在初态和末态时的体积.系统膨胀时，$\mathrm{d}V>0$，$\mathrm{d}A>0$，即 $A>0$，系统对外界做正功；系统被压缩时，$\mathrm{d}V<0$，$\mathrm{d}A<0$，即 $A<0$，系统对外界做负功或外界对系统做正功；若系统体积不变，则 $\mathrm{d}V=0$，$\mathrm{d}A=0$，即 $A=0$，系统或外界都不做功.

在 $p-V$ 图中，可以用 $a\to b$ 过程曲线与横坐标 V_1 到 V_2 之间的面积表示功 A 的大小，所以也称其为示功图.如果系统初末状态相同，但所经历的路径不同，如图7-2中实线和虚

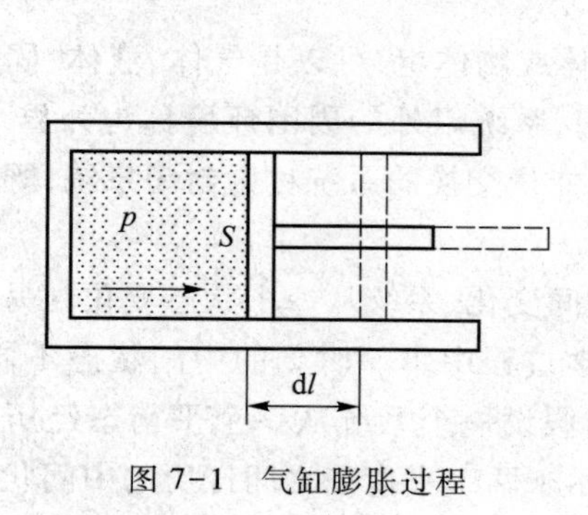

图7-1　气缸膨胀过程

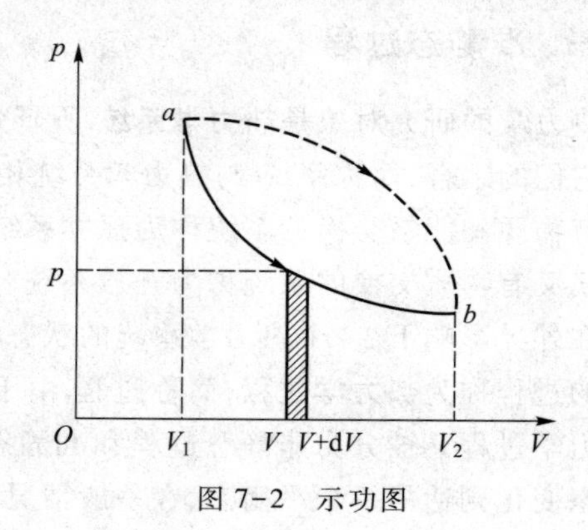

图7-2　示功图

线过程,显然虚线过程做的功大于实线过程做的功.这说明,系统由一个状态变化到另一个状态时,系统对外界做的功不仅与系统的初末状态有关,还与系统经历的路径有关.因此,**功是一个与过程有关的量,即过程量,不是状态量**.因此用 dA 表示元功,与过程有关.功也是一种广义功,可以是机械功,也可以是其他形式的功,如电磁功等.

三、热量

除了对系统做功,还可以通过热传递改变系统的状态.在热传递过程中,系统与外界之间存在温差,系统从外界吸收或向外界放出的能量,称为**热量**,用符号 Q 表示.热传递和做功不同,做功这种交换能量的方式是通过宏观的有规则运动完成的,称之为**宏观功**;而热传递这种交换能量的方式是通过分子的无规则运动完成的,称之为**微观功**.宏观功与微观功均是系统在状态变化时与外界交换能量的量度,宏观功的作用是把物体的有规则运动转换为系统内分子的无规则运动,而微观功则是使系统外物体的分子无规则运动的能量与系统内分子的无规则运动的能量互相转化,它们只有在过程发生时才有意义,它们的大小也与过程有关,因此,**热量也是过程量**.可以用微元 dQ 描述一个无限小过程中所传递的热量.在国际单位制中,热量与功的单位相同,均为 J(焦耳).

在此应注意的是,系统与外界之间发生能量传递时,系统的温度通常是要发生变化的.然而,也有系统温度保持不变的情形,例如,当一杯冷水被加热至沸腾后,虽然水仍被继续加热,但水温却保持在沸点不会再升高.在这种情况下,外界向系统传递了热量,系统也向外界传递了热量.

四、内能

实验表明,通过做功和热传递可以改变系统的状态,系统状态变化时,只要其初末状态给定,则不论所经历的过程有何不同,通过做功和热传递与外界交换的能量是确定的.这说明存在一个与过程无关,而只与系统初末状态有关的物理量,我们把这个物理量称为**热力学系统的内能**,用符号 E 表示.内能是系统状态参量的单值函数,系统的状态确定则内能确定.内能是系统内部所具有的能量,不包括系统整体定向运动的能量.内能的变化量 ΔE 也是由系统初末状态决定的,与所经历的过程无关,假设系统从一个状态出发经历一个热力学过程后又回到了初始状态,则内能变化量为 $\Delta E=0$.**对于理想气体,内能是系统温度的单值函数**,系统温度升高,内能增加,$\Delta E>0$;系统温度降低,内能减小,$\Delta E<0$;系统温度不变,内能不变,$\Delta E=0$.

做功和热传递对内能的改变是具有相同作用的,它们都是内能变化的量度.精密的实验指出:4.186 J 的功使系统内能的增加量恰好与 1 cal 的热量传递所增加的内能相同,即 1 cal=4.186 J.做功和热传递虽然是系统内能变化的量度,但不能与内能等同,内能是状态的单值函数,而做功和热传递仅在系统的状态发生变化时才有意义.

7-2 热力学第一定律 典型的热力学过程

一、热力学第一定律

我们来讨论系统状态变化过程中,功、热量和系统内能变化量之间的关系.

在一般情况下,当系统状态发生变化时,做功和热传递往往是同时存在的.假设有一系统,外界对它传递的热量为 Q,使系统内能由 E_1 变化到 E_2,同时系统对外界做的功为 A,那么用数学式表示上述过程,有

$$Q=E_2-E_1+A \tag{7-3}$$

上式即**热力学第一定律**的数学表达式,它表明:**系统吸收的热量,一部分用来增加系统的内能,一部分用来对外做功**.此定律适用于任何系统的任何过程.显然,热力学第一定律就是包括热现象在内的能量转化与守恒定律.式中 Q、E_2-E_1 和 A 三个量的单位必须一致,在国际单位制中都是J(焦耳).Q、E_2-E_1 和 A 三个量可以是正值,也可以是负值,一般规定:系统从外界吸收热量时,Q 为正值,向外界放出热量时,Q 为负值;系统对外界做功时,A 为正值,外界对系统做功时,A 为负值;系统内能增加时,E_2-E_1 为正值,系统内能减少时,E_2-E_1 为负值.

对微小的状态变化过程,热力学第一定律可写成

$$\mathrm{d}Q=\mathrm{d}E+\mathrm{d}A \tag{7-4}$$

由于内能是状态的单值函数,所以上式中的 $\mathrm{d}E$ 是指相差无限小的两个状态间的内能的微小增量,即微分,但是功和热量都是与过程有关的函数,因此 $\mathrm{d}A$ 和 $\mathrm{d}Q$ 都不是某一状态的函数,只是代表在无限小过程中的一个无限小量.

如果系统状态变化经历了一个准静态过程,则可将热力学第一定律写成

$$Q=E_2-E_1+\int_{V_1}^{V_2} p\mathrm{d}V \tag{7-5}$$

在热力学第一定律建立之前,历史上有人企图制造一种机器,它不需要任何燃料或动力,能够使系统经过变化后又回到原来状态,却能不断地对外做功,这种机器称为**第一类永动机**.人们制造这种机器经历了多次尝试终归失败.热力学第一定律明确指出,功必须由能量转化而来,不能无中生有,第一类永动机违反了热力学第一定律,是不可能造成的.所以热力学第一定律也可以表述为:**第一类永动机是不可能造成的**.

需要指出的是,热力学第一定律本质上是涉及热现象的能量转化与守恒定律,它是自然界中的一个普遍规律.热力学第一定律对各种形态的物质系统都适用,只要求初末状态为平衡态,而中间过程可以是准静态过程,也可以是非静态过程.在系统状态变化过程中,功与热之间的转化不可能是直接的,而是通过物质系统来完成的.向系统传递热量,使系统内能增加,再由系统内能减少来对外做功;或者外界对系统做功,使系统内能增加,再由内能减少,系统向外界传递热量.

二、热力学第一定律在理想气体等值准静态过程中的应用

语音录课:热力学第一定律在理想气体等值准静态过程中的应用

理想气体的等值过程是指,当气体的状态发生变化时,p、V、T 三个状态参量有一个保持不变的过程.

1. 等容过程 摩尔定容热容

等容过程的特征是气体的体积保持不变,即 $\mathrm{d}V=0$ 或 $V=$ 常量,过程方程为 $p/T=$ 常量.设有一气缸,活塞固定不动,有一系列温差微小的恒温热源依次地与气缸接触,使气缸中气体的温度逐渐上升,同时压强增大,但气体的体积保持不变.在 $p-V$ 图上,其过程曲线可表示为平行于 p 轴的一条直线,称为**等容线**,如图7-3所示.

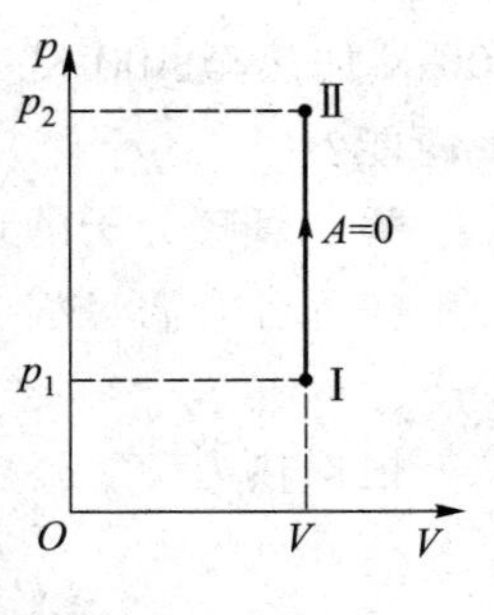

图 7-3 等容过程

在等容过程中,由于 $dV=0$,所以 $dA=0$ 或 $A=\int dA=\int_{V_1}^{V_2} p dV=0$,即系统对外不做功.根据热力学第一定律,对于微小变化过程,有 $dQ_V=dE$;对于有限变化过程,有 $Q_V=E_2-E_1$.即**在等容过程中,气体从外界所吸收的热量全部用来增加气体的内能,而系统没有对外做功**.

为了计算向气体传递的热量,我们下面来讨论理想气体的摩尔定容热容,设有 1 mol 理想气体在等容过程中吸热 $dQ_{V,m}$,气体的温度由 T 升高到 $T+dT$,则气体的摩尔定容热容为

$$C_{V,m}=\frac{dQ_{V,m}}{dT} \tag{7-6}$$

摩尔定容热容 $C_{V,m}$ 的单位是 J/(mol · K),上式可写成

$$dQ_{V,m}=C_{V,m}dT \tag{7-7}$$

也可写成

$$dE_m=C_{V,m}dT \tag{7-8}$$

由上式可以看出,对于给定摩尔定容热容 $C_{V,m}$ 的 1 mol 的理想气体,其内能的变化量只与温度的变化量有关,也就是说,理想气体内能的改变只与初末状态的温度变化有关,与所经历的过程无关.对于摩尔定容热容为 $C_{V,m}$、物质的量为 ν 的理想气体,其微小过程中的内能的改变量为

$$dE=\nu C_{V,m}dT \tag{7-9}$$

在等容过程中,对于摩尔定容热容为 $C_{V,m}$、物质的量为 ν 的理想气体,当它的温度由 T_1 变化到 T_2 时,它所吸收的热量为

$$Q_V=\nu C_{V,m}(T_2-T_1) \tag{7-10}$$

它的内能改变量为

$$\Delta E=E_2-E_1=\nu C_{V,m}(T_2-T_1) \tag{7-11}$$

已知理想气体的内能为

$$E=\nu\frac{i}{2}RT$$

则有

$$\Delta E=E_2-E_1=\nu\frac{i}{2}R(T_2-T_1)$$

把上式与式(7-11)相比较,可得

$$C_{V,m}=\frac{i}{2}R \tag{7-12}$$

上式表明,理想气体的摩尔定容热容 $C_{V,m}$ 是一个只与分子的自由度有关的量,对于单原子分子气体,$i=3$,$C_{V,m}\approx 12.5$ J/(mol · K);对于双原子分子气体,不考虑分子的振动,$i=5$,$C_{V,m}\approx 20.8$ J/(mol · K);对于多原子分子气体,不考虑分子的振动,$i=6$,$C_{V,m}\approx 24.9$ J/(mol · K).

例题 7-1

在体积保持不变的情况下,将 1 mol 氧气(可看成由刚性理想气体分子组成)从

300 K 加热至 400 K，在这个过程中气体对外做了多少功？吸收了多少热量？增加了多少内能？

解 氧气分子的自由度为 $i=5$，$C_{V,\mathrm{m}}=5R/2$.

在等容升温过程中，气体对外做的功：

$$A=0$$

根据热力学第一定律，吸收的热量全部转化为内能的增量：

$$Q=\Delta E=\nu C_{V,\mathrm{m}}(T_2-T_1)=\frac{5}{2}R(T_2-T_1)\approx 2.08\times10^3\ \mathrm{J}$$

2. 等压过程 摩尔定压热容

等压过程的特征是气体的压强保持不变，即 $\mathrm{d}p=0$ 或 $p=$常量，过程方程为 $V/T=$常量.设想一气缸连续地与一系列温差微小的恒温热源接触，热源的温度依次较前一个热源高，接触过程中活塞上所加外力保持不变，这样将有微小的热量传递给气体，使气体温度升高，气体对活塞的压强也随之较外界所施的压强增加一微小量，于是稍微推动活塞对外做功，体积随之膨胀，致使气体压强降低，从而保证气缸内外的压强保持不变.在 $p-V$ 图上，其过程曲线可表示为平行于 V 轴的一条直线，称为**等压线**，如图 7-4 所示.

在等压过程中，由于 $p=$常量，所以根据理想气体物态方程 $pV=\nu RT$，如果气体的体积由 V 增加到 $V+\mathrm{d}V$，温度由 T 增加到 $T+\mathrm{d}T$，则气体对外界所做的元功为

$$\mathrm{d}A=p\mathrm{d}V=\nu R\mathrm{d}T \tag{7-13}$$

根据热力学第一定律，系统吸收的热量为

$$\mathrm{d}Q_p=\mathrm{d}E+\mathrm{d}A=\mathrm{d}E+\nu R\mathrm{d}T \tag{7-14}$$

当气体体积从 V_1 等压膨胀到 V_2 时，系统对外界做的功为

$$A=\int_{V_1}^{V_2}p\mathrm{d}V=p(V_2-V_1) \tag{7-15}$$

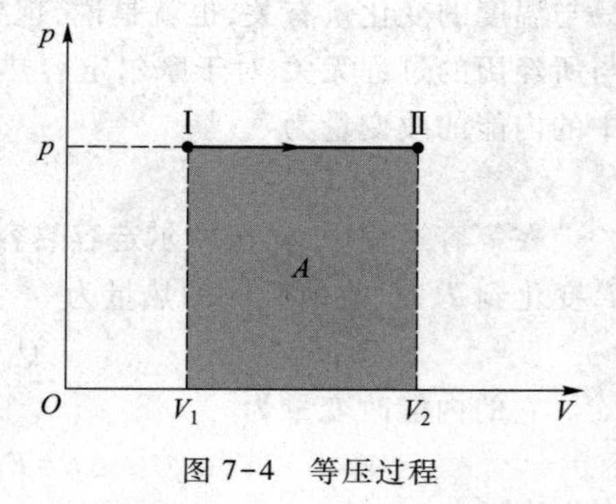

图 7-4 等压过程

上式还可以写成

$$A=\int_{T_1}^{T_2}\nu R\mathrm{d}T=\nu R(T_2-T_1) \tag{7-16}$$

在整个等压过程中，传递的热量为

$$Q_p=E_2-E_1+\nu R(T_2-T_1) \tag{7-17}$$

即**在等压过程中，气体从外界吸收的热量一部分用来增加气体的内能，一部分用来对外做功**.

为了计算向气体传递的热量，我们下面来讨论理想气体的摩尔定压热容，设有 1 mol 理想气体在等压过程中吸热 $\mathrm{d}Q_{p,\mathrm{m}}$，气体的温度由 T 升高到 $T+\mathrm{d}T$，则气体的摩尔定压热容为

$$C_{p,\mathrm{m}}=\frac{\mathrm{d}Q_{p,\mathrm{m}}}{\mathrm{d}T} \tag{7-18}$$

摩尔定压热容 $C_{p,\mathrm{m}}$的单位是 J/(mol · K),上式可写成

$$\mathrm{d}Q_{p,\mathrm{m}}=C_{p,\mathrm{m}}\mathrm{d}T \tag{7-19}$$

在等压过程中,对于摩尔定压热容为 $C_{p,\mathrm{m}}$ 、物质的量为 ν 的理想气体,当它的温度由 T_1变化到 T_2时,它所吸收的热量为

$$Q_p=\nu C_{p,\mathrm{m}}(T_2-T_1) \tag{7-20}$$

由式(7-11)和式(7-17)得

$$Q_p=\nu C_{V,\mathrm{m}}(T_2-T_1)+\nu R(T_2-T_1) \tag{7-21}$$

结合式(7-20)和式(7-21),可得

$$C_{p,\mathrm{m}}=C_{V,\mathrm{m}}+R \tag{7-22}$$

上式表明,理想气体的摩尔定压热容和摩尔定容热容之差为摩尔气体常量 R.此公式称为**迈耶公式**,它的物理含义是,在等压过程中,1 mol 理想气体的温度升高 1 K 时,要比其等容过程多吸收 8.31 J 的热量,以用于对外做功.由此也可以看出,**摩尔气体常量 R 等于 1 mol 理想气体在等压过程中温度升高 1 K 时对外所做的功**.因 $C_{V,\mathrm{m}}=\frac{i}{2}R$,所以

$$C_{p,\mathrm{m}}=\frac{i}{2}R+R=\frac{i+2}{2}R \tag{7-23}$$

在实际应用中,我们常常用到 $C_{p,\mathrm{m}}$与 $C_{V,\mathrm{m}}$的比值,用 γ 表示,称之为**(摩尔)热容比**,于是

$$\gamma=\frac{C_{p,\mathrm{m}}}{C_{V,\mathrm{m}}}=\frac{i+2}{i} \tag{7-24}$$

可以算出,对单原子分子理想气体,$\gamma=\frac{5}{3}$;对刚性双原子分子理想气体,$\gamma=\frac{7}{5}$;对刚性多原子分子理想气体,$\gamma=\frac{4}{3}$.它们均与气体分子的自由度有关,而与气体温度无关.

物体的热容体现了使物体温度发生变化的难易程度.热容大的物体温度升高 1 K,所需的热量多,这说明温度不易改变,因此**物体的热容是其热惯性大小的量度**.

例题 7-2

在压强保持不变的情况下,1 mol 氦气(可看成由刚性理想气体分子组成)从外界吸收 2 000 J 的热量,问:氦气的温度升高了多少?

解 氦气分子的自由度为 $i=3$,$C_{p,\mathrm{m}}=5R/2$.

氦气吸收的热量:

$$Q=\nu C_{p,\mathrm{m}}(T_2-T_1)=\frac{5}{2}R\Delta T$$

由上式得

$$\Delta T=\frac{Q}{2.5R}\approx 96.27\ \mathrm{K}$$

3. 等温过程

等温过程的特征是气体的温度保持不变,即 $\mathrm{d}T=0$ 或 $T=$常量,过程方程为 $pV=$常量.设想一个除底部外其他部分均不导热的气缸,将气缸底部与一恒温热源相接触,当活塞上的外界压强无限缓慢地降低时,缸内气体体积随之逐渐增大,气体对外做功.气体内能缓

慢减少,温度也随之微微降低,由于气体与恒温热源相接触,所以当气体温度比热源温度略低时,就有微小的热量传给气体,使气体的温度保持原值不变.在 $p-V$ 图上,其过程曲线为双曲线的一支,称为**等温线**,如图 7-5 所示.

在等温过程中,由于 $\mathrm{d}T=0$,理想气体的内能是温度的单值函数,故内能不变,$\mathrm{d}E=0$.根据热力学第一定律,对于微小变化过程,有 $\mathrm{d}Q_T=\mathrm{d}A_T$;对于有限变化过程,有 $Q_T=A_T$.即**在等温过程中,气体从外界吸收的热量全部用来对外做功,内能保持不变**.

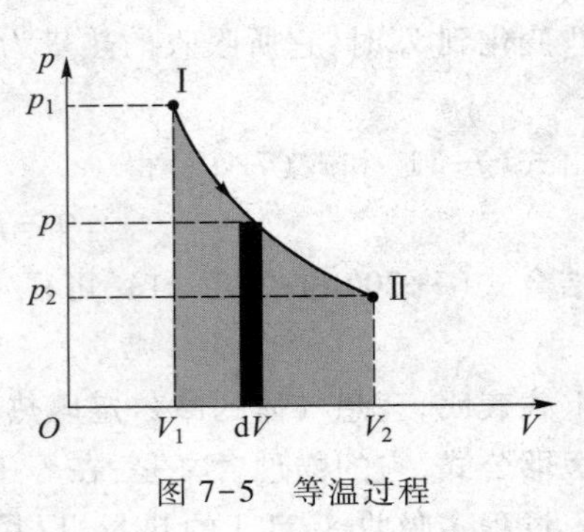

图 7-5　等温过程

由理想气体物态方程 $pV=\nu RT$,得

$$\mathrm{d}A_T=p\mathrm{d}V=\frac{\nu RT}{V}\mathrm{d}V \tag{7-25}$$

在等温过程中,$p_1V_1=p_2V_2$,理想气体体积从 V_1 膨胀到 V_2 时,系统对外界做的功为

$$A_T=\nu RT\int_{V_1}^{V_2}\frac{\mathrm{d}V}{V}=\nu RT\ln\frac{V_2}{V_1}=\nu RT\ln\frac{p_1}{p_2} \tag{7-26}$$

根据热力学第一定律,系统吸收的热量为

$$Q_T=A_T=\nu RT\ln\frac{V_2}{V_1}=\nu RT\ln\frac{p_1}{p_2} \tag{7-27}$$

例题 7-3

空气由压强为 $p_1=1.5\times10^5$ Pa,体积为 $V_1=4\times10^{-3}$ m^3,等温膨胀到压强为 $p_2=1.0\times10^5$ Pa,之后再等压压缩到原来体积,试计算空气在整个过程中所做的功.

解　空气在等温膨胀过程中所做的功为

$$A_T=\nu RT\ln\frac{p_1}{p_2}=p_1V_1\ln\frac{p_1}{p_2}$$

在等温过程中,$p_1V_1=p_2V_2$.空气在等压压缩过程中所做的功为

$$A_p=\int_{V_2}^{V_1}p_2\mathrm{d}V=p_2(V_1-V_2)=p_2V_1-p_1V_1$$

则空气在整个过程中所做的功为

$$A=A_T+A_p=p_1V_1\ln\frac{p_1}{p_2}+(p_2V_1-p_1V_1)$$
$$\approx 43.3\ \mathrm{J}$$

4. 绝热过程

在过程进行时,系统与外界没有热量交换,这样的过程称为**绝热过程**.绝热过程的特征是 $\mathrm{d}Q=0$ 或 $Q=0$.用绝热壁把系统与外界隔离开来可实现这种过程,但实际上没有理想的绝热壁,因此实际进行的都是近似绝热过程.例如,气体在用绝热材料包起来的容器中或者在保温瓶内进行的变化过程可以近似看成绝热过程.此外,如果过程进行得非常快,以至于系统来不及与外界交换热量,那么这样的过程也可以看成绝热过程.例如,气体迅

速自由膨胀,如图 7-6 所示,容器由两室组成,中间用隔板隔开,开始时气体全部在左室,突然打开隔板,左室气体将迅速膨胀并充满整个容器,由于过程进行得很快,所以气体没有与外界交换热量,这样的过程称为**气体绝热自由膨胀过程**.需要注意的是,这种绝热过程是非静态过程.

根据热力学第一定律,有

$$dQ = dE + dA = 0$$

或

$$dA = pdV = -dE \tag{7-28}$$

当气体从温度为 T_1 的初态绝热地变到温度为 T_2 的末态时,系统对外界做的功为

$$A = \int_{V_1}^{V_2} pdV = -\Delta E = -\nu C_{V,m}(T_2 - T_1) \tag{7-29}$$

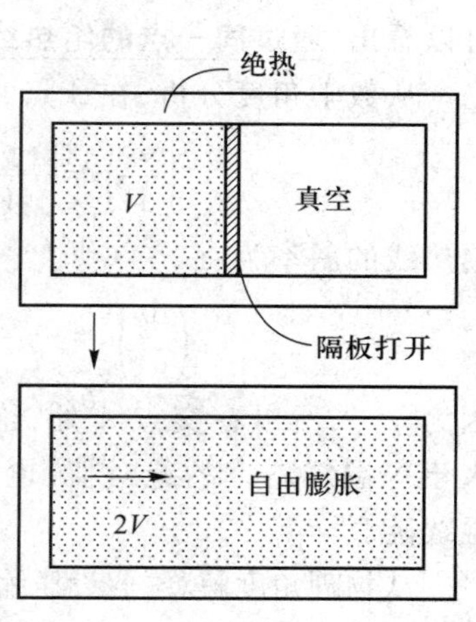

图 7-6　气体绝热自由膨胀过程

上式表明,系统所做的功全部来自内能的变化量,只要计算出系统内能的变化量就能计算出系统所做的功.在绝热过程中,描述理想气体的三个状态参量 p、V、T 都是在变化的,利用绝热过程特征、热力学第一定律和理想气体物态方程,可以证明,对于准静态绝热过程,在 p、V、T 三个状态参量中,每两者之间的相互关系式为

$$pV^{\gamma} = C_1 \tag{7-30a}$$

$$TV^{\gamma-1} = C_2 \tag{7-30b}$$

$$p^{\gamma-1}T^{-\gamma} = C_3 \tag{7-30c}$$

式子中 γ 为热容比,这些式子称为**理想气体的绝热过程方程**,简称绝热方程.式中 C_1、C_2、C_3 均为常量,与气体的质量和初始状态有关.

绝热过程方程的推导如下.

绝热过程特征为

$$dQ = 0,\quad pdV = -dE = -\nu C_{V,m}dT$$

对理想气体物态方程 $pV = \nu RT$ 两边微分,有

$$pdV + Vdp = \nu RdT$$

从以上两式中消去 dT,得

$$pdV + Vdp = \frac{-R}{C_{V,m}}pdV$$

整理得

$$Vdp = -\left(1 + \frac{R}{C_{V,m}}\right)pdV = -\frac{C_{p,m}}{C_{V,m}}pdV = -\gamma pdV$$

即

$$\frac{dp}{p} + \gamma\frac{dV}{V} = 0$$

积分后得

$$pV^{\gamma} = C_1$$

上式为绝热方程式(7-30a),将上式与理想气体物态方程结合依次消去 p 和 V,可得到式(7-30b)和式(7-30c).

绝热过程曲线可在 $p-V$ 图上利用绝热方程 $pV^{\gamma}=C_1$ 画出,如图 7-7 实线所示,该曲线称为绝热线.图中还画出了同一气体的等温线,用虚线表示,A 点是两线的交点,从该图中可以看出,**通过同一点的绝热线比等温线陡**.

从数学角度分析,在 A 点,等温线的斜率为

$$\left(\frac{\mathrm{d}p}{\mathrm{d}V}\right)_T=-\frac{p}{V}$$

绝热线的斜率为

$$\left(\frac{\mathrm{d}p}{\mathrm{d}V}\right)_Q=-\gamma\frac{p}{V}$$

因为 $\gamma>1$,所以在交点 A 处,绝热线斜率的绝对值大于等温线斜率的绝对值,也就是说,绝热线比等温线陡.

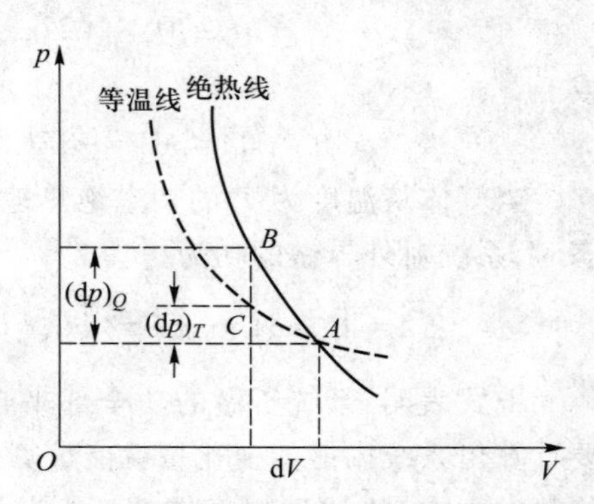

图 7-7 等温线与绝热线

从物理角度解释,假设压缩气体使气体从交点 A 开始体积减小 $\mathrm{d}V$,绝热过程到达 B 点,等温过程到达 C 点.无论过程是绝热还是等温,其压强 p 都要增加,而引起压强增加的因素在两个过程中是不同的:当气体作绝热压缩时,引起压强增加的因素是体积的减小和温度的增加;当气体作等温压缩时,引起压强增加的因素只有体积的减小.因此气体作绝热压缩时引起的压强增加比气体作等温压缩时多一些,即图 7-7 中$(\mathrm{d}p)_Q>(\mathrm{d}p)_T$,因此绝热线比等温线陡.

例题 7-4

理想气体由初状态(p_1,V_1)绝热膨胀至末状态(p_2,V_2),试证明在此过程中气体所做的功为

$$A=\frac{p_2V_2-p_1V_1}{1-\gamma}$$

证明 由绝热过程方程,有

$$pV^{\gamma}=p_1V_1^{\gamma}=p_2V_2^{\gamma}=C_1$$

气体在由初状态(p_1,V_1)绝热膨胀至末状态(p_2,V_2)的过程中,所做的功为

$$A=\int_{V_1}^{V_2}p\mathrm{d}V=\int_{V_1}^{V_2}C_1\frac{\mathrm{d}V}{V^{\gamma}}=C_1\frac{V_2^{1-\gamma}-V_1^{1-\gamma}}{1-\gamma}=\left(\frac{C_1V_2}{V_2^{\gamma}}-\frac{C_1V_1}{V_1^{\gamma}}\right)\frac{1}{1-\gamma}=\frac{p_2V_2-p_1V_1}{1-\gamma}$$

为了便于理解和比较,表 7-1 列出了热力学第一定律在理想气体各等值准静态过程中应用的一些重要公式.

表 7-1 理想气体热力学过程的重要公式

过程	特征	过程方程	吸收的热量 Q	对外做的功 A	内能增量 ΔE
等容	$\mathrm{d}V=0$	$p/T=$常量	$\nu C_{V,\mathrm{m}}(T_2-T_1)$	0	$\nu C_{V,\mathrm{m}}(T_2-T_1)$
等压	$\mathrm{d}p=0$	$V/T=$常量	$\nu C_{p,\mathrm{m}}(T_2-T_1)$	$p(V_2-V_1)$或$\nu R(T_2-T_1)$	$\nu C_{V,\mathrm{m}}(T_2-T_1)$

续表

过程	特征	过程方程	吸收的热量 Q	对外做的功 A	内能增量 ΔE
等温	$\mathrm{d}T=0$	$pV=$常量	$\nu RT\ln\frac{V_2}{V_1}$或$\nu RT\ln\frac{p_1}{p_2}$	$\nu RT\ln\frac{V_2}{V_1}$或$\nu RT\ln\frac{p_1}{p_2}$	0
绝热	$\mathrm{d}Q=0$	$pV^{\gamma}=C_1$ $TV^{\gamma-1}=C_2$ $p^{\gamma-1}T^{-\gamma}=C_3$	0	$-\nu C_{V,\mathrm{m}}(T_2-T_1)$	$\nu C_{V,\mathrm{m}}(T_2-T_1)$

***5. 多方过程**

以上所述的等容、等压、等温及绝热过程,都是理想过程,实际上理想气体所进行的过程与这四个理想过程都有所不同.我们设想把绝热过程方程 $pV^{\gamma}=C$ 推广为下面这样一个方程,即

$$pV^{n}=C \tag{7-31}$$

其中,n 等于任意实数,这个方程称为**理想气体多方过程方程**,n 称为**多方指数**.由多方过程方程可以看出,当多方指数 n 分别取以下数值时,会对应上述四种过程:等压过程 $n=0$;等温过程 $n=1$;绝热过程 $n=\gamma$;如把式(7-31)写成 $p^{\frac{1}{n}}V=C'$,则当 $n=\infty$ 时,是等容过程.因此前面讨论的四种过程都是多方过程的特殊情况.

7-3 循环过程 卡诺循环

一、循环过程

人们在生产实践中需要持续不断地把热转化为功,但依靠一个单独的变化过程不可能达到这个目的.例如,气缸中气体作等温膨胀时,它从热源吸收热量对外做功,尽管它所吸收的热量全部用来对外做功,但是,由于气缸长度是有限的,所以气体的膨胀过程不可能无限制地进行下去.因此依靠气体等温膨胀所做的功是有限的.为了持续不断地把热转化为功,就需要利用循环过程.

若系统经历一系列的状态变化过程后又回到初始的状态,则这整个变化过程称为**循环过程**.循环过程包含的每个过程称为**分过程**,系统中参与循环的物质称为**工作物质**,简称工质.如果循环过程中的一系列分过程都是准静态过程,则在 $p-V$ 图上,可以用一条闭合曲线来表示循环过程,如图 7-8 中的 $abcda$ 就表示一个循环过程.循环过程的进行方向有两种,按顺时针方向进行的过程叫**正循环**,按逆时针方向进行的过程叫**逆循环**.由于系统的内能是状态的单值函数,所以系统经历一个循环后又回到初始状态时,**内能没有改变**,即 $\Delta E=0$,这是循环过程的重要特征.

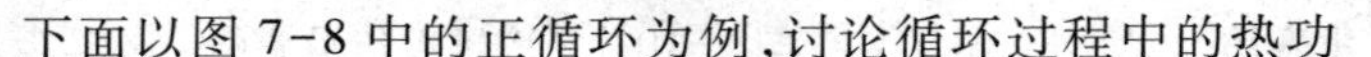

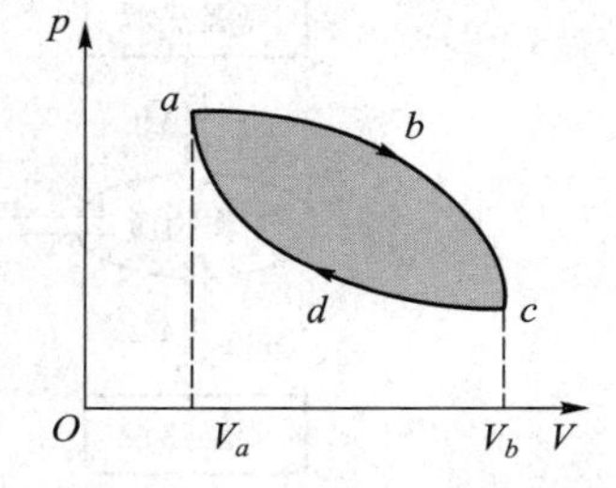

图 7-8 循环过程示意图

下面以图 7-8 中的正循环为例,讨论循环过程中的热功

转化关系.该图中所示循环可以看成由两个准静态过程组成,一个是 abc 过程,一个是 cda 过程.从做功来看,在 abc 过程中,气体膨胀对外做的功为 A_1,在数值上等于曲线 abc 与 V 轴包围的面积,气体做正功;在 cda 过程中,气体被压缩,外界对气体做的功为 A_2,在数值上等于曲线 cda 与 V 轴包围的面积,气体做负功.在 $abcda$ 一次循环中,气体所做的净功 A 在数值上等于闭合曲线 $abcda$ 所包围的面积,即 $A=A_1-A_2$.从热传递来看,abc 过程是膨胀,吸收的热量为 Q_1,cda 过程是压缩,放出的热量为 Q_2,一次循环中,气体所吸收的净热量为 $Q=Q_1-Q_2$,根据热力学第一定律,由于 $\Delta E=0$,所以

$$Q=Q_1-Q_2=A \tag{7-32}$$

上式表明,**在一次循环中,工作物质吸收的净热量等于它对外界做的净功**.

演示实验:热机和制冷机

二、热机和制冷机

工作物质作正循环的机器称为**热机**,如蒸汽机、内燃机、汽轮机等,它们是把热量持续不断地转化为功的机器.工作物质作逆循环的机器称为**制冷机**,如热泵、冰箱等,它们是利用外界做功使热量持续不断地由低温处流入高温处,从而获得低温的机器.

图 7-9 是热机工作示意图,热机由工作物质、高温热源和低温热源组成.工作物质从高温热源吸收热量 Q_1,向低温热源放出热量 Q_2,对外做的功为 A.工作物质从高温热源吸收的热量中,转化成对外界所做的功的比例,称为**热机的效率**,定义式为

$$\eta=\frac{A}{Q_1}=\frac{Q_1-Q_2}{Q_1}=1-\frac{Q_2}{Q_1} \tag{7-33}$$

式中 Q_1为工作物质从高温热源吸收热量的总和,Q_2为工作物质向低温热源放出热量总和的绝对值.

图 7-10 是制冷机工作示意图,制冷机也是由工作物质、高温热源和低温热源组成的.制冷机利用热力学系统的逆循环,通过外界对系统做的功 A(取绝对值),系统从低温热源吸收热量 Q_2,之后把吸收的热量放给高温热源,放出的热量为 Q_1,使得低温热源的温度越来越低,达到制冷的目的.其制冷能力用 Q_2和 A 的比值来衡量,即**制冷系数**,定义式为

$$\omega=\frac{Q_2}{A}=\frac{Q_2}{Q_1-Q_2} \tag{7-34}$$

式中 Q_2为工作物质从低温热源吸收热量的总和,Q_1为向高温热源放出热量总和的绝对值,在外界消耗的功相同的条件下,制冷系数越大,从低温热源中取出的热量就越多,制冷效果就越好.

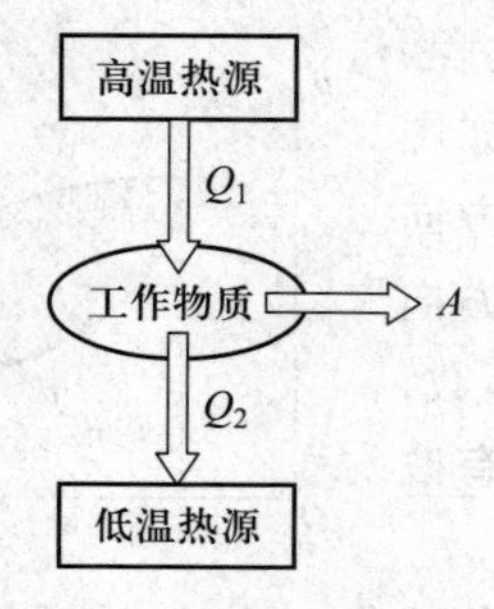

图 7-9 热机工作示意图

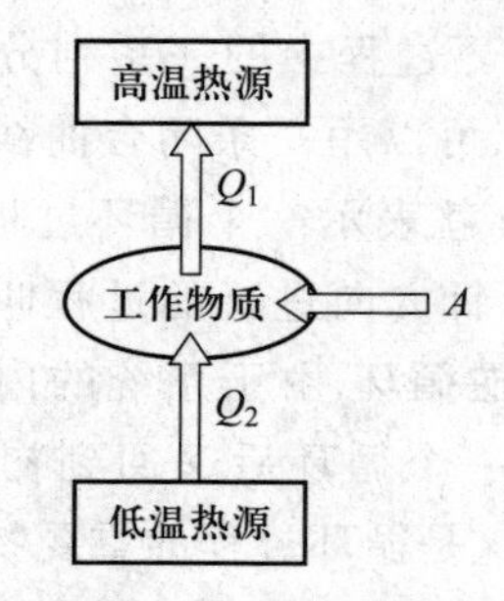

图 7-10 制冷机工作示意图

语音录课：
卡诺循环

三、卡诺循环

19世纪初，蒸汽机在工业中的应用越来越广泛，但当时蒸汽机的效率很低，只有3%~5%.因此，如何提高热机的效率成为当时人们研究的重要问题.为了提高热机效率，法国青年工程师卡诺在1824年提出了一种理想的循环，我们称之为**卡诺循环**.卡诺热机效率在理论上达到了极大值.卡诺循环的提出为热力学第二定律的确立起了奠基性的作用.

卡诺循环是在两个恒温热源之间工作的循环过程，在温度为 T_1 的高温热源处吸热，在温度为 T_2 的低温热源处放热，而且整个循环过程均是由准静态过程组成的.工作物质只与高温热源和低温热源交换热量.由于过程是准静态的，所以与两个恒温热源交换热量的过程必定是等温过程.过程中内能不变，热功转化效率最高.又因为只与两个热源交换热量，所以工作物质由高温热源温度 T_1 变到低温热源温度 T_2（或者相反），这个过程只能是绝热过程.因此**卡诺循环是由两个准静态的等温过程和两个准静态的绝热过程组成的**，如图7-11所示的是**卡诺正循环**.

作卡诺正循环的热机称为**卡诺热机**.卡诺热机的工质可以是气体、液体或固体.下面我们分析以理想气体为工质的卡诺正循环，由图7-11可知，高温热源温度为 T_1，低温热源温度为 T_2，则卡诺热机以状态 A 为起点，沿闭合曲线 $ABCDA$ 所作循环过程的效率可以计算如下.

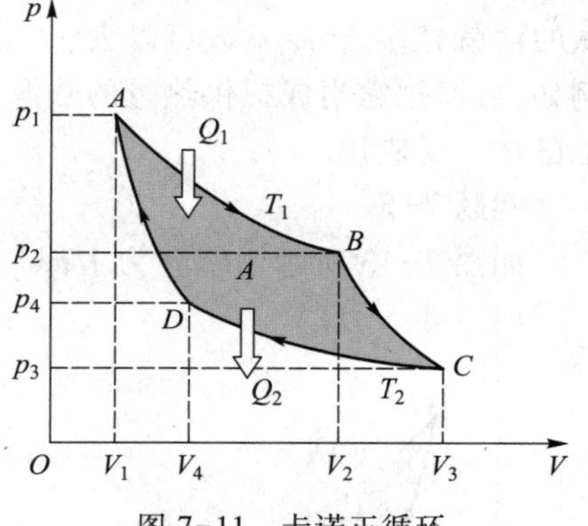

图7-11 卡诺正循环

在等温膨胀过程 AB 中，气体从高温热源 T_1 处吸收的热量为

$$Q_1=\nu RT_1\ln\frac{V_2}{V_1} \tag{7-35}$$

在等温压缩过程 CD 中，气体向低温热源 T_2 放出的热量（取绝对值）为

$$Q_2=\nu RT_2\ln\frac{V_3}{V_4} \tag{7-36}$$

由热机效率定义式，有

$$\eta=1-\frac{Q_2}{Q_1}=1-\frac{T_2}{T_1}\frac{\ln\dfrac{V_3}{V_4}}{\ln\dfrac{V_2}{V_1}} \tag{7-37}$$

对于绝热膨胀过程 BC 和绝热压缩过程 DA，分别应用绝热方程，有

$$T_1V_2^{\gamma-1}=T_2V_3^{\gamma-1}$$
$$T_1V_1^{\gamma-1}=T_2V_4^{\gamma-1}$$

两式相除，得

$$\frac{V_2}{V_1}=\frac{V_3}{V_4}$$

将上式代入式(7-37)，可得卡诺热机的效率：

$$\eta_C=1-\frac{T_2}{T_1}=\frac{T_1-T_2}{T_1} \tag{7-38}$$

由上式可知，完成一次卡诺循环需要有高温和低温两个热源，且卡诺循环的效率只与这两个热源的温度有关.高温热源的温度越高，低温热源的温度越低，卡诺循环的效率就越大.也就是说，两热源的温差越大，效率就越大，即从高温热源所吸收的热量的利用率越大.由于 T_2的温度不能达到 0 K（热力学第三定律），所以卡诺循环的效率总是小于 1 的.另外，卡诺循环中的一些理想因素，如理想气体、准静态过程、恒温热源等在实际循环中都不存在或无法实现，因此实际循环过程的效率一定低于卡诺循环的效率.

沿着卡诺正循环相反的方向，按闭合曲线 $ADCBA$ 逆时针进行的循环过程，称为**卡诺逆循环**，如图 7-12 所示，作卡诺逆循环的制冷机称为**卡诺制冷机**.图中 BA 和 DC 是等温线，AD 和 CB 是绝热线，假设工质仍为理想气体.在循环过程中，工质接收外界对气体所做的功 A（取绝对值），之后从低温热源 T_2吸收热量 Q_2，向高温热源 T_1放出热量 Q_1（取绝对值）.低温热源是被降温的物体，工质从低温热源吸热，使低温热源的温度降低，从而达到制冷的目的.

同理，卡诺逆循环的制冷系数为

$$\omega_C = \frac{T_2}{T_1 - T_2} \tag{7-39}$$

由上式可知，与卡诺热机效率不同，高温热源的温度越高，低温热源的温度越低，那么卡诺制冷机的制冷系数就越小，也就是说，从温度越低的冷源中吸取相同的热量，需外界做的功就越多.制冷系数可以大于 1.此外，制冷机向高温热源放出的热量是可以利用的，例如，可以把它当成提供热量的热源使用，这就是所谓的热泵，热泵在实际生活和工程中也已被广泛应用.

例题 7-5

如图 7-13 所示，$abcda$ 为 1 mol 单原子分子理想气体的循环过程.

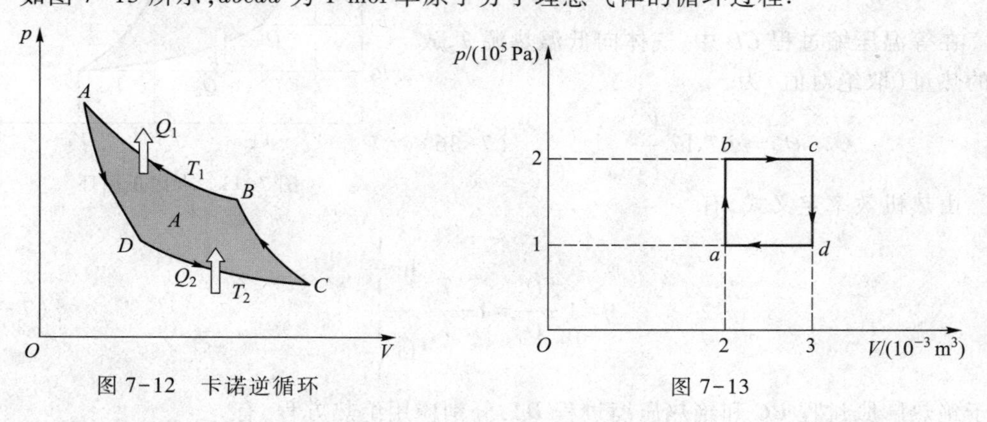

图 7-12 卡诺逆循环　　图 7-13

（1）求气体循环一次，在吸热过程中从外界吸收的热量；

（2）气体循环一次对外做的净功；

（3）证明在 a、b、c、d 四态，有 $T_aT_c = T_bT_d$.

解 （1）过程 ab 与 bc 为吸热过程，吸收热量的总和为

$$Q_1 = C_{V,m}(T_b - T_a) + C_{p,m}(T_c - T_b) =$$

$$\frac{3}{2}(p_bV_b - p_aV_a) + \frac{5}{2}(p_cV_c - p_bV_b) = 800\ \text{J}$$

（2）一次循环过程中气体对外所做的净功为

$$A=p_b(V_c-V_b)-p_d(V_d-V_a)=100\ \text{J}$$

（3）根据理想气体物态方程，有

$$T_a=p_aV_a/R,T_c=p_cV_c/R,T_b=p_bV_b/R,T_d=p_dV_d/R$$

$$T_aT_c=(p_aV_ap_cV_c)/R^2=(1.2\times10^5)/R^2$$

$$T_bT_d=(p_bV_bp_dV_d)/R^2=(1.2\times10^5)/R^2$$

故

$$T_aT_c=T_bT_d$$

本题采用SI单位.

例题 7-6

若夏季室外的温度为35 ℃，开启空调使室内温度保持在20 ℃，如果每天有2.0×10^8 J的热量通过热传递等方式从室外流入室内，那么空调一天的耗电量是多少？（设该空调的制冷系数是同条件下卡诺制冷机制冷系数的50%.）

解　高温热源的温度为

$$T_1=(273+35)\ \text{K}=308\ \text{K}$$

低温热源的温度为

$$T_2=(273+20)\ \text{K}=293\ \text{K}$$

空调的制冷系数为

$$\omega=\frac{T_2}{T_1-T_2}\times50\%\approx9.77$$

空调从室内（低温热源）吸收的热量为Q_2，向室外（高温热源）放出的热量为Q_1，若Q为从室外流入室内的热量，则在室内温度恒定时，有$Q_2=Q$，由$\omega=\frac{Q_2}{A}=\frac{Q_2}{Q_1-Q_2}$，得空调一天的耗电量为

$$A=Q_1-Q_2=\frac{Q_2}{\omega}=\frac{Q}{\omega}\approx2.05\times10^7\ \text{J}\approx5.7\ \text{kW}\cdot\text{h}$$

$$(1\ \text{kW}\cdot\text{h}=3.6\times10^6\ \text{J})$$

7-4　热力学第二定律

自然界中的热力学过程的进行都是有方向的，例如以下的几个例子.

（1）热功转化：在焦耳实验中，重物下降带动轮桨克服水的摩擦力做功，此功转化为热使水的温度升高，这就是摩擦生热过程.相反的过程即水自动冷却而把重物再提起来，但是这个过程无法自动实现.

（2）热传导：两个不同温度的物体热接触时，热量总是从高温物体传递给低温物体，这就是热传导过程.相反的过程即热量自动地从低温物体传递给高温物体，但是这个过程也无法自动实现.

（3）扩散：一瓶香水，打开盖后，分子由于热运动要跑到外边，附近的人可以闻到香水的气味，这就是分子的扩散过程.相反的过程即香水分子自动地再回到瓶中，这是无法自动实现的.

（4）自由膨胀：有一容器被隔板分为A、B两部分，开始时A部分有气体，B部分为真空，当抽掉隔板后气体就充满了整个容器，这就是自由膨胀过程.相反的过程即气体自动收缩再回到A中，这也是无法自动实现的.

以上的例子说明自然界中发生的过程总是自动地向一个方向进行的.热力学第二定律正是反映了自然界中热力学过程的方向性问题，它不同于热力学第一定律.热力学第一定律指出热力学过程中能量是守恒的，满足能量守恒是过程发生的必要条件，但并不能说明过程进行的方向.但是，人们在研究热机工作原理时发现，满足能量守恒的热力学过程不一定都能够进行，实际的热力学过程都只能按一定的方向进行.热力学第二定律是独立于热力学第一定律的另一条基本定律，是物理学中唯一一个关于自然过程进行方向性的规律，是实践经验的总结.

语音录课：热力学第二定律的两种表述

一、热力学第二定律的两种表述

1. 开尔文表述

在实践中人们意识到，违背能量守恒定律的第一类永动机是不可能制成的，那么能否制造出不违背热力学第一定律、效率 $\eta=100\%$ 的热机呢？从热机循环效率公式 $\eta=1-\frac{Q_2}{Q_1}$ 可以看出，向低温热源放出的热量 Q_2 越少，效率就越大，当 $Q_2=0$ 时，其效率就可以达到100%，这个时候就不需要低温热源了，只存在一个单一温度的热源.也就是说，如果在一个循环中，只从单一热源吸热使之全部变为功，循环的效率就可以达到100%，这个结论不违反能量守恒定律，因此引起了人们的极大关注.

经过人们的长期实践，大量事实说明，效率达到100%的热机是无法实现的.在这个基础上，1851年，英国物理学家开尔文得出一个重要规律：不可能从单一热源吸收热量使之全部转化为功而不产生其他影响.这就是**热力学第二定律的开尔文表述**.在开尔文表述中，“单一热源”是指温度均匀且恒定不变的热源，如果热源不是单一的，热源中一部分温度与另一部分温度不同，则相当于有两个热源；“其他影响”是指除了由单一热源吸热，把吸收的热全部用来对外做功以外的任何其他变化，如果可以产生其他影响，那么由单一热源吸收的热全部转化为功是可能的.例如，在理想气体的等温膨胀过程中，虽然理想气体从单一热源吸收的热量完全转化为有用功，但却产生了其他影响，即理想气体的体积膨胀了，同时气体没有回到初始状态.

从单一热源吸收热量并使之全部转化为功的热机称为**第二类永动机**，这种机器并不违反能量转化与守恒定律，但违反了热力学第二定律，因此热力学第二定律也可表述为**第二类永动机是不可能实现的**.开尔文表述指明了热机效率不能达到100%.

2. 克劳修斯表述

开尔文表述从正循环的热机效率极限问题出发，总结出热力学第二定律.对应地，还可以从逆循环的制冷系数极限问题出发，导出热力学第二定律的另一种表述.由制冷系数 $\omega=\frac{Q_2}{A}$ 可以看出，如果 Q_2 一定，那么外界对系统做的功越少，制冷系数就越高.当 $A\to 0$ 时，$\omega\to\infty$，即外界不对系统做功时，热量可以从低温热源传到高温热源，这样的制冷过程能否实现呢？1850年，德国物理学家克劳修斯在研究热传导现象时发现，工质要想从低温热源吸热,外界必须做功,这样才能将吸收的热量传递到高温热源.在总结前人大量观察和实验的基础上,克劳修斯提出:热量不可能自动地由低温物体传向高温物体.这就是**热力学第二定律的克劳修斯表述**.在克劳修斯表述中,“自动”的意思是,不需要消耗外界能量,热量就可以从低温物体传向高温物体,但这是不可能的.如果通过外界做功,那么热量是可以从低温物体传向高温物体的,例如制冷机的制冷过程.

热力学第二定律的两种表述分别从热功转化和热传导角度分析了热力学过程进行的方向性问题,表面上看起来是各自独立的,其内在实质是一样的,二者是等价的.可以证明,如果开尔文表述成立,则克劳修斯表述也成立;反之,如果克劳修斯表述成立,则开尔文表述也成立.另外,只要能够说明过程进行的方向性问题,热力学第二定律可以有多种不同的表述.

热力学第一定律说明了在任何过程中能量必须是守恒的;热力学第二定律却说明,并非所有能量守恒过程都能自发地进行,它指出过程是有方向性的,某些方向的过程可以自发进行,而另一些方向的过程则不能自发进行.热力学第二定律原则上可以用来判断任何过程进行的方向,但这种分析推理并不都是简单的,据此,热力学第二定律引入了熵的概念,提供了对过程进行方向的定量判断方法,下一节会讲到熵的概念.

二、可逆过程与不可逆过程

热力学第二定律指明了热力学过程进行的方向性问题,如果我们把功转化为热作为正过程,那么热转化为功就是逆过程.系统可以从一个状态自动地进行到另一个状态,但其逆过程不一定能够自动地进行.按逆过程的特点,可把热力学过程分为可逆过程和不可逆过程.在系统状态变化过程中,如果逆过程能重复正过程的每一状态,而且不引起其他变化,那么这样的过程称为**可逆过程**;反之,如果在不引起其他变化的条件下,不能使逆过程重复正过程的每一状态,或者即使能重复但必然会引起其他变化,那么这样的过程称为**不可逆过程**.

之前涉及的例子,热功转化、热传导、扩散、自由膨胀等,都是不可逆过程,其反方向的过程虽然不违背热力学第一定律,但却不可能自动发生.大量的事实表明,**一切与热现象有关的自然过程都是有方向性的,都是不可逆的**.

可逆过程是一个理想的概念,只有在过程进行得无限缓慢,摩擦、耗散等因素的影响可以忽略时才能将过程看成可逆的,如无摩擦的准静态过程可以看成可逆过程.可逆过程是在一定条件下对实际过程的一种理想化的近似,是为了方便研究问题而引入的.实际中遇到的一切过程都是不可逆过程,或者说只能或多或少地接近可逆过程.

三、卡诺定理

卡诺循环中每一个过程都是无摩擦的准静态过程,是可逆过程,因此卡诺循环是理想的可逆循环.作可逆循环的热机或制冷机分别称为**可逆热机**或**可逆制冷机**.

卡诺从理论上证明了工作在温度为 T_1 和温度为 T_2 的两个热源之间的热机,满足以下两条结论,即**卡诺定理**:

(1) 在相同的高温热源和低温热源之间工作的任意工质的可逆机,都具有相同的效率.

(2) 在相同的高温热源和低温热源之间工作的一切不可逆机的效率都小于可逆机的

效率.

按照卡诺定理,热机(可逆热机和不可逆热机)的效率不可能大于可逆卡诺热机的效率,即

$$\eta=1-\frac{Q_2}{Q_1}\leqslant 1-\frac{T_2}{T_1} \tag{7-40}$$

在上式的小于等于号中,等号对应可逆热机,小于号对应不可逆热机.卡诺定理从理论上指出了提高热机效率的途径:可以通过减少摩擦、散热、漏气等损耗,使实际的不可逆机尽量接近可逆机;尽可能提高高温热源的温度,降低低温热源的温度,增大两个热源的温度差,使得从高温热源吸收的热量的可利用价值增大.在一般情况下,低温热源就是环境,要想获得比环境温度更低的温度,就必须使用制冷机,而制冷机需要消耗外界的功,因此通过降低低温热源的温度来提高热机效率是不经济的.因此在实用上人们总是从提高高温热源的温度的角度去考虑提高热机的效率.

7-5　熵　热力学第二定律的统计意义　熵增加原理

一、熵

热力学第二定律指出,自然界中发生的热力学过程都是有方向性的,都是不可逆的.例如,热量总是从高温物体向低温物体传递,直至两个物体的温度相等为止;气体总是从密度大的地方向密度小的地方扩散,直至密度均匀为止;电流总是从电势高的地方向电势低的地方流动,直至电势相等为止.这些过程都是自动进行的,是自发过程.显然,一切自发过程都具有一定的方向性,人们至今没有发现哪一个自发过程可以自动恢复原状,因此自发过程都是不可逆过程.而判断以上不可逆过程进行的方向和限度的标准分别是温度、密度和电势等.这样,对于不同的过程就得有一个不同的标准来判断.那么,能否找到一个共同的标准来判断一切不可逆过程进行的方向和限度呢?

自发过程的初态和末态之间有着差异,而这种差异决定了过程进行的方向,由此可以想到,可以寻找一个与状态有关的态函数,用这个态函数来反映初末两个状态的差异,用它来对过程进行的方向和限度作出判断,这样就能把判断不可逆过程方向的标准统一起来,我们把这个态函数称为**熵**.

熵是系统的态函数,当系统从初态变化到末态时,不论经历什么过程,也不论这些过程是可逆的还是不可逆的,熵的改变量总是一定的,它只取决于初末两个状态.

克劳修斯从宏观角度出发,根据卡诺定理导出了熵与宏观状态参量之间的关系,即熵的计算公式,我们称之为**克劳修斯熵公式**.根据卡诺定理,可逆卡诺热机的效率是

$$\eta=1-\frac{|Q_2|}{Q_1}=1-\frac{T_2}{T_1}$$

即

$$\frac{Q_1}{T_1}=\frac{|Q_2|}{T_2}$$

在上式中,Q_1是工质从高温热源吸收的热量,Q_2是工质向低温热源放出的热量,考虑放出热量取负值,于是上式可写为

$$\frac{Q_1}{T_1}+\frac{Q_2}{T_2}=0$$

上式表明,在可逆卡诺循环中,工质在等温过程中吸收或放出的热量与各自热源温度的比值之和为零,即热温比$\frac{Q}{T}$的总和为零.可以把这个结论推广到任意可逆循环过程,任意可逆循环可视为由许多微小的可逆卡诺循环所组成,两个相邻循环的重合部分的绝热过程方向相反,效果完全抵消.显然,所取的卡诺循环数目越多就越接近实际的循环过程,如图 7-14所示.

对于一个微小可逆卡诺循环,有

$$\frac{\Delta Q_i}{T_i}+\frac{\Delta Q_{i+1}}{T_{i+1}}=0$$

对所有微小可逆卡诺循环的热温比求和,得

$$\sum_i \frac{\Delta Q_i}{T_i}=0$$

在极限情况下,可逆卡诺循环的数目趋于无穷大,因而对热温比的求和变为积分,则对于任意的可逆循环,有

$$\oint\frac{\mathrm{d}Q}{T}=0 \tag{7-41}$$

上式中 dQ 表示工质在无限小的过程中吸收的微小热量,$\oint$ 表示积分沿整个闭合过程进行.我们把上式用于图 7-15 中的可逆循环 $1a2b1$,可得出熵的定义及熵是态函数的结论.

如图 7-15 所示,在可逆循环 $1a2b1$ 中,1、2 两点对应两个平衡态,由式(7-41)得

$$\oint\frac{\mathrm{d}Q}{T}=\int_{1a2}\frac{\mathrm{d}Q}{T}+\int_{2b1}\frac{\mathrm{d}Q}{T}=0$$

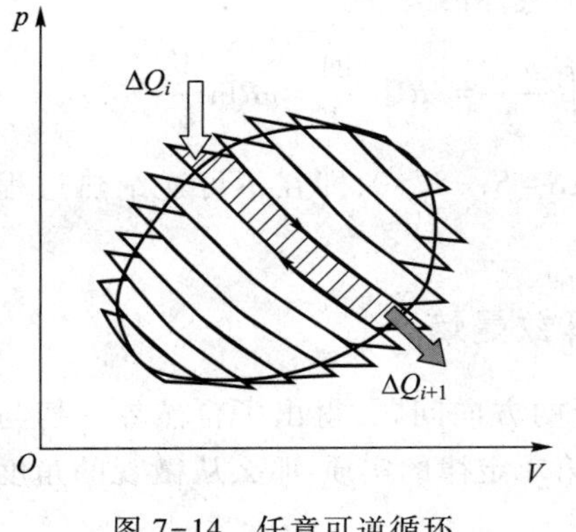

图 7-14 任意可逆循环

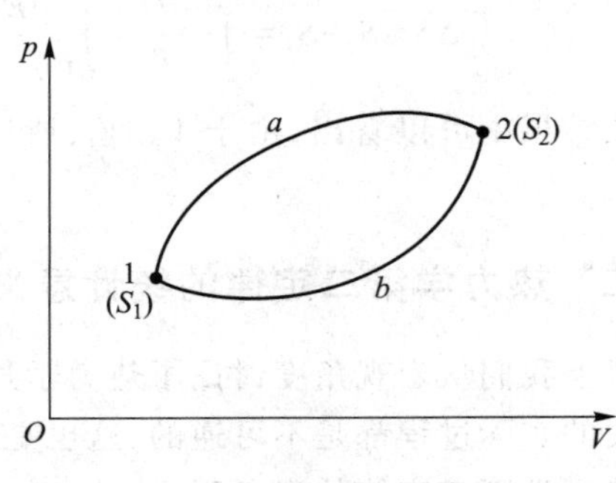

图 7-15 可逆循环——熵的引入

即

$$\int_{1a2}\frac{dQ}{T}=-\int_{2b1}\frac{dQ}{T}=\int_{1b2}\frac{dQ}{T}$$

上式表明,系统从状态1到状态2,积分路径沿可逆过程 a 或 b 是任意的,即积分 $\int_1^2\frac{dQ}{T}$ 的值与路径无关,只与初态1和末态2有关.因此,系统存在一个与状态有关的态函数,我们把这个态函数称为**熵**,用符号 S 表示.若以 S_1 和 S_2 分别表示状态1和状态2的熵,那么系统沿可逆过程从状态1到状态2熵的增量或熵变为

$$\Delta S=S_2-S_1=\int_1^2\frac{dQ}{T} \tag{7-42}$$

上式称为**克劳修斯熵公式**,虽然是对可逆过程表示的,但由于熵是状态的函数,所以初末两个状态之间的熵变与过程无关.如果系统经历的是不可逆过程,那么在计算两个状态之间的熵变时,只需在两个状态之间构造一个可逆过程,之后再通过上式计算熵变即可.熵的单位是J/K.对于一个无限小的可逆过程,其熵变可以写成微分形式,即

$$dS=\frac{dQ}{T} \tag{7-43}$$

将上式变形为

$$TdS=dQ$$

再代入热力学第一定律表达式,有

$$TdS=dE+pdV \tag{7-44}$$

上式是同时应用热力学第一定律和热力学第二定律得到的热力学微分方程式,仅适用于可逆过程.

例题 7-7

物质的量为 ν 的理想气体作自由绝热膨胀,体积由 V_1 变到 V_2,求其熵变.

解 在理想气体自由绝热膨胀过程中,气体和外界没有能量交换,也不对外做功,所以其内能保持不变,即自由膨胀后温度保持不变,设为 T.

此过程为不可逆过程,计算熵变时需要寻找一个连接初末态的可逆过程.根据以上分析可以设计一个可逆等温膨胀过程,在这一过程中气体的熵变为

$$\Delta S=S_2-S_1=\int_1^2\frac{dQ}{T}=\int_1^2\frac{dE+pdV}{T}=\int_1^2\frac{pdV}{T}=\nu R\int_1^2\frac{dV}{V}=\nu R\ln\frac{V_2}{V_1}$$

从结果中可以看出,由于 $V_2>V_1$,所以熵变 $\Delta S=S_2-S_1>0$,即在不可逆绝热过程中熵增加.

二、热力学第二定律的统计意义 玻耳兹曼熵

以上我们从宏观角度讨论了热力学过程进行的方向问题,得出了自然界一切与热现象有关的实际过程都是不可逆的,这也是热力学第二定律的实质.那么从微观的角度如何理解热力学第二定律的意义呢?

我们以气体真空自由膨胀为例来说明这个问题.如图 7-16 所示,长方形的绝热容器被隔板分为左右相等的 A、B 两室,使 A 室充满气体,B 室为真空.我们考虑气体中的任意一个分子,比如分子 a,在隔板抽走之前,它只在 A 室活动,把隔板抽走之后,它可以在整个容器内活动,但它可能一会儿在 A 室,一会儿在 B 室,也就是说它在 A、B 两室的机会是相等的,所以它再退回 A 室的概率是 $\frac{1}{2}$.如果在 A 室中有 a、b、c、d 共 4 个分子,B 室为真空,抽去隔板,那么 A 室的分子便会进入 B 室,4 个分子在 A、B 两室自由分布,将会有 16 种可能的分布状态,每一种分布状态出现的概率相等,见表 7-2.

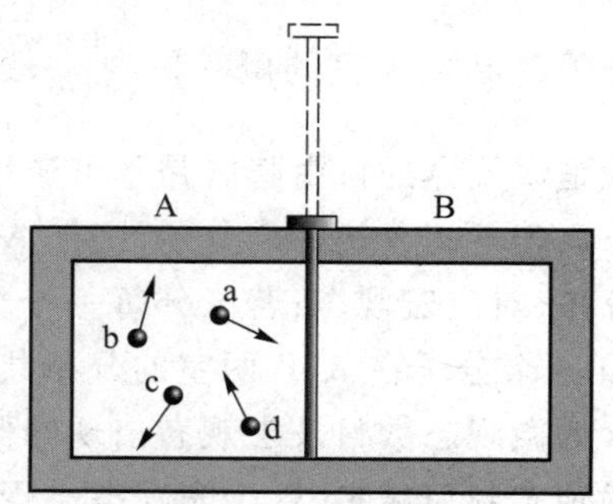

图 7-16　气体分子在容器中的分布

表 7-2　分子各种分布状态出现的概率

两室的分子数（宏观态）		分子的分布（微观态）		一个宏观态包含的微观态数目	宏观态出现的概率
A	B	A	B		
4	0	abcd	—	1	$\frac{1}{16}=\frac{1}{2^4}$
3	1	abc abd acd bcd	d c b a	4	$\frac{4}{16}=\frac{4}{2^4}$
2	2	ab ac ad bc bd cd	cd bd bc ad ac ab	6	$\frac{6}{16}=\frac{6}{2^4}$
1	3	a b c d	bcd acd abd abc	4	$\frac{4}{16}=\frac{4}{2^4}$
0	4	—	abcd	1	$\frac{1}{16}=\frac{1}{2^4}$

从该表中可知,4 个分子同时退回 A 室的可能性是存在的,其概率为 $\frac{1}{16}=\frac{1}{2^4}$,这比上述 1 个分子时出现的概率要小.根据概率理论可以证明,如果分子数为 N,则共有 2^N 种可能的分布状态,而全部分子都退回 A 室的概率为 $\frac{1}{2^N}$.可见,分子数 N 越大,全部分子退回 A

室的概率就越小.假定气体为 1 mol,则分子总数为 6×10^{23} 个,因此气体自由膨胀后,所有分子都退回 A 室的概率是$\frac{1}{2^{6\times10^{23}}}$,这个概率是如此之小,以至于实际上是不可能出现的,也就是说气体的自由膨胀是不可逆过程.

若不区分每一个分子,则把 A 室有几个分子和 B 室有几个分子这样的分布称为**宏观分布**,对应**宏观态**;若区分每一个分子,则把每一种可能出现的**微观分布**称为**微观态**.例如,4 个分子在 A、B 两室的分布共有 5 个宏观态,对应 16 个不同的微观态,每个宏观态包含的微观态数目及宏观态出现的概率见表 7-2.可以看出,**对于一个宏观态,它所包含的微观态数目越多,这个宏观态出现的概率就越大,即分子运动的混乱程度越高**.就气体分子全部退回 A 室这样的宏观态来说,它只包含了一个微观态,分子运动显得很有规则,即混乱程度很低,而这个宏观态出现的概率也就小到接近零,实际上是不可能出现的.气体自由膨胀之后,最终能达到的宏观态是包含微观态数目最多的状态,即分子混乱程度最高的平衡态,这也揭示了自由膨胀的方向性.由此可得出结论,对于一个孤立的热力学系统,其内部自发进行的过程总是由概率小的宏观态向概率大的宏观态进行,亦即由包含微观态数目少的宏观态向包含微观态数目多的宏观态进行,由非平衡态向平衡态过渡.这就是**热力学第二定律的统计意义**.热力学第二定律是一个统计规律,只适用于由大量分子构成的孤立系统.

根据以上分析,我们用 W 表示系统某个宏观态所包含的微观态的数目,即宏观态出现的概率正比于它所包含的微观态数目 W,W 称为**热力学概率**.1877 年,奥地利物理学家玻耳兹曼用统计的方法引入了状态函数熵 S:

$$S=k\ln W \tag{7-45}$$

上式称为**玻耳兹曼熵公式**,k 是**玻耳兹曼常量**.对于系统的每一个宏观态,都有一个热力学概率 W 与之对应,也就有一个熵 S 与之对应,因此,熵是系统状态的函数.热力学第二定律的统计意义也可表述为孤立系统总是由热力学概率小的状态向热力学概率大的状态进行,此时系统的无序度也在增大.因此,**热力学概率 W 是分子热运动无序度或混乱度的量度**,这表明**熵可以用来表示系统无序度的大小**.玻耳兹曼熵公式的重要意义在于把宏观量熵和微观量热力学概率联系起来,并对熵给予了统计解释.

熵具有可加性,例如,当一个系统由两个子系统组成时,假设在一定条件下这两个子系统的热力学概率分别是 W_1 和 W_2,根据概率的性质,整个系统的热力学概率为 $W=W_1W_2$,则此系统的熵 S 等于两个子系统的熵 S_1 与 S_2 之和,即

$$S=k\ln W=k\ln(W_1W_2)=k\ln W_1+k\ln W_2=S_1+S_2 \tag{7-46}$$

三、熵增加原理

引入玻耳兹曼熵公式后,热力学第二定律也可以表述为:孤立系统中所进行的自然过程都是沿着熵增大的方向进行的,是不可逆的,平衡态对应熵最大的状态.热力学第二定律的这种表述称为**熵增加原理**,其数学表达式为

$$\Delta S\geqslant 0 \tag{7-47}$$

式中"="对应孤立系统的可逆过程.自然界中实际发生的过程都是不可逆的,因此上式均

取“>”.也就是说,在孤立系统中,一切实际过程都向着熵增加的方向进行,直到熵达到最大值为止.熵增加原理也可表述为:**一个孤立系统的熵永不减少**.熵的增加也意味着无序度的增加,熵越高,系统分子运动越无序,代表着混乱或者分散;而熵越低,系统分子运动越有序,代表着整齐或者集中.孤立系统所进行的自然过程总是从有序转变为无序,平衡态是分子运动最无序的状态.

熵增加原理是一个统计性原理,指出了一切宏观的自发过程均是沿着从概率小到概率大、从有序到无序的状态方向进行的.

拓展阅读:麦克斯韦妖与信息熵

本章提要

1. 理解准静态过程,掌握功、热量、内能等概念.

准静态过程:系统的初末平衡态之间所经历的每一个中间状态都可近似地看成平衡态的过程.

做功和传热都能使系统的内能发生变化,但它们的本质不同.功和热量是过程量,内能是状态量.

在准静态过程中系统做的功:

$$A=\int_{V_1}^{V_2} p\mathrm{d}V$$

2. 掌握热力学第一定律,能够分析并计算理想气体在等容、等压、等温及绝热过程中的功、热量和内能的改变量.

热力学第一定律:

$$Q=\Delta E+A$$

3. 理解循环过程中能量的转化关系,能够分析计算卡诺循环和其他简单循环的效率.

循环的特征:系统经历一系列的状态变化过程后又回到初始的状态,$\Delta E=0$,$Q=A$.

正循环热机的效率:

$$\eta=\frac{A}{Q_1}=1-\frac{Q_2}{Q_1}$$

逆循环制冷机的制冷系数:

$$\omega=\frac{Q_2}{A}=\frac{Q_2}{Q_1-Q_2}$$

卡诺热机的效率:

$$\eta_{\mathrm{C}}=1-\frac{T_2}{T_1}$$

卡诺制冷机的制冷系数:

$$\omega_{\mathrm{C}}=\frac{T_2}{T_1-T_2}$$

4. 掌握热力学第二定律的两种表述，了解可逆过程和不可逆过程.

开尔文表述：不可能从单一热源吸收热量使之全部转化为功而不产生其他影响.

克劳修斯表述：热量不可能自动地由低温物体传向高温物体.

在系统状态变化过程中，如果逆过程能重复正过程的每一状态，而且不引起其他变化，那么这样的过程称为可逆过程，否则就是不可逆过程.各种实际过程都是不可逆过程，只有无摩擦的准静态过程才可近似看成可逆过程.

5. 掌握熵的概念，了解热力学第二定律的统计意义和玻耳兹曼熵.

熵是为了判断孤立系统中过程进行的方向而引入的态函数.

克劳修斯熵公式：

$$\Delta S = S_2 - S_1 = \int_1^2 \frac{\mathrm{d}Q}{T}$$

玻耳兹曼熵公式：

$$S = k\ln W$$

热力学第二定律的统计意义：对于一个孤立的热力学系统，其内部自发进行的过程总是由概率小的宏观态向概率大的宏观态进行.

熵增加原理：在孤立系统中，一切实际过程都向着熵增加的方向进行.

思考题

7-1　如何理解功和热量在本质上的区别？

7-2　能否对系统加热而使系统的温度不变？能否没有热量的交换而使系统的温度发生变化？

7-3　“任何没有体积变化的过程都一定不对外做功.”这样的说法正确吗？

7-4　一定量的理想气体分别经等压、等温、绝热过程后膨胀了相同的体积，试在 $p-V$ 图上比较这三种过程做功上的不同.

7-5　理论上可以采取什么方法提高卡诺热机循环的效率？而在实际中采用什么样的方法？

第7章思考题参考答案

7-6　为什么热力学第二定律可以有多种不同的表述？

7-7　“功可以完全变为热，但热不能完全变为功.”“热量不能从低温物体传到高温物体.”这两种说法正确吗？

7-8　为什么两条绝热线不可以相交？

7-9　从热力学角度看，熵函数具有什么性质？

习　题

一、选择题

7-1　如图所示，一绝热密闭的容器，用隔板分成容积相等的两部分，左边盛有一定量的理想气体，压强为 p_0，右边为真空.今将隔板抽去，气体自由膨胀，当气体达到平衡时，气体的压强是(　　).($\gamma = C_{p,\mathrm{m}}/C_{V,\mathrm{m}}$.)

(A) p_0　　(B) $p_0/2$

(C) $2^{\gamma}p_0$　　(D) $p_0/2^{\gamma}$

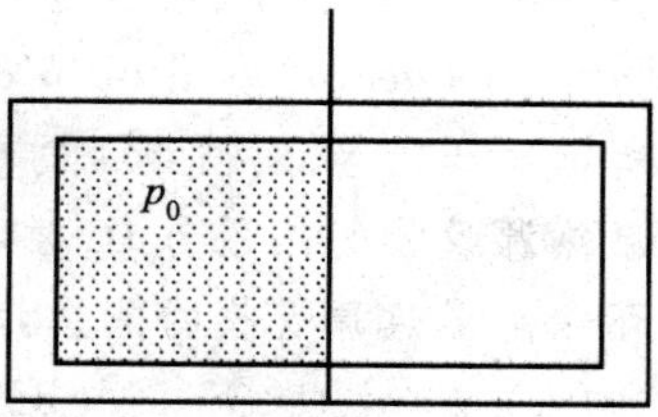

习题 7-1 图

7-2　对于准静态过程和可逆过程有以下说法,其中正确的是(　　).

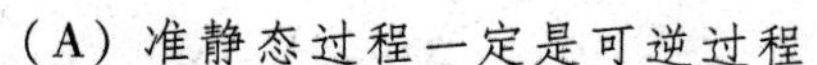

(A) 准静态过程一定是可逆过程

(B) 可逆过程一定是准静态过程

(C) 二者都是实际中存在的过程

(D) 二者实质上是热力学中的同一个概念

7-3　热力学第一定律表明(　　).

(A) 系统对外做的功不可能大于系统从外界吸收的热量

(B) 系统内能的增量等于系统从外界吸收的热量

(C) 不可能存在这样的循环过程,在此循环过程中,外界对系统做的功不等于系统传给外界的热量

(D) 热机的效率不可能等于 1

7-4　对于室温下的双原子分子理想气体,在等压膨胀的情况下,系统对外做的功与从外界吸收的热量之比 A/Q 等于(　　).

(A) 1/3　　(B) 1/4　　(C) 2/5　　(D) 2/7

7-5　一定量的理想气体从初态(V,T)开始,先绝热膨胀到体积 $2V$,然后经等容过程使温度恢复到 T,最后等温压缩到体积 V,如图所示,在这个循环中,气体必然(　　).

(A) 内能增加　　(B) 内能减少

(C) 向外界放热　　(D) 对外界做功

7-6　一定量理想气体经历的循环过程用 $V-T$ 曲线表示,如图所示.在此循环过程中,气体从外界吸热的过程是(　　).

(A) $A\to B$　　(B) $B\to C$　　(C) $C\to A$　　(D) 均不是

7-7　设高温热源的温度是低温热源的 n 倍(热力学温度),则理想气体在一次卡诺循环中,传给低温热源的热量是从高温热源吸收热量的(　　).

(A) n 倍　　(B) $n-1$ 倍　　(C) $1/n$　　(D) $(n+1)/n$ 倍

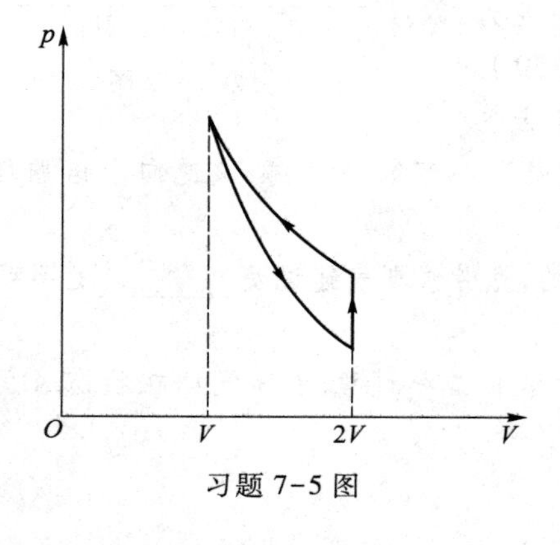

习题 7-5 图

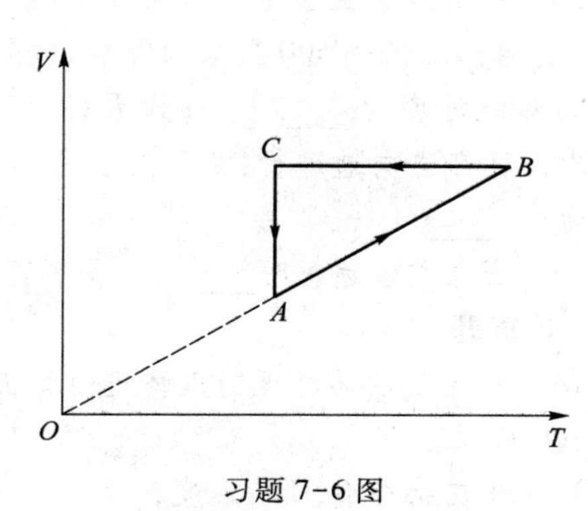

习题 7-6 图

7-8　如图所示,某理想气体分别进行了两个卡诺循环:Ⅰ($abcda$)和Ⅱ($a'b'c'd'a'$),且两个循环曲线所围面积相等.设循环Ⅰ的效率为 η,每次循环在高温热源吸收的热量为 Q,循环Ⅱ的效率为 η',每次循环在高温热源吸收的热量为 Q',则(　　).

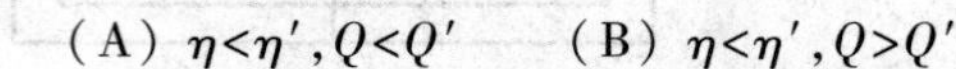

(A) $\eta<\eta', Q<Q'$　　(B) $\eta<\eta', Q>Q'$

(C) $\eta>\eta', Q<Q'$　　(D) $\eta>\eta', Q>Q'$

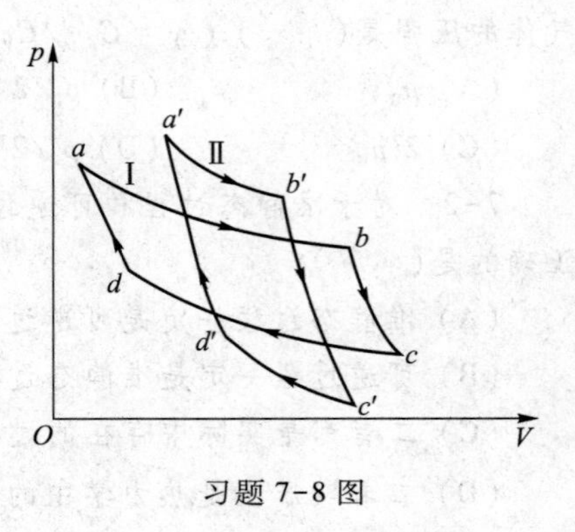

习题 7-8 图

7-9　设有下列过程,其中哪个可看成可逆过程?(　　).

(A) 用活塞压缩绝热容器中的气体

(B) 用缓慢旋转的叶片使绝热容器中的水温上升

(C) 一滴墨水在水杯中缓慢弥散开

(D) 一个不受空气阻力及其他摩擦力作用的单摆的摆动

7-10　一绝热容器被隔板分成两半,一半是真空,另一半装有理想气体,若抽去隔板,气体将自由膨胀,达到平衡后,(　　).

(A) 温度不变,熵增加　　(B) 温度升高,熵增加

(C) 温度降低,熵不变　　(D) 温度不变,熵不变

二、填空题

7-11　对一定量理想气体,从同一状态开始把其体积压缩到原来的一半,分别经历以下三种过程:等压过程、等温过程和绝热过程.其中:________过程外界对气体做的功最多;________过程气体内能减小得最多;________过程气体放出的热量最多.

7-12　如图所示,一定量的理想气体,从 A 状态 $(2p_1, V_1)$ 经历直线过程变到 B 状态 $(p_1, 2V_1)$,则在 AB 过程中系统做的功=________,内能改变量 ΔE=________.

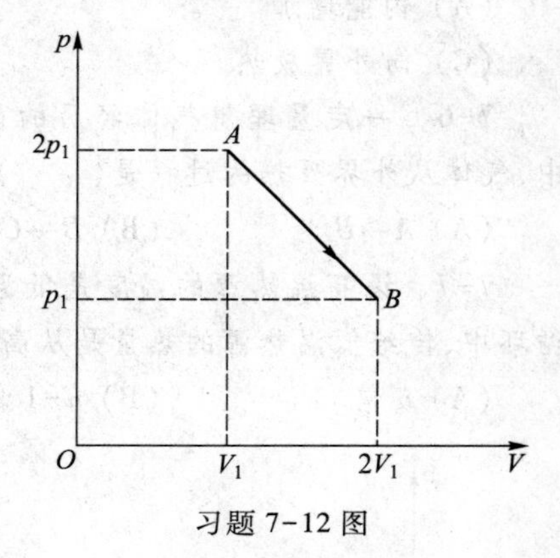

习题 7-12 图

7-13　一定量的某种理想气体在等压过程中对外做的功为 100 J,若此种气体为单原子分子气体,则该过程中气体需吸热________;若为双原子分子气体,则气体需吸热________.

7-14　一卡诺热机在每次循环中都要从温度为 400 K 的高温热源吸热 500 J,向低温热源放热 350 J,则低温热源的温度为________;如果将上述卡诺热机的每次循环都逆向地进行,从原则上说,它就成了一部制冷机,则该逆向卡诺循环的制冷系数为________.

7-15　开尔文表述说明________是不可逆的,克劳修斯表述说明________是不可逆的.

三、计算题

7-16　一定量的某种理想气体进行如图所示的循环过程.已知气体在状态 A 的温度为 $T_A=300$ K,求:

(1) 气体在状态 B、C 的温度;

（2）各过程中气体对外所做的功；

（3）经过整个循环过程，气体从外界吸收的总热量（各过程吸收热量的代数和）.

7-17　如图所示，使 1 mol 氧气（1）由 A 等温地变到 B；（2）由 A 等容地变到 C，再由 C 等压地变到 B. 试分别计算系统所做的功和吸收的热量.

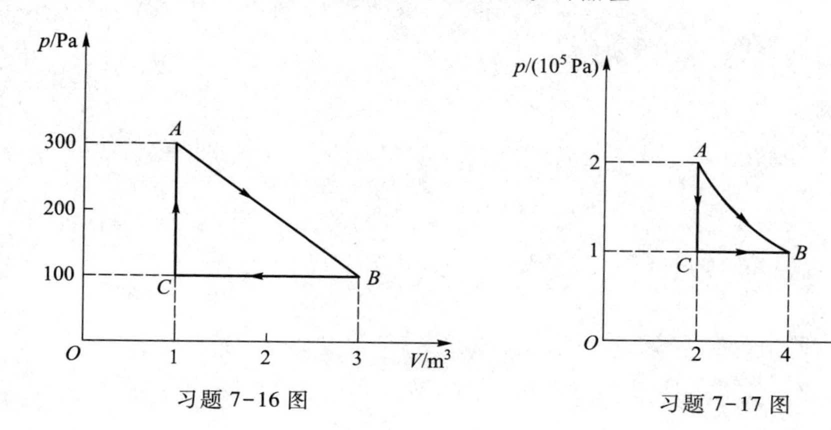

习题 7-16 图　　习题 7-17 图

7-18　1 mol 理想气体在 $T_1=500\ \mathrm{K}$ 的高温热源与 $T_2=300\ \mathrm{K}$ 的低温热源间作卡诺循环，在 400 K 的等温线上初始体积为 $V_1=0.001\ \mathrm{m}^3$，终末体积为 $V_2=0.003\ \mathrm{m}^3$，试求此气体在每一循环中：

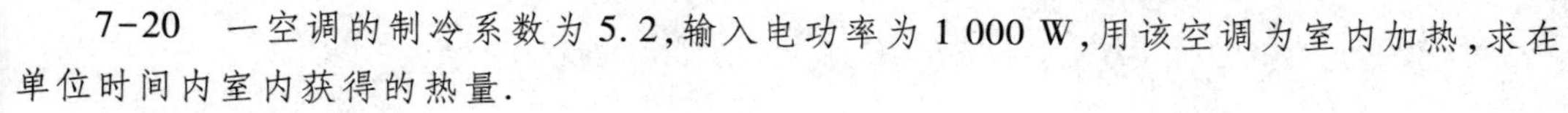

（1）从高温热源吸收的热量；

（2）所做的净功；

（3）传递给低温热源的热量.

第 7 章习题参考答案

7-19　一台冰箱，其冷冻室的温度是零下 18 ℃，室温是 23 ℃，若按卡诺制冷循环进行计算，则此冰箱每消耗 1 000 J 的功可以从被冷冻的物体中吸收多少热量？

7-20　一空调的制冷系数为 5.2，输入电功率为 1 000 W，用该空调为室内加热，求在单位时间内室内获得的热量.